初等代数研究

玮德 著

Research on
Elementary Algebra

上海社会科学院出版社
SHANGHAI ACADEMY OF SOCIAL SCIENCES PRESS

图书在版编目(CIP)数据

初等代数研究 / 管艳等编著 . — 上海 ：上海社会
科学院出版社，2022
ISBN 978 - 7 - 5520 - 3836 - 1

Ⅰ.①初… Ⅱ.①管… Ⅲ.①初等代数—研究
Ⅳ.①O122

中国版本图书馆 CIP 数据核字(2022)第 122119 号

初等代数研究

编　　著:管 艳　丁　玮　戴文荣　谌　德
责任编辑:王　芳
封面设计:萧　萧
出版发行:上海社会科学院出版社
　　　　　上海顺昌路 622 号　　　邮编 200025
　　　　　电话总机 021-63315947　销售热线 021-53063735
　　　　　http：//www.sassp.cn　　E-mail：sassp@ sassp.cn
照　　排:北京林海泓业文化有限公司
印　　刷:上海万卷印刷股份有限公司
开　　本:787 毫米×1092 毫米　1/16
印　　张:23.5
字　　数:500 千
版　　次:2022 年 9 月第 1 版　　　2024 年 3 月第 3 次印刷

ISBN 978-7-5520-3836-1/O·006　　　　　　　定价:85.00 元

前　　言

教育部颁布了《普通高中数学课程标准》(2017 年版 2020 年修订,以下简称《标准》).《标准》中提出了数学抽象、逻辑推理、数学建模、数学运算、直观想象、数据分析六大数学核心素养.数学教育从注重基础知识、基本技能到注重能力发展再到注重人的全面发展.《标准》中指出,数学教育最终的目的是通过数学学科的学习,让学生会用数学的眼光观察世界,会用数学的思维思考世界,会用数学的语言表达世界.

我们在教学过程中发现以下现象:学生在大学和中学学过的内容关联度不大,当他们到中学实习以及毕业后到中学任教时,大学所学的用不上;由于学生的认知水平的局限性,导致知识体系零散;学生计算能力较强,但逻辑思维、推理能力、应用能力较弱.为了适应数学教育的改革,我们借鉴他人的宝贵经验,结合近年来教学过程中发现的问题,编写了本教材.

本教材的编写在以下几个方面做了努力.

一、为了适应目前的数学教育改革,本教材加入了组合数学初步、概率论、数理统计和数学建模四个板块,形成了数系、式、函数、方程、不等式、数列、组合数学初步、概率论、数理统计、数学建模十个部分.教材编写遵循结构化的理念,将知识体系层层递进、系统融合,更好地解决了学生知识碎片化问题.

二、《标准》中给出了数学文化的内涵及考核要求.本教材从数学发展史的角度,力图展现每个知识点的来龙去脉,渗透数学文化,强调数学思想、方法和应用.如通过无理数、复数、函数等章节的学习,了解知识的发生、发展过程,学习转化、对称、类比等数学思想和方法.体会知识的形成一般都要经历几十年甚至上百年、上千年,在一代代数学家孜孜不倦的探索与努力下才有了今天的数学成就.

三、加强大学与中学数学知识的联系,将二者充分融合.比如,比较中学与大学数学教材中多项式因式分解定义、用行列式方法分解因式、用范德蒙(Van der Monde)行列式证明多项式恒等、应用微分学研究函数的性质、用微积分和数理统计方法研究自由落体运动和铅球投掷等数学模型.

本书可作为全日制高等师范院校培养本科生、研究生的教材或参考书,也可以作为数学教师、数学爱好者的参考书.

本书的总体框架和编写大纲由编者反复讨论后确定.第一、二、十章由管艳编写,第三章由丁玮编写,第四、五章由谌德编写,第六章到第九章由戴文荣编写,最后由管艳统稿.

本书的编写过程中,研究生丁丽杉、顾晓宇、江锦、蒋书杰、李梅、凌嘉宇、刘丹桐、刘阳、刘杨、毛培菁、沈云蝶、万仁玉、吴倩、吴思宇、吴欣桐、徐俊杰、徐明、于佳欣、张格格、张松环、周犇犇、周国情做了大量的习题编译、资料查找、图像绘制、文稿矫正等工作.

本书在编写过程中,上海师范大学数学系给予了大力的支持和切实的保障.上海师范大学数学系田红炯教授、郭谦教授、娄本东教授、储继峰教授、王晚生教授、张世斌教授、焦裕建教授、李昭祥教授、陆新生副教授等对我们教材的编写给予了许多的帮助和指导.华东师范大学汪晓勤教授、洋泾中学王海平校长、控江中学特级教师许敏、七宝中学特级教师文卫星、静安区教研员特级教师任升录等专家给了我们宝贵的修改意见.在此谨向他们表示衷心的感谢!书稿中引用了许多作者的文献,得到了上海社会科学院出版社,特别是编辑王芳女士的大力支持,借书稿出版之际,一并表示诚挚的感谢!

本书在成稿过程中经过多次讨论,但因时间紧迫、水平有限,若有疏漏不当之处,还请广大读者批评指正.

编者

2022 年 4 月

目　　录

第一章　数系

数学是研究数量关系和空间形式的科学,源于对现实世界的抽象.数系是研究数量关系的起点.本章从现代数学观点出发,系统地讨论了数系的构成与扩展,数的运算和数的性质等,这些理论知识对于透彻理解和驾驭中学代数教材是非常有帮助的.如:为什么"负负得正"？为什么要引进数轴？数学归纳法的依据是什么？通过本章的学习,可以更好地理解数的理论体系.

1.1　数的概念的扩展

数是研究数量关系的起点,随着社会发展和人们认识水平的提高,数的扩展一来自于社会发展的需要,二因内部运算封闭的需要.运算封闭是指集合里的任何两个元素,做运算后还属于这个集合,称集合关于这个运算封闭,如大家熟知的 $1,2,3,\cdots$,对加法和乘法封闭,但对减法和除法就不封闭.

1.1.1　数的概念发展简史

目前中学数学教材基本上按照如下顺序:

$$\text{正整数集} \xrightarrow{\text{添零}} \text{自然数集} \xrightarrow{\text{添正分数}} \text{非负有理数集} \xrightarrow{\text{添负数}} \text{有理数集}$$

$$\xrightarrow{\text{添无理数}} \text{实数集} \xrightarrow{\text{添虚数}} \text{复数集}$$

从整个数系的发展来看,新数的产生是交错出现的,大致经历了以下几次扩充:

$$\text{正整数集} \xrightarrow{\text{添正分数}} \text{正有理数集} \xrightarrow{\text{添负数和零}} \text{有理数集} \xrightarrow{\text{添无理数}} \text{实数集} \xrightarrow{\text{添虚数}} \text{复数集}$$

最初,用十根手指来计数是古人最自然、最简单的选择.正如古希腊伟大哲人亚里士多德(Aristotle)所指出的,今日十进制的广泛使用,只不过是我们绝大多数人生来具有十个手指这个事实的结果.但是,用手指计数有其局限性,即如何表达大于十的数？于是,计数工具从手指逐渐变为了其他唾手可得的工具.如石子,畜牧时,早晨每放一只羊出羊圈,牧羊人便在地上放一颗石子;到傍晚羊归圈时,每回来一只羊便拿走一颗石子.这样一来,羊和石子之间便产生一个一一对应,牧羊人只需要检查石子是否都拿完了,便可以确定羊是否全都归圈,而不必计算羊的具体数目.后来,人们从两只狼、两只羊、两个野果与两根手指的对应关系中领悟到 2 这个概念,继而 3,4,….这种对应的计数思想所使用的工具也从石头逐步演化成绳结、算筹等.时至今日,这种"一一对应"的计数思想还广为应用.

殷墟出土的甲骨文表明中国是最早使用十进制的古国.在殷商初期,我国已使用一、二、三、……、十、百、千、万等 13 个计数单位.

正分数是紧接正整数之后产生的,距今已有四千多年的历史,公元 9 世纪,印度数学家摩诃毗罗(Mahavira)对零的运算做了完整的讨论,至此非负有理数发展起来.

负数概念最早出现在中国.解方程组消元的过程中出现了"不够减"的情形,《九章算术》方程章给出了正负数加减运算法则——"正负术".但乘除运算法则直到 13 世纪末才由数学家朱世杰给出.在《算学启蒙》(1299)中,朱世杰提出:"明乘除法,同名相乘得正,异名相乘得负."在公元 7 世纪的印度,数学家婆罗摩笈多(Brahmagupta)已有明确的正负数概念及其四则运算法则:"正负相乘得负,两负数相乘得正,两正数相乘得正."12 世纪,印度数学家婆什迦罗(Bhaskara)称:"方程 $x^2 - 45x = 250$ 有两个根,$x = 50$ 或 -5."但他说:"第二个根并不用,因为它是不足的,人们不支持负根."印度人以直线上的不同方向,或"财产"与"债务"来解释正、负数.直到 18 世纪,还有一些西方数学家不理解"小于一无所有"的数,并认为"负负得正"这一运算法则是个谬论.甚至在 19 世纪中叶以前,负数概念以及"负负得正"的运算法则在学校的数学教材中都没有得到正确的解释.

在公元前 5 世纪,希腊毕达哥拉斯(Pythagoras)学派的希帕索斯(Hippasus)发现了一个数 $\sqrt{2}$,这个数没有办法用两个整数之比表示,这相当于发现了无理数,引起了数学史上的第一次数学危机,这次危机使人们意识到几何量不能完全由整数及其比来表示.古希腊的数学从此走向了另外一个极端,把数与几何进行了完全的割裂,几何学在古希腊得以大力发展,而无理数和纯代数的发展则被搁置了近 2000 年.

意大利数学家卡尔达诺(Cardano)于 16 世纪中叶在《大术》中讨论三次方程求解时,使用了负数的平方根,与无理数一样,在很长的一段时间内,数学家不承认虚数的合理性.直到 18 世纪,欧拉(Euler)和高斯(Gauss)在著作中自由使用虚数,建立了系统的复数理论,虚数才得到广泛的承认.卡尔达诺被认为是虚数的发现者.

戴得金(Dedekind)和康托尔(Cantor)利用现代数学方法于 19 世纪 70 年代建立起严格的实数理论,至此,实数系和复数系确立起来.

1.1.2 数系扩展的方式与原则

通常把对某种运算封闭的数集叫作数系.自然数集 $\mathbb{N}$ 对加法封闭,也可以称自然数集为自然数系.同样地,整数集 $\mathbb{Z}$、有理数集 $\mathbb{Q}$、实数集 $\mathbb{R}$ 和复数集 $\mathbb{C}$ 都是数系.

1. 数系扩展的方式

数系扩展的方式有添加元素法和构造法两种.

(1) 添加元素法 把新元素添加到已建立的数系中,形成新的数系.中小学教材是采用这种方式建立数系的,大致接近数学史上数系扩展的方式.

(2) 构造法 这是按照代数结构的特点和比较严格的公理体系扩展数系的一种方法.一般先构造一个集合,然后指出这个集合的某个真子集与已知数系同构.

2. 数系扩展的原则

设 A,B 两个集合,B 为 A 扩展后得到的集合,则 A,B 满足以下原则:

(1) $A \subset B$,A 为 B 的真子集;

(2) 集合 A 中元素间所定义的一些运算或基本关系,在集合 B 中重新定义,对于集合 A 中的元素来说,重新定义的运算和关系与 A 中原来的定义完全一致;

(3) 在 A 中不能实施的某种运算,在 B 中总能实施;

(4) 在同构的意义下,B 应该是 A 的满足上述三条原则的最小扩展.

譬如:在自然数集中减法运算是不封闭的,但整数集对减法运算封闭.原则(3)是数系扩展最主要的目的.

1.2 自然数集

自然数是人类认识最早的数,日常生活中应用最多,既可以用它表示数量的多少,也可以用它表示顺序,据此就形成了自然数集的两种理论:基数理论和序数理论.下面分别介绍两种理论下的自然数的概念、顺序及其运算.

本书中用 $\mathbb{N}$ 表示自然数集,$\mathbb{N}^*$ 表示正整数集,$\mathbb{N} = \{0, 1, 2, \cdots\}$,$\mathbb{N}^* = \{1, 2, \cdots\}$,$\forall$ 表示任意的,$\exists$ 表示存在.

1.2.1 基数理论

1. 自然数概念

自然数的基数理论是以集合元素的个数为基础建立起来的理论.什么是集合元素的个数?有限集合,个数的概念比较清楚.譬如 5 根手指或者 5 个石子所构成的集合,它们的个数都是 5,5 是这两个集合的共同特征的标志.手指构成的集合的元素与石子构成的集合的元素之间可以建立一一对应关系,若其他集合的元素可以与上述集合的元素之间建立一一对应关系,我们用 5 这个符号来表示这个集合的"个数".

定义 1.1 两个集合 A 和 B 的元素之间可以建立一一对应的关系,就称集合 A 和集合 B **等价**,记作 $A \sim B$.

等价的集合在数量上有共同特征.

集合的等价具有以下性质:设 A,B,C 是集合,则有

(1) 反身性:$A \sim A$;

(2) 对称性:若 $A \sim B$,则 $B \sim A$;

（3）传递性：若 $A \sim B, B \sim C$，则 $A \sim C$.

定义 1.2 若一个集合能够和它的一个真子集等价，这样的集合叫作**无限集**. 不能与自身的任一真子集等价的集合叫作**有限集**.

定义 1.3 彼此等价的所有集合的共同特征的标志称为**基数**. 有限集合的基数称为**自然数**. 集合 A 的基数记作 $|A|$. 记

$$|\varnothing| = 0, ||\varnothing|| = 1, ||\varnothing, \{\varnothing\}|| = 2, ||\varnothing, \{\varnothing\}, \{\varnothing, \{\varnothing\}\}|| = 3, \cdots,$$

其中 $\varnothing$ 表示空集. 从而，得到自然集数 $\mathbb{N} = \{0, 1, 2, 3, \cdots\}$.

由定义 1.3 可知 $A \sim B \Leftrightarrow |A| = |B|$.

2. 自然数的顺序

定义 1.4 有限集合 A 和 B 的基数分别为 a 和 b，若 $A \sim B$，则称这两个**自然数相等**，记为 $a = b$.

定理 1.1 自然数的相等关系具有反身性、对称性与传递性，即
（1）反身性：对 $\forall a \in \mathbb{N}$，有 $a = a$；
（2）对称性：对 $\forall a, b \in \mathbb{N}$，若 $a = b$，则 $b = a$；
（3）传递性：对 $\forall a, b, c \in \mathbb{N}$，有 $a = b, b = c$，则 $a = c$.

定义 1.5 集合 A 的元素间的某个关系满足反身性、对称性与传递性，就称它是一个**等价关系**.

自然数的相等关系为一个等价关系.

定义 1.6 有限集合 A 和 B 的基数分别为 a 和 b，
（1）若 A 与 B 的一个真子集 B' 等价，即 $A \sim B' \subset B$，则称 a **小于** b，记作 $a < b$；
（2）若 B 与 A 的一个真子集 A' 等价，即 $A \supset A' \sim B$，则称 a **大于** b，记作 $a > b$.

定义 1.6 如图 1.1 所示.

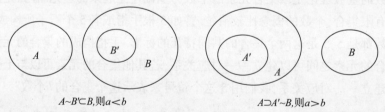

$A \sim B' \subset B$, 则 $a < b$ $A \supset A' \sim B$, 则 $a > b$

图 1.1

定理 1.2 自然数的顺序 $>$、$=$、$<$ 有以下性质：
（1）对递性：设 $a, b \in \mathbb{N}, a < b \Leftrightarrow b > a$；
（2）传递性：设 $a, b, c \in \mathbb{N}, a < b, b < c$，则 $a < c$；
（3）三分性：对 $\forall a, b \in \mathbb{N}, a < b, a = b, a > b$ 中有且仅有一个成立.
　　证明：设 A, B, C 都是有限集，$|A| = a, |B| = b, |C| = c$，

（1）若 $a < b$，则存在 B 的真子集 B'，使得 $A \sim B' \subset B$，于是 $B \supset B' \sim A$，则 $b > a$. 同理可证，若 $b > a$，则 $a < b$.

（2）若 $a < b, b < c$，则存在 B 的真子集 B'，C 的真子集 C'，使得 $A \sim B' \subset B$，$B \sim C' \subset C$，则存在 $C'' \subset C'$，使得 $C'' \sim B'$，根据等价关系的传递性，$A \sim C'' \subset C' \subset C$，即 $a < c$.

（3）如果 $A \sim B$，则 $a = b$；如果 A 和 B 不等价，则 A 与 B 的一个真子集等价，或者 B 与 A 的一个真子集等价，二者只有一个成立，因此 $a < b$ 和 $a > b$ 仅有一个成立.

3. 自然数的加法和乘法

定义 1.7 设 A, B 和 C 为有限集，且 $A \cap B = \varnothing$，$|A| = a$，$|B| = b$，$|C| = c$，若 $A \cup B = C$，则称 c 为 a 与 b 的**和**，记作 $a + b = c$，其中 a, b 叫作**加数**，求和的运算叫作**加法**.

应用集合的性质可以证明下述定理.

定理 1.3 自然数的加法满足以下五个基本定律：设 $a, b, c \in \mathbb{N}$，

（1）封闭性：$a + b$ 仍为一个自然数；

（2）单值性：$a + b$ 是单值的；

（3）结合律：$(a + b) + c = a + (b + c)$；

（4）交换律：$a + b = b + a$；

（5）单调性：若 $b > c$，则 $a + b > a + c$.

定义 1.8 设有 b 个互不相交的集合 $A_1, A_2, \cdots, A_b$，且 $|A_1| = |A_2| = \cdots = |A_b| = a$，如果 $A_1 \cup A_2 \cup \cdots \cup A_b = C$，$|C| = c$，则称 c 为 a 与 b 的**积**，记作 $ab = c$（或 $a \cdot b = c$，或 $a \times b = c$），其中 a 与 b 称为**乘数**或**因数**，求积的运算叫作**乘法**.

定理 1.4 自然数的乘法满足以下五个基本定律：设 $a, b, c \in \mathbb{N}$，

（1）封闭性：$a \cdot b$ 仍为一个自然数；

（2）单值性：$a \cdot b$ 是单值的；

（3）结合律：$(a \cdot b) \cdot c = a \cdot (b \cdot c)$；

（4）交换律：$a \cdot b = b \cdot a$；

（5）单调性：当 $b > c, a > 0$ 时，$a \cdot b > a \cdot c$；当 $b > c, a = 0$ 时，$a \cdot b = a \cdot c$；

乘法和加法混合运算还满足：

（6）分配律：$a \cdot (b + c) = a \cdot b + a \cdot c$.

证明： 这里只证明（4），设

$$A_1 = \{a_{11}, a_{12}, \cdots, a_{1a}\},$$
$$A_2 = \{a_{21}, a_{22}, \cdots, a_{2a}\},$$
$$\cdots$$
$$A_b = \{a_{b1}, a_{b2}, \cdots, a_{ba}\},$$

且这 b 个集合之间没有公共元素，则

$$A_1 \cup A_2 \cup \cdots \cup A_b$$

$$= \{a_{11},a_{12},\cdots,a_{1a},a_{21},a_{22},\cdots,a_{2a},\cdots,a_{b1},a_{b2},\cdots,a_{ba}\},$$

有 $|A_1\cup A_2\cup\cdots\cup A_b| = ab$. 设

$$B_1 = \{a_{11},a_{21},\cdots,a_{b1}\},$$
$$B_2 = \{a_{12},a_{22},\cdots,a_{b2}\},$$
$$\cdots$$
$$B_a = \{a_{1a},a_{2a},\cdots,a_{ba}\},$$

且这 a 个集合之间没有公共元素,则

$$B_1\cup B_2\cup\cdots\cup B_a$$
$$= \{a_{11},a_{21},\cdots,a_{b1},a_{12},a_{22},\cdots,a_{b2},\cdots,a_{1a},a_{2a},\cdots,a_{ba}\},$$

有 $|B_1\cup B_2\cup\cdots\cup B_a| = ba$. 另外,因为 $A_1\cup A_2\cup\cdots\cup A_b = B_1\cup B_2\cup\cdots\cup B_a$,所以 $ab = ba$. □

1.2.2 序数理论

自然数的序数理论,是意大利数学家皮亚诺(Peano)在他的《用一种新方法陈述的算术原理》(1889)中提出的. 他用公理化方法从顺序着眼揭示了自然数的意义,并给出自然数加、乘运算的归纳定义. 不论是由序数理论还是由基数理论推出的关于自然数的性质,都是同样有效的. 序数理论采用公理化结构,对自然数的一些最基本的性质作为不加定义的公理,把"后继"作为不加定义的关系. 下面以定义的形式给出皮亚诺公理系统的核心内容.

1. 皮亚诺公理

定义 1.9 一个非空集合 $\mathbb{N}$,如果 $\mathbb{N}$ 的元素之间有一个基本关系"后继"(用"'"来表示),并满足下列公理:

(1) $0 \in \mathbb{N}$.

(2) 对 $\forall a \in \mathbb{N}, a' \neq 0$.

(3) 对 $\forall a \in \mathbb{N}$,有唯一的 $a' \in \mathbb{N}$,记 $0' = 1, 1' = 2, \cdots$.

(4) 对 $\forall a, b \in \mathbb{N}$,若 $a' = b'$,则 $a = b$.

(5) 归纳公理:如果 $M \subset \mathbb{N}$,且

  1) $0 \in M$;

  2) 对 $\forall a \in M$,有 $a' \in M$,

则 $M = \mathbb{N}$.

这时集合 $\mathbb{N} = \{0,1,2,\cdots\}$ 称为**自然数集**,$\mathbb{N}$ 中的元素叫作**自然数**. 集合 $\mathbb{N}^* = \{1,2,\cdots\}$ 称为**正整数集**,$\mathbb{N}^*$ 中的元素叫作**正整数**.

公理(1)、(2)说明 0 不是任何自然数的后继,即 $0 \neq 0', 0 \neq (0')', 0 \neq \cdots$,且由(4)知 $0 \neq 0' \neq (0')' \neq \cdots$,从而

$$\forall a \in \mathbb{N}, a, a', (a')', ((a')')', \cdots \text{ 两两不等.} \tag{1.2.1}$$

公理(3)、(4)说明 $\mathbb{N}$ 中任何数都有唯一且不同的后继数,公理(5)是数学归纳法原理

的理论依据.有了这一公理系统,就能把自然数集的元素完全确定下来,也可以用纯粹的逻辑推理,得到自然数的其他所有性质.

2. 自然数加法与乘法的定义

定义1.10 在$\mathbb{N}$上有一种对应关系" + ",对于任何$a, b \in \mathbb{N}$,有唯一确定的自然数$a + b$与之对应,满足

(1) $a \in \mathbb{N}, a + 0 = a$;

(2) $a, b \in \mathbb{N}, a + b' = (a + b)'$.

这种对应关系" + "称为**加法**,$a + b$称为a与b的**和**.

定理1.5 自然数的加法是唯一存在的.

证明:(1) 存在性.设M是使得定义1.10中(1)、(2)成立的所有a的集合.

1) 对任意的自然数$b \in \mathbb{N}$,令$0 + b = b$,那么$0 + 0 = 0, 0 + b' = b' = (0 + b)'$,所以$0 \in M$.

2) 假设$a \in M$,对任意的自然数$b \in \mathbb{N}$,有$a + b$与它对应,且$a + 0 = a, a + b' = (a + b)'$.对任何$b \in \mathbb{N}$,令$a' + b = (a + b)'$,则$a' + 0 = (a + 0)' = a', a' + b' = (a + b')' = [(a + b)']' = (a' + b)'$,所以$a' \in M$,由归纳公理,$M = \mathbb{N}$.

(2) 唯一性.假设存在两种对应关系" + "和"$\oplus$"满足定义1.10,对$\forall a, b \in \mathbb{N}$,有唯一确定的$a + b \in \mathbb{N}$和$a \oplus b \in \mathbb{N}$,且分别满足

1) $a + 0 = a, a \oplus 0 = a$;

2) $a + b' = (a + b)', a \oplus b' = (a \oplus b)'$.

下证对$\forall a, b \in \mathbb{N}, a + b = a \oplus b$.

对固定的$a \in \mathbb{N}$,设$M = \{b \mid a + b = a \oplus b, b \in \mathbb{N}\}$,下面用数学归纳法证明$M = \mathbb{N}$.由定义1.10,

1) $a + 0 = a = a \oplus 0 \Rightarrow 0 \in M$.

2) 假设$b \in M$,即$a + b = a \oplus b$,则$a + b' = (a + b)' = (a \oplus b)' = a \oplus b', b' \in M$.

根据归纳公理$M = \mathbb{N}$,即对$\forall b \in \mathbb{N}$,有$a + b = a \oplus b$.由a的任意性,对$\forall a \in \mathbb{N}$,有$a + b = a \oplus b$. □

例1.1 证明:$2 + 3 = 5$.

证明:因为$2 + 1 = 2 + 0' = (2 + 0)' = 2' = 3, 2 + 2 = 2 + 1' = (2 + 1)' = 3' = 4$,所以$2 + 3 = 2 + 2' = (2 + 2)' = 4' = 5$. □

定义 1.11　在ℕ上有一种对应关系"·",对于任何 $a,b \in \mathbb{N}$,有唯一确定的自然数 $a \cdot b$ 与之对应,满足

(1) $a \in \mathbb{N}, a \cdot 0 = 0$;

(2) $a,b \in \mathbb{N}, a \cdot b' = a \cdot b + a$,

这种对应关系"·"称为乘法,$a \cdot b$ 叫作**积**(有时记作 $a \times b$ 或 ab),其中 a 叫作**被乘数**,b 叫作**乘数**.

定理 1.6　自然数的乘法是唯一存在的.

定理 1.7　(加法结合律)设 $a,b,c \in \mathbb{N}$,则
$$a + (b + c) = (a + b) + c. \tag{1.2.2}$$

证明:对于任意给定的 $a,b \in \mathbb{N}$,设 M 是所有的满足(1.2.2)的 c 的集合.

1) 因为 $a + (b + 0) = a + b = (a + b) + 0$,所以 $0 \in M$.

2) 假设 $c \in M$,即 $a + (b + c) = (a + b) + c$,则
$$\begin{aligned} a + (b + c') &= a + (b + c)' \\ &= [a + (b + c)]' = [(a + b) + c]' \\ &= (a + b) + c', \end{aligned}$$

所以 $c' \in M$. 由归纳公理,$M = \mathbb{N}$,又 a,b 是任意的,所以命题成立. □

根据归纳公理,可以类似地证明加法交换律和分配律.

定理 1.8　(加法交换律)设 $a,b \in \mathbb{N}$,则
$$a + b = b + a. \tag{1.2.3}$$

定理 1.9　(分配律)设 $a,b,c \in \mathbb{N}$,则
$$(a + b) \cdot c = a \cdot c + b \cdot c. \tag{1.2.4}$$

定理 1.10　(乘法交换律)设 $a,b \in \mathbb{N}$,则
$$a \cdot b = b \cdot a.$$

定理 1.11　(乘法结合律)设 $a,b,c \in \mathbb{N}$,则
$$(a \cdot b) \cdot c = a \cdot (b \cdot c).$$

例 1.2　证明: $2 \cdot 3 = 6$.

证明:因为 $2 \cdot 1 = 2 \cdot 0' = 2 \cdot 0 + 2 = 2$,又 $2 \cdot 2 = 2 \cdot 1' = 2 \cdot 1 + 2 = 4$,所以 $2 \cdot 3 = 2 \cdot 2' = 2 \cdot 2 + 2 = 6$. □

3. 序数理论下的自然数顺序

定义 1.12　若 $a,b \in \mathbb{N}$,且存在 $k \in \mathbb{N}^*$,使得 $a + k = b$,则称 a **小于** b,记为 $a < b$,也称 b **大于** a,记为 $b > a$.

序数理论下的自然数的顺序也有对逆性、传递性和三分性.

定理 1. 12 自然数的顺序具有三分性. 即对 $\forall a, b \in \mathbb{N}$,
$$a < b, a = b, a > b$$
中有且仅有一个成立.

证明: 本定理证明分两步:(1)证明 $a < b, a = b, a > b$ 最多成立一个;(2)证明 $a < b, a = b, a > b$ 中总有一个成立.

(1)根据定义 1. 12,$a < b, a = b, a > b$ 分别等价于:

① $a + k = b(\exists k \in \mathbb{N}^*)$;② $a = b$;③ $a = b + l(\exists l \in \mathbb{N}^*)$.

若①和②同时成立,有 $a + k = a$,由(1.2.1)得 $a + k \neq a$,矛盾,所以①和②不能同时成立,同理①和③、②和③也不能同时成立,这就证得了 $a < b, a = b, a > b$ 最多成立一个.

(2)任意取定 a,所有使得命题成立的 b 组成的集合为 M.

1)当 $b = 0$ 时,若 $a = 0$,则 $a = b$ 成立,若 $a > 0$,则 $a > b$,所以 $0 \in M$.

2)假设 $b \in M$,$a < b, a = b, a > b$ 中总有一个成立,则

a)若 $a < b$,由 $b' = b + 1 > b > a$,即 $a < b'$;

b)若 $a = b$,由 $b' = b + 1 > b = a$,即 $a < b'$;

c)若 $a > b$,当 $a = b + 1$ 时,$a = b'$,当 $a = b + k, k \neq 1$ 时,则存在 $m \in \mathbb{N}^*$,使得 $k = m', a = b + m' = b' + m$,所以 $a > b'$.

由 a)、b)、c)得 $b' \in M$,由归纳公理,$M = \mathbb{N}$.

综上,三分性成立. □

定理 1. 13 (加法单调性)设 $a, b, c \in \mathbb{N}$,

(1)若 $a = b$,则 $a + c = b + c$;

(2)若 $a < b$,则 $a + c < b + c$;

(3)若 $a > b$,则 $a + c > b + c$.

证明: (1)对任意给定的 $a, b \in \mathbb{N}$,设 $M \subseteq \mathbb{N}$ 是满足命题的所有的 c 的集合.

1)因为 $a = b$,所以 $a + 0 = b + 0$,即 $0 \in M$.

2)假设 $c \in M$,即 $a + c = b + c$,则
$$(a + c)' = (b + c)',$$
$$a + c' = b + c',$$
所以 $c' \in M$. 由归纳公理,$M = \mathbb{N}$,又 a, b 是任意的,所以命题成立.

(2)若 $a < b$,则存在 $k \in \mathbb{N}^*$,使得 $a + k = b$,则由(1)得 $a + k + c = b + c$,即 $(a + c) + k = b + c, a + c < b + c$ 成立.

依据(2),由对逆性得到(3). □

推论 1. 1 设 $a, b \in \mathbb{N}$,则 $a \leqslant a + b$(若 $b \in \mathbb{N}^*, a < a + b$;若 $b = 0, a = a + b$).

定理 1. 14 (加法消去律)设 $a, b, c \in \mathbb{N}$,

(1) 若 $a + c = b + c$，则 $a = b$；

(2) 若 $a + c < b + c$，则 $a < b$；

(3) 若 $a + c > b + c$，则 $a > b$.

定理 1.15 （乘法单调性）设 $a, b, c \in \mathbb{N}$，

(1) 若 $a = b$，则 $a \cdot c = b \cdot c$；

(2) 若 $a < b, c > 0$，则 $a \cdot c < b \cdot c$；若 $a < b, c = 0$，则 $a \cdot c = b \cdot c$；

(3) 若 $a > b, c > 0$，则 $a \cdot c > b \cdot c$；若 $a > b, c = 0$，则 $a \cdot c = b \cdot c$.

证明：(1) 对于任意给定的 a, b，设 M 是满足命题的所有的 c 的集合.

1) 因为 $a = b$，所以 $a \cdot 0 = 0 = b \cdot 0$，所以 $0 \in M$.

2) 假设 $c \in M$，即 $a \cdot c = b \cdot c$，则

$$a \cdot c' = a \cdot c + a,$$
$$b \cdot c' = b \cdot c + b,$$
$$\therefore a \cdot c' = b \cdot c',$$

所以 $c' \in M$. 根据归纳公理，$M = \mathbb{N}$，又 a, b 是任意的，命题成立.

(2) $a < b$，则存在 $k \in \mathbb{N}^*$，使得 $a + k = b$，则由(1)得 $(a + k) \cdot c = b \cdot c$，即 $a \cdot c + k \cdot c = b \cdot c$，当 $c \neq 0$ 时，有 $a \cdot c < b \cdot c$ 成立；当 $c = 0$ 时，有 $a \cdot c = b \cdot c$. 命题成立.

依据(2)和对逆性得到(3). □

1.2.3 自然数集的性质

性质 1.1 自然数集具有离散性(即在任意两个相邻的自然数 a 与 a' 之间不存在自然数 b，使 $a < b < a'$).

证明：假设存在 $b \in \mathbb{N}$，使得 $a < b < a'$，因为 $b > a$，存在 $k \in \mathbb{N}^*$，使得 $b = a + k$. 若 $k = 1$，有 $b = a'$；若 $k > 1$，则 $b = a + k > a + 1 = a'$，与 $b < a'$ 矛盾. □

性质 1.2 正整数集具有阿基米德性(即如果 $a, b \in \mathbb{N}^*$，则存在 $n \in \mathbb{N}^*$，使得 $n \cdot a > b$).

证明：取 $n = b + 1$，则 $n \cdot a = (b + 1) \cdot a > b$ 成立. □

性质 1.3 （最小数原理）自然数集的任一非空子集中必有一个最小数.

证明：假设集合 A 为自然数集的一个非空子集，但 A 内没有最小数，$0 \notin A$，否则 0 为最小数. 设

$$M = \{x \mid x \in \mathbb{N}, \text{对任意的 } a \in A, x < a\},$$

$0 \in M$. 假设 $k \in M$，下面证明 $k' \in M$. 若 $k + 1 \in A$，则 $k + 1$ 为最小数，因此 $k + 1 \in M$，即 $k' \in M$，由归纳公理，$M = \mathbb{N}$，则 $A = \varnothing$，这与 A 非空矛盾，定理得证. □

1.2.4 自然数的减法与除法

定义 1.13 设 $a, b \in \mathbb{N}$，如果存在 $x \in \mathbb{N}$ 使得 $b + x = a$，称 x 为 a 与 b 的差，记为 $a - b$，

其中 a 叫作**被减数**, b 叫作**减数**, 求两数差的运算叫作减法.

定理 1.16 对任何 $a, b \in \mathbb{N}$, 当且仅当 $a \geq b$ 时, $a - b \in \mathbb{N}$. 如果 $a - b$ 存在, 那么它是唯一的.

当 $a < b$ 时, 减法在 $\mathbb{N}$ 内无法实施, 因此有必要扩充数集.

定义 1.14 设 $a, b \in \mathbb{N}$, 如果存在 $x \in \mathbb{N}$ 使得 $b \cdot x = a$, 称 x 为 a 与 b 的商, 记为 $a \div b$ (或 a/b), 其中 a 叫作**被除数**, b 叫作**除数**, 求两数商的运算叫作**除法**.

定理 1.17 对任何 $a, b \in \mathbb{N}$, $a \div b \in \mathbb{N}$ 的必要条件是 $a \geq b$. 如果 $a \div b$ 存在, 那么它是唯一的.

1.2.5 数学归纳法

数学归纳法源于自然数的归纳公理, 主要用于证明与正整数有关的数学命题. 数学归纳法是促进学生从有限思维发展到无限思维、培养学生严密推理能力及抽象思维能力的一个重要载体. 数学归纳法常常需要采取一些变化来适应实际的需求.

定理 1.18 (数学第一归纳法) 设 $p(n)$ 是一个与正整数有关的命题, 如果
(1) $p(1)$ 成立;
(2) 对 $k \in \mathbb{N}^*$, 若 $p(k)$ 成立, 则 $p(k+1)$ 成立;
那么命题 $p(n)$ 对任何正整数都成立.

证明: 设 M 是满足 $p(n)$ 的正整数组成的集合, $M \subseteq \mathbb{N}^*$. $p(1)$ 成立, 则 $1 \in M$. 由 (2), $k \in M \Rightarrow k+1 \in M$, 根据皮亚诺归纳公理, $M = \mathbb{N}^*$, 即 $p(n)$ 对任何正整数都成立. □

定理 1.19 (数学第二归纳法) 设 $p(n)$ 是一个与正整数有关的命题, 如果
(1) $p(1)$ 成立;
(2) $p(n)$ 对所有满足 $l < k (k \in \mathbb{N}^*)$ 的正整数 l 都成立, 则 $p(k)$ 成立;
那么命题 $p(n)$ 对任何正整数都成立.

证明: 设
$$M = \{n \mid p(n) \text{成立}, n \in \mathbb{N}^*\},$$
$A = \mathbb{N}^* - M$. 假设 $A \neq \varnothing$, 根据自然数的最小数原理, A 有最小数, 设为 k, 由 (1), $1 \in M$, 因此 $k \neq 1$. 则 $2, \cdots, k-1 \in M$, 由 (2), $k \in M$, 这与 $k \in A$ 矛盾, 所以 $A = \varnothing$, 即 $M = \mathbb{N}^*$, $p(n)$ 对任何正整数成立. □

定理 1.20 (跳跃归纳法) 设 $p(n)$ 是一个与正整数有关的命题, 如果满足
(1) $p(n)$ 对 $n = 1, 2, \cdots, l$ 成立;
(2) 对 $k \in \mathbb{N}^*$, 若 $p(k)$ 成立, 能推得 $p(k+l)$ 成立;
那么命题 $p(n)$ 对任何正整数都成立.

定理 1.21 (螺旋归纳法) 设 $p(n)$ 和 $t(n)$ 是两个与正整数有关的命题, 如果满足
(1) $p(1)$ 成立;

(2) 对 $k \in \mathbb{N}^*$,若 $p(k)$ 成立,能推得 $t(k)$ 成立,且 $t(k)$ 成立能推出 $p(k+1)$ 成立;

那么命题 $p(n)$ 和 $t(n)$ 对一切正整数都成立.

定理 1.22 （倒推归纳法）设 $p(n)$ 是一个与正整数有关的命题,如果满足

(1) $p(n)$ 对无穷多个正整数成立;

(2) 对 $k,l \in \mathbb{N}^*$,若 $p(k+l)$ 成立,能推得 $p(k)$ 成立;

那么命题 $p(n)$ 对任何正整数都成立.

例 1.3 证明:用票面为 3 分和 5 分的邮票可以支付任何 n(n 是大于 7 的正整数)分的邮资.

证明:(1) 当 $n = 8$ 时,一张 3 分和一张 5 分的邮票就可以了.

(2) 若当 $n = k$ 时,用票面为 3 分和 5 分的邮票可以支付. 分为两种情况:

1) 至少有三张 3 分的邮票,这时将其中的三张换为两张 5 分的邮票,可以支付邮资为 $k+1$ 的邮费;

2) 至少有一张 5 分的邮票,将一张 5 分的邮票换成两张 3 分的邮票,就可以支付邮资为 $k+1$ 的邮费了. □

1.3 整数环

德国数学家克罗内克(Kronecker)曾说过:"上帝创造了自然数,其他的数都是人创造的." 在自然数集里并不是所有的自然数都可以实施减法运算. 为了补足这一缺陷,本节以自然数集为基础,用添加元素的方法扩展到整数集(用构造方法从自然数集扩展到整数集,可以参阅本书参考文献中[36]、[39]、[43]等相关书籍).

1.3.1 整数概念

负整数的引入

定义 1.15 设 A 是一个非空数集,$a,b \in A$,如果存在 $x \in A$ 使得 $b + x = a$,称 x 为 a 与 b 的差,记为 $a - b$,其中 a 叫作**被减数**,b 叫作**减数**,求两数差的运算叫作**减法**.

若定义 1.15 中的 A 为自然数集 $\mathbb{N}$,当且仅当 $a \geqslant b$ 时,$a - b \in \mathbb{N}$. 当 $a < b$ 时,减法在 $\mathbb{N}$ 内无法实施,因此有必要引入负数的概念.

定义 1.16 对于任意的 $n \in \mathbb{N}^*$,若有一个数 $-n$,满足

$$n + (-n) = 0.$$

$-n$ 叫作**负整数**,n 叫作**正整数**,有时也写成 $+n$,这里的 "$+$" 和 "$-$" 号分别叫作正号和负号. 负号遵循下面的符号法则

$$-(+n) = -n,$$
$$-(-n) = n.$$

n 和 $-n$ 互为相反数,0 的相反数仍为 0.0 是一个中性元,不分正负.

定义 1.17 正整数、负整数和零统称为**整数**.全体整数的集合记作 $\mathbb{Z}$,非零整数的集合记作 $\mathbb{Z}^*$.

定义 1.18 一个数 a 的绝对值为 $|a|$,是由 a 唯一确定的非负数,有

$$|a| = \begin{cases} a, & a > 0, \\ 0, & a = 0, \\ -a, & a < 0(-a > 0). \end{cases}$$

定义 1.18 对有理数、实数也适用.

1.3.2 整数运算与整数环

1. 整数的加法和乘法

定义 1.19 (加法法则)

(1) 同号两数相加,绝对值相加,并取原来的符号;

(2) 异号两数相加,当绝对值相等(互为相反数)时,其和为零;当绝对值不相等时,绝对值相减,取绝对值较大的加数的符号;

(3) 一个数同零相加,还是这个数.

定义 1.20 (乘法法则)

(1) 同号两数相乘,绝对值相乘,积取正号;

(2) 异号两数相乘,绝对值相乘,积取负号;

(3) 任何数同零相乘,积是零.

"负负得正"是初等代数中的一个十分重要的符号法则,早在公元 7 世纪就已为印度数学家婆罗摩笈多所知."负负得正"法则始终是数学教学中的一个难点.19 世纪法国著名作家司汤达因为他的两位数学老师未能合理解释"负负得正"的缘由而对数学失去了兴趣.咱们国家著名的杂交水稻之父袁隆平先生在与数学家吴文俊先生闲谈时,提到"负负得正".这源于在初中时,袁隆平先生从老师那里得知"负负得正"是规则,记住就可以了,刨根问底的袁老一生记住了这"不讲道理的负负得正".关于"负负得正"可以利用分配律、连减法、利用相反数、归纳法、几何方法、物理模型和生活模型等去解释.我们此处采用数学家杨格(Young)的解释:若承认 $(-b) \times a = -ab$(已证),则必有 $(-b) \times (-a) = +ab$,否则 $(-b) \times a = (-b) \times (-a)$,于是 $a = -a$,矛盾.

2. 整数的减法

利用 $m - n = m + (-n)$,可以将整数的减法转化为加法去做.

定理 1.23 在整数集中,两个数的差是唯一存在的.

证明: 先证存在性.设 $m, n \in \mathbb{Z}$,则 $m + (-n) \in \mathbb{Z}$,有

$$[m + (-n)] + n = m + [(-n) + n]$$
$$= m.$$

所以 $m - n = m + (-n)$.

再证唯一性. 设 $x \in \mathbb{Z}$ 为 $m - n$ 的差, 即 $x + n = m$, 两边同时加 $-n$ 得

$$x + n + (-n) = m + (-n),$$
$$x = m + (-n).$$

即 $m - n$ 的差只能是 $m + (-n)$. □

3. 整数集是交换环

定义 1.21　若一个非空集合定义了加法和乘法两种运算, 加法满足结合律和交换律, 且每一个元素都存在负元, 乘法满足结合律, 乘法对加法满足分配律, 那么这个集合对加法和乘法构成一个**环**, 若乘法还满足交换律, 此环还是一个**交换环**.

根据前面的讨论可以知道整数集是一个交换环.

1.3.3　整数集的性质

性质 1.4　整数集是有序集.

设 a, b 为两个整数, 若 $a - b > 0$, 则 a 大于 b, 记为 $a > b$; 若 $a - b = 0$, 则 $a = b$; 若 $a - b < 0$, 则 $a < b$. 整数集的顺序与自然数集一样具有传递性和三分性, 所以整数集是有序集.

性质 1.5　整数集具有离散性.

性质 1.6　整数集 $\mathbb{Z}$ 与它的子集 $\mathbb{N}$ 可以建立一一对应关系.

如

$$f(n) = \begin{cases} 0, & n = 0, \\ 2n - 1, & n > 0, \\ -2n, & n < 0. \end{cases}$$

1.3.4　整除和同余

1. 整除

定义 1.22　设 $a \in \mathbb{Z}, b \in \mathbb{Z}^*$, 如果存在 $q \in \mathbb{Z}$, 使 $a = bq$, 则称 a 能被 b **整除**, 亦叫 b 整除 a, 记作 $b \mid a$, 如果 a 不能被 b 整除, 记作 $b \nmid a$.

> **注 1.2　整除的条件**
> 1) 被除数、除数都是整数;
> 2) 被除数除以除数, 所得到的商是整数且余数为零.

2. 整除的性质

性质 1.7 $b \mid a \Leftrightarrow a$ 除以 b 所得到的余数为 0.

性质 1.8 若 $a \mid b, b \mid a$,则 $|a| = |b|$.

性质 1.9 (传递性) 若 $c \mid b, b \mid a$,则 $c \mid a$.

性质 1.10 若 $m \mid a, m \mid b$,则 $m \mid (ka + lb)$,其中 k, l 为任意整数.

推论 1.2 若 $m \mid a_i (i = 1, 2, \cdots, n)$,则 $m \mid \sum\limits_{i=1}^{n} k_i a_i$.

推论 1.3 若 $m \mid \sum\limits_{i=1}^{n} k_i a_i, \sum\limits_{i=1}^{n} k_i a_i$ 除某一项外,其他所有项都能被 m 整除,则这一项也能被 m 整除.

3. 整除的特征

定理 1.24 (1) 末尾系:被 2、5、4、25、8、125 整除的数的特点.

若一个整数的末尾一位数能被 2、5 整除,则这个数能被 2、5 整除.

若一个整数的末尾两位数能被 4、25 整除,则这个数能被 4、25 整除.

若一个整数的末尾三位数能被 8、125 整除,则这个数能被 8、125 整除.

(2) 和系:被 3、9 整除的数的特点.

若一个整数的数字和能被 3、9 整除,则这个整数能被 3、9 整除.

(3) 差系:被 7、11、13 整除的数的特点.

将一个整数三位一截,若奇数位之和与偶数位之和的差能被 7、11、13 整除,则这个数能被 7、11、13 整除.

证明:设数 $A = \overline{a_n a_{n-1} \cdots a_2 a_1 a_0}$,

$$
\begin{aligned}
A &= \overline{a_n a_{n-1} \cdots a_2 a_1 a_0} \\
&= a_n \times 10^n + a_{n-1} \times 10^{n-1} + \cdots + a_2 \times 10^2 + a_1 \times 10 + a_0 \\
&= a_n \times (\underbrace{99\cdots99}_{n \uparrow 9} + 1) + a_{n-1} \times (\underbrace{99\cdots99}_{(n-1) \uparrow 9} + 1) + \cdots \\
&\quad + a_2 \times (99 + 1) + a_1 \times (9 + 1) + a_0 \\
&= 9 \times (\underbrace{11\cdots11}_{n \uparrow 1} a_n + \underbrace{11\cdots11}_{(n-1) \uparrow 1} a_{n-1} + \cdots + 11 a_2 + a_1) \\
&\quad + (a_n + a_{n-1} + \cdots + a_2 + a_1 + a_0).
\end{aligned}
$$

由此可以得到(2)成立.

根据位值原理,可以类似地证明(1)、(3).

4. 同余的概念

定义 1.23 如果两个整数 a 与 b 被整数 m 除时所得到的余数相同,即

$$
a = qm + r, \qquad b = pm + r,
$$

那么就称 a 与 b 关于模 m **同余**,其中 p,q,r 都是整数,而且 $0 \leqslant r < |m|$,当 $r = 0$ 时,即为整除.

> **注 1.3** 整数 m,若 $m|(a-b)$,那么就称 a 与 b 关于模 m 同余,记作 $a \equiv b \pmod{m}$.

常常将有余问题转化为无余问题来处理.

5. 同余的性质

性质 1.11 反身性:a 与 a 同余,记作 $a \equiv a \pmod{m}$.

性质 1.12 对称性:a 与 b 同余,则 b 与 a 同余.

性质 1.13 传递性:a 与 b 同余,b 与 c 同余,则 a 与 c 同余.

性质 1.14 同余式相加:a 与 b 同余,c 与 d 同余,则 $a + c$ 与 $b + d$ 同余.

性质 1.15 同余式相乘:a 与 b 同余,c 与 d 同余,则 ac 与 bd 同余.

例 1.4 一个 19 位数 $\underbrace{77\cdots77}_{9\text{个}}\square\underbrace{44\cdots44}_{9\text{个}}$ 能被 13 整除,求 $\square$ 的数字.

解:设 $\square$ 数为 a,将 $777777777a444444444$ 三位一截,得

$$\overset{7}{7},\overset{5}{\underset{6}{777}},\overset{}{777},\overset{}{\underset{4}{77a}},\overset{3}{444},\overset{}{\underset{2}{444}},\overset{1}{444}$$

奇数位上的和为 $7 + 777 + 444 + 444$,偶数位上的和为 $777 + 77a + 444$,做差得

$$77a - 451 = 770 + a - 451 = 325 + a - 6,$$

又 $13|325$,所以 $13|(a-6)$,因此 $a = 6$.

例 1.5 一个大于 1 的数去除 $290,235,200$ 时,得到的余数分别为 $a,a+2,a+5$,则这个自然数是多少?

解:此题的关键是将余数不同问题→同余问题→无余问题.

设此数为 b,由题意知

$$\begin{cases} 290 \div b \cdots a, \\ 235 \div b \cdots a+2, \\ 200 \div b \cdots a+5, \end{cases}$$

(其中 $290 \div b \cdots a$ 表示 290 除以 b 的余数为 a,此式及以下类似用法.)

化为同余问题

$$\begin{cases} 290 \div b \cdots a, \\ 233 \div b \cdots a, \\ 195 \div b \cdots a. \end{cases}$$

化为无余问题

$$\begin{cases} b|(290-233) \rightarrow b|57, \\ b|(290-195) \rightarrow b|195, \\ b|(233-195) \rightarrow b|38. \end{cases}$$

所以 b 为 $38,57,95$ 的最大公约数, $b = 19$. 这个自然数是 19.

例1.6 某正整数除以 11 余 8,除以 13 余 10,除以 17 余 12,那么这个数最小为多少?

解:设此数为 a,根据题意得

$$\begin{cases} a \div 11 \cdots 8, & ① \\ a \div 13 \cdots 10, & ② \\ a \div 17 \cdots 12. & ③ \end{cases}$$

由①和②可知 $11 | (a + 3), 13 | (a + 3)$,所以 $a + 3$ 为 11 和 13 的倍数,即为 143 的倍数,设 $a = 140 + 143k(k \in \mathbb{N}^*)$. 由③,将 a 重写为 $a = 136 + 136k + 7k + 4$,所以 $7k \div 17 \cdots 8$,因为求最小的数,所以推得 $k = 6$,从而 $a = 140 + 143 \times 6 = 998$. 这个数最小为 998.

例1.7 (韩信点兵)有兵一队,若列成 5 行纵队,则末行 1 人,若列成 6 行纵队,则末行 5 人,若列成 7 行纵队,则末行 4 人,若列成 11 行纵队,则末行 10 人,求最少兵数.

解:设最少兵数为 a,则由题意得

$$\begin{cases} a \div 5 \cdots 1, & ① \\ a \div 6 \cdots 5, & ② \\ a \div 7 \cdots 4, & ③ \\ a \div 11 \cdots 10. & ④ \end{cases}$$

由②和④可以得到,$6 | (a + 1), 11 | (a + 1)$,即 $a + 1$ 为 6 和 11 的倍数,因此设 $a = 65 + 66k(k \in \mathbb{N}^*)$. 由①,将 a 写为 $a = 65 + 65k + k$,此时最小的 $k = 1$,从而设 $a = 131 + 330n(n \in \mathbb{N}^*)$. 由③,将 a 重写为 $a = 126 + 329n + 5 + n$,可以知道 $(n + 5) \div 7 \cdots 4$,即 $n \div 7 \cdots 6$,因为求最小的数,推得 $n = 6$,所以 $a = 2111$. 最少兵数为 2111 人.

1.4 有理数域

从自然数集扩充到有理数集,满足了理论的需要. 在有理数集上,消除了对减法和除法的限制. 有理数是 Rational Number 的中文意思,rational 一词,日本人将其翻译为"有理的",字根 ratio 也有"比"的意思. 因此有人认为将有理数翻译为"比数",无理数 (Irrational Number)译为"非比数"更合理,这样就很自然地可以解释为什么整数和分数统称为有理数,因为两个整数的比得到的比值要么是整数,要么是分数.

1.4.1 有理数的概念

有理数的定义可以用有限小数和无限循环小数来表示,不过无限循环小数处理起来比较麻烦. 因此,通常我们用分数来定义有理数. 分数的定义通常有以下三种说法.

(1)《辞海》将分数定义为:将单位分成若干份,表示这样一份或者几份的数,称为**分数**. 这样的定义,强调了分数的直观意义.

(2)分数是两个整数相除所得的商.

（3）分数是一对整数之比 $\dfrac{p}{q}$，其中 $q \neq 0$. 这种说法便于分数的运算.

定义 1. 24　设 $a \in \mathbb{Z}, b \in \mathbb{Z}^*$，一切可以写成 $\dfrac{a}{b}$ 形式的数叫作**有理数**.

全体有理数的集合记作 $\mathbb{Q}$，$\mathbb{Q}^+$ 表示全体正有理数的集合，全体非零有理数的集合记作 $\mathbb{Q}^*$.

分数的基本性质为

$$\frac{a}{b} = \frac{ma}{mb}, \text{其中 } a \in \mathbb{Q}, m, b \in \mathbb{Q}^*.$$

上式是通分或约分的理论依据. 利用它，可以将有限小数或无限循环小数化为分数，也可以将一般的分数化成既约分数 $\dfrac{m}{n}$（$m \in \mathbb{Q}, n \in \mathbb{N}^*, m$ 和 n 互质）.

当分母为 1 时，$\dfrac{m}{n}$ 为整数. 当分母 n 的质因数只有 2 和 5 时，$\dfrac{m}{n}$ 可以化为有限小数；当分母 n 含有 2 和 5 以外的质因数时，$\dfrac{m}{n}$ 可以化为无限循环小数.

1.4.2　有理数的顺序

自然数集、正分数统称为算术数集.

定义 1. 25　两个正有理数相等，与算术数集中两数相等的概念相同，对于两个负有理数 $-a, -b$，如果 $|-a| = |-b|$，就称它们相等.

有理数集的相等关系是一个等价关系，具有反身性、对称性和传递性.

定义 1. 26　任一正有理数大于零，任一负有理数小于零和正有理数；两个正有理数之间，按照算术数集中的规定比较大小；两个负有理数之间，绝对值大的那个数较小.

有理数的大小顺序满足三分性.

1.4.3　有理数的运算

1. 有理数的加法、减法和乘法

有理数的加法法则和乘法法则与整数的加法法则和乘法法则相同，满足加法交换律、结合律、乘法交换律、结合律，以及乘法对加法的分配律.

有理数的减法的定义同整数情形类似，利用 $a - b = a + (-b)$ 来定义，把有理数的减法化为加法来处理.

2. 有理数的除法

定义 1. 27　设 $a, b \in \mathbb{Q}$，且 $b \neq 0$，如果存在 $x \in \mathbb{Q}$，满足 $bx = a$，称 x 为 a 除以 b 的商，记作 $\dfrac{a}{b}$.

定义 1.28 P 为一非空数集,如果 P 中任意两个数的和、差、积、商(除数不为 0)仍是 P 中的数,则称 P 为一个**数域**.

定义 1.29 P 为一非空数域,如果 P 中存在一个序关系 $>$,

(1) 对任意的 $a,b \in P$,由 $a > b$,对任意的 $c \in P$,都有 $a + c > b + c$;

(2) 对任意的 $a,b \in P$,由 $a > b$,对任意的 $c \in P, c > 0$,都有 $ac > bc$,那么 P 称为**有序域**.

有理数集为一个有序域.

1.4.4 有理数集的性质

性质 1.16 (稠密性)任意两个有理数之间总存在无限多个有理数.

证明:设 $a,b \in \mathbb{Q}$,不妨设 $a < b$,那么

$$a < \frac{a+b}{2} < b,$$

这说明 a,b 间有有理数 $\dfrac{a+b}{2}$,同样地可以证明 $\dfrac{a+b}{2}$ 与 a 之间至少存在一个有理数. 以此类推,a,b 间有无限多个有理数. □

定义 1.30 一个集合若能与自然数集建立一一对应关系,那么这个集合称为**可列集**.

性质 1.17 有理数集是可列集.

证明:把一切正有理数写成 $\dfrac{m}{n}$($m \in \mathbb{Z}, n \in \mathbb{Z}^*$). 0 排在最前面,对于正分数依据分子、分母和的大小,和较小的排在前面,和较大的排在后面,和相等的分子小的排在前面,负分数紧排在它的相反数后面,即

$$0, \frac{1}{1}, -\frac{1}{1}, \frac{1}{2}, -\frac{1}{2}, \frac{2}{1}, -\frac{2}{1}, \cdots,$$

每个有理数有一个固定的位置,可以与自然数建立一一对应关系,所以有理数集是可列集. □

性质 1.18 有理数域具有阿基米德性质,即对于任意的 $\alpha, \beta \in \mathbb{Q}^+$,存在正整数 n,使得 $n\alpha > \beta$.

证明:设 $\alpha = \dfrac{a}{b}, \beta = \dfrac{c}{d}, a, b, c, d$ 均为正整数. 因为正整数集满足阿基米德性,存在 n 使得 $nad > bc$,所以 $\dfrac{na}{b} > \dfrac{c}{d}$,即 $n\alpha > \beta$. □

1.5 实数域

有理数域对加、减、乘、除(除数不为0)四则运算封闭,已经比较完美了.可在有理数域内开方运算不是总能进行的,因此还需要扩充数系.本节同样利用添加元素法将有理数集扩充到实数集.

1.5.1 无理数的引入

公元前500年左右,古希腊的毕达哥拉斯(Pythagoras)学派曾宣称"万物皆数"(其中的数为有理数).但他们发现单位正方形的对角线的长不能表示为两个整数的比.这一不可公度线段的发现,为数学的发展带来了新的问题.为了解决不可公度这个障碍,欧多克斯(Eudoxus)采用了比例论使几何学在逻辑上绕开了不可公度的障碍,但也由此导致了几何与代数的长期分离.直到19世纪70年代,因为微积分的需要,数学家维尔斯特拉斯(Weierstrass)等人才在有理数的基础上,以不同形式把实数理论建立起来.

例 1.8 求证:任何有理数的平方都不等于2.

证明: 假设存在一个有理数 $x = \dfrac{p}{q}, p \in \mathbb{Z}, q \in \mathbb{Z}^*$,且 p, q 互质,使得 $x^2 = 2$,即 $p^2 = 2q^2$,所以 p^2 为偶数.因为奇数的平方不可能为偶数,因此 p 为偶数,设 $p = 2m$,则 $q^2 = 2m^2$,同样地得到 q 也为偶数,这与 p, q 互质矛盾,所以 x 不是有理数. □

例1.8说明2的正平方根 $\sqrt{2}$ 不是有理数,确实存在不是有理数的数.用普通开平方的方法,$\sqrt{2}$ 为无限小数,它不可能是循环小数,若是循环小数就为有理数了,所以 $\sqrt{2}$ 为无限不循环小数.

定义 1.31 无限不循环小数叫作**无理数**.

无理数除了无限不循环小数的定义,还有康托尔的基本序列说及戴德金分割说(具体请参阅本书参考文献中[43]等书籍).

例 1.9 $a > 1, b > 1, a, b$ 互质,且已知 $\log_a b$ 是无限小数,求证:$\log_a b$ 是无理数.

证明: 假设 $\log_a b$ 是有理数,因为 $a > 1, b > 1$,则 $\log_a b > 0$,存在 $m, n \in \mathbb{N}^*$,使得 $\log_a b = \dfrac{m}{n}$,推得 $a^m = b^n$,所以 $a \mid b^n$,设 a_1 为 a 的一个素因子,则 $a_1 \mid b^n$,故 $a_1 \mid b$,a_1 为 a, b 共同的素因子,这与 a, b 互质矛盾,所以 $\log_a b$ 不是有理数,又 $\log_a b$ 是无限小数,即为无理数. □

1.5.2 实数概念及其顺序

1. 实数概念

定义 1.32 (实数的无限小数定义法)全体有限小数和无限小数组成的集合称为**实数集**,记作 $\mathbb{R}$.

$$\underset{(\text{无限小数})}{\text{实数}}\begin{cases}\text{有理数(无限循环小数)}\begin{cases}\text{正有理数}\\ \text{零}\\ \text{负有理数}\end{cases}\\ \text{无理数(无限不循环小数)}\begin{cases}\text{正无理数}\\ \text{负无理数}\end{cases}\end{cases}$$

2. 实数顺序

为了讨论方便,我们把实数表示成无限小数的形式,对任意的正有限小数(包括正整数)x,当 $x = a_0.a_1a_2a_3\cdots a_n$(其中 $0 \leqslant a_i \leqslant 9, i = 0,1,2,\cdots,n$)时,记

$$x = a_0.a_1a_2\cdots(a_n - 1)99\cdots9\cdots.$$

若 $x = 0$ 记为

$$x = 0.000\cdots0\cdots.$$

若 $x < 0$,先将 $-x$ 表示成无限小数形式,再在所得的无限小数前加符号,即为 x 的无限小数形式,如

$$-1.5 = -(1.49\cdots9\cdots) = -1.49\cdots9\cdots$$

定义 1.33 任意两正实数 $x = a_0.a_1a_2a_3\cdots a_n\cdots, y = b_0.b_1b_2b_3\cdots b_n\cdots, (0 \leqslant a_n, b_n \leqslant 9, n = 0,1,2,\cdots)$,有

(1) 若 $a_n = b_n(n = 0,1,2,\cdots)$,则称 $x = y$;

(2) 若 $\exists k \in \mathbb{N}, a_k = b_k, a_{k+1} > b_{k+1}$,则称实数 $x > y$ 或 $y < x$.

对于负实数 x, y,若 $-x > -y$,则 $x < y$,若 $-x = -y$,则 $x = y$,若 $-x < -y$,则 $x > y$.

把实数写成无限小数形式后,任意两个实数比较大小,只需相同位置上的数比较大小,非负实数大小的比较就转化成了自然数大小的比较. 实数集的顺序同有理数一样满足三分性和传递性.

定义 1.34 实数 $x = a_0.a_1a_2a_3\cdots a_n\cdots, x_n = a_0.a_1a_2a_3\cdots a_n$ 称为 x 的 n 位不足近似,$\bar{x}_n = a_0.a_1a_2\cdots a_n + \dfrac{1}{10^n}$ 称为 x 的 n 位过剩近似.

命题 1.1 若实数 $x > y$,一定存在 k,使得 $x_k > \bar{y}_k$.

详见本书参考文献中[3]、[8].

1.5.3 实数集的运算

通过无限小数的形式定义实数比较直观,但这一直观定义并没有想象得那么简单,无限小数的加、减、乘、除等运算如何定义?要定义两个无限小数的和必然会涉及两个无穷数列求和,与数列收敛有关.

1. 基本序列

定义 1.35 (柯西基本序列)设数列 $\{a_n\}$ 满足条件：对于任意的有理数 $\varepsilon > 0$，总存在自然数 N，只要 $n, m > N$，就有 $|a_n - a_m| < \varepsilon$，则称数列 $\{a_n\}$ 为**基本序列**.

定义 1.36 设数列 $\{a_n\}$，$\{b_n\}$ 为基本序列，如果对于任意的有理数 $\varepsilon > 0$，总存在自然数 N，只要 $n > N$，就有 $|a_n - b_n| < \varepsilon$，则称这两个基本序列**等价**.

如，$\sqrt{2}$ 的不足近似序列为

$$1, 1.4, 1.41, 1.414, \cdots$$

$\sqrt{2}$ 的过剩近似序列为

$$2, 1.5, 1.42, 1.415, \cdots$$

$\sqrt{2}$ 的不足近似序列与其过剩近似序列为等价基本序列.

定义 1.37 (实数的基本序列定义法)有理数的基本序列等价类称为**实数**.

定义 1.38 如果有理数列 $\{a_n\}$，$\{b_n\}$ 满足

(1) $a_1 \leqslant a_2 \leqslant a_3 \leqslant \cdots \leqslant a_n \leqslant \cdots$;

$b_1 \geqslant b_2 \geqslant b_3 \geqslant \cdots \geqslant b_n \geqslant \cdots$;

(2) 对所有的 n 都有 $a_n < b_n$;

(3) 如果对于任意的有理数 $\varepsilon > 0$，当 n 充分大时，$b_n - a_n < \varepsilon$；则称有理闭区间列

$$[a_1, b_1], [a_2, b_2], \cdots, [a_n, b_n], \cdots$$

为**退缩有理闭区间序列**. 又因为具有性质：

$$[a_1, b_1] \supseteq [a_2, b_2] \supseteq \cdots \supseteq [a_n, b_n] \supseteq \cdots$$

也称为**有理闭区间套**.

如果定义中的序列为实数列，称它为闭区间套，有时简称区间套.

定理 1.25 (区间套定理)设 $[a_n, b_n]$ 是一个区间套，则存在唯一的实数 ξ，使得

$$\xi \in [a_n, b_n], n = 1, 2, \cdots$$

详细证明参见本书参考文献中[3]、[8].

定理 1.26 设 $[a_n, b_n]$ 是一个有理闭区间套，则存在唯一的实数 ξ，使得

$$\xi \in [a_n, b_n], n = 1, 2, \cdots$$

数轴上任意一点的坐标不一定是有理数，下面证明数轴上的点与实数集是一一对应的，即数轴上的点的坐标对应一个实数，一个实数必然是数轴上某一点的坐标.

定理 1.27 (康托尔公理,退缩线段公理)设直线 l 上一系列线段 $A_1B_1, A_2B_2, \cdots, A_nB_n, \cdots$ 满足

$$A_1B_1 \supseteq A_2B_2 \supseteq \cdots \supseteq A_nB_n \supseteq \cdots,$$

且当 n 充分大时，$|A_nB_n|$ 可以任意小，则在 l 上有且只有一点 $P \in A_nB_n (n = 1, 2, \cdots)$.

定理 1.28 对于任意给定的实数 a，数轴上一定存在唯一的一个点和它对应.

证明：对于实数 a，由它的不足近似和过剩近似组成的有理区间列为

$$[a_1, b_1], [a_2, b_2], \cdots, [a_n, b_n], \cdots,$$

且为退缩的有理区间列,所以实数 a 为退缩区间列里每一个闭区间唯一的实数. 每一个有理数对应数轴上的一个有理点,可设有理数 a_n 和 b_n 分别对应数轴上的点 A_n 和 $B_n(n=1,2,\cdots)$. 这样得到数轴上的一系列线段

$$A_1B_1,A_2B_2,\cdots,A_nB_n,\cdots$$

满足

$$A_1B_1\supseteq A_2B_2\supseteq\cdots\supseteq A_nB_n\supseteq\cdots,$$

且当 n 充分大时,$|A_nB_n|$ 可以任意小,则在 l 上有且只有一点 $P\in A_nB_n(n=1,2,\cdots)$.

这个唯一的点 P 就是给定实数 a 在数轴上的对应点. 实数集和数轴上的点建立起一一对应关系. □

2. 实数的四则运算

先讨论正实数的情况,将任意一正实数写成无限小数形式.

定义 1.39 如果一个实数 γ 大于(或等于)两个给定的正实数 α,β 的一切对应的不足近似值的和,而小于 α,β 的一切对应的过剩近似值的和,即对任意非负整数 n 都有

$$\alpha_n^-+\beta_n^-\leqslant\gamma\leqslant\alpha_n^++\beta_n^+,$$

其中 α_n^-,β_n^- 与 α_n^+,β_n^+ 分别表示 α,β 的精确到 $\dfrac{1}{10^n}$ 的不足近似值与过剩近似值. 则称实数 γ 是 α,β 的**和**,记为 $\gamma=\alpha+\beta$.

定义 1.40 如果一个实数 γ 大于(或等于)两个给定的正实数 α,β 的一切对应的不足近似值的积,而小于 α,β 的一切对应的过剩近似值的积,即对任意非负整数 n 都有

$$\alpha_n^-\beta_n^-\leqslant\gamma\leqslant\alpha_n^+\beta_n^+,$$

则称实数 γ 是 α,β 的**积**,记为 $\gamma=\alpha\cdot\beta$(或 $\gamma=\alpha\beta$).

定义 1.41 设 α,β 为两个正实数,且 $\alpha>\beta$,满足条件 $\beta+\gamma=\alpha$ 的数 γ 叫作 α 减去 β 的**差**,记作 $\alpha-\beta=\gamma$.

定义 1.42 设 α,β 为两个正实数,满足条件 $\gamma\beta=\alpha$ 的数 γ 叫作 α 除以 β 的**商**,记作 $\alpha\div\beta=\gamma$.

综上,两个正实数的加、减、乘、除都有了定义,约定两个负实数,正、负实数以及正、负实数与零的四则运算,仍按有理数集中的有关规定进行.

3. 正实数的开方

定理 1.29 设 $a>0,n(n\geqslant2)$ 是自然数,则方程 $x^n=a$ 有唯一的正数解,这个解叫作 a **的** n **次正根**(即算术平方根),记为 $\sqrt[n]{a}$ 或者 $a^{\frac{1}{n}}$.

证明: 为简单起见,只考虑 $n=2$ 的情形.

(1) $a=1$ 时,显然成立.

(2) $0 < a < 1$ 或者 $a > 1$ 时，$x^2 = a$ 与 $\dfrac{1}{x^2} = \dfrac{1}{a}$ 同解. 因此只需考虑 $0 < a < 1$ 的情形. 设

$$E = \{x \mid x^2 < a, x > 0\}.$$

因为 $0 < a < 1, a^2 < a$，所以 $a \in E$ 且 1 为 E 的上界，即 E 非空有上界，存在上确界，记为 $c = \sup E, a \leqslant c \leqslant 1$.

下证 $c^2 = a$，也就说明 c 即是我们要找的 $x^2 = a$ 的解.

假设 $c^2 > a$，由 $c = \sup E$，存在 $m \in \mathbb{N}^+$，使得 $\dfrac{1}{m} < c, \dfrac{1}{m} < \dfrac{c^2 - a}{2}$，存在 $x_0 \in E$，使得 $x_0 > c - \dfrac{1}{m} > 0$，有 $x_0^2 > \left(c - \dfrac{1}{m}\right)^2 = c^2 - \dfrac{2c}{m} + \left(\dfrac{1}{m}\right)^2 > c^2 - \dfrac{2}{m} > c^2 - (c^2 - a) = a$. 但 $x_0 \in E$，也就推出 $c^2 > a$ 的情形不对.

下面说明 $c^2 < a$ 也不对.

假设 $c^2 < a, c > 0, c \in E$，则 $c = \max E$，取 $m \in \mathbb{N}^+$，使得 $\dfrac{1}{m} < a - c^2$，取 $x_0 = \sqrt{c^2 + \dfrac{1}{m}}$，则 $x_0^2 = c^2 + \dfrac{1}{m} < a$. $x_0 = \sqrt{c^2 + \dfrac{1}{m}}$ 与 $c = \max E$ 矛盾.

综上，$c^2 = a$.

再证唯一性，对任意正数 $b(b \neq c)$，则 $b^2 - a = b^2 - c^2 = (b + c)(b - c) \neq 0$，所以，有唯一解. □

注 1.4 （确界存在原理）非空有界实数集必存在上下确界(详见[3]、[8]).

1.5.4 实数集的性质

性质 1.19 实数集 $\mathbb{R}$ 是一个有序数域.

证明： 实数集 $\mathbb{R}$ 含有 0 和 1，并定义了加、减、乘、除（除数不为 0）四则运算，在实数集内，这些运算都是封闭的. 在 $\mathbb{R}$ 内加法和乘法满足交换律、结合律，还满足乘法对加法的分配律，所以 $\mathbb{R}$ 为数域. $\mathbb{R}$ 内任意两个实数都存在顺序关系，而且这个关系都满足三分性和传递性，所以实数集是有序域.

性质 1.20 实数集 $\mathbb{R}$ 是不可数集.

证明： 如果 $\mathbb{R}$ 是可数的，则它的子集 $[0,1]$ 也为可数集，记

$$[0,1] = \{x_1, x_2, \cdots, x_n, \cdots\}.$$

将其中的每个元素都写成无限小数形式，即

$$x_1 = 0. x_{11}x_{12}\cdots x_{1n}\cdots,$$
$$x_2 = 0. x_{21}x_{22}\cdots x_{2n}\cdots,$$
$$\cdots$$
$$x_n = 0. x_{n1}x_{n2}\cdots x_{nn}\cdots,$$

$$\cdots$$

考虑 $[0,1]$ 中的实数 $\beta = 0. b_1 b_2 \cdots b_n \cdots$，其中 $b_k \neq x_{kk}$. 因为

$$b_1 \neq x_{11}, \text{所以} \beta \neq x_1;$$
$$b_2 \neq x_{22}, \text{所以} \beta \neq x_2;$$
$$\cdots$$
$$b_n \neq x_{nn}, \text{所以} \beta \neq x_n;$$
$$\cdots$$

所以 $\beta \notin [0,1]$，矛盾. 故得证.　　　　　　　　　　　　　　□

性质 1.21　实数集 $\mathbb{R}$ 具有连续性.

实数集连续性的几何意义就是实数集可与数轴上点集建立一一对应关系. 详细的关于实数集连续性的研究参见 [3]、[8].

性质 1.22　实数集 $\mathbb{R}$ 具有阿基米德性，即对于任意两个正实数 α, β，必存在正整数 n 满足 $n\alpha > \beta$.

证明：在实数集上，$\beta \div \alpha$ 存在，取 $n \in \mathbb{N}^*, n > \dfrac{\beta}{\alpha}$ 即可.　　　　　　□

1.6　复数域

求解一些方程时，需要对负数开方，而在实数集中负数不能开偶次方. 为了解决这一问题，需要对实数集进行扩充，前面的数系扩充都采用的是添加元素法. 此处若用添加元素法，需要解释 i 的意义. 将 $a + bi$ 看成二元数对 (a,b)，采用实数的运算法则，这样可在形式上避免对 i 的意义作解释.

1.6.1　复数概念与复数域的构成

定义 1.43　设集合 $\mathbb{C} = \mathbb{R} \times \mathbb{R} = \{(a,b) \mid a,b \in \mathbb{R}\}$ 上定义了加法和乘法运算，即

$$(a,b) + (c,d) = (a+c, b+d),$$
$$(a,b)(c,d) = (ac - bd, ad + bc),$$

则称集合 $\mathbb{C}$ 为**复数集**，其中的元素 (a,b) 叫作**复数**，a 叫作复数 (a,b) 的**实部**，b 叫作复数 (a,b) 的**虚部**，分别记作 $\mathrm{Re}(a,b)$ 和 $\mathrm{Im}(a,b)$.

定理 1.30　复数集 $\mathbb{C}$ 关于它的加法和乘法构成复数域.

证明：加法：满足交换律、结合律，有零元 $(0,0)$，负元为 $(-a,-b)$；

乘法：满足结合律、交换律、乘法对加法的分配律，有单位元 $(1,0)$，$(a,b) \neq (0,0)$ 时，(a,b) 的逆元为 $\left(\dfrac{a}{a^2 + b^2}, -\dfrac{b}{a^2 + b^2} \right)$.

设 $(a,b), (c,d)$ 是两个复数，则称 $(a-c, b-d)$ 为 (a,b) 与 (c,d) 的差，记为 (a,b)

$-(c,d) = (a-c,b-d).$ (a,b) 与 (c,d) 的商为 $\left(\dfrac{ac+bd}{c^2+d^2}, \dfrac{bc-ad}{c^2+d^2}\right)$，记为 $\dfrac{(a,b)}{(c,d)}$，所以复数集对加法和乘法构成一个复数域. □

1.6.2 复数的表示形式

1. 复数的代数形式

定义 1.44 $a+bi(a,b \in \mathbb{R})$ 叫作复数 (a,b) 的代数形式，虚部 $b \neq 0$ 的复数叫作**虚数**，实部 $a = 0$ 的虚数叫作**纯虚数**. i 叫作虚数单位，满足

$$i^2 = i \cdot i = (0,1) \cdot (0,1) = -1.$$

定义 1.45 当两个复数实部相等，而虚部符号相反时，这两个复数叫作**共轭复数**，复数 z 的共轭复数 $\bar{z}$，

$$\overline{a+bi} = a - bi(a,b \in \mathbb{R}),$$
$$z \cdot \bar{z} = |z|^2 = a^2 + b^2,$$

其中 $|z|$ 表示复数的模，两个共轭复数的积为实数. 复数的加、减、乘、除改成代数形式如下：

$$(a+bi) \pm (c+di) = (a \pm c) + (b \pm d)i,$$
$$(a+bi) \cdot (c+di) = (ac-bd) + (ad+bc)i,$$
$$\frac{a+bi}{c+di} = \frac{ac+bd}{c^2+d^2} + \frac{bc-ad}{c^2+d^2}i(c+di \neq 0).$$

2. 复数的几何表示

任何一个向量 $a+bi$ 可用平面上的点 $Z(a,b)$ 来表示，复数集与复平面上的点集是一一对应的，x 轴上的点都是实数，叫作实轴，y 轴（不包括原点）叫作虚轴，其上的点都表示纯虚数. 点 Z 由向量 $\overrightarrow{OZ}$ 决定. 复平面如图 1.2 所示，复数集与复平面内以 O 为起点的一切向量组成的集合也是一一对应的. 相等的向量属于同一个等价类，表示同一个复数，所以起点不一定是原点.

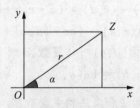

图 1.2　复平面

复数的模：$|z| = |\overrightarrow{OZ}| = \sqrt{a^2+b^2} = \sqrt{z \cdot \bar{z}}$

复数的辐角为 $\overrightarrow{Ox}$ 到 $\overrightarrow{OZ}$ 的有向角，有无穷多个，其中介于 $[0,2\pi)$ 的称为辐角的主值，记为 $\arg z$，$\text{Arg } z = \arg z + 2k\pi(k \in \mathbb{Z})$，$0$ 的辐角取任意实数.

复数常见的结果有

（1）$z = 0 \Leftrightarrow |z| = 0$；

（2）$z_1 = z_2 \Rightarrow |z_1| = |z_2|, \arg z_1 = \arg z_2$；

（3）$z_1 = -z_2 \Rightarrow |z_1| = |z_2|, \arg z_1 = \pi + \arg z_2$；

（4）$z_1 = \bar{z}_2 \Rightarrow |z_1| = |z_2|, \arg z_1 = 2\pi - \arg z_2$；

（5）$|z_1 \cdot z_2| = |z_1| \cdot |z_2|, \left|\dfrac{z_1}{z_2}\right| = \dfrac{|z_1|}{|z_2|}(z_2 \neq 0)$；

（6）$|z_1 \pm z_2|^2 = |z_1|^2 + |z_2|^2 \pm 2\mathrm{Re}(z_1\bar{z}_2)$；

（7）$||z_1| - |z_2|| \leqslant |z_1 + z_2| \leqslant |z_1| + |z_2|$.

证明： 这里只对（6）进行证明，其他的证明留给读者.

$$|z_1 \pm z_2|^2 = (z_1 \pm z_2) \cdot \overline{z_1 \pm z_2} = (z_1 \pm z_2) \cdot (\bar{z}_1 \pm \bar{z}_2)$$
$$= |z_1|^2 + |z_2|^2 \pm (z_1\bar{z}_2 + \overline{z_1\bar{z}_2})$$
$$= |z_1|^2 + |z_2|^2 \pm 2\mathrm{Re}(z_1\bar{z}_2). \qquad \square$$

3. 复数的三角表示

定义 1.46 设 $z = a + bi\,(a, b \in \mathbb{R})$ 的模 $|z| = r, z$ 的一个辐角是 θ，则称 $z = r(\cos\theta + \mathrm{i}\sin\theta)$ 为复数 z 的三角形式，其中

$$r = \sqrt{a^2 + b^2},\ \cos\theta = \frac{a}{r},\ \sin\theta = \frac{b}{r}\,(r \neq 0).$$

定理 1.31 设 z_i 的一个辐角为 $\theta_i, i = 1, 2$，则

（1）$z_1 \cdot z_2 = |z_1| \cdot |z_2|[\cos(\theta_1 + \theta_2) + \mathrm{i}\sin(\theta_1 + \theta_2)]$；

（2）$\dfrac{z_1}{z_2} = \left|\dfrac{z_1}{z_2}\right|[\cos(\theta_1 - \theta_2) + \mathrm{i}\sin(\theta_1 - \theta_2)], z_2 \neq 0$.

推论 1.4 （棣莫弗公式）$(\cos\theta + \mathrm{i}\sin\theta)^n = \cos n\theta + \mathrm{i}\sin n\theta, n \in \mathbb{Z}$.

1.6.3 复数的开方

定义 1.47 设 $n > 1, n \in \mathbb{N}$，且 $z^n = a$，则称 z 为 a 的 n 次方根，求方根的运算称为开方.

定理 1.32 $a \neq 0, a$ 的 n 次方根有且只有 n 个值，则

$$\sqrt[n]{a} = \sqrt[n]{|a|}\left(\cos\frac{\theta + 2k\pi}{n} + \mathrm{i}\sin\frac{\theta + 2k\pi}{n}\right), k = 0, 1, 2, \cdots, n - 1,$$

其中 $a = |a|(\cos\theta + \mathrm{i}\sin\theta)$.

证明： 设 a 的 n 次方根为 $z = r(\cos\varphi + \mathrm{i}\sin\varphi), r > 0$，则

$$z^n = r^n(\cos n\varphi + \mathrm{i}\sin n\varphi) = a = |a|(\cos\theta + \mathrm{i}\sin\theta),$$

所以 $r^n = |a|, n\varphi = \theta + 2k\pi, k \in \mathbb{Z}$，所以 $z^n = a$ 有下述根，即

$$z_k = \sqrt[n]{|a|}\left(\cos\frac{\theta + 2k\pi}{n} + \mathrm{i}\sin\frac{\theta + 2k\pi}{n}\right), k \in \mathbb{Z}.$$

下证一切 z_k 中只有 n 个相异的值.

取 $z_0, z_1, \cdots, z_{n-1}$ 中的任意两个值 $z_s, z_t, 0 \leqslant s, t \leqslant n-1, s \neq t$,则 $|s - t| < n$,因此 $0 < \dfrac{|s - t|}{n} < 1$,所以

$$\frac{\theta + 2s\pi}{n} - \frac{\theta + 2t\pi}{n} = \frac{(s - t)2\pi}{n}$$

不是 2π 的整数倍,所以 $z_0, z_1, \cdots, z_{n-1}$ 互不相等.

另一方面,由带余除法,任何整数 k 都可写成 $k = nq + m (0 \leqslant m \leqslant n - 1, m \in \mathbb{Z})$. 因此

$$\frac{\theta + 2k\pi}{n} = \frac{\theta + 2(nq + m)\pi}{n} = \frac{\theta + 2m\pi}{n} + 2q\pi.$$

这说明和 k 相对应的 z_k 与 $z_0, z_1, \cdots, z_{n-1}$ 中的某一个辐角之间相差 2π 的整数倍,因此 z_k 与 $z_0, z_1, \cdots, z_{n-1}$ 中的某一个值相等,所以非零复数 z 有且仅有 n 个不相等的 n 次方根. $\square$

注 1.5 当 $a = 1$ 时,$\sqrt[n]{1}$ $(1 = \cos 0 + \mathrm{i}\sin 0)$ 的 n 个值 $\varepsilon_k = \cos\dfrac{2k\pi}{n} + \mathrm{i}\sin\dfrac{2k\pi}{n}, k = 0, 1, 2, \cdots, n - 1$,称为 n **次单位根**.

二次单位根:$\varepsilon_0 = 1, \varepsilon_1 = -1$;如三次单位根:$\varepsilon_0 = 1, \varepsilon_1 = \dfrac{-1 + \sqrt{3}\mathrm{i}}{2}, \varepsilon_2 = \dfrac{-1 - \sqrt{3}\mathrm{i}}{2}$;四次单位根:$\varepsilon_0 = 1, \varepsilon_1 = \mathrm{i}, \varepsilon_2 = -\mathrm{i}, \varepsilon_3 = -1$.

定义 1.48 (n 次单位原根)n 次单位根 ε_k 若不是 $m(m < n)$ 次单位根,则称 ε_k 为 n 次**单位原根**.

单位根有以下性质:

(1) $\varepsilon_0 = 1$;

(2) $\varepsilon_k = \varepsilon_1^k, \overline{\varepsilon}_k = \varepsilon_{n-k}$;

(3) ε_k 是 n 次单位原根,则 $\varepsilon_k^0, \varepsilon_k^1, \cdots, \varepsilon_k^{n-1}$ 就是所有的 n 次单位根.

证明:(2) $\varepsilon_1^k = \left(\cos\dfrac{2\pi}{n} + \mathrm{i}\sin\dfrac{2\pi}{n}\right)^k = \cos\dfrac{2k\pi}{n} + \mathrm{i}\sin\dfrac{2k\pi}{n} = \varepsilon_k.$

$$\varepsilon_{n-k} = \cos\frac{2(n - k)\pi}{n} + \mathrm{i}\sin\frac{2(n - k)\pi}{n}$$

$$= \cos\left(2\pi - \frac{2k\pi}{n}\right) + \mathrm{i}\sin\left(2\pi - \frac{2k\pi}{n}\right)$$

$$= \cos\frac{2k\pi}{n} - \mathrm{i}\sin\frac{2k\pi}{n} = \overline{\varepsilon}_k.$$

（3）设 ε_k 是 n 次单位原根，$(\varepsilon_k^i)^n = (\varepsilon_k^n)^i = 1^i = 1, i = 0,1,2,\cdots,n-1$，所以 ε_k^0，$\varepsilon_k^1,\cdots,\varepsilon_k^{n-1}$ 都是 n 次单位根.

下证它们两两互不相等，假设存在 $1 \leqslant i < j \leqslant n-1$，有 $\varepsilon_k^i = \varepsilon_k^j$，即 $\varepsilon_k^{j-i} = 1$，又 $0 < j-i < n$，ε_k 还是 $j-i$ 次单位根，这与 ε_k 是 n 次单位原根矛盾，所以 $\varepsilon_k^0,\varepsilon_k^1,\cdots,\varepsilon_k^{n-1}$ 两两互不相等，为所有的 n 次单位根. □

1.6.4 复数的性质

性质 1.23 复数集是一个数域，但不是有序域.

证明： 如果复数域是一个有序域，考察 0 和 i，因为 $0 \neq i$，根据三分性有 $0 > i$ 或者 $0 < i$.

若 $0 > i$，根据加法的单调性有 $-i > 0$，再根据乘法单调性，有

$$(-i) \cdot (-i) > 0 \cdot (-i), (-i) \cdot (-i) \cdot (-i) > 0 \cdot (-i) \cdot (-i),$$

得到 $i > 0$，与 $0 > i$ 矛盾.

若 $0 < i$，根据乘法单调性，有

$$i \cdot i \cdot i > 0 \cdot i \cdot i,$$

即 $-i > 0$，与 $0 < i$ 矛盾.

所以复数域不是有序域. □

性质 1.24 在复数域内，开方运算总可以实施，任何非零复数有且只有 n 个不相等的 n 次方根.

习 题 一

1. 数系扩展的原则是什么？数系扩展的方式有哪些？

2. 证明：$\tan 1°$ 是无理数.

3. 证明：π 是无理数.

4. （1）设正整数 $N = 1000A + a$，整数 $S = A - a$，求证：N 能被 $7,11,13$ 整除的充要条件是 S 能被 $7,11,13$ 整除；

   （2）$a = \overline{a_n a_{n-1} \cdots a_0}$，求 $11 | a$ 的充要条件.

5. （带余除法）求证：设 $a \in \mathbb{Z}, b \in \mathbb{Z}^*$，则有且只有一对整数 q 与 r，使得 $a = bq + r$，$0 \leqslant r < |b|$.

6. 设 $a, b, c, d, m \in \mathbb{Z}$，且 $m | (10a - b), m | (10c - d)$，求证：$m | (ad - bc)$.

7. 设 $z = x + yi$，当 $|z| = 1$ 时，求 $u = |z^2 - z + 1|$ 的最大值和最小值.

8. 设 $z = x + yi, x, y \in \mathbb{R}$，求 z^4 是纯虚数的条件.

9. 设 $(x_1, y_1), (x_2, y_2) \in \mathbb{C}$，求证：有且只有一个复数 (x, y) 满足 $(x_2 + y_2) + (x, y) = (x_1, y_1)$.

10. 求 $\alpha + \beta \mathrm{i}(\alpha, \beta \in \mathbb{R})$ 的平方根.

11. 求 $3 - 4\mathrm{i}$ 的平方根.

12. 已知 $f(x)$ 是定义在 $\mathbb{N}^*$ 上, 又在 $\mathbb{N}^*$ 上取值的函数, 并且

(1) $f(2) = 2$;

(2) 对任何 $m, n \in \mathbb{N}^*$, 有 $f(mn) = f(m)f(n)$;

(3) 当 $m > n$ 时, $f(m) > f(n)$,

求证: $f(x) = x$ 在 $\mathbb{N}^*$ 上恒成立.

13. 已知 $f(m, n)$ 对任何正整数 m, n 满足

$$\begin{cases} f(1, n) = n + 1, & \textcircled{1} \\ f(m + 1, 1) = f(m, 2), & \textcircled{2} \\ f(m + 1, n + 1) = f[m, f(m + 1, n)]. & \textcircled{3} \end{cases}$$

求证: $f(m, n) \geqslant n + 1$.

14. 证明: 素数有无穷多个.

15. 证明: 每个大于 1 的整数, 都可以唯一地分解成素因数的乘积(不计因数的顺序).

16. 平面上有 n 条直线, 其中没有两两平行, 也没有 3 条或 3 条以上经过同一点, 求证:

(1) 有 $A_n = \dfrac{1}{2}n(n - 1)$ 个交点;

(2) 有互相分割成的 $L_n = n^2$ 条线段或射线;

(3) 将平面划分为 $P_n = 1 + \dfrac{1}{2}(n + 1) \cdot n$ 块.

17. 设 p, q 都是正奇数, $p - 1 = q + 1$, 求证: $(p + q) \mid (p^p + q^q)$.

第二章　式

　　用字母表示数以后,数学研究的对象便从数扩展到了式.数学发展史上的第一次飞跃是脱离具体的量研究抽象的数,从研究具体的数到研究更一般的解析式是又一次飞跃.解析式是最常见的数学式子,解析法是函数通常的表示方法之一,因此解析式是研究方程、函数和不等式的基础.各种解析式的性质、运算、恒等变形的正确理解、熟练掌握对于提高代数的理论水平是必不可少的.本章主要讨论解析式的概念、性质和恒等变形.

　　数学是一种语言,大量使用符号表达思想.每一次数学的重大进展都与数学符号的创造性运用密切相关.阿拉伯人用字母表示数创造了代数的新纪元.用符号写成的微分方程成为描述现实世界的强有力的工具.通过数学的学习,领会数学符号表达的思想,这是数学教育的目标之一.

　　在古代数学中,抽象的概念和抽象符号运用得很少.《几何原本》中,欧几里得(Euclid)就没有使用数学符号.

　　中国古代虽然很早就使用小数、分数和零,求解了大量的方程,但因为计算中过多使用算筹,没有使用像"＋"这样的数学符号.

　　公元10世纪,阿拉伯的数学,将数与文字一起使用,以文字表达为主.15～16世纪,数学符号的使用,对数学的发展起了重要的作用.这一阶段,数学有了重大进展,如对数的产生、方程的求解等.

　　1486年的数学手稿(现存于德累斯顿图书馆)表明德国数学家最早使用"＋""－"表示加减.在1557年,英国开始使用此符号,后来这些符号开始在欧洲各国使用,并被传播到世界各地.

　　1631年,英国数学家奥特雷德(Oughtred)使用乘法的表示符号"×",为了避免与字母 x 混淆,莱布尼兹(Leibniz)于1698年开始使用"·"表示乘法.瑞士人雷恩(Rahn)1659年引入了"÷"符号.

　　1557年,英国数学家雷科德(Rccorde)首先使用了"＝"这个符号,但17世纪晚期等号才开始被普遍使用.

　　像指数、对数、方程、绝对值、阶乘等符号先后在欧洲出现.随着19世纪末20世纪初国家交往的扩大,数学符号在国际上有了比较统一的表达方式.

　　国际通用符号的普遍使用在中国推进得比较晚,1905年的京师大学堂的教科书中还用"⊥""Ｔ"分别表示加减.直到五四运动后,随着现代学校教育的普及,国际通用的数学符号才慢慢在中国传播开来.

2.1 解析式的概念与分类

式是数的进一步抽象与概括,不仅是代表数的符号,也是表明数和字母之间运算关系的符号. 本节主要讨论解析式的基本概念、分类与恒等.

定义 2.1 用运算符号和括号把数和表示数的字母连接而成的式子,称为**解析式**. 单独一个数或一个字母也是解析式.

2.1.1 解析式的分类

初等代数里的运算有两类,一类是指有限次的加、减、乘、除、复合和开方运算的代数运算,另一类是指无法通过有限次加、减、乘、除和开方完成的初等超越运算(包括指数为无理数的乘方运算、对数运算、三角运算和反三角运算). 根据变数字母所进行的运算的不同,可将解析式分为代数式和超越式两大类. 代数式是指含有代数运算的解析式,超越式是含初等超越运算的解析式.

> **注 2.1** 解析式的分类是就形式而言的.

如 $\dfrac{(x^2+1)^2}{x^2+1}$ 与 x^2+1 恒等,但前者是分式的形式,故将其看为分式而不是整式.

> **注 2.2** 解析式的分类针对所涉及字母的运算而言.

如 $\dfrac{2x}{z}+3y$ 对字母 x,y,z 而言是分式,若 $z \neq 0$ 是常数,对变数字母 x,y 而言是整式.

中学数学研究的解析式可以作如下分类.

$$
\text{解析式}
\begin{cases}
\text{代数式}
\begin{cases}
\text{有理式}
\begin{cases}
\text{整式} \\
\text{分式}
\end{cases} \\
\text{无理式}
\end{cases} \\
\text{超越式}
\begin{cases}
\text{指数为无理数的指数式} \\
\text{对数式} \\
\text{三角式} \\
\text{反三角式}
\end{cases}
\end{cases}
$$

2.1.2 解析式的恒等

一个解析式中的变数字母代表的数值所容许的范围往往由问题的实际意义和解析式的表示形式确定.

定义 2.2 解析式的变数字母的所有容许值的集合,叫作解析式的**定义域**.

定义 2.3 若解析式 A 与 B,对它们变数字母在公共定义域中所有取值都有相同的值,则称这两个解析式在此定义域内**恒等**,记作 $A \equiv B$.

定义 2.4 一个解析式转换成另一个与它恒等的解析式,这种变换叫**恒等变换**或**恒等变形**.

> **注 2.3** 解析式的恒等变形,可能会引起定义域的扩大或缩小. 如将 $\ln x^2$ 变形为 $2\ln x$ 时,定义域由 $(-\infty, 0) \cup (0, +\infty)$ 缩小为 $(0, +\infty)$;反过来从 $2\ln x$ 变形为 $\ln x^2$ 时,定义域相应地从 $(0, +\infty)$ 扩大为 $(-\infty, 0) \cup (0, +\infty)$.

2.2 多项式

多项式是研究高次方程的工具,是讨论其他代数式的起点. 多项式的理论是伴随着方程研究的深入而逐渐形成的. 多项式就是有理整式,简称整式. 本节重点讨论多项式的恒等变形和因式分解方法.

2.2.1 多项式的基本概念

多项式是最简单的代数式,多项式定义为一个形式表达式. 按多项式中所含变数字母的多少可将其分为一元多项式和多元多项式.

1. 一元多项式

一元多项式,其标准表示形式为

$$a_n x^n + a_{n-1} x^{n-1} + \cdots + a_1 x + a_0,$$

其中 $a_n, a_{n-1}, \cdots, a_0$ 为实常数,x 为变数字母. 当 $a_n \neq 0$ 时,叫作**一元 n 次多项式**. 除 $a_0 \neq 0$ 以外,其他系数都是 0 的多项式叫作**零次多项式**,全部系数都是 0 的多项式叫作**零多项式**.

2. 多元多项式

定义 2.5 含有两个以上变数字母的多项式叫**多元多项式**. 多元多项式一般可分为齐次多项式和非齐次多项式.

定义 2.6 一个多元多项式,经过合并同类项化成没有同类项的单项式的代数和的形式,这种形式称为**多项式的标准形式**.

定义 2.7 写成标准形式多项式的各项次数都是 n,称为 n **次齐次多项式**.

多项式 $ax^3 + by^3 + cz^3 - 3xyz$ 是三次齐次多项式.

接下来介绍对称多项式、轮换多项式和交代多项式这三类特殊的多元多项式.

定义 2. 8 设 $f(x_1, x_2, \cdots, x_n)$ 是 n 元多项式,如果对任意的 $i, j, 1 \leqslant i \leqslant j \leqslant n$,都有

$$f(x_1, \cdots, x_i, \cdots, x_j, \cdots, x_n) = f(x_1, \cdots, x_j, \cdots, x_i, \cdots, x_n),$$

则称这个多项式是**对称多项式**.

对称多项式可以是齐次的,也可以是非齐次的,如 $f(x_1, x_2, \cdots, x_n) = x_1^2 + x_2^2 + \cdots + x_n^2$ 是一个 n 元齐次对称多项式,$f(x, y, z) = x^3 + y^3 + z^3 - 3(x + y + z)$ 是一个三元非齐次对称多项式.

定义 2. 9 设 $f(x_1, x_2, \cdots, x_n)$ 是 n 元多项式,如果对任意的 $i, j, 1 \leqslant i \leqslant j \leqslant n$,都有

$$f(x_1, \cdots, x_i, \cdots, x_j, \cdots, x_n) = -f(x_1, \cdots, x_j, \cdots, x_i, \cdots, x_n),$$

则称这个多项式是**交代多项式**.

定义 2. 10 设 $f(x_1, x_2, \cdots, x_n)$ 是 n 元多项式,将变数字母按一定顺序进行轮换后得到与原来相同的多项式,则这个多项式是**轮换多项式**.

如 $x^2 y + y^2 z + z^2 x = y^2 z + z^2 x + x^2 y$.

由定义可知,对称式一定是轮换式,但轮换式不一定是对称式,如 $(a + b)(b + c)(c + a)$ 是对称式,也是轮换式;$x^2 y + y^2 z + z^2 x$ 是轮换式,但不是对称式.

关于对称式和轮换式的性质如下.

性质 2. 1 (1) 变数字母相同的两个对称式的和、差、积、商(能整除)仍是对称式.

(2) 变数字母相同的两个轮换式的和、差、积、商(能整除)仍是轮换式.

(3) 变数字母相同的两个交代式的和、差仍是交代式,它们的积、商(能整除)则是对称式.

(4) 变数字母相同的一个对称式与一个交代式的积、商(能整除)是交代式.

(5) 多个变数字母的交代式,必有其中任意两个变数字母之差的因式.

2.2.2　多项式的恒等

定理 2. 1 如果对于变数字母的任意取值,多项式的值都等于零,那么这个多项式是零多项式.

证明：对多项式 $f(x)$ 的次数进行数学归纳法.

(1) 当 $n = 1$ 时,设 $f(x) = a_0 + a_1 x$,对一切的 x 值都有 $f(x) = 0$. $x = 0$ 时,$f(0) = a_0 = 0$；$x = 1$ 时,$f(1) = a_1 = 0$,$f(x)$ 当 $n = 1$ 时为零多项式.

(2) 当 $n = k$ 时,对于变数字母的任意取值,多项式的值都等于零,这个多项式是零多项式成立,即 $f(x) = a_0 + a_1 x + \cdots + a_k x^k = 0$ 对任意的 x 成立,有 $a_0 = a_1 = \cdots = a_k = 0$ 成立.

当 $n = k + 1$ 时,设 $f(x) = a_0 + a_1 x + \cdots + a_k x^k + a_{k+1} x^{k+1} \equiv 0$,　　　　①

用 $2x$ 代替①中的 x,得

$$f(2x) = a_0 + 2a_1 x + \cdots + 2^k a_k x^k + 2^{k+1} a_{k+1} x^{k+1} \equiv 0.　　②$$

① $\times 2^{k+1}$ − ②得

$$2^k a_k x^k + \cdots + 2(2^k - 1)a_1 x + (2^{k+1} - 1)a_0 \equiv 0.$$

根据归纳假设, $a_0 = a_1 = \cdots = a_k = 0$. 在①中再取 $x = 1$ 可以得到 $a_{k+1} = 0$, 当 $n = k + 1$ 时, $f(x)$ 为零多项式成立, 根据数学归纳法, 定理对任意次多项式都成立. □

定理 2.2 两个多项式恒等的充要条件是这两个多项式的次数相同, 且同次项系数对应相等.

定理 2.3 如果有两个次数不大于 n 的多项式 $f(x)$ 和 $g(x)$, 对 x 的 $n + 1$ 个不同的值都有相等的值, 则 $f(x) \equiv g(x)$.

证明: 设 $h(x) = f(x) - g(x)$. 假设 $f(x) \not\equiv g(x)$, 则 $h(x) \not\equiv 0$, 即 $h(x)$ 不是零多项式. 又因为 $f(x)$ 和 $g(x)$ 的次数不超过 n, 则 $h(x)$ 是一个次数不超过 n 的多项式. 设

$$f(x) = a_0 + a_1 x + a_2 x^2 + \cdots + a_n x^n,$$
$$g(x) = b_0 + b_1 x + b_2 x^2 + \cdots + b_n x^n,$$
$$h(x) = c_0 + c_1 x + c_2 x^2 + \cdots + c_n x^n.$$

其中 $c_i = (a_i - b_i)(i = 0, 1, \cdots, n)$. 因为 $f(x)$ 和 $g(x)$ 对 x 的 $n + 1$ 个不同的值都有相等的值, 所以有 $n + 1$ 个不同的值 $x_1, x_2, \cdots, x_{n+1}$ 使 $h(x) = 0$ 成立. 即

$$\begin{cases} c_0 + c_1 x_1 + c_2 x_1^2 + \cdots + c_n x_1^n = 0, \\ c_0 + c_1 x_2 + c_2 x_2^2 + \cdots + c_n x_2^n = 0, \\ \quad\quad\quad \cdots \\ c_0 + c_1 x_{n+1} + c_2 x_{n+1}^2 + \cdots + c_n x_{n+1}^n = 0. \end{cases}$$

这个关于 $c_0, c_1, \cdots, c_n$, 即 $a_0 - b_0, a_1 - b_1, \cdots, a_n - b_n$ 的齐次线性方程组的系数行列式为

$$\begin{vmatrix} 1 & x_1 & x_1^2 & \cdots & x_1^n \\ 1 & x_2 & x_2^2 & \cdots & x_2^n \\ \cdots & \cdots & \cdots & \cdots & \cdots \\ 1 & x_{n+1} & x_{n+1}^2 & \cdots & x_{n+1}^n \end{vmatrix}$$

$$= \prod_{1 \leqslant i < j \leqslant n+1} (x_j - x_i) \neq 0.$$

所以 $a_0 - b_0 = a_1 - b_1 = \cdots = a_n - b_n = 0$, 即 $a_1 = b_1, a_2 = b_2, \cdots, a_n = b_n$.

所以假设不成立, $f(x) \equiv g(x)$. □

定理 2.2 是待定系数法求解多项式问题的理论依据. 定理 2.3 简化了判断两个多项式是否恒等的方法. 根据多项式恒等的定义, 要判断两个多项式恒等, 需对定义域的公共部分的一切值进行检验, 这是不可能做到的. 而定理 2.3 只需要检验比多项式次数多一个的变量值就够了.

定理 2.4 （拉格朗日插值公式）当 x 分别取 $x_0, x_1, \cdots, x_n (x_0, x_1, \cdots, x_n$ 互不相同）时，相应的 $f(x)$ 的取值分别为 $y_0, y_1, \cdots, y_n$. 在实数域上有

$$
\begin{aligned}
f(x) = &\ y_0 \frac{(x-x_1)(x-x_2)\cdots(x-x_n)}{(x_0-x_1)(x_0-x_2)\cdots(x_0-x_n)} \\
&+ y_1 \frac{(x-x_0)(x-x_2)\cdots(x-x_n)}{(x_1-x_0)(x_1-x_2)\cdots(x_1-x_n)} \\
&+ \cdots \\
&+ y_n \frac{(x-x_0)(x-x_1)\cdots(x-x_{n-1})}{(x_n-x_0)(x_n-x_1)\cdots(x_n-x_{n-1})}.
\end{aligned}
$$

证明： 设 $\varphi(x) = (x-x_0)(x-x_1)\cdots(x-x_n)$，则多项式 $\varphi(x)$ 以 $x_0, x_1, \cdots, x_n$ 为它的根. 并设

$$
\varphi_0(x) = \frac{\varphi(x)}{x-x_0}, \varphi_1(x) = \frac{\varphi(x)}{x-x_1}, \cdots, \varphi_n(x) = \frac{\varphi(x)}{x-x_n},
$$

显然，当 $i \neq k$ 时，$\varphi_i(x_k) = 0$，这里的 $i, k = 0, 1, 2, \cdots, n$.

因为 $\varphi_i(x) = \dfrac{\varphi(x) - \varphi(x_i)}{x - x_i}$，根据导数的定义及 x_i 仅作为 $\varphi(x)$ 的一次重根的条件，可得

$$
\varphi_i(x_i) = \varphi'(x_i) \neq 0.
$$

又设 $\psi_i(x) = \dfrac{\varphi_i(x)}{\varphi'(x_i)}(i = 0, 1, 2, \cdots, n)$，显然 $\psi_i(x_i) = 1, \psi_i(x_k) = 0 (k = 0, 1, 2, \cdots, n, i \neq k)$.

因为 $y_i = f(x_i)$，所以 $f(x)$ 与 $y_0 \psi_0(x) + y_1 \psi_1(x) + \cdots + y_n \psi_n(x)$ 相等. 因为

$$
\begin{aligned}
\psi_0(x) &= \frac{\varphi_0(x)}{\varphi'(x_0)} = \frac{\varphi(x)}{(x-x_0)\varphi'(x_0)} = \frac{\varphi(x)}{(x-x_0)\varphi_0(x_0)} \\
&= \frac{(x-x_1)(x-x_2)\cdots(x-x_n)}{\varphi_0(x_0)},
\end{aligned}
$$

$$
\varphi_0(x) = (x-x_1)(x-x_2)\cdots(x-x_n),
$$

$$
\varphi_0(x_0) = (x_0-x_1)(x_0-x_2)\cdots(x_0-x_n).
$$

所以 $\psi_0(x) = \dfrac{(x-x_1)(x-x_2)\cdots(x-x_n)}{(x_0-x_1)(x_0-x_2)\cdots(x_0-x_n)}$.

同理可得

$$
\psi_1(x) = \frac{(x-x_0)(x-x_2)\cdots(x-x_n)}{(x_1-x_0)(x_1-x_2)\cdots(x_1-x_n)},
$$

$$
\psi_2(x) = \frac{(x-x_0)(x-x_1)(x-x_3)\cdots(x-x_n)}{(x_2-x_0)(x_2-x_1)(x_2-x_3)\cdots(x_2-x_n)},
$$

$$
\cdots
$$

$$
\psi_n(x) = \frac{(x-x_0)(x-x_1)\cdots(x-x_{n-1})}{(x_n-x_0)(x_n-x_1)\cdots(x_n-x_{n-1})}.
$$

于是

$$f(x) = y_0 \frac{(x-x_1)(x-x_2)\cdots(x-x_n)}{(x_0-x_1)(x_0-x_2)\cdots(x_0-x_n)}$$

$$+ y_1 \frac{(x-x_0)(x-x_2)\cdots(x-x_n)}{(x_1-x_0)(x_1-x_2)\cdots(x_1-x_n)}$$

$$+ \cdots$$

$$+ y_n \frac{(x-x_0)(x-x_1)\cdots(x-x_{n-1})}{(x_n-x_0)(x_n-x_1)\cdots(x_n-x_{n-1})}.$$

在次数不高的情况下,可用待定系数法来确定一个满足给定条件的多项式. 如果要确定一个次数较高的多项式,用待定系数法就需要解一个未知数(待定系数)较多的方程组,这在计算上是很不方便的,此时可用拉格朗日插值公式求解.

定理 2.5 如果多项式 $f(x)$ 和 $g(x)$ 的次数分别为 n 和 m,并且 $n > m \geqslant 1$,那么存在唯一的一组次数小于 m 的多项式 $r_0(x),r_1(x),\cdots,r_k(x)$(其中也可能有一些是零多项式),可使 $f(x)$ 表示成 $g(x)$ 的幂构成的 k 次多项式,它的系数按升幂的次序分别为 $r_0(x),r_1(x),\cdots,r_k(x)$,即

$$f(x) = r_0(x) + r_1(x)g(x) + r_2(x)[g(x)]^2 + \cdots + r_k(x)[g(x)]^k.$$

证明: 因为 $f(x)$ 的次数大于 $g(x)$ 的次数,所以,$f(x) = q_0(x)g(x) + r_0(x)$,这里的 $r_0(x)$ 的次数小于 m,也可能是零多项式.

如果 $q_0(x)$ 的次数大于 $g(x)$ 的次数,那么又有 $q_0(x) = q_1(x)g(x) + r_1(x)$,这里的 $r_1(x)$ 的次数小于 m,也可能是零多项式.

如果 $q_1(x)$ 的次数大于 $g(x)$ 的次数,那么又有 $q_1(x) = q_2(x)g(x) + r_2(x)$,这里的 $r_2(x)$ 的次数小于 m,或者 $r_2(x)$ 是零多项式. 如此继续这样的运算,直到

$$q_{k-2}(x) = q_{k-1}(x)g(x) + r_{k-1}(x),$$

这里的 $q_{k-1}(x)$ 的次数小于 m,$r_{k-1}(x)$ 的次数当然小于 m,或者 $r_{k-1}(x)$ 是零多项式,并且令 $q_{k-1}(x) = r_k(x)$,经过这些步骤,可得到一系列等式,即

$$f(x) = [q_1(x)g(x) + r_1(x)]g(x) + r_0(x)$$

$$= q_1(x)[g(x)]^2 + r_1(x)g(x) + r_0(x)$$

$$= [q_2(x)g(x) + r_2(x)][g(x)]^2 + r_1(x)g(x) + r_0(x)$$

$$= \cdots$$

$$= r_0(x) + r_1(x)g(x) + r_2(x)[g(x)]^2 + \cdots + r_k(x)[g(x)]^k.$$

最后这个等式就是将 $f(x)$ 表示成为 $g(x)$ 的幂的 k 次多项式.

例 2.1 $f(x)$ 是二次多项式,$f(-1) = 13$,$f(0) = 1$,$f(1) = -1$,求 $f(x)$.

解: 解法一(待定系数法)

设 $f(x) = ax^2 + bx + c$,

$$\begin{cases} a \neq 0, \\ a - b + c = 13, \\ c = 1, \\ a + b + c = -1, \end{cases} \Rightarrow a = 5, b = -7, c = 1,$$

所以 $f(x) = 5x^2 - 7x + 1$.

解法二(基函数法)

由定理 2.4 可得

$$f(x) = \frac{(x-0)(x-1)}{(-1-0)(-1-1)} \times 13 + \frac{(x+1)(x-1)}{(0+1)(0-1)} \times 1 + \frac{(x+1)(x-0)}{(1+1)(1-0)} \times (-1)$$
$$= 5x^2 - 7x + 1.$$

解法三(逐次逼近法)

设 $f(x) = a_0 + a_1(x+1) + a_2(x+1)x$, 得

$$\begin{cases} a_2 \neq 0, \\ f(-1) = a_0 = 13, \\ f(0) = a_0 + a_1 = 1, \\ f(1) = a_0 + 2a_1 + 2a_2 = -1, \end{cases} \Rightarrow f(x) = 5x^2 - 7x + 1.$$

注 2.4 (逐次逼近法) n 次多项式 $f(x)$ 满足 $f(x_i) = y_i (i = 0,1,2,\cdots n)$, 设 $f(x) = a_0 + a_1(x-x_0) + a_2(x-x_0)(x-x_1) + \cdots + a_n(x-x_0)(x-x_1)\cdots(x-x_{n-1})$, 将 $f(x_i) = y_i$ 代入, 依次求得 $a_0, a_1, \cdots, a_n$ 的值. 这种方法常用来求插值多项式, 被称为**逐次逼近法**.

例 2.2 将多项式 $5x^3 - 6x^2 + 10$ 表示为 $x - 1$ 的方幂的形式.

解: 解法一(待定系数法)

设 $5x^3 - 6x^2 + 10 = a(x-1)^3 + b(x-1)^2 + c(x-1) + d$, 又

$a(x-1)^3 + b(x-1)^2 + c(x-1) + d$
$= ax^3 + (b-3a)x^2 + (3a-2b+c)x + (-a+b-c+d).$

即 $5x^3 - 6x^2 + 10 = ax^3 + (b-3a)x^2 + (3a-2b+c)x + (-a+b-c+d).$ 比较对应项系数, 得

$$\begin{cases} a = 5, \\ b - 3a = -6, \\ 3a - 2b + c = 0, \\ -a + b - c + d = 10, \end{cases} \Rightarrow a = 5, b = 9, c = 3, d = 9,$$

所以 $5x^3 - 6x^2 + 10 = 5(x-1)^3 + 9(x-1)^2 + 3(x-1) + 9$.

解法二(换元法)

令 $y = x - 1$, 即 $x = y + 1$, 代入原式得

$$5x^3 - 6x^2 + 10 = 5(y+1)^3 - 6(y+1)^2 + 10$$
$$= (5y^3 + 15y^2 + 15y + 5) + (-6y^2 - 12y - 6) + 10$$
$$= 5y^3 + 9y^2 + 3y + 9$$
$$= 5(x-1)^3 + 9(x-1)^2 + 3(x-1) + 9,$$

所以 $5x^3 - 6x^2 + 10 = 5(x-1)^3 + 9(x-1)^2 + 3(x-1) + 9$.

解法三(综合除法)

本题要求将式 $5x^3 - 6x^2 + 10$ 表示为 $g(x) = x - 1$ 的方幂的形式,依据定理 2.5 的证明过程便可作如下计算,即

1	5	-6	0	10
		5	-1	-1
	5	-1	-1	9

$$r_0(x) = 9$$

1	5	-1	-1
		5	4
	5	4	3

$$r_1(x) = 3$$

1	5	4
		5
	5	9

$$r_2(x) = 9, r_3(x) = 5$$

于是,有
$$f(x) = r_0(x) + r_1(x)g(x) + r_2(x)[g(x)]^2 + r_3(x)[g(x)]^3$$
$$= 5(x-1)^3 + 9(x-1)^2 + 3(x-1) + 9.$$

例 2.3 已知多项式 $x^3 + bx^2 + cx + d$ 的系数都是整数,若 $bd + cd$ 是奇数,证明:这个多项式不能分解为两个整系数多项式的乘积.

证明: 设 $x^3 + bx^2 + cx + d = (x+m)(x^2 + nx + r)$,

即 $x^3 + bx^2 + cx + d = x^3 + (m+n)x^2 + (r+mn)x + mr$ $(m,n,r$ 都是整数),比较系数得 $d = mr$.

因为 $bd + cd = d(b+c)$ 是奇数,则 d 与 $b+c$ 都为奇数,所以 mr 也是奇数,所以 m, r 也都是奇数.

在原式中令 $x = 1$,得 $1 + b + c + d = (1+m)(1+n+r)$,因为等式左边是奇数,而等式右边是偶数,这是不可能的. 所以多项式 $x^3 + bx^2 + cx + d$ 不能分解为两个整系数多项式的乘积.

例2.4 求证：

$$\frac{(x-b)(x-c)}{(a-b)(a-c)}+\frac{(x-c)(x-a)}{(b-c)(b-a)}+\frac{(x-a)(x-b)}{(c-a)(c-b)}=1,$$

其中 a,b,c 为互不相等的复数.

证明：证法一

令

$$f(x)=\frac{(x-b)(x-c)}{(a-b)(a-c)}+\frac{(x-c)(x-a)}{(b-c)(b-a)}+\frac{(x-a)(x-b)}{(c-a)(c-b)}-1.$$

显然，$f(x)$ 的最高次数不超过二次，不妨设

$$f(x)=Ax^2+Bx+C.$$

将 a,b,c 分别代入式中，得

$$f(a)=f(b)=f(c)=0.$$

其中 a,b,c 互不相等，但 $f(x)$ 为二次式，根据定理2.3，$A=B=C=0$，即 $f(x)\equiv 0$，于是命题得证.

证法二

令

$$f(x)=\frac{(x-b)(x-c)}{(a-b)(a-c)}+\frac{(x-c)(x-a)}{(b-c)(b-a)}+\frac{(x-a)(x-b)}{(c-a)(c-b)}.$$

它是一个二次式，但是当 x 分别以 a,b,c 代入时有 $f(a)=f(b)=f(c)=1$，且 $a\neq b\neq c$，根据定理2.3，有

$$\frac{(x-b)(x-c)}{(a-b)(a-c)}+\frac{(x-c)(x-a)}{(b-c)(b-a)}+\frac{(x-a)(x-b)}{(c-a)(c-b)}=1. \qquad \square$$

2.2.3 多项式的因式分解

多项式的因式分解是一种恒等变形，主要用于化简式子和求根. 中学代数定义"将一个多项式化成几个整式乘积的形式叫作**多项式的因式分解**". 此种定义虽没有高等代数中因式分解的含义那样科学和准确，但符合中学生的认知水平.

1. 因式分解的基本概念

定义2.11 数域 F 上的次数大于等于1的多项式，如果不能表示为数域 F 上的两个次数比它低的多项式的乘积，就称它为数域 F 上的**不可约多项式**(或**既约多项式**)；否则就是**可约多项式**.

定义2.12 在给定的数域 F 上，把一个多项式表示成若干个不可约多项式的乘积的形式，叫作**多项式的因式分解**.

多项式因式分解主要讨论两个问题：(1) 如何判断一个多项式是否可约？(2) 如何对一个多项式进行因式分解？高等代数中已经得知：

- 在复数域$\mathbb{C}$上,任意一个$n(n>1)$次多项式都可以分解成n个一次因式的积,只有一次因式是不可约的;

- 在实数域$\mathbb{R}$内,任意一个实系数多项式都可分解成一次与二次不可约因式的积,次数大于等于 3 的多项式总是可约的;

- 而在有理数域$\mathbb{Q}$内,任意次多项式都有可能是不可约的.

例 2.5 分别写出多项式x^4-4在复数域、实数域及有理数域上因式分解的结果.

解:多项式x^4-4在复数域上因式分解的结果为$x^4-4=(x-\sqrt{2})(x+\sqrt{2})(x-\sqrt{2}\mathrm{i})(x+\sqrt{2}\mathrm{i})$;

在实数域上因式分解的结果为$x^4-4=(x-\sqrt{2})(x+\sqrt{2})(x^2+2)$;

在有理数域上因式分解的结果为$x^4-4=(x^2-2)(x^2+2)$.

注 2.5 如果没有特别指出,本书中的因式分解均在有理数范围内进行.

定理 2.6 (余式定理)多项式$f(x)$除以$x-a$的余数为$f(a)$.

定理 2.7 (因式定理)多项式$f(x)$能被$x-a$整除的充要条件是$f(a)=0$.

因式定理告诉我们,若$f(a)=0$,则$x=a$为$f(x)=0$的根,$x-a$为$f(x)$的因式.

2. 多项式因式分解的方法

因式分解是中学数学重要的基础知识,方法灵活多样,技巧性强.下面我们介绍几种常用的因式分解方法.

(1) 提取公因式法

把多项式各项中相同字母或因式的最低次幂的积作为公因式提出来,当系数为整数时,还要把它们的最大公约数也提出来,作为公因式的系数.

例 2.6 分解因式$x+y+xy+1$.

解:$x+y+xy+1=(x+xy)+(y+1)=x(1+y)+(y+1)=(x+1)(y+1)$.

(2) 逆用乘法公式法

如果多项式符合某个乘法公式的形式,可以逆用乘法公式将这些项写成多项式的乘积形式,由此得到多项式的因式.

例 2.7 求证:$2^{1984}+1$不是质数.

证明:$1984=64\times31,2^{1984}+1=(2^{64})^{31}+1^{31}=(2^{64}+1)\{(2^{64})^{30}+\cdots+1\}$. $(2^{64}+1)$既不是 1 也不是$2^{1984}+1$本身,所以$2^{1984}+1$不是质数. □

注 2.6 此例中利用了a^n+b^n当n为奇数时可以分解为$a+b$与其他因式的乘积的结论.$a^n-b^n=(a-b)(a^{n-1}+a^{n-2}b+\cdots+b^{n-1})$是中学数学中重要的公式.

（3）分组分解法

分组分解法的原则是分组后可以直接提公因式,或者直接运用公式,使用这种方法的关键在于分组适当,所以在分组时,必须有预见性.

例 2.8 分解因式 $x^5 - x^4 + x^3 - x^2 + x - 1$.

解： 解法一

$$
\begin{aligned}
x^5 - x^4 + x^3 - x^2 + x - 1 &= (x^5 - x^4 + x^3) - (x^2 - x + 1) \\
&= x^3(x^2 - x + 1) - (x^2 - x + 1) \\
&= (x^3 - 1)(x^2 - x + 1) \\
&= (x - 1)(x^2 + x + 1)(x^2 - x + 1).
\end{aligned}
$$

解法二

$$
\begin{aligned}
x^5 - x^4 + x^3 - x^2 + x - 1 &= (x^5 - x^4) + (x^3 - x^2) + (x - 1) \\
&= x^4(x - 1) + x^2(x - 1) + (x - 1) \\
&= (x - 1)(x^4 + x^2 + 1) \\
&= (x - 1)[(x^4 + 2x^2 + 1) - x^2] \\
&= (x - 1)[(x^2 + 1)^2 - x^2] \\
&= (x - 1)(x^2 + x + 1)(x^2 - x + 1).
\end{aligned}
$$

（4）十字相乘法

针对一元二次多项式 $ax^2 + bx + c(a \neq 0)$ 的因式分解方法,令十字左边相乘等于二次项系数,右边相乘等于常数项,交叉相乘再相加等于一次项系数,最后得到 $ax^2 + bx + c = (a_1 x + c_1)(a_2 x + c_2)$.

例 2.9 分解因式 $(a + b)^2(ab - 1) + 1$.

解： 为了分解因式,将 $(a + b)^2(ab - 1) + 1$ 化成关于 x 的一元二次方程 $(a + b)^2 abx^2 - (a + b)^2 x + 1$. 利用十字相乘法有

$$
\begin{array}{ccc}
(a + b)a & \diagdown & -1 \\
& \times & \\
(a + b)b & \diagup & -1
\end{array}
$$

故 $(a + b)^2 abx^2 - (a + b)^2 x + 1 = (a^2 x + abx - 1)(abx + b^2 x - 1)$. 当 $x = 1$ 时, $(a + b)^2(ab - 1) + 1 = (a^2 + ab - 1)(ab + b^2 - 1)$.

以上几种方法在初中代数中均有较为详细的介绍,在下面的内容中,我们将针对较为复杂或特殊的多项式介绍几种因式分解的方法.

（5）大十字相乘法

大十字相乘法可以看作中学所学的十字相乘法的一个拓展,它是针对二元二次多项式 $ax^2 + bxy + cy^2 + dx + ey + f$ 或三元二次齐次多项式 $ax^2 + bxy + cy^2 + dxz + eyz + fz^2$ 的一种特殊的因式分解法.

如果多项式的系数满足 $a = a_1a_2, c = c_1c_2, f = f_1f_2$,使得 $a_1c_2 + a_2c_1 = b$,$c_1f_2 + c_2f_1 = e$,$a_1f_2 + a_2f_1 = d$ 成立,就有 $ax^2 + bxy + cy^2 + dx + ey + f = (a_1x + c_1y + f_1)(a_2x + c_2y + f_2)$ 或 $ax^2 + bxy + cy^2 + dxz + eyz + fz^2 = (a_1x + c_1y + f_1z)(a_2x + c_2y + f_2z)$.

例 2.10 分解因式 $6x^2 - 13xy + 6y^2 + 22x - 23y + 20$.

解:利用大十字相乘法,有

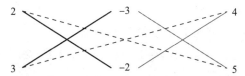

故 $6x^2 - 13xy + 6y^2 + 22x - 23y + 20 = (2x - 3y + 4)(3x - 2y + 5)$.

例 2.11 分解因式 $x^2 - 3xy - 10y^2 + zx + 9yz - 2z^2$.

解:利用大十字相乘法,有

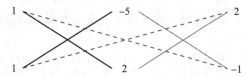

$$x^2 - 3xy - 10y^2 + zx + 9yz - 2z^2 = (x - 5y + 2z)(x + 2y - z).$$

例 2.12 已知 a, b, c 为三角形的三边长,且 $a^2 + 4ac + 3c^2 - 3ab - 7bc + 2b^2 = 0$,求证: $2b = a + c$.

证明:因为 $a^2 + 4ac + 3c^2 - 3ab - 7bc + 2b^2 = (a + c - 2b)(a + 3c - b) = 0$,又 a, b, c 为三角形的三边长,则 $a + 3c - b > 0$,所以 $2b = a + c$. □

(6) 二元二次多项式因式分解的判定方法

在不同的数集上,同一多项式的因式分解的结果可能不同. 下面给出以二元二次多项式的系数来判断多项式是否能在指定数域上因式分解的方法.

设二元二次多项式的一般形式为 $L = ax^2 + bxy + cy^2 + dx + ey + f$,若能因式分解,则该多项式可以为两个一次因式的乘积,即

$$ax^2 + bxy + cy^2 + dx + ey + f = (a_1x + c_1y + f_1)(a_2x + c_2y + f_2),$$

记 $\Delta = \begin{vmatrix} 2a & b & d \\ b & 2c & e \\ d & e & 2f \end{vmatrix}$,则

1) 在 $\mathbb{Q}$ 上 L 可分解 ⟺

a) $\Delta = 0, b^2 - 4ac = 0, d^2 - 4af$ 为有理数的平方;

b) $\Delta = 0, b^2 - 4ac > 0, b^2 - 4ac$ 是有理数的平方.

2) 在 $\mathbb{R}$ 上 L 可分解 ⟺

a) $\Delta = 0, b^2 - 4ac = 0, d^2 - 4af \geqslant 0$;

$b) \Delta = 0, b^2 - 4ac > 0.$

3) 在 $\mathbb{C}$ 上 L 可分解 $\Leftrightarrow \Delta = 0.$

例 2.13 在 $\mathbb{Q}$ 上分解因式 $L = 6x^2 + xy - 12y^2 + x + 10y - 2.$

解： $\Delta = \begin{vmatrix} 12 & 1 & 1 \\ 1 & -24 & 10 \\ 1 & 10 & -4 \end{vmatrix} = 0, b^2 - 4ac = 289 = 17^2,$

所以 L 在 $\mathbb{Q}$ 上可分解. 利用大十字相乘法可得：

$$6x^2 + xy - 12y^2 + x + 10y - 2 = (3x - 4y + 2)(2x + 3y - 1).$$

(7) 根据因式定理，利用综合除法因式分解

定理 2.8 （有理根定理）如果 $x = \dfrac{p}{q}(p, q$ 是整数，$q > 0)$ 是整系数多项式

$$f(x) = a_n x^n + a_{n-1} x^{n-1} + \cdots + a_1 x + a_0$$

的有理根，那么分母 q 是首项 a_n 的约数，分子 p 是常数项 a_0 的约数，即 $q | a_n, p | a_0.$

定理 2.9 （因式定理）如果有理数 $x = \dfrac{p}{q}(p, q$ 是整数，$q > 0)$ 使得 $f\left(\dfrac{p}{q}\right) = 0$，那么 $f(x)$ 有一次因式 $x - \dfrac{p}{q}.$

此法的步骤为：

step 1：应用有理根定理求出多项式可能的一次有理根.

step 2：利用综合除法检验，确定多项式的一次有理根（可先检验 $f(1)$ 与 $f(-1)$ 是否为 0）.

step 3：应用综合除法求出多项式其他因式，得到最后结果.

注 2.7 1) 如果 $f(x)$ 的各项系数都是正数，或都是负数，就只选择负的可能有理根进行检验.

2) 如果 $f(x)$ 的奇次项系数都是正数，偶次项系数（包括零次项）都是负数，或者 $f(x)$ 的奇次项系数都是负数，偶次项系数都是正数，就只选择正的可能有理根进行检验.

例 2.14 分解整系数多项式 $f(x) = 3x^3 - 2x^2 + 9x - 6$ 的因式.

解： 先利用有理根定理，可能的一次有理根为

$$x = \pm 1, \pm 2, \pm 3, \pm 6, \pm \frac{1}{3}, \pm \frac{2}{3}.$$

再利用综合除法检验，确定一次有理根为 $x = \dfrac{2}{3}$. 最后应用综合除法得到 $f(x)$ 的

另一个因式为 $(3x^2 + 9)$，所以

$$f(x) = 3x^3 - 2x^2 + 9x - 6 = \left(x - \frac{2}{3}\right)(3x^2 + 9) = (3x - 2)(x^2 + 3).$$

(8) 待定系数法

待定系数法分解因式是按照已知条件,将原式设为几个因式的乘积(系数待定),再利用多项式恒等定理列出方程(组)来确定待定系数的值,进而得到多项式因式分解的结果.

例 2.15 分解因式 $x^4 - x^3 + 4x^2 + 3x + 5$.

解：设

$$
\begin{aligned}
x^4 - x^3 + 4x^2 + 3x + 5 &= (x^2 + ax + 1)(x^2 + bx + 5) \\
&= x^4 + (a + b)x^3 + (ab + 6)x^2 + (5a + b)x + 5,
\end{aligned}
$$

比较两边系数得

$$
\begin{cases}
a + b = -1, \\
ab + 6 = 4, \\
5a + b = 3,
\end{cases}
\Rightarrow a = 1, b = -2.
$$

故原式因式分解的结果为 $(x^2 + x + 1)(x^2 - 2x + 5)$.

说明：若设原式 $= (x^2 + ax - 1)(x^2 + bx - 5)$,由待定系数法解题知关于 a, b 的方程无解,故设原式 $= (x^2 + ax + 1)(x^2 + bx + 5)$.

> **注 2.8** 因式分解有如下小窍门:
>
> 1) 如果多项式的各项系数和为 0,则必含有因式 $(x - 1)$;
>
> 2) 如果多项式的奇次项系数和等于偶次项系数和,则含有因式 $(x + 1)$.
>
> 可以利用十字相乘法验证上述小窍门.

例 2.16 分解因式 $x^3 + 2x^2 + 5x + 4$.

解：原式的奇次项系数和与偶次项系数和均为 6,必含有因式 $(x + 1)$,故设原式

$$
\begin{aligned}
x^3 + 2x^2 + 5x + 4 &= (x + 1)(x^2 + ax + 4) \\
&= x^3 + (a + 1)x^2 + (4 + a)x + 4,
\end{aligned}
$$

比较两端系数得

$$
\begin{cases}
a + 1 = 2, \\
4 + a = 5,
\end{cases}
\Rightarrow a = 1.
$$

故原式因式分解的结果为 $(x + 1)(x^2 + x + 4)$.

例 2.17 求证： $x^2 - xy + y^2 + x + y$ 不能分解为两个一次因式的积.

证明：设原式 $= (ax + by)(cx + dy + e)$,展开后比较系数,得

$$
\begin{cases}
ac = 1, \\
ad + bc = -1, \\
ae = 1, \\
bd = 1, \\
be = 1,
\end{cases}
\Rightarrow a = b, c = d, bd = -\frac{1}{2},
$$

$bd = -\dfrac{1}{2}$ 与方程组中 $bd = 1$ 相互矛盾,故原式不能分解为两个一次因式的积.

(9) 行列式法

例 2.18 分解因式 $p(x) = 5x^4 + 24x^3 - 15x^2 - 118x + 24$.

解:

$$p(x) = \begin{vmatrix} x & -1 & 0 & 0 \\ 0 & x & -1 & 0 \\ 0 & 0 & x & -1 \\ 24 & -118 & -15 & 5x+24 \end{vmatrix}$$

$$= \begin{vmatrix} x & -1 & 0 & 0 \\ 0 & x & -1 & 0 \\ 0 & 0 & 0 & -1 \\ 24 & -118 & 5x^2+24x-15 & 0 \end{vmatrix}$$

$$= \begin{vmatrix} x & -1 & 0 \\ 0 & x & -1 \\ 24 & -118 & 5x^2+24x-15 \end{vmatrix} = \begin{vmatrix} x & 5x-1 & 5(5x-1) \\ 0 & x & 5x-1 \\ 24 & 2 & 5x^2+24x-5 \end{vmatrix}$$

$$= (5x-1)\begin{vmatrix} x & 5x-1 & 5 \\ 0 & x & 1 \\ 24 & 2 & x+5 \end{vmatrix} = (5x-1)\begin{vmatrix} x & -1 & 5 \\ 0 & 0 & 1 \\ 24 & 2-5x-x^2 & x+5 \end{vmatrix}$$

$$= (5x-1)\begin{vmatrix} x & 3 \\ 8 & x^2+5x-2 \end{vmatrix} = (5x-1)\begin{vmatrix} x & x+3 \\ 8 & (x+3)(x+2) \end{vmatrix}$$

$$= (5x-1)(x+3)\begin{vmatrix} x & 1 \\ 8 & x+2 \end{vmatrix} = (5x-1)(x+3)(x+4)(x-2).$$

注 2.9 行列式 $F_n = \begin{vmatrix} x & -1 & 0 & \cdots & 0 & 0 \\ 0 & x & -1 & \cdots & 0 & 0 \\ 0 & 0 & x & \cdots & 0 & 0 \\ \cdots & \cdots & \cdots & \cdots & \cdots & \cdots \\ 0 & 0 & 0 & \cdots & x & -1 \\ a_n & a_{n-1} & a_{n-2} & \cdots & a_2 & a_0x+a_1 \end{vmatrix}$

按第一列展开并注意到以下两点:(1) a_n 的余子式是一个下三角行列式,故其值等于 $(-1)^{n-1}$;(2) x 的余子式是与 F_n 相类似的 $n-1$ 阶行列式,我们记之为 F_{n-1},于是有

$$F_n = xF_{n-1} + (-1)^{1+n}(-1)^{n-1}a_n = xF_{n-1} + a_n.$$

用递推关系不难求得

$$F_n = a_0x^n + a_1x^{n-1} + a_2x^{n-2} + \cdots + a_n.$$

3. 对称多项式、轮换多项式的因式分解

我们已经给出对称多项式和轮换多项式的定义(见定义 2.8、2.10),在上面的探讨中得知:对称多项式一定是轮换多项式. 故只研究轮换式的因式分解.

我们根据轮换式的性质 2.1,变数字母相同的两个轮换式的和、差、积、商(能整除)仍是轮换式,结合因式定理和待定系数法,便可对轮换式进行因式分解.

(1) 先观察多项式的特点,根据余数定理检验多项式中是否具有一次因式,关于 x,y,z 的轮换式中常见的一次因式有 x,y,z;$x+y,y+z,z+x$;$x-y,y-z,z-x$;$x+y+z$;$x+y-z,y+z-x,z+x-y$;$x-y-z,y-z-x,z-x-y$ 等.

(2) 根据轮换式的性质 2.1 知可以通过轮换已知的一次因式,得到它的其他几个一次因式.

(3) 最后用待定系数法确定分解后的因式乘积的系数.

例 2.19 分解因式 $a^3+b^3+c^3-3abc$.

解:解法一(公式法)

$$a^3+b^3+c^3-3abc = (a+b)^3+c^3-3a^2b-3ab^2-3abc$$
$$= (a+b+c)[(a+b)^2-(a+b)c+c^2]-3ab(a+b+c)$$
$$= (a+b+c)(a^2+b^2+c^2-ab-ac-bc).$$

解法二(主元法)

将 $a^3+b^3+c^3-3abc$ 看成关于 a 的多项式,按照从高到低的次序排列为 $a^3-3abc+(b^3+c^3)$. 根据因式定理,关于 a 的三次方程的根可能有 ± 1,$\pm(b^3+c^3)$,$\pm(b+c)$,$\pm(b^2-bc+c^2)$. 通过多项式相除可得 $a=-(b+c)$ 为方程的一个根,$a^3+b^3+c^3-3abc = (a+b+c)(a^2+b^2+c^2-ab-ac-bc)$.

解法三(对称多项式)

$a^3+b^3+c^3-3abc$ 是一个三次齐次对称式,必为一次对称式与二次对称式的乘积. 可验证 $a+b+c$ 为一个因式,设

$$a^3+b^3+c^3-3abc = (a+b+c)[l(a^2+b^2+c^2)+m(ab+ac+bc)].$$

利用赋值法,可得 $l=1,m=-1$,所以 $a^3+b^3+c^3-3abc = (a+b+c)(a^2+b^2+c^2-ab-ac-bc)$.

解法四(行列式法)

设三阶行列式

$$D = \begin{vmatrix} a & b & c \\ c & a & b \\ b & c & a \end{vmatrix},$$
则 $D=a^3+b^3+c^3-3abc$. 又因为

$$D = \begin{vmatrix} a+b+c & a+b+c & a+b+c \\ c & a & b \\ b & c & a \end{vmatrix} = (a+b+c)\begin{vmatrix} 1 & 1 & 1 \\ c & a & b \\ b & c & a \end{vmatrix}.$$

依第一行展开得到 $(a+b+c)(a^2+b^2+c^2-ab-bc-ca)$.

例 2.20 因式分解 $x^3(y-z) + y^3(z-x) + z^3(x-y)$.

解：(1) 观察多项式是一个三元轮换式,当 $x = y$ 时,原式 $= y^3(y-z) + y^3(z-y) + z^3(y-y) = 0$,所以 $x-y$ 是原式的一个一次因式.

(2) 根据轮换式的性质,$y-z, z-x$ 也是原式的一次因式. 所以原式有因式 $(x-y)$ $(y-z)(z-x)$.

(3) 由于原式是一个四次式,所以还有一个一次对称式的因式,利用待定系数法,可设原式 $= k(x-y)(y-z)(z-x)(x+y+z)$,令 $x=1, y=2, z=0$,得
$$-6 = 6k \Rightarrow k = -1$$
所以原式因式分解的结果为 $-(x-y)(y-z)(z-x)(x+y+z)$.

例 2.21 因式分解 $a(b+c-a)^2 + b(c+a-b)^2 + c(a+b-c)^2 + (b+c-a)(c+a-b)(a+b-c)$.

解：(1) 原式是一个三元轮换式,当 $a=0$ 时,原式 $= b(c-b)^2 + c(b-c)^2 + (b+c)(c-b)(b-c) = 0$,所以 a 是原式的一个一次因式.

(2) 根据轮换式的性质,b, c 也是原式的一次因式. 所以原式有因式 abc.

(3) 由于原式是一个三次式,故利用待定系数法,可设原式 $= kabc$,令 $a=b=c=1$,得
$$4 = k,$$
所以原式因式分解的结果为 $4abc$.

2.2.4 多项式因式分解的特点

1. 结果的相对性

同一个多项式在不同的数域中可约性是不同的,并且一个可约的多项式在不同的数域上因式分解的结果也是不同的,这在因式分解的基本概念中被提到过,见例 2.5.

2. 解法的多样性

在因式分解的方法一节中介绍了九种方法,事实上,很多可约多项式在给定的数域中因式分解的方法并不是唯一的,特别是用分组法分解时由于拆项组合的方式不同,就产生了多种不同的解法.

例 2.22 分解 $x^3 + 6x^2 + 11x + 6$ 的因式.

解：解法一
$$x^3 + 6x^2 + 11x + 6 = (x^3 + 6x^2 + 9x) + (2x + 6)$$
$$= x(x+3)^2 + 2(x+3)$$
$$= (x+1)(x+2)(x+3).$$

解法二
$$x^3 + 6x^2 + 11x + 6 = (x^3 - x) + (6x^2 + 12x + 6)$$
$$= x(x+1)(x-1) + 6(x+1)^2$$
$$= (x^2 + 5x + 6)(x+1)$$
$$= (x+1)(x+2)(x+3).$$

解法三
$$x^3 + 6x^2 + 11x + 6 = (x^3 + x^2) + (5x^2 + 11x + 6)$$
$$= x^2(x+1) + (x+1)(5x+6)$$
$$= (x^2 + 5x + 6)(x+1)$$
$$= (x+1)(x+2)(x+3).$$

上述解法分别采取了拆一次项和拆二次项的方法,还可以拆常数项或者同时拆一次项和常数项、同时拆二次项和常数项等多种方法,感兴趣的读者不妨尝试一下.

3. 高度的技巧性

一些复杂的多项式,往往需要一定的解题技巧方可进行因式分解.

例 2.23 在有理数集内分解 $x^5 + x - 1$ 的因式.

解: 由有理根定理,我们得到两个可能的一次有理根 1,-1,代入式中检验发现 1,-1 并不是多项式的根,所以本题无一次因式.又因为题中的 x^5 和 x 的次数相差过大,所以考虑添加一些中间项.
$$x^5 + x - 1 = x^5 + x^2 - x^2 + x - 1$$
$$= x^2(x^3 + 1) - (x^2 - x + 1)$$
$$= x^2(x+1)(x^2 - x + 1) - (x^2 - x + 1)$$
$$= (x^2 - x + 1)(x^3 + x^2 - 1).$$

2.3 分式

分式是从分数演化而来,分式运算和分数运算很相似.本节在多项式的基础上,讨论有理分式的基本概念、性质、恒等变形等.

2.3.1 基本概念及性质

定义 2.13 两个多项式的比 $\dfrac{f(x_1, x_2, \cdots, x_n)}{g(x_1, x_2, \cdots, x_n)}$ 称为**有理分式**,简称**分式**,比的前一项称为**分子**,比的后一项称为**分母**,其中 $g(x_1, x_2, \cdots, x_n) \neq 0$.

类似于分数,分式也有真分式和假分式之分.分式中分子的多项式的次数小于分母的多项式的次数的分式称为**真分式**,分子多项式的次数不小于分母多项式的次数的分式称为**假分式**.多项式可以看作分母为 1 的分式.

定义 2.14 分式 $\dfrac{f(x_1,x_2,\cdots,x_n)}{g(x_1,x_2,\cdots,x_n)}$ 的分母不为零的自变数的值组成的集合,称为这个分式的定义域.

> **注 2.10** 分式定义域和所研究的数域有关,如 $\dfrac{x+1}{(x-2)(x^2+1)}$,在有理数域 $\mathbb{Q}$ 和实数域 $\mathbb{R}$ 上研究时,其定义域分别为 $\{x\,|\,x\in\mathbb{Q},x\neq 2\}$,$\{x\,|\,x\in\mathbb{R},x\neq 2\}$;在复数域 $\mathbb{C}$ 上讨论时,其定义域为 $\{x\,|\,x\in\mathbb{C},x\neq 2,x\neq\pm i\}$.

定义 2.15 如果两个分式 $\dfrac{f_1(x_1,x_2,\cdots,x_n)}{g_1(x_1,x_2,\cdots,x_n)}$ 与 $\dfrac{f_2(x_1,x_2,\cdots,x_n)}{g_2(x_1,x_2,\cdots,x_n)}$ 对于它们的公共定义域上的任何值都有相等的值,则称这两个分式**恒等**,记为 $\dfrac{f_1(x_1,x_2,\cdots,x_n)}{g_1(x_1,x_2,\cdots,x_n)}\equiv$ $\dfrac{f_2(x_1,x_2,\cdots,x_n)}{g_2(x_1,x_2,\cdots,x_n)}$.

定理 2.10 在 $\dfrac{f_1(x_1,x_2,\cdots,x_n)}{g_1(x_1,x_2,\cdots,x_n)}$ 与 $\dfrac{f_2(x_1,x_2,\cdots,x_n)}{g_2(x_1,x_2,\cdots,x_n)}$ 的公共定义域内恒等的充要条件是
$$f_1(x_1,x_2,\cdots,x_n)g_2(x_1,x_2,\cdots,x_n)\equiv f_2(x_1,x_2,\cdots,x_n)g_1(x_1,x_2,\cdots,x_n).$$

例 2.24 分式 $\dfrac{x^2-ax}{x^2-a^2}$ 和 $\dfrac{x}{x+a}$ 是不是恒等式,为什么?

解:是. 在 $\dfrac{x^2-ax}{x^2-a^2}$ 和 $\dfrac{x}{x+a}$ 的公共定义域上,因为
$$(x^2-ax)(x+a)\equiv x^3-a^2x\equiv x(x^2-a^2),$$
所以 $\dfrac{x^2-ax}{x^2-a^2}\equiv\dfrac{x}{x+a}$.

定理 2.11 (分式的基本性质)分式的分子和分母都乘以或除以同一个不为零的多项式,分式的值不变. 即若 $k(x_1,x_2,\cdots,x_n)$ 在 $\dfrac{f(x_1,x_2,\cdots,x_n)}{g(x_1,x_2,\cdots,x_n)}$ 的定义域内非零,则
$$\frac{f(x_1,x_2,\cdots,x_n)}{g(x_1,x_2,\cdots,x_n)}=\frac{k(x_1,x_2,\cdots,x_n)f(x_1,x_2,\cdots,x_n)}{k(x_1,x_2,\cdots,x_n)g(x_1,x_2,\cdots,x_n)}.$$

这个定理是分式通分、约分、四则运算以及其他恒等变形的基础. 若用分式的基本性质求解例题 2.24,只要分子分母约去公因式 $(x-a)$ 即可.

定理 2.12 (分式可约分)$(f(x_1,x_2,\cdots,x_n),g(x_1,x_2,\cdots,x_n))=h(x_1,x_2,\cdots,x_n)$($f$ 与 g 的最大公因式为 h),$h(x_1,x_2,\cdots,x_n)\neq 1$,则存在 f_1,g_1 使得
$$f(x_1,x_2,\cdots,x_n)=h(x_1,x_2,\cdots,x_n)f_1(x_1,x_2,\cdots,x_n),$$
$$g(x_1,x_2,\cdots,x_n)=h(x_1,x_2,\cdots,x_n)g_1(x_1,x_2,\cdots,x_n),$$
且 $(f_1(x_1,x_2,\cdots,x_n),g_1(x_1,x_2,\cdots,x_n))=1$,

$$\frac{f(x_1, x_2, \cdots, x_n)}{g(x_1, x_2, \cdots, x_n)} = \frac{f_1(x_1, x_2, \cdots, x_n)}{g_1(x_1, x_2, \cdots, x_n)},$$

其中 $\dfrac{f_1(x_1, x_2, \cdots, x_n)}{g_1(x_1, x_2, \cdots, x_n)}$ 称为**既约分式**.

分式 $\dfrac{x^2 - ax}{x^2 - a^2}$ 和 $\dfrac{x}{x + a}$ 恒等,但两个分式的定义域不同. 前一个分式定义域为 $x \neq \pm a$, 后一个分式的定义域为 $x \neq -a$. 恒等变形过程中,定义域扩大了.

定义 2.16 (代数延拓原理)如果分式 $\dfrac{f(x_1, x_2, \cdots, x_n)}{g(x_1, x_2, \cdots, x_n)}$ 与 $\dfrac{f_1(x_1, x_2, \cdots, x_n)}{g_1(x_1, x_2, \cdots, x_n)}$ 恒等,但 $g(x_1^0, x_2^0, \cdots, x_n^0) = 0, g_1(x_1^0, x_2^0, \cdots, x_n^0) \neq 0$,在约定的意义下认为

$$\frac{f(x_1^0, x_2^0, \cdots, x_n^0)}{g(x_1^0, x_2^0, \cdots, x_n^0)} = \frac{f_1(x_1^0, x_2^0, \cdots, x_n^0)}{g_1(x_1^0, x_2^0, \cdots, x_n^0)}.$$

这个原理扩展了可约分式的定义域,使彼此恒等的分式具有相同的定义域.

定义 2.17 在实数集 $\mathbb{R}$ 内,形如 $\dfrac{A}{(x-a)^k}$ 或 $\dfrac{Bx+C}{(x^2+px+q)^l}$(其中 $k, l \in \mathbb{N}^*$, $A, B, C \in \mathbb{R}$, $p^2 - 4q < 0$)的分式叫作**基本真分式**. 将一个真分式化为几个基本真分式和的形式,叫作**将真分式分解成部分分式**.

引理 2.1 设 $\dfrac{P(x)}{Q(x)}$ 为一有理真分式,其中 $Q(x) = Q_1(x)Q_2(x)\cdots Q_s(x)$ 且 $Q_1, Q_2, \cdots, Q_s$ 两两互素,则存在唯一一组多项式 $P_1(x), P_2(x), \cdots P_s(x)$,使得

$$\frac{P(x)}{Q(x)} = \frac{P_1(x)}{Q_1(x)} + \frac{P_2(x)}{Q_2(x)} + \cdots + \frac{P_s(x)}{Q_s(x)}.$$

用数学归纳法可以证明.

定理 2.13 设 $\dfrac{P(x)}{Q(x)}$ 为一有理真分式,其中 $Q(x)$ 在实数域内的标准分解为

$$Q(x) = (x-a_1)^{\lambda_1} \cdots (x-a_s)^{\lambda_s} (x^2 + p_1 x + q_1)^{\mu_1} \cdots (x^2 + p_t x + q_t)^{\mu_t},$$

则 $\dfrac{P(x)}{Q(x)}$ 可作部分分式分解,即

$$\frac{P(x)}{Q(x)} = \sum_{i=1}^{s} \sum_{j=1}^{\lambda_i} \frac{A_{ij}}{(x-a_i)^j} + \sum_{i=1}^{t} \sum_{j=1}^{\mu_i} \frac{B_{ij}x + C_{ij}}{(x^2 + p_i x + q_i)^j},$$

其中 $A_{ij}, B_{ij}, C_{ij} \in \mathbb{R}$,且该分解形式唯一.

在引理 2.1 基础上结合多项式除法可得.

例 2.25 将 $\dfrac{2x^4 - x^3 + 4x^2 + 9x - 10}{x^5 + x^4 - 5x^3 - 2x^2 + 4x - 8}$ 化为部分分式之和.

解:由综合除法

	1	1	-5	-2	4	-8
-2		-2	2	6	-8	8
	1	-1	-3	4	-4	0

,

$$-2 \begin{array}{|rrrrr} 1 & -1 & -3 & 4 & -4 \\ & -2 & 6 & -6 & 4 \\ \hline 1 & -3 & 3 & -2 & 0 \end{array}, \qquad 2 \begin{array}{|rrrr} 1 & -3 & 3 & -2 \\ & 2 & -2 & 2 \\ \hline 1 & -1 & 1 & 0 \end{array},$$

可将 $x^5 + x^4 - 5x^3 - 2x^2 + 4x - 8$ 分解因式为

$$x^5 + x^4 - 5x^3 - 2x^2 + 4x - 8 = (x-2)(x+2)^2(x^2-x+1).$$

设

$$\frac{2x^4 - x^3 + 4x^2 + 9x - 10}{x^5 + x^4 - 5x^3 - 2x^2 + 4x - 8}$$

$$= \frac{A}{x-2} + \frac{B}{x+2} + \frac{C}{(x+2)^2} + \frac{Dx+E}{x^2-x+1}$$

$$= \frac{A(x+2)^2(x^2-x+1) + B(x-2)(x+2)(x^2-x+1)}{x^5 + x^4 - 5x^3 - 2x^2 + 4x - 8}$$

$$+ \frac{C(x-2)(x^2-x+1) + (Dx+E)(x-2)(x+2)^2}{x^5 + x^4 - 5x^3 - 2x^2 + 4x - 8}.$$

则比较两端得

$$2x^4 - x^3 + 4x^2 + 9x - 10 = A(x+2)^2(x^2-x+1) + B(x-2)(x+2)(x^2-x+1)$$
$$+ C(x-2)(x^2-x+1) + (Dx+E)(x-2)(x+2)^2.$$

令 $x = 2$,得 $A = 1$;令 $x = -2$,得 $C = -1$,同理有

$$\begin{cases} B + 2E = 4, & x = 0, \\ B + 3D + 3E = 2, & x = 1, \\ 3B + E - D = 8, & x = -1, \end{cases}$$

解得 $B = 2, D = -1, E = 1.$ 所以

$$\frac{2x^4 - x^3 + 4x^2 + 9x - 10}{x^5 + x^4 - 5x^3 - 2x^2 + 4x - 8} = \frac{1}{x-2} + \frac{2}{x+2} - \frac{1}{(x+2)^2} - \frac{x-1}{x^2-x+1}.$$

2.3.2 分式恒等变形举例

例 2.26 已知 $abc = 1$,求证:$\dfrac{a}{1+a+ab} + \dfrac{b}{1+b+bc} + \dfrac{c}{1+c+ca} = 1.$

证明:由 $abc = 1$ 得

$$\frac{a}{1+a+ab} = \frac{a}{abc+a+ab} = \frac{1}{bc+1+b}.$$

$$\frac{c}{1+c+ca} = \frac{bc}{b+bc+bca} = \frac{bc}{b+bc+1}.$$

$$原式 = \frac{a}{1+a+ab} + \frac{b}{1+b+bc} + \frac{c}{1+c+ca}$$

$$= \frac{1}{1+b+bc} + \frac{b}{1+b+bc} + \frac{bc}{1+b+bc} = 1.$$

例 **2.27** 已知 $\dfrac{x}{a} + \dfrac{y}{b} + \dfrac{z}{c} = 1, \dfrac{a}{x} + \dfrac{b}{y} + \dfrac{c}{z} = 0$，求证：$\dfrac{x^2}{a^2} + \dfrac{y^2}{b^2} + \dfrac{z^2}{c^2} = 1$.

证明：设 $\dfrac{x}{a} = m, \dfrac{y}{b} = n, \dfrac{z}{c} = k$，则由题设条件得

$$\begin{cases} m + n + k = 1, & ① \\ \dfrac{1}{m} + \dfrac{1}{n} + \dfrac{1}{k} = 0, & ② \end{cases}$$

②式两边都乘以 mnk，得 $nk + mk + mn = 0$.

$$\frac{x^2}{a^2} + \frac{y^2}{b^2} + \frac{z^2}{c^2} = m^2 + n^2 + k^2 = (m + n + k)^2 - 2(mn + nk + mk) = 1. \qquad \square$$

例 **2.28** 化简 $\dfrac{(y-z)^2}{(x-y)(x-z)} + \dfrac{(z-x)^2}{(y-z)(y-x)} + \dfrac{(x-y)^2}{(z-x)(z-y)}$.

解：令 $x - y = u, y - z = v, z - x = w$，则 $u + v + w = 0, u^3 + v^3 + w^3 = 3uvw$，于是

原式 $= \dfrac{v^2}{-wu} + \dfrac{w^2}{-uv} + \dfrac{u^2}{-vw} = \dfrac{u^3 + v^3 + w^3}{-uvw} = \dfrac{3uvw}{-uvw} = -3$.

例 **2.29** 已知 $x^2 - 6x + 1 = 0$，求 $\dfrac{x^2}{x^4 + x^2 + 1}$ 的值.

解：因为 $x^2 - 6x + 1 = 0$，则 $6x = x^2 + 1, x \neq 0$，所以 $6 = x + \dfrac{1}{x}$. 则 $\left(x + \dfrac{1}{x} \right)^2 = x^2 + \dfrac{1}{x^2} + 2 = 36, x^2 + \dfrac{1}{x^2} = 34$.

原式 $= \dfrac{1}{x^2 + 1 + \dfrac{1}{x^2}} = \dfrac{1}{34 + 1} = \dfrac{1}{35}$.

例 **2.30** 已知

$$\begin{cases} \dfrac{a}{x} + \dfrac{b}{y} = 3, & ① \\[2mm] \dfrac{a}{x^2} + \dfrac{b}{y^2} = 7, & ② \\[2mm] \dfrac{a}{x^3} + \dfrac{b}{y^3} = 16, & ③ \\[2mm] \dfrac{a}{x^4} + \dfrac{b}{y^4} = 42. & ④ \end{cases}$$

求证：$\dfrac{a}{x^5} + \dfrac{b}{y^5} = 20$.

证明：由①得 $\dfrac{a}{x} + \dfrac{b}{y} = \dfrac{ay + bx}{xy} = 3$，所以 $ay + bx = 3xy$. 再由②，③得

$$7\left(\frac{1}{x} + \frac{1}{y}\right) = \left(\frac{a}{x^2} + \frac{b}{y^2}\right)\left(\frac{1}{x} + \frac{1}{y}\right) = \frac{a}{x^3} + \frac{b}{y^3} + \frac{a}{x^2 y} + \frac{b}{xy^2}$$

$$= 16 + \frac{ay + bx}{x^2 y^2} = 16 + \frac{3}{xy}.$$

同理,由②得 $ay^2 + bx^2 = 7x^2 y^2$,再由③、④得

$$16\left(\frac{1}{x} + \frac{1}{y}\right) = 42 + \frac{ay^2 + bx^2}{x^3 y^3} = 42 + \frac{7}{xy}.$$

设 $\frac{1}{x} + \frac{1}{y} = m, \frac{1}{xy} = n$,则

$$\begin{cases} 7m = 16 + 3n, \\ 16m = 42 + 7n, \end{cases}$$

得

$$\begin{cases} m = -14, \\ n = -38, \end{cases}$$

由③、④得

$$\left(\frac{a}{x^4} + \frac{b}{y^4}\right)\left(\frac{1}{x} + \frac{1}{y}\right) = \frac{a}{x^5} + \frac{b}{y^5} + \frac{bx^3 + ay^3}{x^4 y^4} = \frac{a}{x^5} + \frac{b}{y^5} + \frac{1}{xy}\left(\frac{a}{x^3} + \frac{b}{y^3}\right),$$

$$42 \times (-14) = \frac{a}{x^5} + \frac{b}{y^5} + (-38) \times 16.$$

所以 $\frac{a}{x^5} + \frac{b}{y^5} = 20$.

2.4 根式

公元前 2000 年左右,古代巴比伦人就已经掌握了计算平方根的方法,然而,用根号和根式表示开方运算,在 16 世纪才出现. 本节主要介绍根式的概念及其性质与恒等变形.

2.4.1 算术根的定义

关于数的开方,结论是不一致的,任何数的奇次方根都是唯一存在的. 正数的偶次方根有两个,负数的偶次方根在实数域内没有意义. 对任意非负实数 A,必存在唯一的非负实数 a,使得 $a^n = A$,由此可以给出算术根的定义.

定义 2.18 若 $a^n = A$ 且 $a \geq 0$,则称数 a 为 A 的 n **次算术根**,并记作 $a = \sqrt[n]{A}$ ($n > 1$, $n \in \mathbb{N}$),其中 n 称为**根指数**,A 为**被开方数**.

定义 2.19 若 $x^n = A, x \in \mathbb{R}$,则称 x 为数 A **的 n 次方根**,求 A 的 n 次方根的运算称为**把 A 开 n 次方**.

定义 2.20 含有开方运算的代数式称为**根式**.

2.4.2 算术根的运算法则

(1) $\sqrt[np]{A^{mp}} = \sqrt[n]{A^m}\,(A \geqslant 0, m, n, p \in \mathbb{N}, n > 1)$;

(2) $\sqrt[n]{AB} = \sqrt[n]{A} \cdot \sqrt[n]{B}\,(A, B \geqslant 0, n \in \mathbb{N}, n > 1)$;

(3) $\sqrt[n]{\dfrac{A}{B}} = \dfrac{\sqrt[n]{A}}{\sqrt[n]{B}}\,(A \geqslant 0, B > 0, n \in \mathbb{N}, n > 1)$;

(4) $\sqrt[n]{A^m} = (\sqrt[n]{A})^m\,(A \geqslant 0, m, n \in \mathbb{N}, n > 1)$;

(5) $\sqrt[n]{\sqrt[m]{A}} = \sqrt[nm]{A}\,(A \geqslant 0, m, n \in \mathbb{N}, n > 1)$.

2.4.3 根式的化简

定义 2.21 (最简根式)一个根式为**最简根式**,如果满足:

(1) 被开方数的每一个因式的指数都小于根指数且与根指数互质;

(2) 被开方数不含有分母.

根式化简都是指根式有意义的情况下的化简,在没有特别说明的情况下,这里的根式都是对算术根而言的.

定义 2.22 如果 M 与 N 是两个不恒为零的含有根式的代数式,而乘积 MN 是有理式,那么称 M 与 N 互为有理化因式或共轭根式.

如 $\sqrt{a} + 2\sqrt{b}$ 与 $\sqrt{a} - 2\sqrt{b}$ 互为有理化因式. 这是因为

$$(\sqrt{a} + 2\sqrt{b})(\sqrt{a} - 2\sqrt{b}) = a - 4b.$$

几类比较特殊根式的共轭根式:

(1) 根式 $\sqrt[n]{x_1^{r_1} x_2^{r_2} \cdots x_n^{r_n}}$ (其中 $r_1, r_2, \cdots, r_n$ 为小于 n 的自然数),其共轭根式为 $\sqrt[n]{x_1^{n-r_1} x_2^{n-r_2} \cdots x_n^{n-r_n}}$.

(2) 根式 $\sqrt[n]{x} - \sqrt[n]{y}$ 的共轭根式为 $\sqrt[n]{x^{n-1}} + \sqrt[n]{x^{n-2}y} + \cdots + \sqrt[n]{xy^{n-2}} + \sqrt[n]{y^{n-1}}$.

(3) 根式 $\sqrt[n]{x} + \sqrt[n]{y}$ 的共轭根式如下:

1) 当 n 为奇数时,为 $\sqrt[n]{x^{n-1}} - \sqrt[n]{x^{n-2}y} + \cdots - \sqrt[n]{xy^{n-2}} + \sqrt[n]{y^{n-1}}$;

2) 当 n 为偶数时,为 $\sqrt[n]{x^{n-1}} - \sqrt[n]{x^{n-2}y} + \cdots + \sqrt[n]{xy^{n-2}} - \sqrt[n]{y^{n-1}}$.

例 2.31 求 $\sqrt{x} - \sqrt{xy} + \sqrt{y}$ 的共轭根式.

解:设 $P = \sqrt{x} - \sqrt{xy} + \sqrt{y} = \sqrt{x} + \sqrt{y}(1 - \sqrt{x})$,$Q_1 = \sqrt{x} - \sqrt{y}(1 - \sqrt{x})$,则

$$P \cdot Q_1 = x - y(1 - 2\sqrt{x} + x) = x - y - xy + 2y\sqrt{x}.$$

设 $Q_2 = x - y - xy - 2y\sqrt{x}$,则

$$P \cdot Q_1 \cdot Q_2 = (x - y - xy)^2 - 4xy^2.$$

所以 $\sqrt{x} - \sqrt{xy} + \sqrt{y}$ 的共轭根式为

$$Q_1 \cdot Q_2 = \left[\sqrt{x} - \sqrt{y}(1 - \sqrt{x}) \right] \cdot \left[(x - y - xy) - 2y\sqrt{x} \right].$$

利用共轭根式可以化简根式,特别是分母有理化可以将分母含有根式的分式进行化简.

例 2.32 设 $a > 0, b > 0$,且 $x = \dfrac{2ab}{b^2 + 1}$,化简 $\dfrac{\sqrt{a+x} + \sqrt{a-x}}{\sqrt{a+x} - \sqrt{a-x}}$.

解:将 x 代入 $\sqrt{a+x}$,$\sqrt{a-x}$,化简得

$$\sqrt{a+x} = \sqrt{a + \frac{2ab}{b^2+1}} = \sqrt{\frac{a(b+1)^2}{b^2+1}} = \frac{(b+1)\sqrt{a}}{\sqrt{b^2+1}},$$

$$\sqrt{a-x} = \sqrt{a - \frac{2ab}{b^2+1}} = \sqrt{\frac{a(b-1)^2}{b^2+1}} = \frac{|b-1|\sqrt{a}}{\sqrt{b^2+1}},$$

所以 $\dfrac{\sqrt{a+x} + \sqrt{a-x}}{\sqrt{a+x} - \sqrt{a-x}} = \dfrac{(b+1) + |b-1|}{(b+1) - |b-1|} = \begin{cases} b, & \text{若 } b \geqslant 1, \\ \dfrac{1}{b}, & \text{若 } 0 < b < 1. \end{cases}$

例 2.33 求比 $(\sqrt{7} + \sqrt{3})^6$ 大的最小整数.

解:设 $x = \sqrt{7} + \sqrt{3}, y = \sqrt{7} - \sqrt{3}$,则

$$x + y = 2\sqrt{7}, xy = 4, x^2 + y^2 = (x+y)^2 - 2xy = 28 - 8 = 20.$$

$$x^6 + y^6 = (x^2 + y^2)(x^4 - x^2y^2 + y^4)$$
$$= (x^2 + y^2)\left[(x^2 + y^2)^2 - 3x^2y^2 \right]$$
$$= 20 \times (400 - 3 \times 16) = 7040.$$

又 $0 < \sqrt{7} - \sqrt{3} < 1$,所以 $0 < (\sqrt{7} - \sqrt{3})^6 < 1$. 因此比 $(\sqrt{7} + \sqrt{3})^6$ 大的最小整数为 7040.

例 2.34 将 $\dfrac{1}{\sqrt[3]{5} - \sqrt{2}}$ 分母有理化.

解:
$$\frac{1}{\sqrt[3]{5} - \sqrt{2}} = \frac{\sqrt[3]{5} + \sqrt{2}}{(\sqrt[3]{5} - \sqrt{2})(\sqrt[3]{5} + \sqrt{2})} = \frac{\sqrt[3]{5} + \sqrt{2}}{\sqrt[3]{25} - \sqrt[3]{8}}$$

$$= \frac{(\sqrt[3]{5} + \sqrt{2})(\sqrt[3]{25^2} + \sqrt[3]{25 \cdot 8} + \sqrt[3]{8^2})}{(\sqrt[3]{25} - \sqrt[3]{8})(\sqrt[3]{25^2} + \sqrt[3]{25 \cdot 8} + \sqrt[3]{8^2})}$$

$$= \frac{1}{17}(\sqrt[3]{5} + \sqrt{2})(5\sqrt[3]{5} + 2\sqrt[3]{25} + 4).$$

2.4.4 复合二次根式

定义 2.23 形如 $\sqrt{a \pm \sqrt{b}}$ 的根式,其中 $a, b > 0, a^2 - b > 0$,称为**复合二次根式**.

定理 2.14 $\sqrt{a \pm \sqrt{b}} = \sqrt{\dfrac{a + \sqrt{a^2 - b}}{2}} \pm \sqrt{\dfrac{a - \sqrt{a^2 - b}}{2}}$ (在 $a^2 - b$ 为完全平方数时适用).

证明： 因为 $(\sqrt{a + \sqrt{b}} + \sqrt{a - \sqrt{b}})^2 = 2a + 2\sqrt{a^2 - b}$，所以

$$\sqrt{a + \sqrt{b}} + \sqrt{a - \sqrt{b}} = \sqrt{2a + 2\sqrt{a^2 - b}} = 2\sqrt{\dfrac{a + \sqrt{a^2 - b}}{2}}, \qquad \text{①}$$

同理

$$\sqrt{a + \sqrt{b}} - \sqrt{a - \sqrt{b}} = 2\sqrt{\dfrac{a - \sqrt{a^2 - b}}{2}}, \qquad \text{②}$$

将①和②相加减即得结论. □

复合二次根式的化简也可以用如下的方法进行.

(1) 将 $\sqrt{a \pm \sqrt{b}}$ 改写成 $\sqrt{a \pm 2\sqrt{\dfrac{b}{4}}}$；

(2) 寻找两个正数 x, y，使得 $x > y, x + y = a, xy = \dfrac{b}{4}$，则 $\sqrt{a \pm \sqrt{b}} = \sqrt{x} \pm \sqrt{y}$.

例 2.35 化简 $\sqrt{7 - \sqrt{48}}$.

解：

$$\sqrt{7 - \sqrt{48}} = \sqrt{7 - 4\sqrt{3}} = \sqrt{3 - 4\sqrt{3} + 4}$$
$$= \sqrt{(\sqrt{3})^2 - 2 \times 2\sqrt{3} + 2^2} = \sqrt{(\sqrt{3} - 2)^2} = 2 - \sqrt{3}.$$

2.4.5 根式计算举例

例 2.36 设 $x = \sqrt{19 - 8\sqrt{3}}$，求 $\dfrac{x^4 - 6x^3 - 2x^2 + 18x + 23}{x^2 - 8x + 15}$ 的值.

解： 因为 $x = \sqrt{19 - 8\sqrt{3}} = \sqrt{4^2 - 2 \times 4 \times \sqrt{3} + (\sqrt{3})^2} = \sqrt{(4 - \sqrt{3})^2} = 4 - \sqrt{3}$，于是有

$$x - 4 = -\sqrt{3} \Rightarrow (x - 4)^2 = 3 \Rightarrow x^2 - 8x + 16 = 3 \Rightarrow x^2 - 8x + 13 = 0.$$

所以，原式 $= \dfrac{(x^2 - 8x + 13)(x^2 + 2x + 1) + 10}{(x^2 - 8x + 13) + 2} = 5.$

例 2.37 求方程 $\underbrace{\sqrt{x + 2\sqrt{x + 2\sqrt{x + 2 \cdots + 2\sqrt{x + 2\sqrt{3x}}}}}}_{\text{共} n \text{个} x} = x$ 的实根.

解： 无理方程的左端为算术根，$x \geqslant 0$，将无理方程按通常方法从外向内逐次去根号来解是不太可能的. 若从里向外去根号呢？从最里面的根号开始，设每个根号内的数分别为 $y_1^2, y_2^2, \cdots, y_n^2 (y_i \geqslant 0, i = 1, 2, \cdots, n)$，则

$$3x = x + 2x = y_1^2,$$
$$x + 2y_1 = y_2^2,$$
$$x + 2y_2 = y_3^2,$$
$$\cdots$$
$$x + 2y_{n-1} = y_n^2,$$

此时原方程化为 $y_n = x$. 下面分析 x 与 y_1 的关系.

若 $x > y_1$, 则 $y_1 > y_2$, 从而有 $x > y_1 > y_2 \cdots > y_n$, 但 $y_n = x$, 矛盾; 若 $x < y_1$, 同理导致 $x < y_n = x$, 矛盾. 所以只有 $y_1 = x$, 即 $3x = x^2$, 从而求得原方程的两个实根为 $x_1 = 0, x_2 = 3$.

例 2.38 计算 $\sqrt{3 + \sqrt{5}} + \sqrt{3 - \sqrt{5}}$.

解: 令 $x = \sqrt{3 + \sqrt{5}} + \sqrt{3 - \sqrt{5}}$. 则

$$x^2 = (\sqrt{3 + \sqrt{5}} + \sqrt{3 - \sqrt{5}})^2$$
$$= 3 + \sqrt{5} + 2\sqrt{(3 + \sqrt{5})(3 - \sqrt{5})} + 3 - \sqrt{5}$$
$$= 10.$$

因为 $x > 0$, 所以 $x = \sqrt{10}$.

例 2.39 已知实数 a, b 满足 $a\sqrt{1 - b^2} + b\sqrt{1 - a^2} = 1$, 试说明 $a^2 + b^2 = 1$ 的理由.

解: 因为 $a\sqrt{1 - b^2} + b\sqrt{1 - a^2} = 1$, 所以有

$$a\sqrt{1 - b^2} = 1 - b\sqrt{1 - a^2}.$$

两边平方得 $a^2(1 - b^2) = 1 - 2b\sqrt{1 - a^2} + b^2(1 - a^2)$, 移项合并得

$$a^2 - b^2 - 1 = -2b\sqrt{1 - a^2}.$$

再两边平方得 $a^4 + b^4 + 1 - 2a^2b^2 - 2a^2 + 2b^2 = 4b^2(1 - a^2)$, 移项合并得

$$a^4 + b^4 + 1 + 2a^2b^2 - 2a^2 - 2b^2 = 0.$$

整理得 $(a^2 + b^2 - 1)^2 = 0$. 所以 $a^2 + b^2 - 1 = 0$, 即 $a^2 + b^2 = 1$.

采用两边平方去掉根号解决含有二次根式的问题是一种常用手段, 这样问题就可以在有理式中得到解决.

例 2.40 计算 $\sqrt[3]{1 + \frac{2}{3}\sqrt{\frac{7}{3}}} + \sqrt[3]{1 - \frac{2}{3}\sqrt{\frac{7}{3}}}$.

解: (立方法) 设 $x = \sqrt[3]{1 + \frac{2}{3}\sqrt{\frac{7}{3}}} + \sqrt[3]{1 - \frac{2}{3}\sqrt{\frac{7}{3}}}$, 则

$$x^3 = 2 + 3\sqrt[3]{\left(1 + \frac{2}{3}\sqrt{\frac{7}{3}}\right)\left(1 - \frac{2}{3}\sqrt{\frac{7}{3}}\right)} \left(\sqrt[3]{1 + \frac{2}{3}\sqrt{\frac{7}{3}}} + \sqrt[3]{1 - \frac{2}{3}\sqrt{\frac{7}{3}}}\right).$$

注意到等式右边的最右的因式可用 x 代换, 因此, $x^3 = 2 + 3 \cdot \sqrt[3]{-\frac{1}{27}} \cdot x$. 于是得

一个三次方程,即

$$x^3 + x - 2 = 0,$$

分解因式得

$$(x - 1)(x^2 + x + 2) = 0.$$

该方程有唯一的实根 $x = 1$,所以 $\sqrt[3]{1 + \dfrac{2}{3}\sqrt{\dfrac{7}{3}}} + \sqrt[3]{1 - \dfrac{2}{3}\sqrt{\dfrac{7}{3}}} = 1.$

2.5 指数式与对数式

本节将把幂的概念推广到实数指数幂,将有理指数幂和无理指数幂统称为指数式. 有理指数幂为代数式,无理指数幂为超越式. 由实数指数幂定义的对数式也是超越式,本节将介绍指数式和对数式的运算及恒等变形.

2.5.1 指数式

在生产和科学实验中,通常将一个很小的正数写成 $M \times 10^{-n}$ 的形式,其中 $1 \leqslant M < 10$,n 为正整数,如

$$1 \text{ 毫安(mA)} = 10^{-3} \text{ 安(A)},1 \text{ 毫秒(ms)} = 10^{-3} \text{ 秒(s)}.$$

在物理探测实践中,早已突破了正整数指数幂的范围,大量用到了负指数幂、分数指数幂. 将幂的概念从正整数指数推广到零指数、负指数和分数指数等,是有客观需求的.

1. 指数概念的推广

当 n 为正整数时,a^n 表示 n 个相同因式 a 的乘积,叫作 a 的 n 次幂. 由此,可以得到正整数指数幂的运算规律,如下:

(1) $a^m \cdot a^n = a^{m+n}$;

(2) $(a^m)^n = a^{mn}$;

(3) $(ab)^m = a^m b^m$;

(4) $a^m \div a^n = a^{m-n}(a \neq 0, m > n)$;

(5) $\left(\dfrac{a}{b}\right)^m = \dfrac{a^m}{b^m}(b \neq 0).$

若想使得对任意两个正整数 m, n,当 $m = n$ 或者 $m < n$ 时,$a^m \div a^n$ 可以实施运算,有必要对正整数指数概念加以推广. 推广的原则是指数概念推广以后,指数幂的运算律继续满足. 定义 $a^0 = 1(a \neq 0)$,$a^{-n} = \dfrac{1}{a^n}(a \neq 0)$. 更进一步,定义 $a^{\frac{m}{n}} = \sqrt[n]{a^m}$ ($a > 0$, $a \neq 1$),$a^{-\frac{m}{n}} = \dfrac{1}{\sqrt[n]{a^m}}(a > 0, a \neq 1)$,将正整数指数幂推广到有理指数幂. 有理指数幂满足指数运算律,如下:

(1) $a^m \cdot a^n = a^{m+n}$;

(2) $(a^m)^n = a^{mn}$;

(3) $(ab)^m = a^m b^m$.

进一步将有理指数幂推广到实数指数幂,同样地遵守指数的运算规律是推广的原则.

2. 无理指数幂

无理指数幂有没有意义,如 $3^{\sqrt{2}} = ?$ 但无理数可以用一系列的有理数不断逼近它,如

$$\sqrt{2} \approx 1.4, 1.41, 1.414, 1.4142, \cdots.$$

无理指数幂 $3^{\sqrt{2}}$ 就可以用下面的数列愈来愈精确地近似它,即

$$3^{\sqrt{2}} \approx 3^{1.4}, 3^{1.41}, 3^{1.414}, 3^{1.4142}, \cdots.$$

设 α 为任意给定的正无理数,将 α 表示成无限小数形式 $a_0.a_1 a_2 \cdots a_n \cdots$,其中 a_0 是整数,$0 \leq a_1, a_2, \cdots, a_n, \cdots \leq 9$. 设 α 的精确到 $\dfrac{1}{10^n}$ 的不足近似与过剩近似分别为 α_n^- 与 α_n^+,

$$\alpha_n^- = a_0.a_1 a_2 \cdots a_n,$$

$$\alpha_n^+ = a_0.a_1 a_2 \cdots a_n + \frac{1}{10^n}.$$

定理 2.15 对任何正数 a,当 n 无限增大时,序列 $\{a^{\alpha_n^-}\}$ 与序列 $\{a^{\alpha_n^+}\}$ 有相同的极限,即 $\lim\limits_{n\to\infty} a^{\alpha_n^-} = \lim\limits_{n\to\infty} a^{\alpha_n^+}$.

证明: 当 $a > 1$ 时,$\{\alpha_n^-\}$ 单调递增,而 $\{\alpha_n^+\}$ 单调递减,且 $\alpha_n^- < \alpha_n^+ \Rightarrow a^{\alpha_n^-} < a^{\alpha_n^+}$. 将两者作差得

$$0 < a^{\alpha_n^+} - a^{\alpha_n^-} = a^{\alpha_n^-}(a^{\alpha_n^+ - \alpha_n^-} - 1) < a^{a_0+1}(a^{\frac{1}{10^n}} - 1) < a^{a_0+1}(a^{\frac{1}{n}} - 1).$$

对任意的 $\varepsilon > 0$,总存在 $N = \left[\lg \dfrac{a-1}{\varepsilon} + a_0 + 1\right]$,当 $n > N$ 时,有

$$0 < a^{\alpha_n^+} - a^{\alpha_n^-} < \varepsilon.$$

当 $0 < a < 1$ 时,可以类似证明相同的结论,$a = 1$ 时,$a^{\alpha_n^-} = a^{\alpha_n^+}$.

综上,$\lim\limits_{n\to\infty} a^{\alpha_n^-} = \lim\limits_{n\to\infty} a^{\alpha_n^+}$. □

定义 2.24 当 α 为无理数,a 为正实数时,序列 $\{a^{\alpha_n^-}\}$ 与序列 $\{a^{\alpha_n^+}\}$ 的共同的极限叫作 a **的 α 次幂**. 当 $a = 0$,α 为正无理数时,规定 $0^\alpha = 0$.

指数的概念推广到实数后,指数的三条运算律依然满足,a, b 为正实数,α, β 为实数,有

（1）$a^\alpha \cdot a^\beta = a^{\alpha+\beta}$；

（2）$(a^\alpha)^\beta = a^{\alpha\beta}$；

（3）$(ab)^\alpha = a^\alpha b^\alpha$.

定义 2.25 表示指数运算结果的表达式 a^b 叫作**指数式**.

定理 2.16 如果 $a > 0, a \neq 1, \alpha, \beta$ 为实数，那么 $a^\alpha = a^\beta \Leftrightarrow \alpha = \beta$.

证明：$a^\alpha = a^\beta > 0$，有 $\dfrac{a^\alpha}{a^\beta} = 1 \Rightarrow a^{\alpha-\beta} = 1$. 此式成立的充分必要条件是 $\alpha = \beta$. 同理可以证明 $a^\alpha \neq a^\beta \Leftrightarrow \alpha \neq \beta$. □

定理 2.17 如果 $a > 0, a \neq 1$，对于任意给定的正数 b，存在唯一的实数 α，使得 $a^\alpha = b$ 成立.

证明：当 $a > 1$ 时，数列 $\cdots, a^{-2}, a^{-1}, a^0, a^1, a^2, \cdots$ 中有一数 a^{p+1} 为大于 b 的最小的数，即

$$a^p \leqslant b < a^{p+1}.$$

把闭区间 $[p, p+1]$ 十等分，得到

$$p, p + \frac{1}{10}, p + \frac{2}{10}, \cdots, p+1.$$

必有一数设为 q_1，满足

$$a^{p+\frac{q_1}{10}} \leqslant b < a^{p+\frac{q_1+1}{10}}.$$

再把 $\left[\dfrac{q_1}{10}, \dfrac{q_1+1}{10}\right]$ 十等分，如此一直进行下去，得到一个退缩闭区间序列

$$\left\{\left[p + \frac{q_1}{10} + \frac{q_2}{10^2} + \cdots + \frac{q_n}{10^n}, p + \frac{q_1}{10} + \frac{q_2}{10^2} + \cdots + \frac{q_n+1}{10^n}\right]\right\}_{n=1}^{\infty}，根据闭区间套定理，存在唯$$

一实数 $\alpha = p.q_1 q_2 \cdots q_n \cdots$，其中 p 为整数，$0 \leqslant q_i \leqslant 9 (i = 1, 2, \cdots n, \cdots)$. α 的精确到 $\dfrac{1}{10^n}$ 的不足近似值与过剩近似值分别为 α_n^- 与 α_n^+，满足

$$a^{\alpha_n^-} \leqslant b < a^{\alpha_n^+},$$

所以 $a^\alpha = b$.

当 $0 < a < 1$ 时，$\dfrac{1}{a} > 1$，因此存在 α，使得 $\left(\dfrac{1}{a}\right)^\alpha = b$，即 $a^{-\alpha} = b$. □

2.5.2 对数式

纳皮尔（Napier）为寻求球面三角计算的简便方法，经过 20 年的努力，创造出了对数的概念. 在科学发展史上，不像其他抽象的数学概念，对数发明后不久，就获得了整个科学界的热烈欢迎. 法国数学家拉普拉斯（Laplace）曾说："对数的发明让天文学家的寿命都延长了，因为少做了很多苦工." 对数的发明是人类认识史上的一个极大的飞跃与革命.

根据定理 2.17,对于任意的正数 $b,a>0,a\neq1$,去求满足 $a^{\alpha}=b$ 成立的唯一的实数 α,以 $\log_{a}b$ 表示,即 $\alpha=\log_{a}b$,其中 a 叫作**底数**,b 叫作**真数**. 指数 α 叫**作以 a 为底,真数 b 的对数**,简称**对数**. 一般以 10 为底的对数,叫作**常用对数**,简记为 $\lg b$. 另外,也常用以 e 为底的对数,叫作**自然对数**,简记为 $\ln b$,自然对数使微积分中的很多公式具有简单的形式.

定义 2.26　表示对数运算结果的表达式 $\log_{a}N$ 叫作**对数式**.

定理 2.18　如果 $a>0,a\neq1,M,N>0$,那么 $\log_{a}M=\log_{a}N\Leftrightarrow M=N$.

性质 2.2　对数还有以下性质,如果 $M,N>0$,则有:

(1)（对数恒等式）　$a^{\log_{a}N}=N$;

(2) $\log_{a}(MN)=\log_{a}M+\log_{a}N$;

(3) $\log_{a}\dfrac{M}{N}=\log_{a}M-\log_{a}N$;

(4) $\log_{a}M^{n}=n\log_{a}M$;

(5)（对数换底公式）　$\log_{a}M=\dfrac{\log_{b}M}{\log_{b}a}$.

　　利用对数可以将数的乘、除、乘方、开方的对数运算转化为对对数的加、减、乘运算,大大减少计算量.

例 2.41　设 $\dfrac{x(y+z-x)}{\log_{a}x}=\dfrac{y(z+x-y)}{\log_{a}y}=\dfrac{z(x+y-z)}{\log_{a}z}$,求证:$y^{z}z^{y}=z^{x}x^{z}=x^{y}y^{x}$.

　　证明:设 $\dfrac{x(y+z-x)}{\log_{a}x}=\dfrac{y(z+x-y)}{\log_{a}y}=\dfrac{z(x+y-z)}{\log_{a}z}=\dfrac{1}{r}$,得

$$\log_{a}x=rx(y+z-x),$$
$$\log_{a}y=ry(z+x-y),$$
$$\log_{a}z=rz(x+y-z).$$

代入计算可得

$$z\log_{a}y+y\log_{a}z=z\log_{a}x+x\log_{a}z=y\log_{a}x+x\log_{a}y=2rxyz.$$

所以 $\log_{a}(y^{z}z^{y})=\log_{a}(z^{x}x^{z})=\log_{a}(x^{y}y^{x})$,得 $y^{z}z^{y}=z^{x}x^{z}=x^{y}y^{x}$. 　□

2.6　三角式与反三角式

　　三角学最初是作为天文测算的工具出现的,对三角关系式的研究有着悠久的历史. 早在公元 2 世纪,托勒密(Claudius Ptolemaeus)就已经在他的著作《天文学大成》给出了"弦表"(与现在的正弦表等价). 用函数的观点研究三角学相对较晚,欧拉(Euler)在这一方面做出了重大贡献,他从几个公式出发推导出全部的三角函数公式,揭示了三角函数与指数函数的内在联系.

中学数学中,利用欧氏几何学中的相似原理为理论基础定义了三角式.在直角三角形中,取任意两边的长度作比,可以得到六个不同的比.但角的概念不局限于锐角,三角式的意义也随之进一步推广.中学数学采用坐标法定义三角式,把几何问题转化为代数问题来研究.

本节主要介绍三角式和反三角式的概念、性质及恒等变形.

2.6.1　三角式

1. 三角式的概念

定义 2.27　由 x 的值求 $\sin x, \cos x, \tan x, \cot x, \sec x, \csc x$ 的值,分别叫作对 x 取正弦、余弦、正切、余切、正割、余割的运算,统称为**三角运算**,含有三角运算的解析式称为**三角式**.

由微积分学知识知,正弦函数 $\sin x$、余弦函数 $\cos x$ 和指数函数 e^x 的幂级数展开式为

$$\sin x = x - \frac{x^3}{3!} + \frac{x^5}{5!} + \cdots + (-1)^n \frac{x^{2n+1}}{(2n+1)!} + \cdots,$$

$$\cos x = 1 - \frac{x^2}{2!} + \frac{x^4}{4!} + \cdots + (-1)^n \frac{x^{2n}}{2n!} + \cdots,$$

$$\mathrm{e}^x = 1 + x + \frac{x^2}{2!} + \frac{x^3}{3!} + \cdots + \frac{x^n}{n!} + \cdots.$$

可以得到

$$\mathrm{e}^{\mathrm{i}x} = \cos x + \mathrm{i}\sin x.$$

由 $\mathrm{e}^{\mathrm{i}(x+y)} = \mathrm{e}^{\mathrm{i}x} \cdot \mathrm{e}^{\mathrm{i}y}$,则 $\cos(x+y) + \mathrm{i}\sin(x+y) = (\cos x + \mathrm{i}\sin x) \cdot (\cos y + \mathrm{i}\sin y)$,比较两边的实部和虚部得

$$\cos(x+y) = \cos x \cos y - \sin x \sin y$$

$$\sin(x+y) = \sin x \cos y + \cos x \sin y.$$

在(2.6.1)中,取 $y = -x$,可以得到

$$\cos^2 x + \sin^2 x = 1.$$

2. 三角式的恒等变形

定义 2.28　将一个三角式转化为与它恒等的三角式,这种变换称为**三角式的恒等变形**.

三角式恒等变形的基础是一系列三角公式,常用的公式有:正弦定理、余弦定理和面积公式;同角三角函数间的关系式;诱导公式(可以把任意三角式转化为锐角三角式);两角和、差、积、倍角、半角公式;和差化积、积化和差公式;万能置换公式等.三角式的恒等变形主要讨论求值、化简、证明三角式和三角代换等类型的问题.求解或证明一个与三角式有关的命题一般没有统一的法则,常用的技巧有化角法、化名法、化 1 法、降次法等.

（1）化角法：利用和、差、积、倍角、半角公式化复角、倍角和半角的函数为单角的函数.

（2）化名法：利用同角三角函数间的关系式、诱导公式或者万能公式将函数名称改变.

（3）化 1 法：利用公式 $\cos^2 x + \sin^2 x = \sec^2 x - \tan^2 x = \csc^2 x - \cot^2 x = 1$ 等公式进行恒等变形.

（4）降次法：通过倍角公式,降低函数的次数.

例 2.42 已知 $A + B = \dfrac{2\pi}{3}$,求 $\sin^2 A + \sin^2 B$ 的极值.

解：$\sin^2 A + \sin^2 B = \dfrac{1 - \cos 2A}{2} + \dfrac{1 - \cos 2B}{2} = 1 - \dfrac{1}{2}(\cos 2A + \cos 2B)$

$$= 1 - \cos(A+B)\cos(A-B) = 1 + \dfrac{1}{2}\cos(A-B).$$

因为 $-1 \leqslant \cos(A-B) \leqslant 1$,所以 $-\dfrac{1}{2} \leqslant \dfrac{1}{2}\cos(A-B) \leqslant \dfrac{1}{2}$,$\dfrac{1}{2} \leqslant \sin^2 A + \sin^2 B \leqslant$

$\dfrac{3}{2}$.因此,$\sin^2 A + \sin^2 B$ 的极小值为 $\dfrac{1}{2}$,极大值为 $\dfrac{3}{2}$.

例 2.43 证明：$\cos 7x + 7\cos 5x + 21\cos 3x + 35\cos x = 64\cos^7 x$.

证明：证法一

因为 $\cos 3x = \cos(2x + x) = 4\cos^3 x - 3\cos x$,$4\cos^3 x = \cos 3x + 3\cos x$,从而有

$$16\cos^6 x = \cos^2 3x + 6\cos 3x\cos x + 9\cos^2 x$$

$$= \dfrac{1 + \cos 6x}{2} + 3(\cos 4x + \cos 2x) + 9 \cdot \dfrac{1 + \cos 2x}{2},$$

即

$$32\cos^6 x = 1 + \cos 6x + 6\cos 4x + 6\cos 2x + 9 + 9\cos 2x$$

$$= 10 + 15\cos 2x + 6\cos 4x + \cos 6x.$$

两端乘以 $2\cos x$ 得

$$64\cos^7 x = 20\cos x + 15 \cdot 2\cos 2x\cos x + 6 \cdot 2\cos 4x\cos x + 2\cos 6x\cos x$$

$$= 20\cos x + 15(\cos x + \cos 3x) + 6(\cos 5x + \cos 3x) + (\cos 7x + \cos 5x)$$

$$= \cos 7x + 7\cos 5x + 21\cos 3x + 35\cos x.$$

证法二

设 $m = \cos x + i\sin x$,则 $\dfrac{1}{m} = \cos x - i\sin x$,$m + \dfrac{1}{m} = 2\cos x$,$m^n = \cos nx + i\sin nx$,

$\left(\dfrac{1}{m}\right)^n = \cos nx - i\sin nx$.

$$2^7 \cos^7 x = \left(m + \frac{1}{m} \right)^7$$

$$= m^7 + 7m^5 + 21m^3 + 35m + \frac{35}{m} + \frac{21}{m^3} + \frac{7}{m^5} + \frac{1}{m^7}$$

$$= \left(m^7 + \frac{1}{m^7} \right) + 7 \left(m^5 + \frac{1}{m^5} \right) + 21 \left(m^3 + \frac{1}{m^3} \right) + 35 \left(m + \frac{1}{m} \right)$$

$$= 2\cos 7x + 14\cos 5x + 42\cos 3x + 70\cos x,$$

即 $\cos 7x + 7\cos 5x + 21\cos 3x + 35\cos x = 64\cos^7 x.$ $\quad\quad\quad\square$

2.6.2　反三角式

1. 反三角式的概念

对于实数 $-1 \leqslant x \leqslant 1$,若 $\sin(\arcsin x) = x$, $-\dfrac{\pi}{2} \leqslant \arcsin x \leqslant \dfrac{\pi}{2}$, $\cos(\arccos x) = x$,

$0 \leqslant \arccos x \leqslant \pi$,则 $\arcsin x$ 与 $\arccos x$ 分别称为**反正弦**、**反余弦**.

对于实数 $-\infty < x < +\infty$,若 $\tan(\arctan x) = x$, $-\dfrac{\pi}{2} < \arctan x < \dfrac{\pi}{2}$, $\cot(\operatorname{arccot} x) = x$,

$0 < \operatorname{arccot} x < \pi$,则 $\arctan x$ 与 $\operatorname{arccot} x$ 分别称为**反正切**、**反余切**.

反三角运算是三角运算的逆运算.

定义 2.29　含有反三角运算的解析式称为**反三角式**.

2. 反三角式的恒等变形

由反三角式的定义可以得到以下结论,即

$$\sin(\arccos x) = \cos(\arcsin x) = \sqrt{1 - x^2};$$

$$\sin(\arctan x) = \cos(\operatorname{arccot} x) = \frac{x}{\sqrt{1 + x^2}};$$

$$\sin(\operatorname{arccot} x) = \cos(\arctan x) = \frac{1}{\sqrt{1 + x^2}};$$

$$\tan(\arcsin x) = \cot(\arccos x) = \frac{x}{\sqrt{1 - x^2}};$$

$$\tan(\arccos x) = \cot(\arcsin x) = \frac{\sqrt{1 - x^2}}{x} \ (x \neq 0);$$

$$\tan(\operatorname{arccot} x) = \cot(\arctan x) = \frac{1}{x} \ (x \neq 0);$$

$$\arcsin x + \arccos x = \frac{\pi}{2} \ (-1 \leqslant x \leqslant 1);$$

$$\arctan x + \operatorname{arccot} x = \frac{\pi}{2} \ (-\infty < x < +\infty).$$

例 2.44 已知 $\dfrac{\pi}{4} < x < \dfrac{5\pi}{4}$，求 $\arcsin\left(\dfrac{\sin x + \cos x}{\sqrt{2}}\right)$.

解：因为 $\dfrac{\pi}{4} < x < \dfrac{5\pi}{4}$，所以 $\dfrac{\pi}{2} < x + \dfrac{\pi}{4} < \dfrac{3\pi}{2}$.

$$\frac{\sin x + \cos x}{\sqrt{2}} = \sin\left(x + \frac{\pi}{4}\right) = \sin\left[\pi - \left(x + \frac{\pi}{4}\right)\right] = \sin\left(\frac{3\pi}{4} - x\right),$$

又因为 $-\dfrac{\pi}{2} < \dfrac{3\pi}{4} - x < \dfrac{\pi}{2}$，所以

$$\arcsin\left(\frac{\sin x + \cos x}{\sqrt{2}}\right) = \arcsin\left[\sin\left(\frac{3\pi}{4} - x\right)\right] = \frac{3\pi}{4} - x.$$

例 2.45 证明：$\arctan\dfrac{x}{1 + 1 \times 2x^2} + \arctan\dfrac{x}{1 + 2 \times 3x^2} + \cdots + \arctan\dfrac{x}{1 + n \times (n + 1)x^2}$

$$= \arctan\frac{nx}{1 + (n + 1)x^2}.$$

证明：由两角和的正切公式 $\tan(\alpha + \beta) = \dfrac{\tan\alpha + \tan\beta}{1 - \tan\alpha\tan\beta}$ 和恒等式

$$\frac{x}{1 + n \times (n + 1)x^2} = \frac{(n + 1)x - nx}{1 + nx \times (n + 1)x} 得$$

$$\tan\left[\arctan(n + 1)x - \arctan nx\right] = \frac{\tan\left[\arctan(n + 1)x\right] - \tan(\arctan nx)}{1 + \tan\left[\arctan(n + 1)x\right]\tan(\arctan nx)}$$

$$= \frac{x}{1 + n \times (n + 1)x^2},$$

即 $\arctan\dfrac{x}{1 + n \times (n + 1)x^2} = \arctan(n + 1)x - \arctan nx$，其中 $-\dfrac{\pi}{2} < \arctan(n + 1)x -$

$\arctan nx < \dfrac{\pi}{2}$.

$$\arctan\frac{x}{1 + 1 \times 2x^2} + \arctan\frac{x}{1 + 2 \times 3x^2} + \cdots + \arctan\frac{x}{1 + n \times (n + 1)x^2}$$

$$= \arctan 2x - \arctan x + \cdots + \arctan(n + 1)x - \arctan nx$$

$$= \arctan(n + 1)x - \arctan x.$$

又

$$\tan\left[\arctan(n + 1)x - \arctan x\right] = \arctan\frac{nx}{1 + (n + 1)x^2},$$

所以

$$\arctan\frac{x}{1 + 1 \times 2x^2} + \arctan\frac{x}{1 + 2 \times 3x^2} + \cdots + \arctan\frac{x}{1 + n \times (n + 1)x^2}$$

$$= \arctan\frac{nx}{1 + (n + 1)x^2}.$$

习　题　二

1. 求 $(a-b)(b-c)(c-a)$ 的展开式.

2. 求多项式 $f(x)$ 被 $(x-a)(x-b)$ 除的余式,除式中 $a \neq b$.

3. 已知 $g(0) = -16, g(1) = g(2) = g(3) = 2$,求三次多项式 $g(x)$.

4. 证明: $(x+y)(y+z)(z+x) + xyz$ 能够被 $x+y+z$ 整除,求所得的商.

5. 已知 $x+y = a, x^2+y^2 = 1$,求证: $x^5+y^5 = \dfrac{a(5-a^4)}{4}$.

6. 已知 $s = a+b+c$,证明: $s(s-2a)(s-2b) + s(s-2b)(s-2c) + s(s-2c)(s-2a)$
   $-8abc = (s-2a)(s-2b)(s-2c)$.

7. 已知 $x_1+x_2+x_3 = 0$,求证: $\dfrac{x_1^5+x_2^5+x_3^5}{5} = \dfrac{x_1^3+x_2^3+x_3^3}{3} \cdot \dfrac{x_1^2+x_2^2+x_3^2}{2}$.

8. 将 $(x+1)(x+2)(x+3)(x+4) + 1$ 分解因式.

9. 将 $x^{5n}+x^n+1$ 分解因式.

10. 将 $6x^2+xy-12y^2+x+10y-2$ 在有理数域上分解因式.

11. 将 $x^2+3xy+2y^2+4x+5y+3$ 在有理数域上分解因式.

12. 将 $f(x,y,z) = (x-y)^5+(y-z)^5+(z-x)^5$ 分解因式.

13. 已知 $\dfrac{a}{1+a+ab} + \dfrac{b}{1+b+bc} + \dfrac{c}{1+c+ca} = 1$,求证: $abc = 1$.

14. 化 $\dfrac{x^3-6x^2+4x+8}{(x-3)^4}$ 为部分分式.

15. 已知: $\dfrac{x}{x^2+x+1} = a \left(a \neq 0 \text{ 且 } a \neq \dfrac{1}{2}\right)$,求: $\dfrac{x^2}{x^4+x^2+1}$ 的值.

16. 设 x,y,z 是 3 个互不相等的实数,且 $x+\dfrac{1}{y} = y+\dfrac{1}{z} = z+\dfrac{1}{x}$,证明: $x^2y^2z^2 = 1$.

17. 计算 $\sqrt{10+8\sqrt{3+2\sqrt{2}}}$.

18. 求 $M = \sqrt{8+\sqrt{40+8\sqrt{5}}} + \sqrt{8-\sqrt{40+8\sqrt{5}}}$ 的整数部分 A 和小数部分 B.

19. 已知 $x = \dfrac{3+\sqrt{5}}{2}$,求 $x^4-6x^3+9x^2+5$ 的值.

20. 已知 $x = \dfrac{1}{8-4\sqrt{3}}$,求 $\dfrac{\sqrt{1+\sqrt{x}}+\sqrt{1-\sqrt{x}}}{\sqrt{1+\sqrt{x}}-\sqrt{1-\sqrt{x}}}$ 的值.

21. 已知 $a>0, a^{3x}+a^{-3x} = 52$,求 a^x 的值.

22. 已知 $\dfrac{a^{3x}+a^{-3x}}{a^x+a^{-x}} = 1$,求 a^{2x}.

23. 已知 $a^{2x} = 4, a>0$,求 $\dfrac{a^{3x}-a^{-3x}}{a^x-a^{-x}}$.

24. 已知 $u = \dfrac{e^x + e^{-x}}{2}$，将 $(e^x - a)^2 + (e^{-x} - a)^2$ 表示为 u 的多项式.

25. 已知 $f(x) = \dfrac{a^x - a^{-x}}{a^x + a^{-x}}$，将 $f(x + y)$ 用 $f(x)$ 和 $f(y)$ 表示.

26. 已知 $a^{\frac{2}{3}} + b^{\frac{2}{3}} = 4, x = a + 3a^{\frac{1}{3}} b^{\frac{2}{3}}, y = b + 3a^{\frac{2}{3}} b^{\frac{1}{3}}$，求 $(x + y)^{\frac{2}{3}} + (x - y)^{\frac{2}{3}}$ 的值.

27. 已知 $a > 0, b > 0$，且 $a^b = b^a$，求证：$\left(\dfrac{a}{b}\right)^{\frac{a}{b}} = a^{\frac{a - b}{b}}$.

28. 求下列各式的值.

   （1） $(\lg 2)^3 + (\lg 5)^3 + \lg 5 \lg 8$；

   （2） $\log_2 3 \log_3 4 \log_4 5 \log_5 6 \log_6 7 \log_7 8$；

   （3） $\dfrac{\lg \sqrt{8} + \lg 27 - \lg \sqrt{1000}}{\lg 1.8}$；

   （4） $\log_8 (\log_6 3) + \log_8 \left(2 + \dfrac{\log_6 4}{\log_6 3}\right)$.

29. 证明：$\dfrac{\log_a x}{\log_{ab} x} = 1 + \log_a b$.

30. 已知 $\log_{b_1} a_1 = \log_{b_2} a_2 = \cdots = \log_{b_n} a_n = \lambda$，求证：$\log_{b_1 b_2 \cdots b_n} a_1 a_2 \cdots a_n = \lambda$.

31. 设 a, b 都是不等于 1 的正数，且 $a^x = b^y = (ab)^z$. 求证：$z = \dfrac{xy}{x + y}$.

32. 设 b 是 a, c 的几何中项，求证：$\dfrac{\log_a N}{\log_c N} = \dfrac{\log_a N - \log_b N}{\log_b N - \log_c N}$.

33. 证明：$1 - (\sin^6 x + \cos^6 x) = 3 \sin^2 x \cos^2 x$.

34. 证明：$\dfrac{1 + 2 \sin x \cos x}{\cos^2 x - \sin^2 x} = \dfrac{1 + \tan x}{1 - \tan x}$.

35. 设 $\cot^2 A = \left(\dfrac{\cos B}{\tan C}\right)^2 + \left(\dfrac{\sin B}{\tan D}\right)^2$，求证：$\dfrac{1}{\sin^2 A} = \left(\dfrac{\cos B}{\sin C}\right)^2 + \left(\dfrac{\sin B}{\sin D}\right)^2$.

36. 已知 $\dfrac{\pi}{2} \leqslant x < \pi, 6 \sin^2 x + \sin x \cos x - 2 \cos^2 x = 0$，求 $\sin 2x + \cos 2x$ 的值.

37. 设 $\sin x + \sin y = a, \cos x + \cos y = b$，求证：

$$\sin(x + y) = \dfrac{2ab}{a^2 + b^2}, \quad \cos(x + y) = \dfrac{b^2 - a^2}{a^2 + b^2}.$$

38. 证明：$\sin \{\arccos[\tan(\arcsin x)]\} = \sqrt{\dfrac{1 - 2x^2}{1 - x^2}}$.

39. 若 $\arccos x + \arccos y + \arccos z = \pi$，求证：$x^2 + y^2 + z^2 + 2xyz = 1$.

第三章 函数

　　函数是数学的基本概念,在现代数学理论中具有重要的地位与作用.微分方程的解是函数,微分几何的对象实质上是关于函数的等式,复变函数、实变函数、泛函分析、拓扑学、李群论等,无不以"函数"为研究工具.

　　函数是中学数学的核心内容.在初中阶段,以平面直角坐标系和实数为基础,介绍了常量与变量函数的概念及其表示法,研究了正比例函数、反比例函数、一次函数和二次函数;在高中阶段,学习了幂函数、指数函数、对数函数、三角函数、反三角函数等基本初等函数,研究讨论了函数的奇偶性、周期性、单调性和一些简单运算.

　　本章将从函数的定义出发,研究函数的性质、运算,然后对函数的极限、连续性和可导性做初步介绍.

3.1　函数的概念与性质

　　最早给出函数定义的是德国数学家莱布尼茨(Leibniz),他在论文《有关切线的逆方法即函数》中写道,把任何一个随着曲线上的点变动而变动的几何量,如切线、法线以及点的纵坐标都称为函数(function).而函数的思想起源于 1637 年法国数学家笛卡尔(Descartes)出版的《几何学》,函数概念经历了"解析扩张""几何扩张""关系说""集合函数"等七次扩张.汉语"函数"最早由中国清朝数学家李善兰翻译,出于其著作《代数学》.之所以这么翻译,他给出的原因是"凡此变数中含彼变数者,则此为彼之函数",也即函数指一个量随着另一个量的变化而变化,或者说一个量中包含另一个量.

3.1.1　函数的定义

　　函数的定义通常分为变量说、对应说(映射说)和关系说,函数的三个定义本质是相同的,但各有各的特点及其存在的理由.

1. 变量说

　　"变量说"是函数的原始定义,它从运动变化的观点出发,把函数定义为"以一定规律依赖于一个变量的另一个变量".

定义 3.1　一般地,设在一个变化过程中有两个变量 x 与 y,如果变量 y 随着 x 的变化而变化,那么就说 x 是**自变量**,y 是**因变量**,也称 y 是 x 的**函数**.x 的取值范围叫作函数的**定义域**,与 x 的值对应的 y 的值叫作**函数值**,函数值的集合叫作函数的**值域**.

初中阶段数学教材中的函数定义就是这样的. 函数的"变量说"定义是对函数的一个宏观的、整体的把握,但它的局限性也很明显:如变量没有明确的定义;没有说明因变量如何"依赖"自变量;…… 如

$$y = \sin^2 \alpha + \cos^2 \alpha, \alpha \in \mathbb{R},$$

因为 y 并不随 α 的变化而变化,因此用"变量说"来解释它比较困难.

2. 对应说(映射说)

高中阶段学习了集合、对应等概念后,教科书采用了"集合对应"的观点对函数重新定义.

定义 3.2 设 D 是一个非空的实数集,且对 D 中任意给定的实数 x,按照某种对应法则 f,都有唯一确定的实数值 y 与之对应,则这种对应关系称为集合 D 上的一个**函数**,记作 $y = f(x), x \in D$. 其中 x 叫作**自变量**,y 称为**因变量**,自变量的取值范围(数集 D)称为该函数的**定义域**,因变量的取值全体构成函数的**值域**.

这个概念与初中概念相比更具有一般性,它具有"对应说"的雏形. "对应说"是函数的近代定义,其具体内容如下:

定义 3.3 设 A, B 是两个非空集合,如果存在一个法则 f,对 A 中的任意元素 a,按照对应法则 f,在 B 中都存在唯一确定的元素 b 与之对应,则称 f 为从 A 到 B 的**映射**,记作 $f: A \to B$. 其中 b 称为元素 a 在映射 f 下的**像**,记作 $b = f(a)$;a 称为 b 关于映射 f 的**原像**. 集合 A 中所有元素的像的集合称为映射 f 的值域,记作 $f(A)$. 显然 $f(A) \subseteq B$. 特别地,当集合 $A, B \subseteq \mathbb{R}$ 时,称 f 为从 A 到 B 的**函数**,仍记作 $f: A \to B$.

由映射的定义不难看出,映射允许集合 A 中不同的元素在集合 B 中有相同的像,即映射可能是"多对一"或"一对一",但不能是"一对多". 下面介绍几个特殊的映射.

定义 3.4 已知映射 $f: A \to B$. 如果对于 A 中任意两个不同的元素 x, y,在 B 中都有不同的像 $f(x), f(y)$(即 $f(x) \neq f(y)$),那么称 f 为从 A 到 B 的**单射**;如果 B 中的每一个元素 y,在 A 中都有原像 x 与之对应,那么称 f 为从 A 到 B 的**满射**;如果映射 f 既是单射又是满射,那么映射 f 称为**双射**,也称**一一对应**.

"对应说"的优点是直截了当地强调与突出了函数的本质属性,即函数是两个集合元素之间的某种对应法则,避免了"变量即函数"的模糊认识,不仅如此,还用抽象集合的元素代替了"变量",使函数的概念适用于各种研究对象,应用范围大大扩大. 但是"对应说"忽略了函数变化的思想.

3. 关系说

"关系说"是函数的现代定义,自 20 世纪 60 年代起被广泛采用.

定义 3.5 设 f 是一个序偶的集合,如果当 $(x, y) \in f$ 且 $(x, z) \in f$ 时,$y = z$,则 f 称为一个**函数**.

这个定义只牵涉到一个集合的概念,它是完全数学化的定义,便于为计算机等接受,具有多方面的优越性.

3.1.2 函数的表示法

在中学课程里,我们已经知道函数的表示法主要有解析式法(又称为公式法)、列表法和图像法三种.

1. 解析式法

解析式法是用一个数学公式将函数关系表示出来的方法,这是函数中用得最多的一种表示法.

2. 列表法

列表法即将函数值用列表的方式表示出来.

3. 图像法

图像法即用函数的图像来描述函数关系. 这种表示法的优势在于函数的变化规律一目了然;图像形象、直观地反映函数的性质,数形结合有助于相关问题的研究.

例 3.1 请用三种形式表示对勾函数 $y = 2x + \dfrac{2}{x}$.

解:(1) 解析法表示: $y = 2x + \dfrac{2}{x}$.

(2) 列表法表示:

x	$\cdots$	-4	-2	-1	1	2	4	$\cdots$
$y = 2x + \dfrac{2}{x}$	$\cdots$	$-\dfrac{17}{2}$	-5	-4	4	5	$\dfrac{17}{2}$	$\cdots$

(3) 图像法表示:

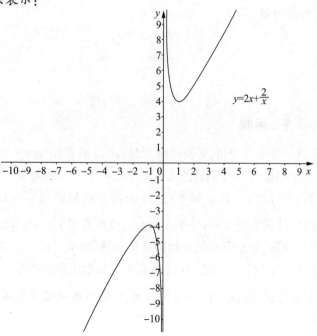

　　　　　　3.1 函数的概念与性质

3.1.3 函数的四则运算

设 $f(x)$ 与 $g(x)$ 分别是定义在集合 D_1 与 D_2 上的函数,记 $D = D_1 \cap D_2$,并设 $D \neq \varnothing$. 函数的四则运算定义如下:

(1) $(f+g)(x) = f(x) + g(x), x \in D$;

(2) $(f-g)(x) = f(x) - g(x), x \in D$;

(3) $(f \cdot g)(x) = f(x)g(x), x \in D$;

(4) $\left(\dfrac{f}{g}\right)(x) = \dfrac{f(x)}{g(x)}, x \in D$ 且 $g(x) \neq 0$.

3.1.4 反函数

函数 $y = f(x)$ 反映了两个变量间的对应关系,当自变量 x 在定义域 D 内取定一个值后,因变量 y 的值也随之唯一确定. 但是,这种因果关系并不是绝对的. 如在自由落体运动中,如果已知物体下落时间 t,则由公式 $s = \dfrac{1}{2}gt^2$($t \geq 0, g$ 为重力加速度),可求出下落距离 s. 此时 t 是自变量,s 是因变量;如果已知物体下落距离 s,则利用上述公式,可求物体下落的时间 t,此时 s 是自变量,t 是因变量. 在数学上,如果把一个函数中的自变量和因变量进行对换后能得到新的函数,那么这个新的函数称为原来的函数的反函数.

定义 3.6 设函数 $y = f(x), x \in D(D \subseteq \mathbb{R})$ 满足:对于值域 $f(D)$ 中的每一个值 y,D 中有且只有一个值 x,使得 $f(x) = y$,则按此对应法则得到一个定义在 $f(D)$ 上的函数,称这个函数为 f 的**反函数**,记作

$$f^{-1}: f(D) \to D,$$
$$y \mapsto x,$$

或

$$x = f^{-1}(y), \quad y \in f(D).$$

函数 $y = f(x)$ 称为**直接函数**.

由于习惯上以 x 表示自变量,y 表示因变量,所以通常用 $y = f^{-1}(x)$ 来表示 $y = f(x)$ 的反函数. 一个函数与其反函数的图形关于直线 $y = x$ 对称.

如,指数函数 $y = a^x(a > 0, a \neq 0)$ 的反函数是对数函数 $y = \log_a x$;函数 $y = -\sqrt{x-1}(x \geq 1)$ 的反函数是 $x = y^2 + 1(y \leq 0)$,或改写成 $y = x^2 + 1(x \leq 0)$.

需要格外注意的是,并非所有的函数都有反函数. 如 $y = x^2, x \in \mathbb{R}$. 由于值域中的任意 $y \neq 0$,都有两个不同的 x 与之对应,与函数定义中函数值的唯一性矛盾,因此没有反函数;但是如果定义域选取为 $x \in [1, +\infty)$,那么该函数有反函数 $y = \sqrt{x}$. 对于反函数,有如下结论.

定理 3.1 函数 $y = f(x), x \in D$ 存在反函数当且仅当映射 f 是一一对应. 特别地, 严格单调函数必有反函数, 并且直接函数与它的反函数单调性一致.

3.1.5 复合函数

先举一个例子, 设 $y = f(u) = \sin u, u = g(x) = x^2 + 1$, 由于 y 是 u 的函数, u 是 x 的函数, 所以 y 也是 x 的函数. 我们可以将 $x^2 + 1$ 代入第一式的 u, 得到 y 与 x 的函数关系式 $y = \sin(x^2 + 1)$. 我们说这个函数 $y = \sin(x^2 + 1)$ 是由 $y = \sin u$ 与 $u = x^2 + 1$ 复合而成的一个新的函数.

定义 3.7 设函数 $y = f(u)$ 的定义域为 $D_1, u = g(x)$ 的定义域为 D, 且 $g(D) \cap D_1 \neq \varnothing$, 则由下式确定的函数

$$y = f(g(x)), x \in D_0, D_0 = \{x \mid x \in D, g(x) \in D_1\},$$

称为由函数 $u = g(x)$ 和 $y = f(u)$ 构成的**复合函数**, 记作 $y = f \circ g$, 其定义域为 D_0, 变量 u 称为**中间变量**, 并称 f 为**外函数**, g 为**内函数**.

利用复合运算, 我们可以将一个比较复杂的函数分解成若干个比较简单的函数, 如函数 $y = \sin\sqrt{1-x^2}, x \in [-1,1]$ 可看作由 $y = \sin u, u = \sqrt{v}$ 与 $v = 1 - x^2$ (它们的定义域为各自的存在域) 复合而成的, 这 3 个函数远比 $y = \sin\sqrt{1-x^2}, x \in [-1,1]$ 简单.

这里要注意的是, 并不是任意函数都可以复合, 如 $y = \sqrt{u}, u = -x^2 - 1$ 不能做复合运算, 因为对任意 $x \in \mathbb{R}, u = -x^2 - 1 < 0$ 不在 $y = \sqrt{u}$ 的定义域内.

3.1.6 分段函数

有些函数, 对于其定义域内自变量不同的值, 其对应规则不能用一个统一的数学表达式表示, 而要用两个或两个以上的式子表示, 这样的函数称为分段函数.

定义 3.8 在定义域的不同部分, 用不同的解析式来表示的函数称为**分段函数**.

下面给出几个常见分段函数.

(1) 初中阶段学习的**绝对值函数**, 为

$$|x| = \begin{cases} x, & x > 0, \\ 0, & x = 0, \\ -x, & x < 0. \end{cases}$$

(2) **符号函数**, 为

$$\operatorname{sgn} x = \begin{cases} 1, & x > 0, \\ 0, & x = 0, \\ -1, & x < 0. \end{cases}$$

(3) 定义在 $\mathbb{R}$ 上的**狄利克雷(Dirichlet)函数**, 为

$$D(x) = \begin{cases} 1, & \text{当 } x \text{ 为有理数}, \\ 0, & \text{当 } x \text{ 为无理数}. \end{cases}$$

（4）定义在 $[0,1]$ 上的**黎曼(Riemann)函数**，为

$$R(x) = \begin{cases} \dfrac{1}{q}, & \text{当 } x = \dfrac{p}{q}(p,q \in N^*, \dfrac{p}{q} \text{为既约分数}), \\ 0, & \text{当 } x = 0,1 \text{ 和 } (0,1) \text{ 内的无理数}, \end{cases}$$

3.2　函数的定义域与值域

3.2.1　函数的定义域

函数的定义域是自变量的取值范围，是研究函数的基础. 在函数图像、求解方程和不等式、复合函数等问题中都有着重要作用. 初中阶段用不等式表示函数的定义域，而高中阶段函数定义域常用集合、区间等形式表示.

中学阶段定义域的常用规则如下：

（1）若函数 $f(x)$ 是分式，则定义域为使分母不为零的全体实数；

（2）若函数 $f(x)$ 是偶次根式，则定义域为使被开方式为非负的全体实数；

（3）若函数 $f(x) = x^0$，则定义域是 $(-\infty, 0) \cup (0, +\infty)$；

（4）对数函数中底数大于零且不等于1，真数大于零；

（5）符合实际需要，有实际意义.

例3.2　已知函数 $y = f(x) = x + \arccos x + \sqrt{x}$，请写出 $f(x)$ 的定义域.

解：考虑三个函数 $y = x, y = \arccos x$ 与 $y = \sqrt{x}$ 的定义域，可知加法运算后的函数 $f(x)$ 的定义域为

$$D = (-\infty, +\infty) \cap [-1,1] \cap [0, +\infty) = [0,1].$$

例3.3　求 $y = f(x) = \sqrt{\log_2(x-1)}$ 的定义域.

解：将 y 看作是 $f(u) = \sqrt{u}$ 与 $u = \log_2(x-1)$ 的复合函数，

对数函数 $\log_2(x-1)$ 中真数大于零，与 $\sqrt{u}$ 中被开方数要大于等于零同时满足，所以下面两个不等式成立.

$$\begin{cases} x - 1 > 0, \\ \log_2(x-1) \geq 0, \end{cases}$$

解不等式组得 $x \geq 2$，因此所求定义域为 $[2, +\infty)$.

3.2.2　函数的值域

求函数值域的常用初等方法有以下几种.

1. 直接法

直接法是求函数的值域的基本方法,可根据函数的定义域、性质等特征直接运算求得.

例 3.4 求函数 $y = \log_2 x + \log_x 2 + 1$ 的值域.

解:原式的定义域为 $x > 0$ 且 $x \neq 1$,因为

$$|\log_2 x + \log_x 2| = \left| \log_2 x + \frac{1}{\log_2 x} \right|$$

$$= |\log_2 x| + \frac{1}{|\log_2 x|}$$

$$\geq 2,$$

则

$$\log_2 x + \log_x 2 \leq -2, \quad \text{或} \quad \log_2 x + \log_x 2 \geq 2.$$

所以,函数的值域为 $(-\infty, -1] \cup [3, +\infty)$.

2. 反函数法

反函数法,顾名思义,是通过求其反函数 $x = f^{-1}(y)$ 的定义域,来确定函数 $y = f(x)$ 的值域. 采用反函数法的前提条件是所给函数存在反函数.

例 3.5 求函数 $y = \dfrac{x}{x+1}$ 的值域.

解:函数 $y = \dfrac{x}{x+1}$ 满足一一对应关系,具有反函数 $x = \dfrac{y}{1-y}$. 其定义域满足

$$1 - y \neq 0,$$

所以原来函数的值域是

$$(-\infty, 1) \cup (1, +\infty).$$

注 3.1 本题解法具有一般性:形如 $y = \dfrac{ax+b}{cx+d}$ 的函数,其值域是

$$\left\{ y \mid y \in \mathbb{R}, y \neq \frac{a}{c} \right\}.$$

3. 判别式法

如果函数 $y = f(x)$ 可化为关于 x 的二次方程,即形如 $p(y)x^2 + q(y)x + g(y) = 0$,那么可借助一元二次方程的判别式求得函数的值域.

例 3.6 求函数 $y = -\dfrac{x^2 - x + 2}{x^2 + 2}$ 的值域.

解:显然,函数的定义域为 $\mathbb{R}$,由题意得

$$(y+1)x^2 - x + 2y + 2 = 0. \qquad\qquad ①$$

分两种情况讨论:

当 $y = -1$ 时,$x = 0$,显然 $0 \in \mathbb{R}$,因此 $y = -1$ 在值域中.

当 $y \neq -1$ 时,可将①式视为关于 x 的一元二次方程,由于其有实根,所以

$$\Delta = 1 - 4(y+1)(2y+2) \geq 0.$$

解得

$$-1 - \frac{\sqrt{2}}{4} \leq y \leq -1 + \frac{\sqrt{2}}{4}.$$

综上,函数的值域为 $\left[-1 - \frac{\sqrt{2}}{4}, -1 + \frac{\sqrt{2}}{4} \right]$.

4. 换元法

对于某些无理方程,用换元法来解常常更有效.

例3.7 求函数 $y = \sqrt{x} + \sqrt{1-x}$ 的值域.

解:函数的定义域是 $[0,1]$,可以通过变换直接去掉根号,令

$$x = \sin^2 \theta \left(0 \leq \theta \leq \frac{\pi}{2} \right),$$

则

$$y = \sqrt{\sin^2 \theta} + \sqrt{1 - \sin^2 \theta} = \sin \theta + \cos \theta = \sqrt{2} \sin \left(\theta + \frac{\pi}{4} \right),$$

当 $\theta = \frac{\pi}{4}$ 时,y 有最大值 $\sqrt{2}$;当 $\theta = 0$ 或 $\theta = \frac{\pi}{2}$ 时,y 有最小值 1,所以函数的值域是 $[1, \sqrt{2}]$.

注3.2 注意代换过程中,要保持值域不变. 把求代数函数的值域化为求三角函数的值域,代换时必须使三角函数的值域与被代换变量的取值范围一致.

例3.8 (2015 山东高考理科) 已知函数 $f(x) = a^x + b (a > 0, a \neq 1)$ 的定义域和值域都是 $[-1, 0]$,求 $a + b$ 的值.

解:根据指数函数的性质知函数 $f(x)$ 为单调函数. 需要根据 a 的取值确定增减性,因此下面分两种情况讨论.

(1) 当 $a > 1$ 时,函数 $f(x)$ 为单调递增函数.

$$\begin{cases} a^{-1} + b = -1, \\ a^0 + b = 0. \end{cases}$$

此情形无解.

(2) 当 $0 < a < 1$ 时,函数 $f(x)$ 为单调递减函数.

$$\begin{cases} a^{-1} + b = 0, \\ a^0 + b = -1. \end{cases}$$

解得 $a = \frac{1}{2}, b = -2$.

综上,$a + b = -\frac{3}{2}$.

3.3 函数的几种特性

在学习了函数的基本概念之后,本节我们研究函数的几个特性.

3.3.1 有界性

定义 3.9 (有界性)

设函数 $f(x)$ 的定义域为 D,X 是 D 的一个子集,如果存在常数 M_1,使得对任意的 $x \in X$,有 $f(x) \leq M_1$,则称 $f(x)$ 在 X 上有**上界**,而 M_1 称为函数 $f(x)$ 在 X 上的一个**上界**;如果存在常数 M_2,使得对任意的 $x \in X$,有 $f(x) \geq M_2$,则称 $f(x)$ 在 X 上有**下界**,而 M_2 称为函数 $f(x)$ 在 X 上的一个**下界**;如果存在正常数 M,使得对任意的 $x \in X$,有 $|f(x)| \leq M$,则称 $f(x)$ 在 X 上**有界**;如果不存在这样的 M,使得上面的不等式成立,则称 $f(x)$ 在 X 上**无界**.

例 3.9 讨论函数 $f(x) = \sin x$ 的有界性.

解: $|\sin x| \leq 1$ 对一切实数 x 都成立,故函数 $f(x) = \sin x$ 在 $(-\infty, +\infty)$ 内是有界的. 它的图像介于直线 $y = 1$ 和 $y = -1$ 之间. 数 1 是它的一个上界,数 -1 是它的一个下界(当然,大于 1 的任何数也是它的上界,小于 -1 的任何数也是它的下界).

函数的有界性取决于定义域. 如函数 $f(x) = \dfrac{1}{x}$ 在开区间 $(0,1)$ 内是无界的. 但是在区间 $(1,2)$ 内取 $M = 1$,则恒有 $\left|\dfrac{1}{x}\right| \leq 1$,所以函数 $f(x) = \dfrac{1}{x}$ 在 $x \in (1,2)$ 内有界.

3.3.2 单调性

定义 3.10 设函数 $f(x)$ 是定义在 D 上的函数,区间 $I \subseteq D$. 如果对任意 $x_1, x_2 \in I$,当 $x_1 < x_2$ 时,总有:

(1) $f(x_1) \leq f(x_2)$,则称函数 $f(x)$ 在区间 I 上是**增函数**,区间 I 称为函数的**单调增区间**. 特别地,当成立严格不等式 $f(x_1) < f(x_2)$ 时,则称函数 $f(x)$ 在区间 I 上是**严格增函数**.

(2) $f(x_1) \geq f(x_2)$,则称函数 $f(x)$ 在区间 I 上是**减函数**,区间 I 称为函数的**单调减区间**. 特别地,当成立严格不等式 $f(x_1) > f(x_2)$ 时,则称函数 $f(x)$ 在区间 I 上是**严格减函数**.

增函数和减函数统称为**单调函数**,严格增函数和严格减函数统称为**严格单调函数**. 单调增区间与单调减区间统称为**单调区间**.

函数 $f(x) = x^2$ 在区间 $[0, +\infty)$ 上是增函数,在区间 $(-\infty, 0]$ 上是减函数,而在区间 $(-\infty, +\infty)$ 内函数不是单调的. 因此函数的单调性与给定区间密切相关,这个给定区间可能是函数的定义域,也可能是定义域的一部分.

关于复合函数的单调性,有下面的定理.

定理 3.2 如果函数 $y = f(u)$ 和函数 $u = g(x)$ 的增减性相同,则复合函数 $y = f[g(x)]$ 是增函数;如果 $y = f(u)$ 和 $u = g(x)$ 的增减性相反,则 $y = f[g(x)]$ 是减函数.

定理 3.3 如果函数 $y = f(x)$ 是定义在区间 D 上的严格单调函数,那么在区间 D 上一定有反函数 $x = f^{-1}(y)$ 存在,$x = f^{-1}(y)$ 也是严格单调的,并且它和 $y = f(x)$ 的增减性相同.

例 3.10 (2015 四川高考理科) 已知函数 $f(x) = \frac{1}{2}(m-2)x^2 + (n-8)x + 1(m \geq 0$, $n \geq 0)$ 在区间 $\left[\frac{1}{2}, 2\right]$ 上单调递减,那么 mn 的最大值是多少?

解: (1) 当 $m = 2$ 时,函数化为 $f(x) = (n-8)x + 1$. 根据题设,$n - 8 < 0$,于是 $0 \leq n < 8$,$mn < 16$,无最大值.

(2) 当 $m \in [0, 2)$ 时,函数 $f(x)$ 的图像开口向下,由二次函数性质知在对称轴右侧曲线单调递减,所以 $\frac{8-n}{m-2} \leq \frac{1}{2}$,于是 $2n + m \leq 18$,$n \leq 9 - \frac{m}{2}$.

$$mn \leq m\left(9 - \frac{m}{2}\right) = -\frac{1}{2}m^2 + 9m.$$

令 $g(m) = -\frac{1}{2}m^2 + 9m$,$m \in [0, 2)$,$g(m)$ 在此区间上是增函数,所以 $g(m) < g(2) = 16$,因而 mn 无最大值.

(3) 当 $m > 2$ 时,函数 $f(x)$ 开口向上,由二次函数性质知在对称轴左侧曲线单调递减,所以 $\frac{8-n}{m-2} \geq 2$,于是 $2m + n \leq 12$. 由平均值不等式,

$2m + n \geq 2\sqrt{2m \cdot n}$,$mn \leq 18$,当且仅当 $2m = n$ 时等号成立.

所以 $m = 3$,$n = 6$ 时,mn 有最大值 18.

例 3.11 已知函数

$$f(x) = \begin{cases} (1-2a)x + 3a, & x < 1, \\ 2^{x-1}, & x \geq 1 \end{cases}$$

的值域为 $\mathbb{R}$,求实数 a 的取值范围.

解: 由于 $x \geq 1$ 时 $f(x) = 2^{x-1}$,根据指数函数的单调性,此时的 $f(x) \geq 1$. 要满足题目要求,当 $x < 1$ 时,$f(x)$ 的值必须覆盖 $(-\infty, 1)$ 内的所有实数,所以 $f(x) = (1-2a)x + 3a \leq b$,$b \geq 1$. 结合一次函数的性质,可得

$$\begin{cases} 1 - 2a > 0, \\ 1 - 2a + 3a \geq 1. \end{cases}$$

所以所求实数 a 的取值范围是 $0 \leq a < \frac{1}{2}$.

3.3.3 奇偶性

定义 3.11 设函数 $f(x)$ 的定义域 D 关于原点对称(即若 $x \in D$,则 $-x \in D$). 如果对于任一 $x \in D$,$f(-x) = f(x)$ 恒成立,则称 $f(x)$ 为**偶函数**. 如果对于任一 $x \in D$,$f(-x) = -f(x)$ 恒成立,则称 $f(x)$ 为**奇函数**.

> **注 3.3** 由奇函数和偶函数定义可知,如果函数的定义域关于原点不对称,那么该函数既不是奇函数,也不是偶函数,简称非奇非偶函数.

定理 3.4 偶函数图像关于 y 轴对称(轴对称图形);奇函数图像关于原点对称(中心对称图形).

关于复合函数的奇偶性,有下面的定理.

定理 3.5 设函数 $y = f[g(x)]$ 是函数 $y = f(u)$ 和 $u = g(x)$ 的复合函数,定义在对称于原点的数集 D 上.

(1) 若 $g(x)$ 是奇函数,则当 $f(u)$ 是奇(或偶)函数时,复合函数 $y = f[g(x)]$ 是奇(或偶)函数;

(2) 若 $g(x)$ 是偶函数,则不论 $f(u)$ 是否为奇、偶函数,复合函数 $y = f[g(x)]$ 都是偶函数.

例 3.12 考虑函数 $f(x) = e^{\cos x}$ 的奇偶性.

解:$f(x) = e^{\cos x}$ 是复合函数,由 $u = \cos x$ 和 $f(x) = e^u$ 复合而成. $u = \cos x$ 是偶函数,根据定理 3.5 得 $f(x) = e^{\cos x}$ 是偶函数.

例 3.13 (2017 福建宁化)已知 $f(x)$ 为奇函数,函数 $f(x)$ 与 $g(x)$ 的图像关于直线 $y = x + 1$ 对称,若 $g(1) = 4$,求 $f(-3)$ 的值.

解:因为函数 $f(x)$ 与 $g(x)$ 的图像关于直线 $y = x + 1$ 对称,所以点 $(1,4)$ 关于直线 $y = x + 1$ 的对称点 $(3,2)$ 在函数 $f(x)$ 图像上. 又因为函数 $f(x)$ 是奇函数,因而 $f(-3) = -f(3) = -2$.

例 3.14 (2017 福建师大附中高一试卷)定义在 $(0, +\infty)$ 上的函数 $f(x)$ 满足下面三个条件:(A)对任意正数 a, b,都有 $f(a) + f(b) = f(ab)$;(B)当 $x > 1$ 时,$f(x) < 0$;(C)$f(2) = -1$.

(1) 求 $f(1)$ 的值;

(2) 试用单调性定义证明:函数 $f(x)$ 在 $(0, +\infty)$ 上是减函数;

(3) 求满足 $f(3x - 1) > 2$ 的 x 的取值集合.

解:(1) 由 $f(a) + f(b) = f(ab)$ 得 $f(1) + f(1) = f(1)$,所以 $f(1) = 0$.

(2) $\forall x_1, x_2 \in (0, +\infty)$,$x_1 < x_2$,有 $f(x_1) + f\left(\dfrac{x_2}{x_1}\right) = f(x_2)$.

由 $0 < x_1 < x_2$ 知 $\dfrac{x_2}{x_1} \geqslant 1$,于是 $f\left(\dfrac{x_2}{x_1}\right) < 0$,从而 $f(x_1) > f(x_2)$.

所以 $f(x)$ 在 $(0, +\infty)$ 上严格单调递减.

(3) 根据题意 $f(2) = -1$ 可得 $f(4) = f(2) + f(2) = -2$.

又因为 $f(4) + f\left(\dfrac{1}{4}\right) = f(1) = 0$,所以 $f\left(\dfrac{1}{4}\right) = 2$.

考虑到函数 $f(x)$ 是定义在 $(0, +\infty)$ 上的减函数,可得

$$\begin{cases} 3x - 1 < \dfrac{1}{4}, \\ 3x - 1 > 0. \end{cases}$$

解得 $\dfrac{1}{3} < x < \dfrac{5}{12}$.

例 3.15 (2017 河北邯郸一模)设 $f(x) = \mathrm{e}^x$,$f(x) = g(x) - h(x)$,且 $g(x)$ 为偶函数,$h(x)$ 为奇函数. 若存在实数 m,当 $x \in [-1, 1]$ 时不等式 $mg(x) + h(x) \geqslant 0$ 成立,求 m 的最小值.

解: 由题设得 $\mathrm{e}^x = g(x) - h(x)$,$\mathrm{e}^{-x} = g(-x) - h(-x) = g(x) + h(x)$. 于是

$$g(x) = \frac{1}{2}(\mathrm{e}^x + \mathrm{e}^{-x}), h(x) = \frac{1}{2}(\mathrm{e}^{-x} - \mathrm{e}^x).$$

结合已知条件有下面的不等式

$$mg(x) + h(x) = m \cdot \frac{1}{2}(\mathrm{e}^x + \mathrm{e}^{-x}) + \frac{1}{2}(\mathrm{e}^{-x} - \mathrm{e}^x) \geqslant 0.$$

解之得,

$$m \geqslant \frac{\mathrm{e}^x - \mathrm{e}^{-x}}{\mathrm{e}^x + \mathrm{e}^{-x}} = \frac{\mathrm{e}^{2x} - 1}{\mathrm{e}^{2x} + 1}.$$

根据题设,$mg(x) + h(x) \geqslant 0$ 在 $x \in [-1, 1]$ 时成立,所以 $m \geqslant \dfrac{\mathrm{e}^2 - 1}{\mathrm{e}^2 + 1}$.

综上所述,m 的最小值是 $\dfrac{\mathrm{e}^2 - 1}{\mathrm{e}^2 + 1}$.

3.3.4　周期性

如果某个变量在变化过程中有规律性地重复出现,我们就称该函数具有周期性.

定义 3.12　设函数 $f(x)$ 的定义域为 D,若存在正数 T,使得对于任意的 $x \in D$,有 $x \pm T \in D$,且 $f(x \pm T) = f(x)$ 恒成立,则称 $f(x)$ 是**周期函数**,常数 T 称为 $f(x)$ 的一个**周期**.

定理 3.6　若 T 是 $f(x)$ 的周期,则 T 的任意整数倍也是 $f(x)$ 的周期.

通常我们说 $f(x)$ 的周期是指它的**最小正周期**.

中学阶段学习的周期函数主要是三角函数,如正弦函数 $y = A\sin(\omega x + \varphi)$ $(\omega > 0)$

是周期函数，$T = \dfrac{2\pi}{\omega}$为其最小正周期. 事实上，并非所有的函数都是周期的，而且有些函数即使是周期函数，也不存在最小正周期，如函数 $y = c$（c 为常数）是周期函数，但没有最小正周期；函数 $y = x$ 不是周期函数.

周期函数有下面几个性质.

定理 3.7　设 $f(x)$ 是定义在集合 D 上的周期函数，它的最小正周期是 T，则有：

(1) 函数 $k \cdot f(x) + c$（k,c 为常数且 $k \neq 0$）仍然是 D 上的周期函数，且最小正周期仍为 T；

(2) 函数 $\dfrac{k}{f(x)}$（k 为常数且 $k \neq 0$）是在集合 $\{x \mid f(x) \neq 0, x \in D\}$ 上的周期函数，最小正周期仍为 T；

(3) 函数 $f(ax + b)$（$a \neq 0, ax + b \in D$）是以 $\dfrac{T}{|a|}$ 为最小正周期的周期函数.

定理 3.8　设 $u = g(x)$ 是定义在集合 D 上的周期函数，其最小正周期为 T. 如果 $f(u)$ 是定义在集合 E 上的函数，且当 $x \in D$ 时，$g(x) \in E$，则复合函数 $f[g(x)]$ 是集合 D 上以 T 为周期的周期函数.

定理 3.9　设 $f_1(x)$ 和 $f_2(x)$ 都是定义在集合 D 上的周期函数，它们的正周期分别为 T_1 和 T_2，如果 $\dfrac{T_1}{T_2}$ 是有理数，则它们的和、差、积与商也是 D 上的周期函数，T_1 和 T_2 的公倍数是它们的和、差、积与商的一个周期.

当一个函数具有最小正周期时，只需研究它在最小周期内的性质；相应地，函数图像也只需要作出一个周期上的图形，经过周期延拓就可知全貌.

例 3.16　（2018 全国卷）已知 $f(x)$ 是定义域为 $(-\infty, +\infty)$ 的奇函数，满足 $f(1-x) = f(1+x)$. 若 $f(1) = 2$，求 $f(1) + f(2) + \cdots + f(3) + \cdots + f(50)$ 的值.

解：由题设可知 $f(1+x) = f(1-x)$，$f[1 + (x-1)] = f[1 - (x-1)]$，即 $f(x) = f(2-x)$，于是 $f(-x) = f(2+x)$. 注意到函数 $f(x)$ 为奇函数，所以 $f(2+x) = -f(x)$，由此得到递推关系为

$$f(4+x) = -f(2+x) = f(x).$$

即 $f(x)$ 是周期为 4 的周期函数. 由函数 $f(x)$ 为奇函数易得 $f(0) = -f(0)$，所以 $f(0) = 0$. 于是 $f(4) = f(0) = 0$.

于是由 $f(1-x) = f(1+x)$ 不难得到

$$f(2) = f(1+1) = f(1-1) = f(0) = 0,$$
$$f(3) = f(1+2) = f(1-2) = f(-1) = -f(1) = -2,$$
$$f(1) + f(2) + f(3) + f(4) = 0.$$

利用该函数的周期性，得

$$f(1) + f(2) + \cdots + f(3) + \cdots + f(50)$$
$$= f(49) + f(50)$$
$$= f(1) + f(2)$$
$$= 2.$$

3.3.5 凸凹性

定义 3.13 设 $f(x)$ 在 $[a,b]$ 上连续,对 $[a,b]$ 中的任意两点 x_1, x_2,如果恒有

$$f\left(\frac{x_1 + x_2}{2}\right) \geqslant \frac{f(x_1) + f(x_2)}{2},$$

那么称 $f(x)$ 在 $[a,b]$ 上是**凸的**;如果恒有

$$f\left(\frac{x_1 + x_2}{2}\right) \leqslant \frac{f(x_1) + f(x_2)}{2},$$

那么称 $f(x)$ 在 $[a,b]$ 上是**凹的**.

定义 3.14 设 $f(x)$ 在 $[a,b]$ 上连续,如果存在 $x_0 \in (a,b)$,在其两侧邻域 $(x_0 - \delta, x_0)$ 和 $(x_0, x_0 + \delta)$(δ 为充分小的正数)内曲线 $f(x)$ 的凸凹性相反,则称点 $(x_0, f(x_0))$ 为**拐点**.

例 3.17 讨论函数 $y = x^2$ 的凸凹性和拐点.

解:函数定义域为全体实数,任取两点 $x_1, x_2 \in \mathbb{R}$,

$$f\left(\frac{x_1 + x_2}{2}\right) - \frac{f(x_1) + f(x_2)}{2}$$

$$= \left(\frac{x_1 + x_2}{2}\right)^2 - \frac{x_1^2 + x_2^2}{2}$$

$$= -\frac{(x_1 - x_2)^2}{4} \leqslant 0.$$

根据定义知 $y = x^2$ 是凹函数. 同时由于函数的凸凹性不变,无拐点.

3.4 初等函数及其分类

这一节我们学习五类基本初等函数的定义和性质,初等函数的概念及其分类.

3.4.1 基本初等函数

基本初等函数包括幂函数、指数函数、对数函数、三角函数与反三角函数五大类.

1. 幂函数

定义 3.15 形如 $y = x^\alpha$(α 为常数)的函数叫作**幂函数**.

常数 α 可以取一切非零的实数,α 的取值不同,相应的幂函数的定义域、值域以及很多性质都会发生变化. 如当 $\alpha = \dfrac{1}{2}$ 时,幂函数 $y = \sqrt{x}$ 的定义域为 $[0, +\infty)$;当

$\alpha = -\dfrac{1}{2}$ 时,幂函数 $y = \dfrac{1}{\sqrt{x}}$ 的定义域为 $(0, +\infty)$;当 $\alpha = -1$ 时,幂函数 $y = \dfrac{1}{x}$ 的定义域为 $(-\infty, 0) \cup (0, +\infty)$,幂函数如图 3.1 所示.

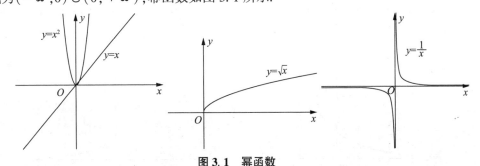

图 3.1　幂函数

性质 3.1　（幂函数 $y = x^{\alpha}$ 的基本性质）

(1) 当 $\alpha > 1$ 时,$y = x^{\alpha}$ 的图像经过点 $(1,1)$,$(0,0)$,在区间 $[0, +\infty)$ 上是增函数;

(2) 当 $0 < \alpha < 1$ 时,$y = x^{\alpha}$ 的图像经过点 $(1,1)$,$(0,0)$,在区间 $[0, +\infty)$ 上是增函数;

(3) 当 $\alpha < 0$ 时,$y = x^{\alpha}$ 的图像经过点 $(1,1)$,在区间 $(0, +\infty)$ 上是减函数;在第一象限内,有两条渐近线,当自变量趋近于 0 时,函数值趋近于 $+\infty$,当自变量趋近于 $+\infty$ 时,函数值趋近于 0;

(4) 当 $\alpha = 1$ 时,$y = x^{\alpha}$ 简化为 $y = x$,其图像是过点 $(1,1)$,$(0,0)$ 的一条直线;

(5) 当 $\alpha = 0$ 时,$y = x^{\alpha}$ 简化为 $y = x^{0}$,此时 $x \neq 0$,函数为常值函数,其图像为直线 $y = 1$,但不含点 $(0,1)$.

例 3.18　已知函数 $y = x^{n^2 - 2n - 3}$ $(n \in \mathbb{Z})$ 的图像与两坐标轴都无交点,且其图像关于 y 轴对称,求满足条件的函数解析式.

解：因为函数图像与两坐标轴都无交点,所以 $n^2 - 2n - 3 \leqslant 0$,从而有 $-1 \leqslant n \leqslant 3$.

由题设,$n \in \mathbb{Z}$,所以 $n = 0, \pm 1, 2, 3$. 由对称性知 $n^2 - 2n - 3$ 是偶数,故 n 必为奇数,所以所求函数解析式为 $y = x^0 (x \neq 0)$ 或 $y = x^{-4}$.

例 3.19　已知幂函数 $f(x) = x^{m^2 - 2m - 3}$ $(m \in \mathbb{Z})$ 是偶函数,且在区间 $(0, +\infty)$ 上是减函数,求 $f(x)$,并讨论函数 $g(x) = a\sqrt{f(x)} - \dfrac{b}{xf(x)}$ 的奇偶性.

解：类似上题的方法,可解得 $m = 1$,从而 $f(x) = x^{-4}$.

由 $f(x)$ 的表达式,可得 $g(x) = \dfrac{a}{x^2} - bx^3$. 下面分四种情况讨论.

(1) 当 $a = 0, b \neq 0$ 时,$g(x) = -bx^3$ 是奇函数;

(2) 当 $b = 0, a \neq 0$ 时,$g(x) = \dfrac{a}{x^2}$ 是偶函数;

(3) 当 $a = b = 0$ 时,$g(x) = 0$ 既是奇函数又是偶函数;

(4) 当 $ab \neq 0$ 时,$g(x) = \dfrac{a}{x^2} - bx^3$ 既不是奇函数也不是偶函数,即非奇非偶函数.

　　　　　3.4　初等函数及其分类

2. 指数函数与对数函数

定义 3.16　形如 $y = a^x$ 的函数(a 为常数且 $a > 0, a \neq 1$)叫作**指数函数**.

指数函数 $y = a^x(a > 0, a \neq 1)$ 的定义域是 $\mathbb{R}$,值域为 $(0, +\infty)$. 指数函数如图 3.2 所示.

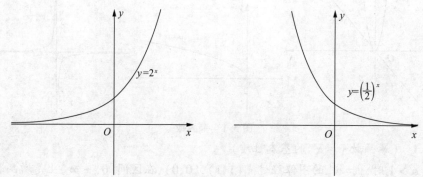

图 3.2　指数函数

指数函数 $y = a^x$ 的运算法则如下.

设 $f(x) = a^x (a$ 为常数且 $a > 0, a \neq 1)$,则有

(1) $f(x)f(y) = f(x+y)$;

(2) $\dfrac{f(x)}{f(y)} = f(x-y)$;

(3) $f^y(x) = f(xy)$.

性质 3.2　(指数函数的基本性质)

(1) 函数的图像总在 x 轴的上方,且过定点 $(0,1)$,以 x 轴为渐近线;

(2) 当 $a > 1$,函数的图像在 $\mathbb{R}$ 上是增函数;

(3) 当 $0 < a < 1$,函数的图像在 $\mathbb{R}$ 上是减函数.

定义 3.17　形如 $y = \log_a x$(其中 a 是常数,$a > 0$ 且 $a \neq 1$)的函数叫作**对数函数**.

对数函数是指数函数的反函数,因此对数函数的图形可通过其对应的指数函数得到,如图 3.3 所示.

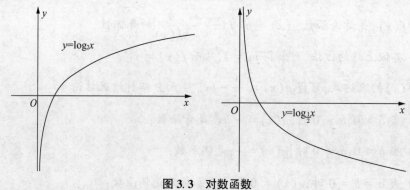

图 3.3　对数函数

性质 3.3　(对数函数的基本性质)

(1) 所有的对数函数图像都过定点 $(1,0)$,并且以 y 轴为渐近线;

(2) 当 $a > 1$ 时,函数为单调增函数,并且是凸的,在$(0,1)$内函数值为负,而在区间$(1, +\infty)$内函数值为正;

当 $0 < a < 1$ 时,函数为单调减函数,并且是凹的,在$(0,1)$内函数值为正,而在区间$(1, +\infty)$内函数值为负;

(3) 当自变量 $x \in \mathbb{R}^+$ 时,相应的对数函数无界.

例 3.20 (2017 新课标 I) 已知 x, y, z 为正数,且 $2^x = 3^y = 5^z$,则有(　　).

A. $2x < 3y < 5z$　　B. $5z < 2x < 3y$　　C. $3y < 5z < 2x$　　D. $3y < 2x < 5z$

解:设 $2^x = 3^y = 5^z = k$.注意到 x, y, z 为正数,所以 $k > 1, \lg k > 0$,有

$$x = \log_2 k = \frac{\lg k}{\lg 2}, y = \log_3 k = \frac{\lg k}{\lg 3}, z = \log_5 k = \frac{\lg k}{\lg 5}.$$

所以

$$\frac{2x}{3y} = \frac{3}{2} \cdot \frac{\lg 3}{\lg 2} = \frac{\lg 9}{\lg 8} > 1.$$

则 $2x > 3y$. 同理可得 $2x < 5z$,所以选 D.

例 3.21 (2018 全国卷理科) 设 $a = \log_{0.2} 0.3, b = \log_2 0.3$,则有(　　).

A. $a + b < ab < 0$　B. $ab < a + b < 0$　C. $a + b < 0 < ab$　D. $ab < 0 < a + b$

解:由 $a = \log_{0.2} 0.3 > 0, b = \log_2 0.3 < 0$ 得

$$\frac{1}{a} = \log_{0.3} 0.2, \frac{1}{b} = \log_{0.3} 2.$$

所以

$$\frac{1}{a} + \frac{1}{b} = \log_{0.3} 0.2 + \log_{0.3} 2 = \log_{0.3} 0.4.$$

因此,$0 < \frac{1}{a} + \frac{1}{b} < 1$,即 $0 < \frac{a + b}{ab} < 1$,所以选 B.

例 3.22 (2018 山东潍坊期中) 已知函数 $f(x) = 1 - \frac{4}{2a^x + a}(a > 0, a \neq 1)$ 且 $f(0) = 0$.

(1) 求 a 的值;

(2) 若函数 $g(x) = (2^x + 1)f(x) + k$ 有零点,求实数 k 的取值范围;

(3) 当 $x \in (0,1)$ 时,$f(x) > m \cdot 2^x - 2$ 恒成立,求实数 m 的取值范围.

解:(1) 当 $x = 0$ 时,$f(0) = 1 - \frac{4}{2a^0 + a} = 0$,易得 $a = 2$.

(2) 由(1)知 $f(x) = 1 - \frac{4}{2 \cdot 2^x + 2} = 1 - \frac{2}{2^x + 1}$.根据题设,函数 $g(x) = (2^x + 1)f(x) + k = 2^x - 1 + k$ 有零点,即 $2^x = 1 - k$.所以指数函数 $y = 2^x$ 和常值函数 $y = 1 - k$ 的图像有交点,考虑指数函数的性质,有 $1 - k > 0$,从而 $k < 1$,即实数 k 的取值范围为 $(-\infty, 1)$.

(3) 根据题设和(1)的结论,有下列不等式

$$1 - \frac{2}{2^x + 1} > m \cdot 2^x - 2, x \in (0, 1).$$

所以

$$m < \frac{3}{2^x} - \frac{2}{2^x(2^x + 1)} = \frac{3}{2^x} - 2\left(\frac{1}{2^x} - \frac{1}{2^x + 1}\right),$$

即 $m < \frac{1}{2^x} + \frac{2}{2^x + 1}$. 记 $y = \frac{1}{2^x} + \frac{2}{2^x + 1}$. 显然函数 y 在 $x \in (0, 1)$ 上单调递减,所以

$$y = \frac{1}{2^x} + \frac{2}{2^x + 1} > \frac{1}{2^1} + \frac{2}{2^1 + 1} = \frac{7}{6},$$

即 $m \leqslant \frac{7}{6}$,所求取值范围为 $\left(-\infty, \frac{7}{6}\right]$.

3. 三角函数

三角函数(也叫作"圆函数")是角的函数,是正弦、余弦、正切、余切、正割、余割等函数的总称.下面六个函数是常见的三角函数.

(1)正弦函数 $y = \sin x$,如图 3.4 所示;

(2)余弦函数 $y = \cos x$,如图 3.5 所示;

(3)正切函数 $y = \tan x$,如图 3.6 所示;

(4)余切函数 $y = \cot x$,如图 3.7 所示;

(5)正割函数 $y = \sec x$,如图 3.8 所示;

(6)余割函数 $y = \csc x$,如图 3.9 所示.

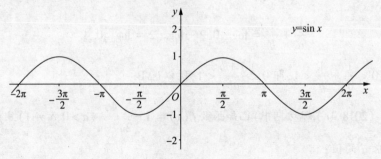

图 3.4 正弦函数

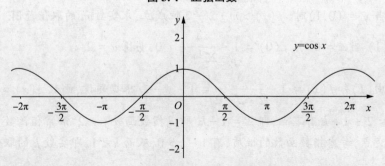

图 3.5 余弦函数

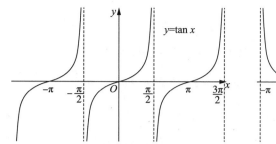

图 3.6 正切函数　　　　　　　　　图 3.7 余切函数

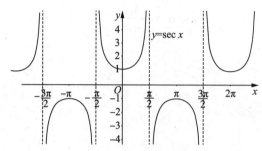

图 3.8 正割函数

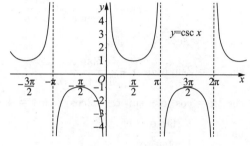

图 3.9 余割函数

性质 3.4 （三角函数的基本性质）

（1）$y = \sin x$ 的定义域为 $\mathbb{R}$，值域为 $[-1,1]$；是以 $2k\pi$ 为周期的奇函数；在 $\left[2k\pi - \dfrac{\pi}{2}, 2k\pi + \dfrac{\pi}{2}\right]$ 上单调递增，在 $\left[2k\pi + \dfrac{\pi}{2}, 2k\pi + \dfrac{3\pi}{2}\right] (k \in \mathbb{Z})$ 上单调递减.

（2）$y = \cos x$ 的定义域为 $\mathbb{R}$，值域为 $[-1,1]$；是以 $2k\pi$ 为周期的偶函数，在 $[2k\pi, (2k+1)\pi]$ 上单调递减，在 $[(2k+1)\pi, 2(k+1)\pi] (k \in \mathbb{Z})$ 上单调递增.

（3）$y = \tan x$ 的定义域为 $\left\{x \mid x \neq k\pi + \dfrac{\pi}{2}, x \in \mathbb{R}, k \in \mathbb{Z}\right\}$，值域为 $(-\infty, +\infty)$；是以 $k\pi$ 为周期的奇函数；在 $\left(2k\pi - \dfrac{\pi}{2}, 2k\pi + \dfrac{\pi}{2}\right) (k \in \mathbb{Z})$ 上单调递增.

（4）$y = \cot x$ 的定义域为 $\{x \mid x \neq k\pi, k \in \mathbb{Z}\}$，值域为 $(-\infty, +\infty)$；是以 $k\pi$ 为周期的奇函数；在 $(2k\pi, (2k+1)\pi) (k \in \mathbb{Z})$ 上单调递减.

（5）$y = \sec x$ 的定义域为 $\left\{x \mid x \neq k\pi + \dfrac{\pi}{2}, x \in \mathbb{R}, k \in \mathbb{Z}\right\}$，值域为 $(-\infty, +\infty)$；是以 $2k\pi$ 为周期的偶函数；在 $\left(2k\pi, 2k\pi + \dfrac{\pi}{2}\right) \cup \left(2k\pi + \dfrac{\pi}{2}, (2k+1)\pi\right)$ 上单调递增，在 $\left((2k+1)\pi, 2k\pi + \dfrac{3\pi}{2}\right) \cup \left(2k\pi + \dfrac{3\pi}{2}, 2(k+1)\pi\right) (k \in \mathbb{Z})$ 上单调递减.

（6）$y = \csc x$ 的定义域为 $\{x \mid x \neq k\pi, x \in \mathbb{R}, k \in \mathbb{Z}\}$，值域为 $(-\infty, +\infty)$；是以 $2k\pi$ 为周期的奇函数；在 $\left(2k\pi - \dfrac{\pi}{2}, 2k\pi\right) \cup \left(2k\pi, 2k\pi + \dfrac{\pi}{2}\right)$ 上单调递减，在

$$\left(2k\pi + \frac{\pi}{2}, (2k+1)\pi\right) \cup \left((2k+1)\pi, 2k\pi + \frac{3\pi}{2}\right)(k \in \mathbb{Z})\text{ 上单调递增.}$$

(7) 已知 $A, \omega, \varphi, \Delta$ 为常数,且 $A \neq 0, \omega > 0.$ 函数 $y = A\sin(\omega x + \varphi) + \Delta, z = A\cos(\omega x + \varphi) + \Delta$ 的周期均为 $T = \frac{2\pi}{\omega}$;函数 $y = A\tan(\omega x + \varphi) + \Delta$ 的周期为 $T = \frac{\pi}{\omega}.$

性质 3.5 (几个重要公式)

(1) 同角三角函数公式
$$\sin^2\alpha + \cos^2\alpha = 1, 1 + \tan^2\alpha = \sec^2\alpha, 1 + \cot^2\alpha = \csc^2\alpha,$$
$$\tan\alpha = \frac{1}{\cot\alpha} = \frac{\sin\alpha}{\cos\alpha}, \sec\alpha = \frac{1}{\cos\alpha}, \csc\alpha = \frac{1}{\sin\alpha}.$$

(2) 二倍角公式
$$\sin 2\alpha = 2\sin\alpha\cos\alpha = \frac{2\tan\alpha}{1 + \tan^2\alpha},$$
$$\cos 2\alpha = \cos^2\alpha - \sin^2\alpha = 2\cos^2\alpha - 1 = 1 - 2\sin^2\alpha,$$
$$\tan 2\alpha = \frac{2\tan\alpha}{1 - \tan^2\alpha}.$$

(3) 两角和差公式
$$\sin(\alpha \pm \beta) = \sin\alpha\cos\beta \pm \cos\alpha\sin\beta,$$
$$\cos(\alpha \pm \beta) = \cos\alpha\cos\beta \mp \sin\alpha\sin\beta,$$
$$\tan(\alpha + \beta) = \frac{\tan\alpha + \tan\beta}{1 - \tan\alpha\tan\beta}.$$

(4) 诱导公式
$$\sin(\pi \pm \alpha) = \mp\sin\alpha, \cos(\pi \pm \alpha) = -\cos\alpha, \tan(\pi \pm \alpha) = \pm\tan\alpha,$$
$$\sin(2\pi - \alpha) = -\sin\alpha, \cos(2\pi - \alpha) = \cos\alpha, \tan(2\pi - \alpha) = -\tan\alpha,$$
$$\sin\left(\frac{\pi}{2} - \alpha\right) = \cos\alpha, \cos\left(\frac{\pi}{2} - \alpha\right) = \sin\alpha.$$

例 3.23 (2018 河南洛阳一模) 已知 θ 为第二象限角,$\sin\theta, \cos\theta$ 是关于 x 的方程 $2x^2 + (\sqrt{3} - 1)x + m = 0(m \in \mathbb{R})$ 的两根,求 $\sin\theta - \cos\theta$ 的值.

解: 由一元二次方程根与系数的关系可知

$$\sin\theta + \cos\theta = \frac{1 - \sqrt{3}}{2}, \sin\theta\cos\theta = \frac{m}{2},$$

所以 $(\sin\theta + \cos\theta)^2 = 1 + m = \frac{2 - \sqrt{3}}{2}$,解得 $m = -\frac{\sqrt{3}}{2}.$ 相应的判别式为 $\Delta = (\sqrt{3} - 1)^2 - 4 \cdot 2 \cdot m = 4 + 2\sqrt{3} > 0, m$ 符合题意.

由于 θ 为第二象限角,所以 $\sin\theta > 0, \cos\theta < 0, \sin\theta - \cos\theta > 0.$ 从而有

$$(\sin\theta - \cos\theta)^2 = 1 - m = 1 + \frac{\sqrt{3}}{2},$$

于是

$$\sin \theta - \cos \theta = \sqrt{1 + \frac{\sqrt{3}}{2}} = \frac{1 + \sqrt{3}}{2}.$$

例 3.24 （2018 江苏卷）已知 α,β 为锐角，$\tan \alpha = \frac{4}{3}$，$\cos(\alpha + \beta) = -\frac{\sqrt{5}}{5}$.

（1）求 $\cos 2\alpha$ 的值；

（2）求 $\tan(\alpha - \beta)$ 的值.

解：（1）由 $\tan \alpha = \frac{\sin \alpha}{\cos \alpha} = \frac{4}{3}$ 得 $\sin \alpha = \frac{4}{3}\cos \alpha$.

所以 $\sin^2 \alpha + \cos^2 \alpha = \frac{16}{9}\cos^2 \alpha + \cos^2 \alpha = 1$.

解得 $\cos^2 \alpha = \frac{9}{25}$. 于是 $\cos 2\alpha = 2\cos^2 \alpha - 1 = -\frac{7}{25}$.

（2）由题设知 $\sin^2(\alpha + \beta) = 1 - \cos^2(\alpha + \beta) = \frac{4}{5}$.

因为 α,β 为锐角，得 $\alpha + \beta \in (0,\pi)$，所以

$$\sin(\alpha + \beta) = \frac{2\sqrt{5}}{5}, \tan(\alpha + \beta) = -2.$$

再由 $\tan 2\alpha = \frac{2\tan \alpha}{1 - \tan^2 \alpha} = -\frac{24}{7}$，得到

$$\tan(\alpha - \beta) = \tan\left[2\alpha - (\alpha + \beta)\right] = \frac{\tan 2\alpha - \tan(\alpha + \beta)}{1 + \tan 2\alpha \cdot \tan(\alpha + \beta)} = -\frac{2}{11}.$$

例 3.25 （2018 豫南九校联考）已知函数

$$f(x) = \sin\left(\frac{5\pi}{6} - 2x\right) - 2\sin\left(x - \frac{\pi}{4}\right)\cos\left(x + \frac{3\pi}{4}\right).$$

（1）求函数 $f(x)$ 的最小正周期和单调递增区间；

（2）若 $x \in \left[\frac{\pi}{12}, \frac{\pi}{3}\right]$，且 $F(x) = -4\lambda f(x) - \cos\left(4x - \frac{\pi}{3}\right)$ 的最小值是 $-\frac{3}{2}$，求实数 λ 的值.

解：（1）因为

$$f(x) = \sin\left(\frac{5\pi}{6} - 2x\right) - 2\sin\left(x - \frac{\pi}{4}\right)\cos\left(x + \frac{3\pi}{4}\right)$$

$$= \frac{1}{2}\cos 2x + \frac{\sqrt{3}}{2}\sin 2x + (\sin x - \cos x)(\sin x + \cos x)$$

$$= \frac{1}{2}\cos 2x + \frac{\sqrt{3}}{2}\sin 2x + \sin^2 x - \cos^2 x$$

$$= \frac{1}{2}\cos 2x + \frac{\sqrt{3}}{2}\sin 2x - \cos 2x$$

$$= \sin\left(2x - \frac{\pi}{6}\right),$$

所以所求函数的最小正周期为 $T = \dfrac{2\pi}{\omega} = \dfrac{2\pi}{2} = \pi$.

该函数的单调递增区间满足

$$2k\pi - \dfrac{\pi}{2} \leqslant 2x - \dfrac{\pi}{6} \leqslant 2k\pi + \dfrac{\pi}{2}, k \in \mathbb{Z},$$

解得 $k\pi - \dfrac{\pi}{6} \leqslant x \leqslant k\pi + \dfrac{\pi}{3}$, 所以所求单调递增区间为

$$\left[k\pi - \dfrac{\pi}{6}, k\pi + \dfrac{\pi}{3} \right], k \in \mathbb{Z}.$$

(2) 由(1)知 $f(x) = \sin\left(2x - \dfrac{\pi}{6}\right)$, 代入 $F(x)$ 得

$$F(x) = -4\lambda \sin\left(2x - \dfrac{\pi}{6}\right) - \cos\left(4x - \dfrac{\pi}{3}\right)$$

$$= 2\sin^2\left(2x - \dfrac{\pi}{6}\right) - 4\lambda\sin\left(2x - \dfrac{\pi}{6}\right) - 1$$

$$= 2\left[\sin\left(2x - \dfrac{\pi}{6}\right) - \lambda\right]^2 - 1 - 2\lambda^2.$$

由 $x \in \left[\dfrac{\pi}{12}, \dfrac{\pi}{3}\right]$, 知 $2x - \dfrac{\pi}{6} \in \left[0, \dfrac{\pi}{2}\right]$. 因此, $0 \leqslant \sin\left(2x - \dfrac{\pi}{6}\right) \leqslant 1$.

下面分三种情况讨论.

1) $\lambda < 0$, 显然当 $\sin\left(2x - \dfrac{\pi}{6}\right) = 0$ 时, $F(x)$ 有最小值 -1, 舍去.

2) $0 \leqslant \lambda \leqslant 1$, 当 $\sin\left(2x - \dfrac{\pi}{6}\right) - \lambda = 0$ 时, $F(x)$ 有最小值 $-1 - 2\lambda^2$. 由题设, 有 $-1 - 2\lambda^2 = -\dfrac{3}{2}$. 解得 $\lambda = \pm\dfrac{1}{2}$, 考虑到 $\sin\left(2x - \dfrac{\pi}{6}\right) \in [0,1]$, $\lambda = -\dfrac{1}{2}$ 舍弃. 所以 $\lambda = \dfrac{1}{2}$.

3) $\lambda > 1$, 显然当 $\sin\left(2x - \dfrac{\pi}{6}\right) = 1$ 时, $F(x)$ 有最小值 $1 - 4\lambda$, 由题设, 有 $1 - 4\lambda = -\dfrac{3}{2}$. 解得 $\lambda = \dfrac{5}{8}$, 与 $\lambda > 1$ 矛盾, 舍去.

综上所述, $\lambda = \dfrac{1}{2}$.

例 3.26 (2016 新课标) 已知函数 $f(x) = \sin(\omega x + \varphi)\left(\omega > 0, |\varphi| \leqslant \dfrac{\pi}{2}\right)$, $x = -\dfrac{\pi}{4}$ 为 $f(x)$ 的零点, $x = \dfrac{\pi}{4}$ 为 $y = f(x)$ 图像的对称轴, 且 $f(x)$ 在区间 $\left(\dfrac{\pi}{18}, \dfrac{5\pi}{36}\right)$ 上单调, 求 ω 的最大值.

解: 本题分两步完成.

第 1 步, 分两种情况讨论 $f(x)$ 的单调性.

(i) $f(x)$ 在区间 $\left(\dfrac{\pi}{18}, \dfrac{5\pi}{36}\right)$ 单调递增.

$$\begin{cases} \omega \cdot \dfrac{\pi}{18} + \varphi \geqslant 2k\pi - \dfrac{\pi}{2}, \\ \omega \cdot \dfrac{5\pi}{36} + \varphi \leqslant 2k\pi + \dfrac{\pi}{2}, k \in \mathbb{Z}. \end{cases}$$

解得 $\dfrac{\pi}{\omega} \geqslant \dfrac{5\pi}{36} - \dfrac{\pi}{18}, \omega \leqslant 12.$

(ii) $f(x)$ 在区间 $\left(\dfrac{\pi}{18}, \dfrac{5\pi}{36}\right)$ 的单调递减情形与 ⅰ 类似, 省略.

综合两种情形, 可知 $0 < \omega \leqslant 12.$

第 2 步, 由题设, 有下面等式成立.

$$\begin{cases} f\left(-\dfrac{\pi}{4}\right) = \sin\left[\omega\left(-\dfrac{\pi}{4}\right) + \varphi\right] = 0, \\ \omega \cdot \dfrac{\pi}{4} + \varphi = k_1\pi + \dfrac{\pi}{2}, k_1 \in \mathbb{Z}. \end{cases}$$

即

$$\begin{cases} \omega\left(-\dfrac{\pi}{4}\right) + \varphi = k_2\pi, k_2 \in \mathbb{Z}, \\ \omega \cdot \dfrac{\pi}{4} + \varphi = k_1\pi + \dfrac{\pi}{2}, k_1 \in \mathbb{Z}. \end{cases}$$

解得

$$\begin{cases} \omega = 2(k_1 - k_2) + 1, \\ \varphi = \dfrac{[2(k_1 + k_2) + 1]\pi}{4}, k_1, k_2 \in \mathbb{Z}. \end{cases}$$

因为 $|\varphi| \leqslant \dfrac{\pi}{2}$, 所以 $k_1 + k_2 = -1$ 或 $k_1 + k_2 = 0.$

当 $k_1 + k_2 = -1$ 时, $\varphi = -\dfrac{\pi}{4}, \omega = 4k_1 + 3.$ 由第 1 步的 $0 < \omega \leqslant 12$, 可推出 $k_1 = 0, 1, 2.$

当 $k_1 = 0$ 时, $\omega x + \varphi \in \left(-\dfrac{\pi}{12}, \dfrac{\pi}{6}\right)$, 此时 $\omega = 3$, 符合题意; 当 $k_1 = 1$ 时, $\omega x + \varphi \in \left(\dfrac{5\pi}{36}, \dfrac{13\pi}{18}\right)$, 与题设中单调区间矛盾; 同样, $k_1 = 2$ 时也不符合题意.

当 $k_1 + k_2 = 0$ 时, $\varphi = \dfrac{\pi}{4}, \omega = 4k_1 + 1.$ 由第 1 步推导的 $0 < \omega \leqslant 12$, 可得 $k_1 = 0, 1, 2.$

当 $k_1 = 0$ 时, 可求得 $\omega = 1$, 符合题意; 当 $k_1 = 1$ 时, 与题设中单调性矛盾. $k_1 = 2$ 时可求得 $\omega = 9$, 符合题意.

综上所述, ω 可取 $1, 3, 9$, 所以 ω 的最大值等于 9.

例 3.27 (2017 江苏卷) 已知向量 $\vec{a} = (\cos x, \sin x), \vec{b} = (3, -\sqrt{3}), x \in [0, \pi].$

(1) 若 $\vec{a} // \vec{b}$, 求 x 的值;

(2) 记 $f(x) = \vec{a} \cdot \vec{b}$, 求 $f(x)$ 的最大值、最小值以及对应的 x 的值.

解：（1）由向量平行的定义可知 $-\sqrt{3}\cos x = 3\sin x$.

如果 $\cos x = 0$，则 $\sin x = 0$，无意义，舍弃. 所以 $\cos x \neq 0$，此时 $\tan x = -\dfrac{\sqrt{3}}{3}$，由题

设 $x \in [0, \pi]$，可得 $x = \dfrac{5\pi}{6}$.

（2）由题设

$$f(x) = \vec{a} \cdot \vec{b} = 3\cos x - \sqrt{3}\sin x = 2\sqrt{3}\cos\left(x + \dfrac{\pi}{6}\right).$$

由于 $x \in [0, \pi]$，从而 $-1 \leqslant \cos\left(x + \dfrac{\pi}{6}\right) \leqslant \dfrac{\sqrt{3}}{2}$.

当 $x + \dfrac{\pi}{6} = \dfrac{\pi}{6}$ 时，即 $x = 0$ 时，$f(x)$ 有最大值 3；

当 $x + \dfrac{\pi}{6} = \pi$ 时，即 $x = \dfrac{5\pi}{6}$ 时，$f(x)$ 有最小值 $-2\sqrt{3}$.

4. 反三角函数

反三角函数的解析式为：

$$y = \arcsin x; \quad y = \arccos x;$$
$$y = \arctan x; \quad y = \mathrm{arccot}\, x.$$

三角函数具有周期性，不是一一对应函数，没有反函数. 为此研究反三角函数时，常常取它们的一个单调分支，称其为主值分支.

（1）反正弦函数 $y = \arcsin x$，定义域为 $[-1, 1]$，值域为 $\left[-\dfrac{\pi}{2}, \dfrac{\pi}{2}\right]$，如图 3.10
所示；

（2）反余弦函数 $y = \arccos x$，定义域为 $[-1, 1]$，值域为 $[0, \pi]$，如图 3.11 所示；

（3）反正切函数 $y = \arctan x$，定义域为 $\mathbb{R}$，值域为 $\left(-\dfrac{\pi}{2}, \dfrac{\pi}{2}\right)$，如图 3.12 所示；

（4）反余切函数 $y = \mathrm{arccot}\, x$，定义域为 $\mathbb{R}$，值域为 $(0, \pi)$，如图 3.13 所示.

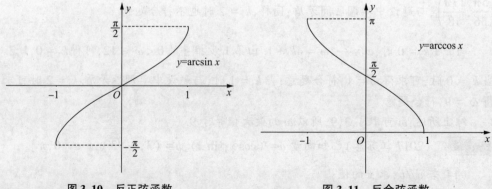

图 3.10　反正弦函数　　　　　图 3.11　反余弦函数

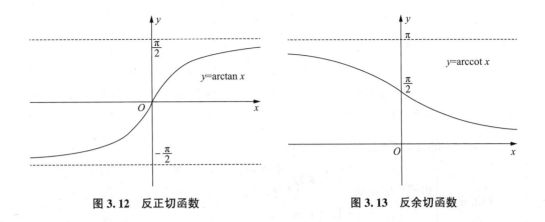

图 3.12　反正切函数　　　　　　　　图 3.13　反余切函数

3.4.2　初等函数

定义 3.18　幂函数、指数函数、对数函数、三角函数和反三角函数统称为**基本初等函数**.

定义 3.19　由基本初等函数经过有限次的代数运算(加、减、乘、除、乘方、开方)及有限次的函数复合所构成的函数叫作**初等函数**.

根据定义可以直接判断函数 $y = 2x + 8, y = \dfrac{2x^3 + 1}{x - 2}, y = \lg(x^2 + \cos x)$ 等都是初等函数. 但是函数

$$f(x) = 1 + 2x + 3x^2 + 4x^3 + \cdots + (n + 1)x^n + \cdots$$

与分段函数

$$y = \begin{cases} \sqrt{x}, & 0 \leqslant x \leqslant 2, \\ x, & x > 2, \end{cases}$$

都不是初等函数.

初等函数可以根据函数解析式所用的运算种类来进行分类.

定义 3.20　由(基本)初等函数经过有限次代数运算(加、减、乘、除、有理数幂(含开方))所得到的初等函数,叫作初等代数函数(或代数显函数).在初等代数函数基础上,如果包含三角函数、反三角函数、无理数幂、指数、对数运算的初等函数则叫作**初等超越函数**.

如 $y = 2x^2 - 5x + 4, y = \sqrt{\dfrac{x - 1}{2x + 1}} + x^3$ 等都是初等代数函数;而 $y = \tan x - \cot x,$ $y = \ln(x - 1) - 5, y = \arcsin \dfrac{2x}{x^2 - 1}$ 等都是初等超越函数.

初等代数函数又分为有理函数和无理函数,有理函数可分为整函数和分式函数,具体定义如下.

定义 3.21　由 $f_1(x) = x$ 和 $f_2(x) = c$ 经过有限次加、减、乘、除四则运算所得到的初等代数函数叫作**有理函数**,不是有理函数的初等代数函数叫作**无理函数**.

定义 3.22　如果仅用到加、减、乘运算,即其解析式不含有对自变量施行除法运算的有理函数叫作**整函数(多项式函数)**;非有理整函数,即含有对自变量施行除法运算的有理函数叫作**分式函数**.

与解析式的分类相似,初等函数的分类如下所示.

$$
初等函数
\begin{cases}
初等代数函数
\begin{cases}
有理函数
\begin{cases}
整函数(多项式函数)\\
分式函数
\end{cases}\\
无理函数
\end{cases}\\
初等超越函数
\end{cases}
$$

例 3.28　判断正误:$y = 3^{\log_3(1+x^2)}$ 是超越函数.

解:$y = 3^{\log_3(1+x^2)} = 1 + x^2$,所以它是一个有理整函数,不是超越函数. 原命题错误.

例 3.29　证明:指数函数 $y = a^x (a > 0, a \neq 1)$ 是超越函数.

证明:采用反证法证明.

(1) 先证明当 $a > 1$ 时的情形.

假定 $y = a^x$ 是代数函数,则必满足代数方程 $P(x, y) = 0$,所以有 $P(x, a^x) \equiv 0$. 把 $P(x, a^x)$ 按 a^x 的降幂排列,得

$$P(x, a^x) = P_n(x)a^{nx} + P_{n-1}(x)a^{(n-1)x} + \cdots + P_0(x)$$
$$\equiv 0 (P_n(x) \neq 0), \tag{①}$$

其中 $P_i(x) (i = 0, 1, 2, \cdots)$ 都是多项式,设

$$P_n(x) = a_m x^m + a_{m-1} x^{m-1} + \cdots + a_0,$$

其中 $a_i (i = 0, 1, \cdots, m)$ 都是实数,且 $a_m \neq 0$.

于是有

$$(a_m x^m + a_{m-1} x^{m-1} + \cdots + a_0)a^{nx} + P_{n-1}(x)a^{(n-1)x} + \cdots + P_0(x) \equiv 0,$$

即

$$a^{nx} x^m \left[a_m + \frac{a_{m-1}}{x} + \cdots + \frac{a_0}{x^m} + \frac{P_{n-1}(x)}{a^x x^m} + \frac{P_{n-2}(x)}{a^{2x} x^m} + \cdots + \frac{P_0(x)}{a^{nx} x^m} \right] \equiv 0, x \neq 0. \tag{②}$$

因为

$$\lim_{x \to +\infty} \frac{c}{x} = 0 (c \in \mathbb{R}), \lim_{x \to +\infty} \frac{x^k}{a^x} = 0 (k \in \mathbb{Z}),$$

所以

$$\lim_{x \to +\infty} \left[a_m + \frac{a_{m-1}}{x} + \cdots + \frac{a_0}{x^m} + \frac{P_{n-1}(x)}{a^x x^m} + \frac{P_{n-2}(x)}{a^{2x} x^m} + \cdots + \frac{P_0(x)}{a^{nx} x^m} \right] = a_m \neq 0,$$

但
$$\lim_{x \to +\infty} a^{nx} x^m = +\infty.$$

因此,对于足够大的$|x|$,②式不成立,从而①式也不能成立,即$y = a^x(a > 1)$是超越函数.

(2) 当$0 < a < 1$时,只要设$a_1 = \dfrac{1}{a} > 1$,同理证明$y = a^x(0 < a < 1)$是超越函数.

综上,指数函数$y = a^x(a > 0, a \neq 1)$是超越函数.

3.5 极限与连续

17 世纪,哥伦布(Columbus)发现新大陆,哥白尼(Copernicus)创立日心说,伽利略(Galileo)出版《力学对话》,开普勒(Kepler)发现行星运动规律,……,一系列的力学和数学的问题的提出推动了微积分的产生和迅速发展.虽然微积分的概念和技巧不断扩展并被广泛应用来解决天文学、物理学中的各种实际问题,但直到 19 世纪以前,在微积分的发展过程中,其数学分析的严密性问题一直没有得到解决.这个问题一直到 19 世纪下半叶才由法国数学家柯西(Cauchy)得到了完整的解决,柯西极限存在准则使得微积分注入了严密性,这就是极限理论的创立.极限理论的创立使得微积分从此建立在一个严密的分析基础之上,它也为 20 世纪数学的发展奠定了基础.

中学阶段已经对极限概念有了初步的了解.如果自变量在某个变化过程中,对应的函数值趋近于某个稳定数,那么这个稳定数就是这一变化过程中函数的极限.极限的思想可以追溯到古希腊时期和中国战国时期.其概念最终由柯西和维尔斯特拉斯(Weierstrass)等人严格阐述.并创立了极限理论.本节首先给出几个不同情形下函数极限(含单侧极限)的定义,并在此基础上,介绍两个重要的极限判定准则、极限的性质、极限的简单计算,最后介绍函数的连续性、可导性.

3.5.1 极限

1. 极限的概念

研究函数$f(x)$的极限时,主要考虑两种情形.

(1) 自变量x无限趋于某个有限值x_0时,对应的函数值$f(x)$的变化情形;

(2) 自变量x无限趋于无穷大($+\infty$或$-\infty$)时,对应的函数值$f(x)$的变化情形.

定义 3.23 ($x \to x_0$) 设函数$f(x)$在点x_0的某一去心邻域内有定义.如果存在常数A,对任意给定的$\varepsilon > 0$,无论它多么小,总存在$\delta > 0$,使得当$0 < |x - x_0| < \delta$时,恒有$|f(x) - A| < \varepsilon$,则称常数A为函数$f(x)$当$x \to x_0$时的**极限**,记作
$$\lim_{x \to x_0} f(x) = A.$$

定义 3.24 (单侧极限)设函数$f(x)$在点x_0的某一去心邻域内有定义.如果存在常数

A,对任意给定的 $\varepsilon > 0$,无论它多么小,总存在 $\delta > 0$,使得当 x 仅从 x_0 左侧趋于 x_0,即当 $0 < x_0 - x < \delta$ 时,恒有 $|f(x) - A| < \varepsilon$,则称常数 A 为函数 $f(x)$ 当 $x \to x_0$ 时的**左极限**,记作

$$\lim_{x \to x_0^-} f(x) = A;$$

如果 x 仅从 x_0 右侧趋于 x_0,即 $0 < x - x_0 < \delta$ 时,恒有 $|f(x) - A| < \varepsilon$,则称常数 A 为函数 $f(x)$ 当 $x \to x_0$ 时的**右极限**,记作

$$\lim_{x \to x_0^+} f(x) = A.$$

左极限和右极限统称为**单侧极限**.

由定义,可以直接得到如下结论.

定理 3.10 函数在点 x_0 的极限存在当且仅当函数在点 x_0 的左极限和右极限均存在且相等. 即

$$\lim_{x \to x_0} f(x) = A \Leftrightarrow \lim_{x \to x_0^-} f(x) = \lim_{x \to x_0^+} f(x) = A.$$

定义 3.25 ($x \to \infty$) 设函数 $f(x)$ 在 $|x|$ 大于某一正数时有定义. 如果存在常数 A,对任意给定的 $\varepsilon > 0$,无论它多么小,总存在 $X > 0$,使得当 $|x| > X$ 时,恒有 $|f(x) - A| < \varepsilon$,则称常数 A 为函数 $f(x)$ 当 $x \to \infty$ 时的极限,记作

$$\lim_{x \to \infty} f(x) = A.$$

定义 3.26 ($x \to \pm \infty$)

(1) 设函数 $f(x)$ 在 $[a, +\infty)$ 有定义. 如果存在常数 A,对任意给定的 > 0,无论它多么小,总存在 $X > 0$,使得当 $x > X$ 时,恒有 $|f(x) - A| < \varepsilon$,则称常数 A 为函数 $f(x)$ 当 $x \to +\infty$ 时的极限,记作

$$\lim_{x \to +\infty} f(x) = A.$$

(2) 设函数 $f(x)$ 在 $(-\infty, b]$ 有定义. 如果存在常数 A,对任意给定的 $\varepsilon > 0$,无论它多么小,总存在 $X > 0$,使得当 $x < -X$ 时,恒有 $|f(x) - A| < \varepsilon$,则称常数 A 为函数 $f(x)$ 当 $x \to -\infty$ 时的极限,记作

$$\lim_{x \to -\infty} f(x) = A.$$

注 3.4 函数极限研究中需要注意自变量 x 的变化,本章后面的内容中,"在某一变化过程中"指以下六种情形,即

$$x \to +\infty; \quad x \to -\infty; \quad x \to \infty; \quad x \to x_0^+; \quad x \to x_0^-; \quad x \to x_0.$$

2. 函数极限的性质

定理 3.11 (唯一性) 如果极限 $\lim\limits_{x \to x_0} f(x)$ 存在,那么它的极限是唯一的.

定理 3.12 (局部有界性) 如果极限 $\lim\limits_{x \to x_0} f(x) = A$,那么存在常数 $M > 0$ 和 $\delta > 0$,使得当 $0 < |x - x_0| < \delta$ 时,函数 $|f(x)| < M$.

定理 3.13 (局部保号性)如果极限 $\lim\limits_{x \to x_0} f(x) = A < 0$ 或 $(A > 0)$,那么存在常数 $\delta > 0$,使得当 $0 < |x - x_0| < \delta$ 时,函数 $f(x) < 0$($\,$或 $f(x) > 0$).

3. 函数极限的四则运算

定理 3.14 如果 c 为常数,$\lim\limits_{x \to x_0} f(x) = A, \lim\limits_{x \to x_0} g(x) = B$,那么

(1) $\lim\limits_{x \to x_0} [f(x) \pm g(x)] = \lim\limits_{x \to x_0} f(x) \pm \lim\limits_{x \to x_0} g(x) = A \pm B$;

(2) $\lim\limits_{x \to x_0} cf(x) = c \lim\limits_{x \to x_0} f(x) = cA$;

(3) $\lim\limits_{x \to x_0} [f(x) \cdot g(x)] = \lim\limits_{x \to x_0} f(x) \cdot \lim\limits_{x \to x_0} g(x) = A \cdot B$;

(4) $\lim\limits_{x \to x_0} \dfrac{f(x)}{g(x)} = \dfrac{\lim\limits_{x \to x_0} f(x)}{\lim\limits_{x \to x_0} g(x)} = \dfrac{A}{B}(B \neq 0)$.

定理 3.15 (复合函数的极限运算法则)设函数 $y = f[g(x)]$ 是由函数 $u = g(x)$ 与函数 $y = f(u)$ 复合而成,$f[g(x)]$ 在点 x_0 的某去心邻域内有定义,若 $\lim\limits_{x \to x_0} g(x) = u_0$,$\lim\limits_{u \to u_0} f(u) = A$,并且存在 $\delta_0 > 0$,当 $x \in \mathring{U}(x_0, \delta_0)$ 时,有 $g(x) \neq u_0$,则

$$\lim_{x \to x_0} f[g(x)] = \lim_{u \to u_0} f(u) = A.$$

例 3.30 设函数 $y = f[g(x)]$ 是由函数 $u = g(x)$ 与函数 $y = f(u)$ 复合而成,其中

$$f(u) = \begin{cases} 3, & u \neq 1; \\ 0, & u = 1. \end{cases}$$

$$g(x) = \begin{cases} 1 + x, & x \neq 0; \\ 0, & x = 0. \end{cases}$$

求 $\lim\limits_{x \to 0} f[g(x)]$.

解：因为 $\lim\limits_{x \to 0} g(x) = 1$,并且 $g(x)$ 在 $x = 0$ 的空心邻域 $\mathring{U}\left(0, \dfrac{1}{2}\right)$ 有 $g(x) \neq 1$;又因为 $\lim\limits_{u \to 1} f(u) = 3$,满足复合函数的极限运算法则,因此

$$\lim_{x \to 0} f[g(x)] = \lim_{u \to 1} f(u) = 3.$$

4. 两个极限收敛准则

函数极限的判定除了利用定义和运算法则,还有下面两个非常重要的判定准则.

定理 3.16 (单调有界定理)单调有界数列必有极限.

定理 3.17 (夹逼定理)如果在某一变化过程中,函数 $f(x), g(x)$ 和 $h(x)$ 满足:
(1) $f(x) \leq h(x) \leq g(x)$;(2) $\lim f(x) = \lim g(x) = A$,那么 $\lim h(x) = A$.
利用上面两个的收敛准则,可推出两个重要极限:

$$\lim_{x \to 0} \frac{\sin x}{x} = 1 ; \lim_{x \to \infty} \left(1 + \frac{1}{x}\right)^x = \mathrm{e}.$$

3.5.2　函数的连续性

天气变化、植物的生长、我们每个人的变化,都是连续的,这一节我们就简单介绍函数的连续性.

定义 3.27　设函数 $f(x)$ 在 x_0 的某个邻域内有定义,如果

$$\lim_{x \to x_0} f(x) = f(x_0),$$

那么函数 $f(x)$ 在点 x_0 **连续**.

如果存在下列情形之一:

(1) $f(x)$ 在 x_0 无定义;

(2) $f(x)$ 在 x_0 有定义,但 $\lim_{x \to x_0} f(x)$ 不存在;

(3) $f(x)$ 在 x_0 有定义,虽然 $\lim_{x \to x_0} f(x)$ 存在,但 $\lim_{x \to x_0} f(x) \neq f(x_0)$.

那么 x_0 称为函数 $f(x)$ 的**不连续点**.

2. 连续函数的性质和运算

定理 3.18　如果 c 为常数, $f(x)$, $g(x)$ 在点 x_0 连续,那么它们的数乘 $cf(x)$、和差 $f(x) \pm g(x)$、积 $f(x)g(x)$、商 $\dfrac{f(x)}{g(x)}$ $(g(x_0) \neq 0)$ 在点 x_0 连续.

定理 3.19　(反函数和复合函数的连续性)

(1) 如果函数 $f(x)$ 在区间 I 上严格单调增加(或减少)且连续,那么它的反函数也在对应的区间上严格单调增加(或减少)且连续;

(2) 设函数 $f[(g(x)]$ 是由 $u = g(x)$, $y = f(u)$ 这两个函数复合而成,如果 $u = g(x)$ 在点 x_0 连续,且 $y = f(u)$ 在 $u = u_0 (u_0 = g(x_0))$ 连续,那么复合函数 $f[(g(x)]$ 在点 x_0 连续.

定理 3.20　一切初等函数在其定义域内连续.

3. 闭区间上连续函数的性质

定理 3.21　(最大值和最小值定理)在闭区间内连续的函数在该区间内一定能取得它的最大值和最小值.

定理 3.22　(有界性定理)在闭区间内连续的函数一定在该区间内有界.

定理 3.23　(零点定理)设函数 $f(x)$ 在闭区间 $[a,b]$ 内连续,且 $f(a)f(b) < 0$,那么在开区间 (a,b) 内至少有一点 ξ,使得 $f(\xi) = 0$.

定理 3.24　(介值定理)设函数 $f(x)$ 在闭区间 $[a,b]$ 内连续,且 $f(a) = A$, $f(b) = B \neq A$,那么对于 A 与 B 之间的任意一个数 C,在开区间 (a,b) 内至少有一点 ξ,使得 $f(\xi) = C, \xi \in (a,b)$.

3.6　导数与微分

本节我们主要学习导数和微分的相关概念,并简单介绍它们的应用.

3.6.1　导数与可微的概念

定义 3.28　设函数 $y = f(x)$ 在点 x_0 的某个邻域内有定义,当自变量 x 在点 x_0 处取得增量 Δx(点 $x_0 + \Delta x$ 仍在该邻域内)时,因变量也相应地取得增量 $\Delta y = f(x_0 + \Delta x) - f(x_0)$. 如果 $\dfrac{\Delta y}{\Delta x}$ 在 $\Delta x \to 0$ 时的极限存在,则称函数 $f(x)$ 在点 x_0 处可导,并称这个极限为函数 $f(x)$ 在点 x_0 处的导数,记为 $f'(x_0)$. 即

$$f'(x_0) = \lim_{\Delta x \to 0} \frac{\Delta y}{\Delta x} = \lim_{\Delta x \to 0} \frac{f(x_0 + \Delta x) - f(x_0)}{\Delta x}.$$

如果这个极限不存在,就说函数 $f(x)$ 在点 x_0 处**不可导**.

集合 D 表示函数 $f(x)$ 的可导范围,也就是说 D 中每一个值 x_0,都对应着唯一确定的值 $f'(x_0)$,这样就得到一个新的函数,称为原来函数的**导函数**,记作 $f'(x)$.

定义 3.29　如果函数 $F(x), f(x), g(x)$ 满足 $F'(x) = f(x), f'(x) = g(x)$,那么 $g(x)$ 为 $F(x)$ 的**二阶导数**,记作 $F''(x) = g(x)$. 三阶以及更高阶导数定义以此类推.

定义 3.30　当函数 $F(x), f(x)$ 满足 $F'(x) = f(x)$,那么 $F(x)$ 则被称为 $f(x)$ 的一个**原函数**. 如果 $F'(x_0) = 0$,那么 x_0 称为 $F(x)$ 的**驻点**.

若函数 $f(x)$ 在区间 (a,b) 内具有一阶连续导数,则其图形为一条处处有切线的曲线,称为**光滑曲线**. 简言之,若 $f'(x)$ 连续,则曲线光滑.

函数 $y = f(x)$ 在点 x_0 的导数 $f'(x_0)$ 在几何上表示曲线 $y = f(x)$ 在点 x_0 处的切线的斜率,因此,曲线 $y = f(x)$ 在点 x_0 处的切线方程为

$$y - f(x_0) = f'(x_0)(x - x_0).$$

定义 3.31　设函数 $y = f(x)$ 在某区间内有定义,$x_0, x_0 + \Delta x$ 都在该区间内,如果函数的增量可表示为

$$\Delta y = A\Delta x + o(\Delta x),$$

其中 A 是不依赖于 Δx 的常数,$o(\Delta x)$ 表示 Δx 的高阶无穷小,则称函数 $f(x)$ 在点 x_0 处可微,记作 $\mathrm{d}y = A\mathrm{d}x$.

不难证明 $A = f'(x_0)$,所以 $\mathrm{d}y = f'(x_0)\mathrm{d}x$.

3.6.2　求导法则

定理 3.25　(四则运算)如果两个函数 $u(x)$ 和 $v(x)$ 都可导,那么:

(1) $[u(x) \pm v(x)]' = u'(x) \pm v'(x)$;

(2) $\left[cu(x)\right]' = cu'(x), c \in \mathbb{R}$;

(3) $\left[u(x) \cdot v(x)\right]' = u'(x)v(x) + u(x)v'(x)$;

(4) $\left[\dfrac{u(x)}{v(x)}\right]' = \dfrac{u'(x)v(x) - u(x)v'(x)}{u^2(x)}$.

定理 3. 26 （反函数求导法则）如果函数 $f(x)$ 满足：

(1) 在点 x_0 的导数存在且不为零，即 $f'(x_0) \neq 0$；

(2) 在点 x_0 的某一邻域内连续，且严格单调，

那么其反函数 $x = \varphi(y)$ 在点 y_0 可导（其中 $y_0 = f(x_0)$），并且

$$\varphi'(y_0) = \frac{1}{f'(x_0)}.$$

定理 3. 27 （复合函数的求导法则）如果函数 $y = f(u)$ 在点 u 可导，$u = g(x)$ 在点 x 可导，那么复合函数 $y = f(g(x))$ 在点 x 可导，并且有

$$\frac{\mathrm{d}y}{\mathrm{d}x} = \frac{\mathrm{d}y}{\mathrm{d}u} \cdot \frac{\mathrm{d}u}{\mathrm{d}x}.$$

下面列出常用的导数公式.

(1) $(C)' = 0$（C 为常数）；

(2) $(x^{\alpha})' = \alpha \cdot x^{\alpha-1}$（$\alpha$ 为任意常数）；

(3) $(a^x)' = a^x \ln a$；

(4) $(\mathrm{e}^x)' = \mathrm{e}^x$；

(5) $(\log_a x)' = \dfrac{1}{x \ln a}$；

(6) $(\ln x)' = \dfrac{1}{x}$；

(7) $(\sin x)' = \cos x$；

(8) $(\cos x)' = -\sin x$；

(9) $(\tan x)' = \sec^2 x$；

(10) $(\cot x)' = -\csc^2 x$；

(11) $(\sec x)' = \sec x \tan x$；

(12) $(\csc x)' = -\csc x \cot x$；

(13) $(\arcsin x)' = \dfrac{1}{\sqrt{1-x^2}}$；

(14) $(\arccos x)' = -\dfrac{1}{\sqrt{1-x^2}}$；

(15) $(\arctan x)' = \dfrac{1}{1+x^2}$；

(16) $(\text{arccot}\, x)' = -\dfrac{1}{1+x^2}$.

3. 导数的应用

定理 3.28 （导数与函数的单调性）函数 $f(x)$ 在闭区间 $[a,b]$ 上连续,在开区间 (a,b) 内可导,那么

(1) $f(x)$ 在 $[a,b]$ 单调递增的充要条件是 $f'(x) \geq 0$;

(2) $f(x)$ 在 $[a,b]$ 单调递减的充要条件是 $f'(x) \leq 0$;

(3) $f(x)$ 在 $[a,b]$ 严格单调递增的充要条件是 $f'(x) \geq 0$,且不存在 (a,b) 的任意子区间 I,在 I 上 $f'(x) \equiv 0$;

(4) $f(x)$ 在 $[a,b]$ 严格单调递减的充要条件是 $f'(x) \leq 0$,且不存在 (a,b) 的任意子区间 I,在 I 上 $f'(x) \equiv 0$.

定义 3.32 x_0 是函数 $f(x)$ 定义域内一点,如果存在 x_0 的某一邻域 $(x_0 - \delta, x_0 + \delta)$,使得对于此邻域中任意异于 x_0 的点 x,都有

$$f(x) < f(x_0),$$

则称 $f(x)$ 在点 x_0 有**极大值** $f(x_0)$, x_0 称为**极大值点**;同样,函数 $f(x)$ 在 $[a,b]$ 连续, x_0 是定义域内一点,如果存在 x_0 的某一邻域 $(x_0 - \delta, x_0 + \delta)$,使得对于此邻域中任意异于 x_0 的点 x,都有

$$f(x) > f(x_0),$$

则称 $f(x)$ 在点 x_0 有**极小值** $f(x_0)$, x_0 称为**极小值点**. 极大值与极小值统称为**极值**.

定理 3.29 （极值判别法）设函数 $f(x)$ 在 $(x_0 - \delta, x_0)$ 和 $(x_0, x_0 + \delta)$ （其中 $\delta > 0$）上可导.

(1) 如果在 $(x_0 - \delta, x_0)$ 内 $f'(x) < 0$,而在 $(x_0, x_0 + \delta)$ 内 $f'(x) > 0$,那么 x_0 为极小值点;

(2) 如果在 $(x_0 - \delta, x_0)$ 内 $f'(x) > 0$,而在 $(x_0, x_0 + \delta)$ 内 $f'(x) < 0$,那么 x_0 为极大值点;

(3) 如果 $f'(x)$ 在这两个区间内不变号,那么 x_0 不是极值点.

定理 3.30 （凸凹性判定）设函数 $f(x)$ 在 (a,b) 内存在二阶导数 $f''(x)$.

(1) 如果在 (a,b) 内 $f''(x) < 0$,那么 $f(x)$ 在 (a,b) 为凸函数;

(2) 如果在 (a,b) 内 $f''(x) > 0$,那么 $f(x)$ 在 (a,b) 为凹函数.

例 3.31 （2014 全国新课标 I）设函数 $f(x) = ae^x \ln x + \dfrac{be^{x-1}}{x}$,曲线 $y = f(x)$ 在点 $(1, f(1))$ 处的切线方程为 $y = e(x-1) + 2$.

　　(1) 求 a,b;

　　(2) 证明: $f(x) > 1$.

　　解: (1) 由指数函数和对数函数的性质可知,函数 $f(x)$ 的定义域为 $(0, +\infty)$. 对函数 $f(x)$ 求导,得

$$f'(x) = ae^x \ln x + \frac{a}{x}e^x - \frac{be^{x-1}}{x^2} + \frac{be^{x-1}}{x}.$$

当 $x = 1$ 时,有

$$f(1) = ae^1\ln 1 + \frac{be^{1-1}}{1} = 2;$$

$$f'(1) = ae^1\ln 1 + \frac{a}{1}e^1 - \frac{be^{1-1}}{1^2} + \frac{be^{1-1}}{1} = e,$$

解得 $a = 1, b = 2$.

(2) 证明:要证明 $f(x) > 1$,只需证明 $x\ln x > xe^{-x} - \dfrac{2}{e}$.

分别记

$$g(x) = x\ln x, \quad h(x) = xe^{-x} - \frac{2}{e},$$

则有

$$g'(x) = 1 + \ln x, \quad h'(x) = e^{-x}(1-x).$$

由导数与函数单调性的关系,知 $x \in \left(0, \dfrac{1}{e}\right), g'(x) < 0$,函数 $g(x)$ 单调递减;

$x \in \left(\dfrac{1}{e}, +\infty\right), g'(x) > 0$,函数 $g(x)$ 单调递增,函数 $g(x)$ 在 $(0, +\infty)$ 上的最小值为

$g\left(\dfrac{1}{e}\right) = -\dfrac{1}{e}$.同样分析知函数 $h(x)$ 在 $(0, +\infty)$ 上的最大值为 $h(1) = -\dfrac{1}{e}$.

综上可知 $x\ln x > xe^{-x} - \dfrac{2}{e}$,即 $f(x) > 1, x \in (0, +\infty)$.

例 3.32 (2014 山东高考理科)设函数 $f(x) = \dfrac{e^x}{x^2} - k\left(\dfrac{2}{x} + \ln x\right)$,$k$ 为常数,e 为自然

对数的底数.

(1) 若 $k \leqslant 0$,求函数 $f(x)$ 的单调区间;

(2) 若 $f(x)$ 在 $(0,2)$ 内存在两个极值点,求 k 的取值范围.

解:函数 $f(x)$ 的定义域为 $(0, +\infty)$.利用导数研究单调性与极值点.

$$f'(x) = \frac{(x-2)(e^x - kx)}{x^3}.$$

(1) 若 $k \leqslant 0, (e^x - kx) > 0$.所以当 $x \in (0,2)$ 时,$f'(x) < 0$,函数 $y = f(x)$ 单调递

减;当 $x \in (2, +\infty)$ 时,$f'(x) > 0$,函数 $y = f(x)$ 单调递增.

(2) 由于只考虑 $x \in (0,2)$,结合 $f'(x)$ 的表达式,知 $x - 2 < 0, x^3 > 0$,只需要考虑

$e^x - kx$ 的符号.记

$$g(x) = e^x - kx.$$

由(1)知,当 $k \leqslant 0, x \in (0,2)$ 时,$g(x) = e^x - kx > 0$,所以 $f'(x)$ 恒为负,所以该区

间不存在极值点.

考虑 $0 < k \leqslant 1$.此时 $g'(x) = e^x - k > 0$,所以 $f'(x)$ 恒为负,所以该区间不存在极值点.

考虑 $k > 1$.当 $x \in (0, \ln k)$ 时,$g'(x) = e^x - k < 0$;当 $x \in (\ln k, +\infty)$ 时,$g'(x) =$

$e^x - k > 0$,存在极值点.

综上,函数 $f(x)$ 在 $(0,2)$ 内存在两个极值点的充要条件为下述不等式成立.

$$\begin{cases} g(0) > 0, \\ g(\ln k) < 0, \\ g(2) > 0, \\ 0 < \ln k < 2. \end{cases}$$

解之得 $e < k < \dfrac{e^2}{2}$,即 k 的取值范围为 $\left(e, \dfrac{e^2}{2} \right)$.

3.7 函数的图像

函数图形的基本作法是描点法. 选取几个特殊点,利用光滑曲线把相应的点顺次连接而成. 如绘制二次函数图像时,通常选取顶点、与两个坐标轴的交点,用光滑曲线顺次连接. 但是什么是光滑曲线,为什么能用光滑曲线,为什么是凸的而不是凹的?

在我们学习了导数相关知识后,上面的问题得到了科学的回答,可以更加精准地画出函数的图像.

例 3.33 画出函数 $y = f(x) = \dfrac{1}{x}$ 的图像.

解:函数 $y = f(x) = \dfrac{1}{x}$ 的定义域为 $(-\infty, 0) \cup (0, +\infty)$,且 $f(-x) = -f(x)$,$f(x)$ 是奇函数,且图像关于原点对称,因此只需画出 $x > 0$ 时的图像.

$\lim\limits_{x \to 0^+} f(x) = \lim\limits_{x \to 0^+} \dfrac{1}{x} = +\infty$,所以直线 $x = 0$ 是竖直渐近线.

$\lim\limits_{x \to +\infty} f(x) = \lim\limits_{x \to +\infty} \dfrac{1}{x} = 0$,所以直线 $y = 0$ 是水平渐近线.

$y' = f'(x) = -\dfrac{1}{x^2} < 0$,函数 $y = f(x)$ 单调递减.

$y'' = f''(x) = \dfrac{2}{x^3} > 0$,函数 $y = f(x)$ 为凹的,无拐点.

注意到函数 $\dfrac{1}{x}$,$\dfrac{1}{x^2}$ 是基本初等函数,它们在整个定义域内连续可导,所以 $y = f(x)$ 的图像为光滑曲线.

利用描点法,结合上面的分析,可得函数 $y = f(x) = \dfrac{1}{x}$ 的图像如下.

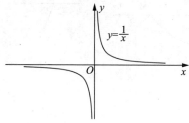

函数的图像能形象、直观地反映函数的性质,借助图形研究相关问题具有重要的意义.

例 3.34 (2017 浙江卷)函数 $y = f(x)$ 的导函数 $y = f'(x)$ 的图像如图所示,请问函数 $y = f(x)$ 的图像可能是(　　).

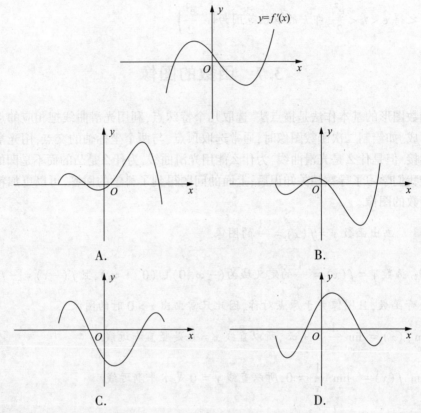

A.　　　　　　　　　　　B.

C.　　　　　　　　　　　D.

　　解: 由导函数的图像可知相应区间 $f'(x)$ 的符号,从而函数 $y = f(x)$ 的单调性从左到右依次是减、增、减、增,排除 A、C.

　　由导函数的图像,结合极值的判定法可知,函数 $y = f(x)$ 的极值点一负两正,所以 D 符合,选 D.

例 3.35 (2016 全国卷理科)函数 $y = 2x^2 - e^{|x|}$ 在 $[-2, 2]$ 的图像大致为(　　).

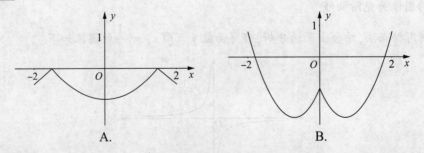

A.　　　　　　　　　　　B.

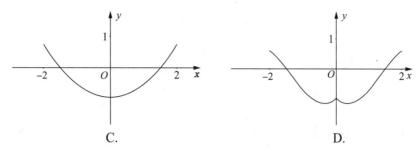

C.   D.

解：显然函数 $y = 2x^2 - e^{|x|}$ 在 $[-2,2]$ 上为偶函数，故只需要考虑函数在区间 $[0,2]$ 上的性质.

当 $x \geqslant 0$ 时，函数 $f(x) = 2x^2 - e^x$，则 $f'(x) = 4x - e^x$. 记 $g(x) = f'(x)$，考虑 $g(x)$ 的单调性. 由 $g'(x) = 4 - e^x$，知 $g'(\ln 4) = 0$. 结合函数 e^x 的单调递增推出 $[0, \ln 4]$ 上函数 $g'(x) > 0$，而在 $[\ln 4, 2]$ 上函数 $g'(x) < 0$. 即 $f'(x)$ 在 $x \in [0, \ln 4]$ 上单调递增，在 $[\ln 4, 2]$ 上单调递减.

又因为 $f'(0) = -1 < 0$，$f'\left(\dfrac{1}{2}\right) = 2 - \sqrt{e} > 0$，所以一定存在 $x_0 \in \left(0, \dfrac{1}{2}\right)$ 是 $f(x)$ 的极小值点，并且在区间 $(0, x_0)$ 上函数 $f'(x) < 0$，函数 $f(x)$ 在该区间上单调递减.

$f'(1) = 4 - e > 0$，$f'(\ln 4) > 0$，$f'(2) = 8 - e^2 > 0$，可知 $f'(x)$ 在 $x \in (x_0, 2]$ 上恒大于零，从而函数 $f(x)$ 在此区间单调递增.

综上所述，该函数图像为 D.

例 3.36 （2016 广东卷）若实数 a, b 分别满足 $a + \lg a = 4$，$b + 10^b = 4$，函数

$$f(x) = \begin{cases} x^2 + (a + b)x + 2, & x \leqslant 0, \\ 2, & x > 0, \end{cases}$$

试求关于 x 的方程 $f(x) = x$ 解的个数.

解：实数 a, b 对应着两个超越方程，很难求解. 题目只要求推出解的个数，因此可以借助函数图像分析确定.

由题设可得 $\lg a = 4 - a$，$10^b = 4 - b$. 在同一坐标系中分别画出 $y = \lg x$，$y = 4 - x$，$y = 10^x$ 的图像，其中 $y = \lg x$，$y = 10^x$ 互为反函数，它们的图像关于 $y = x$ 对称.

$y = x$ 与 $y = 4 - x$ 的交点为 $(2, 2)$，由对称性知 $a + b = 4$，则函数 $f(x)$ 可化为

$$f(x) = \begin{cases} x^2 + 4x + 2, & x \leqslant 0, \\ 2, & x > 0, \end{cases}$$

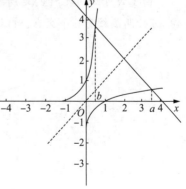

当 $x \leqslant 0$ 时，$x^2 + 4x + 2 = x$，所以 $x = -1$ 或 $x = -2$.

当 $x > 0$ 时，$x = 2$.

综上所述，$f(x) = x$ 有 3 个解，即解的个数为 3.

例 3.37 (2017 江西赣州高考一模) 已知函数 $f(x) = |2^x - 2| + b$ 的两个零点分别为 $x_1, x_2 (x_1 > x_2)$, 则下列结论正确的是(   ).

A. $1 < x_1 < 2, x_1 + x_2 < 2$ B. $1 < x_1 < 2, x_1 + x_2 < 1$

C. $x_1 > 1, x_1 + x_2 < 2$ D. $x_1 > 1, x_1 + x_2 < 1$

解: 函数 $f(x) = |2^x - 2| + b$ 有两个零点 $x_1, x_2 (x_1 > x_2)$, 即 $y = |2^x - 2|$ 与 $y = -b$ 的图像有两个交点, 交点的横坐标就是 $x_1, x_2 (x_1 > x_2)$. 在同一坐标系下画出 $y = |2^x - 2|$ 与 $y = -b$ 的图像, 可知 $1 < x_1 < 2$, 且 $2^{x_1} - 2 = 2 - 2^{x_2}$, 所以 $2^{x_1} + 2^{x_2} = 4 > 2 \geqslant 2\sqrt{2^{x_1 + x_2}}$, 从而 $x_1 + x_2 < 2$, 故选 A.

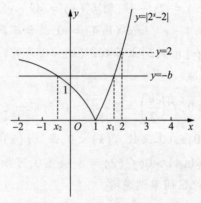

例 3.38 (2018 山东泰安一模) 设函数 $f(x) (x \in \mathbb{R})$ 满足 $f(x) = f(-x)$, $f(x) = f(2-x)$, 且当 $x \in [0,1]$ 时, $f(x) = x^2$. 又函数 $g(x) = \log_4 |x|$, 则函数 $h(x) = g(x) - f(x)$ 零点的个数为(   ).

A. 3   B. 4   C. 5   D. 6

解: 由题意, 当 $x \in [0,1]$ 时, $f(x) = x^2$; 当 $x \in [1,2]$ 时, $2 - x \in [0,1]$, 从而 $f(x) = f(2-x) = (2-x)^3$.

由 $f(x) = f(2-x)$, $f(-x) = f(x)$ 可得

$$f(x+2) = f(x) = f(-x). \quad ①$$

由①式可知函数 $f(x)$ 是周期为 2 的偶函数. 在同一坐标系下画出 $f(x)$ 和 $g(x)$ 的图像, 可知两函数有 6 个交点, 所以函数 $h(x) = g(x) - f(x)$ 零点的个数为 6, 故选 D.

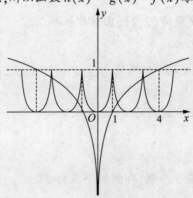

习 题 三

1. 函数 $y = \dfrac{ax+b}{cx+d}(ad - bc \neq 0)$ 是否存在反函数?

2. 已知 $f(x) = 2^x + \dfrac{a}{2^x}$ 为奇函数, $g(x) = bx - \log_2(4^x + 1)$ 为偶函数, 求 $f(ab)$ 的值.

3. 已知函数 $f(x) = ax - bx^2 (a > 0)$.

   (1) 当 $b > 0$ 时, 若对任意的 $x \in \mathbf{R}$ 都有 $f(x) \leqslant 1$, 证明: $a \leqslant 2\sqrt{b}$;

   (2) 当 $b = 1$ 时, 对任意 $x \in [0,1]$, $|f(x)| \leqslant 1$, 求 a 的取值范围.

4. 利用定义推导 $(\sin x)' = \cos x$.

5. 求曲线 $y = 2x^3 + 3x^2 - 12x + 14$ 的拐点.

6. 求下列函数的极限.

   (1) $\lim\limits_{x \to 0}(1 - x)^{\frac{1}{x}}$;

   (2) $\lim\limits_{x \to +\infty} x(\sqrt{x^2 + 1} - x)$;

   (3) $\lim\limits_{x \to +\infty} \dfrac{2x^2 + x - 1}{(x - 1)^2}$;

   (4) $\lim\limits_{x \to 0} \dfrac{\tan x}{x}$.

7. 证明: $\lim\limits_{n \to +\infty} n\left(\dfrac{1}{n^2 + \pi} + \dfrac{1}{n^2 + 2\pi} + \cdots + \dfrac{1}{n^2 + n\pi}\right) = 1$.

8. 已知 $f'(x_0) = a$, 求下面表达式的值.

$$\lim\limits_{x \to x_0} \dfrac{f(x_0 - \Delta x) - f(x_0 - 3\Delta x)}{\Delta x}.$$

9. a, b 取何值时, 函数 $f(x)$ 在 $x = 0$ 处连续. 这里

$$f(x) = \begin{cases} x + a, & x \neq 0, \\ 2, & x = 0, \\ b(x - 1)^2, & x < 0. \end{cases}$$

10. 已知函数 $f(x) = ax^2 + 2bx + 4c (a, b, c \in \mathbb{R}, a \neq 0)$.

   (1) 函数 $f(x)$ 与两直线 $y = \pm x$ 都没有公共点, 求证: $4b^2 - 16ac < -1$;

   (2) 如果 $b = 4, c = \dfrac{3}{4}$ 时, 对于给定的负数 a, 有一个最大的正数 $M(a)$, 使得 $x \in [0, M(a)]$ 时, $|f(x)| \leqslant 5$. 求 a 为何值时 $M(a)$ 最大? 并求出 $M(a)$ 的最大值.

11. 对于函数 $f(x) = 2x \cdot \left(\dfrac{1}{2^x - 1} + a\right)$, 是否存在这样的实数 a, 使 $f(x)$ 是偶函数或奇函数?

12. 已知定义在 $[0,1]$ 上的函数 $f(x)$ 满足

(1) $f(0) = f(1) = 0$;

(2) 对所有的 $x, y \in [0,1]$,且 $x \neq y$,有 $|f(x) - f(y)| < \dfrac{1}{2}|x - y|$;

如果对所有的 $x, y \in [0,1]$, $|f(x) - f(y)| < m$ 恒成立,求满足上述条件的 k 的最小值.

13. 定义在 $\mathbb{R}$ 上的奇函数 $f(x)$ 满足条件 $f(1+x) = f(1-x)$,当 $x \in [0,1]$ 时,$f(x) = x$. 若函数 $g(x) = |f(x)| - ae^{-|x|}$ 在区间 $[-2018, 2018]$ 上有 4032 个零点,求实数 a 的取值范围.

14. 已知函数 $f(x) = \sin x - \ln(1 + x)$,$f'(x)$ 为 $f(x)$ 的导数. 求证:

(1) $f'(x)$ 在区间 $\left(-1, \dfrac{\pi}{2}\right)$ 存在唯一极大值点;

(2) $f(x)$ 有且仅有 2 个零点.

15. 分析并画出函数 $y = x^3$,$x \in \mathbb{R}$ 的图像.

第四章　方程

方程思想是重要的数学思想,是通过分析问题,将已知量和未知量之间的等量关系用等式表达出来(即建立方程(组)),然后解方程(组)使问题得到解决的思维方式.

用方程解决问题,首先要具备用方程思想解决问题的意识. 不少理论和应用中的问题,都可以通过构造方程来解决,关键在于发现问题中的已知量和未知量之间的等量关系. 其次需要具有正确列出方程和解方程的能力. 这需要扎实的数学基础和对问题相关知识的掌握. 在中学数学教学中,这既是重点也是难点.

本章讨论方程和方程组的概念、同解原理,以及代数方程和超越方程的解法. 通过本章的学习,掌握方程的基本理论和方法,并研究中学教学中的方程内容.

4.1　方程的概念、分类及同解性

4.1.1　方程的概念

古埃及人和巴比伦人 3000 多年前写的数学问题,就涉及了含有未知数的等式,但 3 世纪之前的代数问题都是用文字叙述的. 在 3 世纪,希腊数学家丢番图(Diophantus)使用符号表示未知数. 16 世纪,法国数学家韦达(Vieta)创立了较系统的符号表示未知量和已知量. 而中文的"方程"一词,则是出自《九章算术》,该书的第八卷是"方程",讨论了线性方程组的求解问题.

当前一些中学教材(如沪教版九年义务教育数学课本,2019)采用如下的方程定义.

定义 4.1　用字母 $x, y, \cdots$ 等表示所要求的未知的数量,这些字母称为**未知数**. 含有未知数的等式叫作**方程**(equation). 在方程中,所含的未知数又称为**元**.

定义 4.2　如果未知数所取的某个值能使方程左右两边的值相等,那么这个未知数的值叫作**方程的解**.

方程的另一个定义是从函数角度给出的.

定义 4.3　形如

$$f(x_1, x_2, \cdots, x_n) = g(x_1, x_2, \cdots, x_n) \tag{4.1.1}$$

的等式叫作**方程**,其中 $f(x_1, x_2, \cdots, x_n)$ 和 $g(x_1, x_2, \cdots, x_n)$ 是变元 $x_1, x_2, \cdots, x_n$ 的函数,且 $f(x_1, x_2, \cdots, x_n)$ 和 $g(x_1, x_2, \cdots, x_n)$ 至少有一个不是常数函数. 变元 $x_1, x_2, \cdots, x_n$ 称

为方程的**未知数**, $f(x_1, x_2, \cdots, x_n)$ 和 $g(x_1, x_2, \cdots, x_n)$ 的定义域的交集叫作该方程的**定义域**, 记作 M.

定义 4.4　设方程 $f(x_1, x_2, \cdots, x_n) = g(x_1, x_2, \cdots, x_n)$ 的定义域为 M, 如果有序数组 $(a_1, a_2, \cdots, a_n) \in M$ 满足

$$f(a_1, a_2, \cdots, a_n) = g(a_1, a_2, \cdots, a_n), \tag{4.1.2}$$

则称数组 $(a_1, a_2, \cdots, a_n)$ 为方程 $f(x_1, x_2, \cdots, x_n) = g(x_1, x_2, \cdots, x_n)$ 的**解**.

方程的所有解组成的集合叫作方程的**解集**, 记作 S. 求方程的解集的过程叫作**解方程**. 同一个方程在不同数集里的解集可能不同. 无解方程叫作**矛盾方程**, 它的解集是空集.

4.1.2　方程的分类

方程的分类根据构成方程的函数表达式的结构、未知数的个数以及未知数的次数等进行.

1. 根据方程中的函数表达式分类

$$\text{方程}\begin{cases}\text{代数方程}\begin{cases}\text{有理方程}\begin{cases}\text{整式方程}\\\text{分式方程}\end{cases}\\\text{无理方程}\end{cases}\\\text{超越方程(指数方程、对数方程、三角方程、反三角方程)}\end{cases}$$

这里代数方程是指 (4.1.1) 中的 $f(x_1, x_2, \cdots, x_n)$ 和 $g(x_1, x_2, \cdots, x_n)$ 都是代数函数, 超越方程是指 (4.1.1) 中的 $f(x_1, x_2, \cdots, x_n)$ 和 $g(x_1, x_2, \cdots, x_n)$ 中含初等超越函数. 如 $\sqrt{x} + \sqrt{x - \sqrt{1-x}} = 1$ 是代数方程 (无理方程), $lg^2 x - [lgx] - 2 = 0$ 是超越方程 (对数方程).

2. 根据方程所含未知数的个数分类

根据方程所含未知数的个数, 方程可分为一元方程、二元方程、多元方程 (三元及以上).

3. 根据方程所含未知数的次数分类

整式方程根据所含未知数的次数可分为: 一次方程、二次方程、高次方程 (三次及以上). 如 $2x^4 + 3x^3 - 16x^2 + 3x + 2 = 0$ 是一元四次方程, $x^3 + y^3 = z^3$ 是三元三次方程.

4.1.3　方程的同解性

1. 方程同解的概念

定义 4.5　在某个数集里, 如果方程 A_1:

$$f_1(x_1, x_2, \cdots, x_n) = g_1(x_1, x_2, \cdots, x_n) \tag{4.1.3}$$

的每个解都是方程 A_2:

$$f_2(x_1, x_2, \cdots, x_n) = g_2(x_1, x_2, \cdots, x_n) \tag{4.1.4}$$

的解,并且方程 A_2 的每个解也都是方程 A_1 的解,则称方程 A_1、A_2 是**同解方程**.

定义 4.6 在某个数集里,如果方程 A_1 的任何一个解都是方程 A_2 的解(即 A_1 的解集 S_1 是 A_2 的解集 S_2 的子集),则称方程 A_2 为方程 A_1 的**结果方程**.

在本书中,我们用 ⇔ 表示方程同解. 这里需要注意:

(1) 两个方程是否同解,与所在数集有关;

(2) 当方程有重根时,只有每个方程的重根是另一个方程的同次重根,才认为这两个方程是同解方程;

(3) 某个数集上的所有矛盾方程都是同解方程;

(4) 同解方程的概念可以推广到方程与方程组之间,即一个方程和一个方程组也可以是同解的.

2. 方程同解的性质

方程的同解是一种等价关系.

(1) 反身性:方程 A 与方程 A 同解;

(2) 对称性:如果方程 A 与方程 B 同解,则方程 B 与方程 A 同解;

(3) 传递性:如果方程 A 与方程 B 同解,方程 B 与方程 C 同解,则方程 A 与方程 C 同解.

3. 导出方程

在列方程和解方程时,经常要把方程进行变形,得到新的方程.

定义 4.7 将一个方程的两边通过恒等变形或通过某种数学运算得到的新方程,叫作原方程的**导出方程**.

从方程同解的角度来看,导出方程和原方程的关系有以下情形:

(1) 导出方程和原方程是同解方程;

(2) 导出方程是原方程的结果方程,这时导出方程的解集中可能包含有不是原方程解集中的解(即增解,一元情形也称为增根);

(3) 导出方程的解集不包含原方程的某些解(即失解,一元情形也叫失根、遗根、漏根),当然这种情况也可能同时出现增解.

因此在对方程进行变形时,如果做的是同解变形,则能够保证导出方程和原方程的同解性.

下面给出一些同解定理,根据同解定理对方程做的变形是同解变形.

4. 方程同解的定理

定理 4.1 (恒等变形定理)设两个方程

$$f_1(x_1, x_2, \cdots, x_n) = g_1(x_1, x_2, \cdots, x_n),$$
$$f_2(x_1, x_2, \cdots, x_n) = g_2(x_1, x_2, \cdots, x_n)$$

的定义域相同,且

$$f_1(x_1, x_2, \cdots, x_n) \equiv f_2(x_1, x_2, \cdots, x_n),$$
$$g_1(x_1, x_2, \cdots, x_n) \equiv g_2(x_1, x_2, \cdots, x_n),$$

则这两个方程同解.

定理 4.2 (加法定理)如果方程

$$f(x_1, x_2, \cdots, x_n) = g(x_1, x_2, \cdots, x_n)$$

与方程

$$f(x_1, x_2, \cdots, x_n) + h(x_1, x_2, \cdots, x_n) = g(x_1, x_2, \cdots, x_n) + h(x_1, x_2, \cdots, x_n)$$

的定义域相同,则这两个方程同解.

推论 4.1 (移项法则)方程中某项由方程的一端改变符号后移到方程的另一端,所得方程与原方程同解.

推论 4.2 方程两边同时加上或减去同一个数或整式,所得方程与原方程同解.

定理 4.3 (乘法定理)方程 $f(x_1, x_2, \cdots, x_n) = g(x_1, x_2, \cdots, x_n)$ 与方程

$$f(x_1, x_2, \cdots, x_n) h(x_1, x_2, \cdots, x_n) = g(x_1, x_2, \cdots, x_n) h(x_1, x_2, \cdots, x_n)$$

同解,其中 $h(x_1, x_2, \cdots, x_n)$ 对于方程 $f(x_1, x_2, \cdots, x_n) = g(x_1, x_2, \cdots, x_n)$ 的定义域中的一切数都有意义且 $h(x_1, x_2, \cdots, x_n) \neq 0$.

定理 4.4 (因式分解定理)如果 $f(x_1, x_2, \cdots, x_n) = g_1(x_1, x_2, \cdots, x_n) g_2(x_1, x_2, \cdots, x_n) \cdots g_k(x_1, x_2, \cdots, x_n)$,且方程

$$f(x_1, x_2, \cdots, x_n) = 0 \tag{4.1.5}$$

的定义域等于下列方程集

$$g_1(x_1, x_2, \cdots, x_n) = 0, g_2(x_1, x_2, \cdots, x_n) = 0, \cdots,$$
$$g_k(x_1, x_2, \cdots, x_n) = 0 \tag{4.1.6}$$

中各方程定义域的并集,则方程(4.1.5)与方程集(4.1.6)同解,即方程(4.1.5)的每一个解都是方程集(4.1.6)中某个方程的解;反之,方程集(4.1.6)中每个方程的解只要能使其余方程有意义就都是方程(4.1.5)的解.

注 4.1 这里的方程集与方程组是不同的概念.方程集的解集是方程集中每个方程的解集的并集,方程组的解集是方程组中每个方程的解集的交集.

定理 4.5 (换元定理)如果 $f(x_1, x_2, \cdots, x_n) = g(h_1(x_1, x_2, \cdots, x_n), h_2(x_1, x_2, \cdots, x_n),$
$\cdots, h_k(x_1, x_2, \cdots, x_n))$,其中 $h_i(x_1, x_2, \cdots, x_n)$ 在 $f(x_1, x_2, \cdots, x_n)$ 的定义域中都有定义,且令 $h_i(x_1, x_2, \cdots, x_n) = u_i (i = 1, 2, \cdots, k)$,则方程 $f(x_1, x_2, \cdots, x_n) = 0$ 与方程组

$$\begin{cases} g(u_1, u_2, \cdots, u_k) = 0, \\ h_1(x_1, x_2, \cdots, x_n) = u_1, \\ \cdots \\ h_k(x_1, x_2, \cdots, x_n) = u_k \end{cases}$$

所决定的 $(x_1, x_2, \cdots, x_n)$ 同解.

上述同解定理保证了在满足定理条件的前提下,对方程所做变形的同解性. 但在实际解方程时,为了计算方便,常常需要做非同解变形,这样可能改变方程的定义域,从而导致增解或者失解. 因此在解方程的过程中,每一步变形都要注意考察方程的定义域,以便发现增解或者失解.

例 4.1 解方程 $\sqrt{x} + \sqrt{x - \sqrt{1-x}} = 1$.

解:将原方程移项得 $\sqrt{x - \sqrt{1-x}} = 1 - \sqrt{x}$,从而有

$$\begin{cases} x \geqslant 0, \\ 1 - \sqrt{x} \geqslant 0, \\ 1 - x \geqslant 0, \\ x - \sqrt{1-x} \geqslant 0, \\ \sqrt{x - \sqrt{1-x}} = 1 - \sqrt{x}, \end{cases} \quad 即 \begin{cases} 0 \leqslant x \leqslant 1, \\ x - \sqrt{1-x} = (1 - \sqrt{x})^2, \end{cases}$$

所以 $\begin{cases} 0 \leqslant x \leqslant 1, \\ 1 + \sqrt{1-x} = 2\sqrt{x}. \end{cases}$

方程两边平方,得 $\begin{cases} 0 \leqslant x \leqslant 1, \\ 1 + 2\sqrt{1-x} + 1 - x = 4x, \end{cases}$

即 $\begin{cases} 0 \leqslant x \leqslant 1, \\ 2\sqrt{1-x} = 5x - 2. \end{cases}$

由此得 $\begin{cases} 0 \leqslant x \leqslant 1, \\ 5x - 2 \geqslant 0, \\ 4(1-x) = (5x-2)^2, \end{cases} \quad 即 \begin{cases} \dfrac{2}{5} \leqslant x \leqslant 1, \\ 25x^2 - 16x = 0, \end{cases}$

故原方程的解为 $x = \dfrac{16}{25}$.

4.2 整式方程

从本节开始,为了简洁,关于方程的概念主要讨论一元情形,这不难推广到多元情形.

4.2.1 一元 n 次方程根的性质

一元 n 次方程的一般形式是
$$f(x) = a_0 x^n + a_1 x^{n-1} + \cdots + a_{n-1} x + a_n = 0 \, (a_0 \neq 0),$$
其中 $a_0, a_1, \cdots, a_{n-1}, a_n$ 称为方程 $f(x) = 0$ 的系数.

定理 4.6 (代数基本定理)任何复系数一元 n 次多项式方程在复数域上至少有一根 $(n \geqslant 1)$.

由代数基本定理知,在复数域 $\mathbb{C}$ 上,一元 n 次方程有且只有 n 个根. 代数基本定理是因式分解法求根的理论依据.

关于一元 n 次方程根与系数的关系, 有下面的定理.

定理 4. 7 (韦达定理) 如果方程 $f(x) = a_0 x^n + a_1 x^{n-1} + \cdots + a_{n-1} x + a_n = 0 (a_0 \neq 0)$ 的 n 个根是 $x_1, x_2, \cdots, x_{n-1}, x_n$, 那么

$$
\begin{cases}
x_1 + x_2 + \cdots + x_n = -\dfrac{a_1}{a_0}, \\
x_1 x_2 + x_1 x_3 + \cdots + x_{n-1} x_n = \dfrac{a_2}{a_0}, \\
\cdots \\
x_1 x_2 x_3 \cdots x_{n-1} x_n = (-1)^n \dfrac{a_n}{a_0}.
\end{cases}
$$

证明: 因为 $x_1, x_2, \cdots, x_{n-1}, x_n$ 是方程 $f(x) = 0$ 的根, 所以多项式 $f(x)$ 含有 n 个一次因式, 即

$$x - x_1, x - x_2, \cdots, x - x_{n-1}, x - x_n,$$

于是

$$
\begin{aligned}
& a_0 x^n + a_1 x^{n-1} + \cdots + a_{n-1} x + a_n \\
= & a_0 (x - x_1)(x - x_2) \cdots (x - x_{n-1})(x - x_n),
\end{aligned}
$$

展开得

$$
\begin{aligned}
& a_0 x^n + a_1 x^{n-1} + \cdots + a_{n-1} x + a_n \\
= & a_0 x^n - a_0 (x_1 + x_2 + \cdots + x_n) x^{n-1} \\
& + a_0 (x_1 x_2 + x_1 x_3 + \cdots + x_{n-1} x_n) x^{n-2} \\
& + \cdots + (-1)^n a_0 x_1 x_2 x_3 \cdots x_{n-1} x_n,
\end{aligned}
$$

从而有

$$
\begin{cases}
a_1 = -a_0 (x_1 + x_2 + \cdots + x_n), \\
a_2 = a_0 (x_1 x_2 + x_1 x_3 + \cdots + x_{n-1} x_n), \\
\cdots \\
a_n = (-1)^n a_0 x_1 x_2 x_3 \cdots x_{n-1} x_n,
\end{cases}
$$

故

$$
\begin{cases}
x_1 + x_2 + \cdots + x_n = -\dfrac{a_1}{a_0}, \\
x_1 x_2 + x_1 x_3 + \cdots + x_{n-1} x_n = \dfrac{a_2}{a_0}, \\
\cdots \\
x_1 x_2 x_3 \cdots x_{n-1} x_n = (-1)^n \dfrac{a_n}{a_0}.
\end{cases}
$$

例 4.2 已知长方体的体积为 1,长、宽、高之和为 k,表面积为 $2k$,求实数 k 的取值范围.

解：设长方体的长、宽、高分别为 a, b, c. 则

$$abc = 1, a + b + c = k, ab + bc + ca = k.$$

由韦达定理知 a, b, c 是方程

$$x^3 - kx^2 + kx - 1 = 0$$

的 3 个根. 又

$$x^3 - kx^2 + kx - 1 = (x - 1)[x^2 + (1 - k)x + 1],$$

不妨设 $a = 1$,则 b, c 是方程

$$x^2 + (1 - k)x + 1 = 0$$

的两根,从而有

$$\begin{cases} \Delta = (1 - k)^2 - 4 \geqslant 0, \\ b + c = k - 1 > 0, \\ bc = 1 > 0, \end{cases}$$

解得 $k \geqslant 3$. 因此实数 k 的取值范围是 $[3, +\infty)$.

下面讨论实系数一元 n 次方程.

定义 4.8 (实系数一元 n 次方程) 在一元 n 次方程 $f(x) = a_0 x^n + a_1 x^{n-1} + \cdots + a_{n-1} x + a_n = 0 (a_0 \neq 0)$ 中,如果各项的系数 $a_0, a_1, \cdots, a_{n-1}, a_n$ 都是实数,则方程称为**实系数一元 n 次方程**.

定理 4.8 (虚根成对定理) 如果实系数一元 n 次方程 $f(x) = 0$ 有一个虚根 $a + bi$(其中 a, b 都是实数,且 $b \neq 0$),则它必有另一个虚根 $a - bi$.

证明：记 $g(x) = [x - (a + bi)][x - (a - bi)] = x^2 - 2ax + a^2 + b^2$. 令

$$f(x) = g(x)Q(x) + (px + q), \tag{4.2.1}$$

其中 p, q 为实数.

因为 $a + bi$ 为方程 $f(x) = 0$ 的根,所以 $f(a + bi) = 0$,将其代入式(4.2.1),得 $0 = 0 + p(a + bi) + q$,即 $pa + q + pbi = 0$. 因为 p、q、a、b 都为实数,所以

$$\begin{cases} pa + q = 0, \\ pb = 0. \end{cases} \tag{4.2.2}$$

由于 $b \neq 0$,故 $p = 0$,代入式(4.2.2)得 $q = 0$,故 $f(x) = g(x)Q(x)$. 从而 $f(a - bi) = g(a - bi)Q(a - bi) = 0$. 即 $a - bi$ 为方程 $f(x) = 0$ 的根. □

由代数基本定理和虚根成对定理,可以得到下面的定理.

定理 4.9 实系数一元 n 次多项式 $f(x) = a_0 x^n + a_1 x^{n-1} + \cdots + a_{n-1} x + a_n$ 可分解成 $a_0(x - \alpha_1)^{m_1}(x - \alpha_2)^{m_2} \cdots (x - \alpha_k)^{m_k}(x^2 + p_1 x + q_1)^{n_1}(x^2 + p_2 x + q_2)^{n_2} \cdots (x^2 + p_r x + q_r)^{n_r}$ 的形式,其中 $\alpha_1 < \alpha_2 < \cdots < \alpha_k, p_i^2 - 4q_i < 0, i = 1, 2, \cdots, r, \sum_{j=1}^{k} m_j + 2 \sum_{j=1}^{r} n_j = n$.

注 4.3　仿照虚根成对定理的证明方法,可以证明下面的定理.

定理 4.10　如果有理系数一元 n 次方程 $f(x) = 0$ 有一根 $a + \sqrt{b}(a, b \in \mathbb{Q},$ 且 $\sqrt{b}$ 是无理数),则方程必有另一根 $a - \sqrt{b}$.

例 4.3　已知 $a < b < c$,试问方程 $\dfrac{1}{x-a} + \dfrac{1}{x-b} + \dfrac{1}{x-c} = 2$ 是否有 3 个实根? 在区间 (a, b) 及 (b, c) 上有实根吗?

解: 由于 $a < b < c$,所以原方程同解于

$$\begin{cases} x \neq a, \\ x \neq b, \\ x \neq c, \\ f(x) = 0. \end{cases}$$

其中 $f(x) = 2(x-a)(x-b)(x-c) - (x-b)(x-c) - (x-a)(x-c) - (x-a)(x-b)$. 又因 $f(a) \neq 0, f(b) \neq 0, f(c) \neq 0$,故原方程同解于 $f(x) = 0$.

因 $f(a) = -(a-b)(a-c) < 0, f(b) = -(b-a)(b-c) > 0, f(c) = -(c-a)(c-b) < 0$,由零点定理知 $f(x)$ 在区间 (a, b)、(b, c) 内各有一实根.

由代数基本定理及虚根成对定理可知,此方程的第三个根是实数.

因此,原方程有 3 个实根,其中之一在区间 (a, b) 上,还有一个在区间 (b, c) 上.

定理 4.11　(差根变换定理)方程 $f(x + k) = 0(k \in \mathbb{R})$ 的各个根分别等于 $f(x) = 0$ 的各个根减去 k.

证明: 设 $a_i(i = 1, 2, \cdots, n)$ 是 n 次方程 $f(x) = 0$ 的根,即 $f(a_i) = 0$,所以 $f[(a_i - k) + k] = 0$. 因此 $a_i - k(i = 1, 2, \cdots, n)$ 是 n 次方程 $f(y + k) = 0$ 的 n 个根. 由于 $f(y + k) = 0$ 只有 n 个根,所以 $f(y + k) = 0$ 的各个根分别等于 $f(x) = 0$ 的各根减去 k.　□

例 4.4　求方程 $x^3 + x^2 - x - 9 = 0$ 在 $x > 2$ 时的解.

解: 令 $x = y + 2$,代入原方程得 $(y+2)^3 + (y+2)^2 - (y+2) - 9 = 0$,展开并化简得 $y^3 + 7y^2 + 15y + 1 = 0$,该方程没有正根,所以原方程没有大于 2 的解.

注 4.4　例 4.4 中通过差根变换把求方程的大于 2 的根的问题转化为求另一个方程的正根的问题. 笛卡尔(Descartes)给出了一种判断多项式正根个数的方法:

对一元实系数 n 次多项式 $f(x) = a_0 x^n + a_1 x^{n-1} + \cdots + a_{n-1} x + a_n (a_0 > 0)$,在系数序列 $a_0, a_1, a_2, \cdots, a_n$ 中,去掉等于 0 的那些项,如果余下的序列中相邻的两个系数符号相反,就叫作一个变号. 变号数的总和叫作多项式的系数序列的变号数. 多项式的正根的个数要么等于变号数,要么比它小一个正偶数;而负根的个数则是把所有奇次项的系数变号以后,所得到的多项式的变号数,或者比它小一个正偶数. 特别,若多项式的根都是实数,有下面的定理.

定理 4.12 如果一元实系数 n 次多项式 $f(x) = a_0 x^n + a_1 x^{n-1} + \cdots + a_{n-1} x + a_n (a_0 > 0)$ 的所有根都是实数,那么 $f(x)$ 的正根个数就等于它的系数序列的变号数.

定理 4.13 (倍根变换定理)方程 $f\left(\dfrac{y}{k}\right) = 0$ 的各个根分别等于方程 $f(x) = 0$ 的各个根的 k 倍.

证明:设 $a_i (i = 1, 2, \cdots, n)$ 是 n 次方程 $f(x) = 0$ 的根,即 $f(a_i) = 0$,所以 $f\left(\dfrac{ka_i}{k}\right) = 0$. 表明 ka_i 是 n 次方程 $f\left(\dfrac{y}{k}\right) = 0$ 的 n 个根. 由于 $f\left(\dfrac{y}{k}\right) = 0$ 只有 n 个根,所以 $f\left(\dfrac{y}{k}\right) = 0$ 的各个根分别等于 $f(x) = 0$ 的各根的 k 倍. □

推论 4.3 把 n 次方程 $a_0 x^n + a_1 x^{n-1} + a_2 x^{n-2} + \cdots + a_n = 0$ 的各个根变号,对应的方程是 $a_0 x^n - a_1 x^{n-1} + a_2 x^{n-2} - \cdots + (-1)^n a_n = 0.$

例 4.5 已知方程 $x^4 + x^3 - 8x^2 - 9x - 9 = 0$ 的 4 个根中,有两个根是相反数,解这个方程.

解:设 $f(x) = x^4 + x^3 - 8x^2 - 9x - 9 = 0$ 的 4 个根为 $\alpha, -\alpha, \beta, \gamma$,则 $f(-x) = x^4 - x^3 - 8x^2 + 9x - 9 = 0$ 的根是 $-\alpha, \alpha, -\beta, -\gamma$. $f(x) = 0$ 与 $f(-x) = 0$ 有公共根 $\pm \alpha$. 用辗转相除法可求得 $f(x)$ 和 $f(-x)$ 的最大公因式是 $x^2 - 9$,$f(x) \div (x^2 - 9) = x^2 + x + 1$,所以原方程化为 $(x^2 - 9)(x^2 + x + 1) = 0$,它的根是 $\pm 3, \dfrac{-1 \pm \sqrt{3}\,\mathrm{i}}{2}$.

定理 4.14 (倒根变换定理)如果方程 $f(x) = a_0 x^n + a_1 x^{n-1} + \cdots + a_{n-1} x + a_n = 0$ 的各根都不为 0,则方程 $f\left(\dfrac{1}{y}\right) = 0$ 的各个根分别等于方程 $f(x) = 0$ 的各个根的倒数.

推论 4.4 如果 n 次方程 $g(x) = 0$ 的各根分别是 n 次方程 $f(x) = a_0 x^n + a_1 x^{n-1} + \cdots + a_{n-1} x + a_n = 0$ 的各根的倒数,则 $g(x) = k(a_n x^n + a_{n-1} x^{n-1} + \cdots + a_1 x + a_0)$,$k \neq 0$ 为常数.

注 4.5 关于整系数一元 n 次方程的有理根,可用本书第二章中的定理 2.8 有理根定理判定.

4.2.2 一元三次方程的解法

一元三次方程的一般形式是
$$ax^3 + bx^2 + cx + d = 0 (a \neq 0),$$
把它的各个根减去 $-\dfrac{b}{3a}$,并且设
$$p = \frac{3ac - b^2}{3a^2}, q = \frac{2b^3 - 9abc + 27a^2 d}{27a^3},$$

则原方程变为

$$x^3 + px + q = 0,$$ (4.2.3)

于是,求解一般的一元三次方程的问题,转化为求解形如式(4.2.3)的方程.

设 $x = u + v$,则

$$x^3 = u^3 + v^3 + 3uv(u + v) = u^3 + v^3 + 3uvx,$$

即

$$x^3 - 3uvx - (u^3 + v^3) = 0,$$

与式(4.2.3)对比有 $p = -3uv, q = -(u^3 + v^3)$.

由一元多项式根与系数的关系可知,u^3, v^3 是二次方程

$$y^2 + qy - \frac{p^3}{27} = 0$$

的两个根.

解这个二次方程,得

$$u^3 = -\frac{q}{2} + \sqrt{\frac{q^2}{4} + \frac{p^3}{27}},$$ (4.2.4)

$$v^3 = -\frac{q}{2} - \sqrt{\frac{q^2}{4} + \frac{p^3}{27}},$$

并且满足

$$uv = -\frac{p}{3}.$$ (4.2.5)

设 u_1 是式(4.2.4)的任意一个解,则 u 的另外两个解分别为

$$u_2 = u_1\omega, u_3 = u_1\omega^2,$$

这里的 ω 是 1 的三次单位根,即 $\omega = -\frac{1}{2} + \frac{\sqrt{3}}{2}\mathrm{i}$.

由式(4.2.5)得,与 u_1, u_2, u_3 相应的 v 的 3 个解是 $v_1 = -\frac{p}{3u_1}, v_2 = v_1\omega^2, v_3 = v_1\omega$.

于是,对于 $x^3 + px + q = 0$ 的解有如下公式,也称为卡当(Cardano)公式(也译作卡尔达诺公式),即

$$x_1 = u_1 + v_1 = \sqrt[3]{-\frac{q}{2} + \sqrt{\frac{q^2}{4} + \frac{p^3}{27}}} + \sqrt[3]{-\frac{q}{2} - \sqrt{\frac{q^2}{4} + \frac{p^3}{27}}},$$

$$x_2 = u_2 + v_2 = \omega\sqrt[3]{-\frac{q}{2} + \sqrt{\frac{q^2}{4} + \frac{p^3}{27}}} + \omega^2\sqrt[3]{-\frac{q}{2} - \sqrt{\frac{q^2}{4} + \frac{p^3}{27}}},$$

$$x_3 = u_3 + v_3 = \omega^2\sqrt[3]{-\frac{q}{2} + \sqrt{\frac{q^2}{4} + \frac{p^3}{27}}} + \omega\sqrt[3]{-\frac{q}{2} - \sqrt{\frac{q^2}{4} + \frac{p^3}{27}}}.$$

对于实系数一元三次方程,根据式(4.2.4)中 $\frac{q^2}{4} + \frac{p^3}{27}$ 的符号可以看出三次方程

$x^3 + px + q = 0$ 的根的一些性质.

（1）如果 $\dfrac{q^2}{4} + \dfrac{p^3}{27} > 0$，那么 u^3 和 v^3 都是实数，并且 $u^3 \neq v^3$. 于是方程(4.2.3)有一个实数根和两个共轭虚根，即

$$x_1 = u_1 + v_1;$$

$$x_2 = \omega u_1 + \omega^2 v_1 = -\frac{u_1 + v_1}{2} + \frac{u_1 - v_1}{2}\sqrt{3}\,\mathrm{i};$$

$$x_3 = \omega^2 u_1 + \omega v_1 = -\frac{u_1 + v_1}{2} - \frac{u_1 - v_1}{2}\sqrt{3}\,\mathrm{i}.$$

（2）如果 $\dfrac{q^2}{4} + \dfrac{p^3}{27} = 0$，那么 u^3 和 v^3 都是实数，并且 $u^3 = v^3$. 于是方程(4.2.3)有三个实数根，并且其中有两个根相等，即

$$x_1 = u_1 + u_1 = 2u_1;$$

$$x_2 = \omega u_1 + \omega^2 u_1 = -u_1;$$

$$x_3 = \omega^2 u_1 + \omega u_1 = -u_1.$$

（3）如果 $\dfrac{q^2}{4} + \dfrac{p^3}{27} < 0$，那么 u^3 和 v^3 是共轭复数，设 $u^3 = r(\cos\theta + \mathrm{i}\sin\theta)$，$v^3 = r(\cos\theta - \mathrm{i}\sin\theta)$，则

$$u_1 = \sqrt[3]{r}\left(\cos\frac{\theta}{3} + \mathrm{i}\sin\frac{\theta}{3}\right),\ v_1 = \sqrt[3]{r}\left(\cos\frac{\theta}{3} - \mathrm{i}\sin\frac{\theta}{3}\right).$$

用三角方法求出方程(4.2.3)的三个互不相等的实数根为

$$x_1 = u_1 + v_1 = 2\sqrt[3]{r}\cos\frac{\theta}{3},$$

$$x_2 = \omega u_1 + \omega^2 v_1 = -\sqrt[3]{r}\left(\cos\frac{\theta}{3} + \sqrt{3}\sin\frac{\theta}{3}\right) = 2\sqrt[3]{r}\cos\left(\frac{\theta}{3} + \frac{2\pi}{3}\right),$$

$$x_3 = \omega^2 u_1 + \omega v_1 = -\sqrt[3]{r}\left(\cos\frac{\theta}{3} - \sqrt{3}\sin\frac{\theta}{3}\right) = 2\sqrt[3]{r}\cos\left(\frac{\theta}{3} + \frac{4\pi}{3}\right).$$

在这种情形下，方程(4.2.3)的三个实数根不能利用在根号下仅出现实数的根式来表示，这称为三次方程的不可约情形.

例 4.6 解方程 $2x^3 - 6x^2 + 12x - 11 = 0$.

解：设 $y = x - 1$，原方程可变形为

$$y^3 + 3y - \frac{3}{2} = 0.$$

此方程中 $p = 3, q = -\dfrac{3}{2}, \dfrac{q^2}{4} + \dfrac{p^3}{27} = \dfrac{25}{16} > 0$，令 $y = u + v$，则由卡当公式得 $u_1 = \sqrt[3]{2}$，

$v_1 = -\dfrac{\sqrt[3]{4}}{2}$. 于是有

$$y_1 = u_1 + v_1 = \sqrt[3]{2} - \frac{\sqrt[3]{4}}{2},$$

$$y_2 = \omega u_1 + \omega^2 v_1 = \sqrt[3]{2}\omega - \frac{\sqrt[3]{4}}{2}\omega^2,$$

$$y_3 = \omega^2 u_1 + \omega v_1 = \sqrt[3]{2}\omega^2 - \frac{\sqrt[3]{4}}{2}\omega.$$

由 $x = y + 1$，得

$$x_1 = 1 + \sqrt[3]{2} - \frac{\sqrt[3]{4}}{2},$$

$$x_2 = 1 + \sqrt[3]{2}\omega - \frac{\sqrt[3]{4}}{2}\omega^2$$

$$= 1 - \frac{\sqrt[3]{2}}{2} + \frac{\sqrt[3]{4}}{4} + \left(\frac{\sqrt[6]{108}}{2} + \frac{\sqrt[6]{432}}{4}\right)i,$$

$$x_3 = 1 + \sqrt[3]{2}\omega^2 - \frac{\sqrt[3]{4}}{2}\omega$$

$$= 1 - \frac{\sqrt[3]{2}}{2} + \frac{\sqrt[3]{4}}{4} - \left(\frac{\sqrt[6]{108}}{2} + \frac{\sqrt[6]{432}}{4}\right)i.$$

4.2.3　一元四次方程的解法

设复系数一元四次方程

$$x^4 + ax^3 + bx^2 + cx + d = 0,$$

将方程作如下变形：

$$x^4 + ax^3 = -bx^2 - cx - d,$$

$$x^4 + ax^3 + \frac{a^2x^2}{4} = \frac{a^2x^2}{4} - bx^2 - cx - d,$$

即

$$\left(x^2 + \frac{ax}{2}\right)^2 = \left(\frac{a^2}{4} - b\right)x^2 - cx - d.$$

若上式右端是一个完全平方式，则方程易解. 否则，在方程两端都加上 $\left(x^2 + \frac{ax}{2}\right)t +$
$\frac{t^2}{4}$（t 是参数），得

$$\left(x^2 + \frac{ax}{2} + \frac{t}{2}\right)^2 = \left(\frac{a^2}{4} - b + t\right)x^2 + \left(\frac{at}{2} - c\right)x + \left(\frac{t^2}{4} - d\right). \tag{4.2.6}$$

因等式左边是完全平方式，所以考虑选择适当的 t，使右边的二次三项式也化为一个完全平方式，为此，需有

$$\Delta = \left(\frac{at}{2} - c\right)^2 - 4\left(\frac{a^2}{4} - b + t\right)\left(\frac{t^2}{4} - d\right) = 0,$$

即

$$t^3 - bt^2 + (ac - 4d)t - (a^2d - 4bd + c^2) = 0,$$

解这个三次方程,设 t_0 是其任一根,则方程(4.2.6)可化为

$$\left(x^2 + \frac{ax}{2} + \frac{t_0}{2}\right)^2 = (\alpha x + \beta)^2.$$

其中

$$\alpha = \sqrt{\frac{a^2}{4} - b + t_0}, \beta = \sqrt{\frac{t_0^2}{4} - d}.$$

由此得

$$x^2 + \frac{ax}{2} + \frac{t_0}{2} = \alpha x + \beta, \quad x^2 + \frac{ax}{2} + \frac{t_0}{2} = -(\alpha x + \beta),$$

即

$$x^2 + \left(\frac{a}{2} - \alpha\right)x + \left(\frac{t_0}{2} - \beta\right) = 0,$$

或

$$x^2 + \left(\frac{a}{2} + \alpha\right)x + \left(\frac{t_0}{2} + \beta\right) = 0,$$

由此可得四次方程的 4 个根 x_1, x_2, x_3, x_4.

以上这种解四次方程的方法称为**费拉里(Ferrari)解法**.

例 4.7 解方程 $x^4 - 4x^3 + x^2 + 4x + 1 = 0$.

解:将方程作如下变形,即

$$x^4 - 4x^3 + 4x^2 = 3x^2 - 4x - 1,$$
$$(x^2 - 2x)^2 = 3x^2 - 4x - 1,$$
$$\left(x^2 - 2x + \frac{t}{2}\right)^2 = (3 + t)x^2 - (4 + 2t)x + \left(\frac{t^2}{4} - 1\right). \qquad ①$$

令 $(4 + 2t)^2 - 4(3 + t)\left(\frac{t^2}{4} - 1\right) = 0$,得

$$t^3 - t^2 - 20t - 28 = 0.$$

解这个三次方程,得一根 $t = -2$,代入①得

$$(x^2 - 2x - 1)^2 = x^2, \text{即 } x^2 - 2x - 1 = \pm x.$$

由 $x^2 - x - 1 = 0$,得 $x_{1,2} = \dfrac{1 \pm \sqrt{5}}{2}$;

由 $x^2 - 3x - 1 = 0$,得 $x_{3,4} = \dfrac{3 \pm \sqrt{13}}{2}$.

所以,原方程的根为 $x_{1,2} = \dfrac{1 \pm \sqrt{5}}{2}$,$x_{3,4} = \dfrac{3 \pm \sqrt{13}}{2}$.

4.2.4 关于五次以上方程的求解公式

16 世纪,意大利数学家塔塔利亚(Tartaglia)、费拉里等人分别找到了用根式求解三次方程与四次方程的方法之后,很多数学家致力于寻找一元五次方程的公式解法,但都失败了. 拉格朗日(Lagrange)在 1770 年发表了《关于代数方程解的思考》,他分析了已知的二次、三次、四次方程的解法后指出,这些解法不能解出一般的五次以及更高次的方程. 但是拉格朗日未能给出五次方程根式解不可能性的证明.

这个问题取得重大突破的是挪威数学家阿贝尔(Abel),他证明了一般的一元五次方程不能用根式解. 但是阿贝尔也没有完全解决一元五次方程的求根问题,因为有些特殊方程能用根式解. 于是,判断一个方程能否用根式解,需要进一步研究. 阿贝尔尚未给出答案就病逝了.

彻底解决这一问题的是法国数学家伽罗瓦(Galois). 1831 年初,伽罗瓦向法国科学院提交了著名的论文《关于方程可用根式求解的条件》,在论文中独创了"群"这一新的数学概念,给出了代数方程可解性的判定方法,由此方法可知一般的五次及以上方程没有根式解,从而完全地解决了方程的根式解的问题. 1832 年 5 月,伽罗瓦因参加决斗而身亡. 群论后来发展成为现代数学的重要理论.

4.2.5 高次方程的一些解法

下面介绍一些在中学里常用的解高次方程的方法.

1. 换元法

对一些高次方程,通过适当的换元,达到降次目的,使方程化为容易求解的形式.

例 4.8 解方程 $(x+2)(x+3)(x-4)(x-5) = 44$.

解:由于
$$(x+2)(x-4) = x^2 - 2x - 8, (x+3)(x-5) = x^2 - 2x - 15,$$
令 $y = x^2 - 2x - 15$,则原方程化为 $(y+7)y = 44$,解得 $y = 4$ 或 $y = -11$.

当 $y = 4$ 时,得 $x^2 - 2x - 15 = 4$,所以 $x = 1 \pm 2\sqrt{5}$;

当 $y = -11$ 时,得 $x^2 - 2x - 15 = -11$,所以 $x = 1 \pm \sqrt{5}$.

所以,原方程的根为 $x_{1,2} = 1 \pm 2\sqrt{5}$,$x_{3,4} = 1 \pm \sqrt{5}$.

2. 构造中间数法

对一些方程,通过构造中间数,使不同的式子可用同一个量来表达,从而便于计算.

例 4.9 在实数范围内解方程 $(x+5)^4 + (x+3)^4 = 82$.

解:令 $x+4 = m$,则 $x+5 = m+1$,$x+3 = m-1$,原方程转化为
$$(m+1)^4 + (m-1)^4 = 82. \qquad\qquad ①$$

对①式左边进行配方,得

$$\left[(m+1)^2 - (m-1)^2\right]^2 + 2(m+1)^2(m-1)^2 = 82,$$

化简得$(2m \times 2)^2 + 2(m^2-1)^2 = 82$,即$m^4 + 6m^2 - 40 = 0$,所以有

$$(m^2-4)(m^2+10) = 0.$$

由于$m^2 + 10 \neq 0$,因此$m^2 - 4 = 0$,$m = \pm 2$.

当$m = 2$时,得$x + 4 = 2$,$x = -2$.

当$m = -2$时,得$x + 4 = -2$,$x = -6$.

所以,原方程的根为$x_1 = -2$,$x_2 = -6$.

3. 因式分解法

通过因式分解,把高次方程化为低次方程集,由同解原理得到原方程的解集.

例 4. 10 解方程$x^4 - 12x + 323 = 0$.

解:由于

$$\begin{aligned}
x^4 - 12x + 323 &= (x^4 + 36x^2 + 324) - (36x^2 + 12x + 1) \\
&= (x^2 + 18)^2 - (6x + 1)^2 \\
&= (x^2 + 6x + 19)(x^2 - 6x + 17),
\end{aligned}$$

所以原方程同解于方程集$x^2 + 6x + 19 = 0$,$x^2 - 6x + 17 = 0$.

故原方程的解为$x_{1,2} = -3 \pm \sqrt{10}\,\mathrm{i}$,$x_{3,4} = 3 \pm 2\sqrt{2}\,\mathrm{i}$.

4. 待定系数法

例 4. 11 解方程$x^4 - 4x^3 + x^2 + 4x + 1 = 0$.

解:令$x = y + 1$,代入原方程并化简得

$$y^4 - 5y^2 - 2y + 3 = 0.$$

设$y^4 - 5y^2 - 2y + 3 = (y^2 + ky + l)(y^2 - ky + m)$,则有

$$\begin{cases} l + m - k^2 = -5, \\ k(m-l) = -2, \\ lm = 3. \end{cases}$$

即

$$\begin{cases} l + m = k^2 - 5, \\ m - l = -\dfrac{2}{k}, \\ lm = 3. \end{cases}$$

由此得

$$k^6 - 10k^4 + 13k^2 - 4 = 0,$$

即

$$(k^2 - 1)(k^4 - 9k^2 + 4) = 0.$$

取$k = 1$,得$l = -1$,$m = -3$,因此方程$y^4 - 5y^2 - 2y + 3 = 0$可以写成$(y^2 + y - 1)$

$(y^2 - y - 3) = 0.$

由 $y^2 + y - 1 = 0$，得 $y = \dfrac{-1 \pm \sqrt{5}}{2}$；由 $y^2 - y - 3 = 0$，得 $y = \dfrac{1 \pm \sqrt{13}}{2}$.

所以得原方程的解 $x_{1,2} = \dfrac{1 \pm \sqrt{5}}{2}$，$x_{3,4} = \dfrac{3 \pm \sqrt{13}}{2}$.

4.2.6　倒数方程

定义 4.9　如果复数 α 是方程

$$f(x) = a_0 x^n + a_1 x^{n-1} + \cdots + a_{n-1} x + a_n = 0 \, (a_0 \neq 0) \tag{4.2.7}$$

的根，则 $\dfrac{1}{\alpha}$ 也是这个方程的根，那么方程 $f(x) = 0$ 叫作**倒数方程**.

由定义可知，倒数方程没有零根.

根据倒根变换定理的推论，方程

$$g(x) = a_n x^n + a_{n-1} x^{n-1} + \cdots + a_1 x + a_0 = 0 \tag{4.2.8}$$

的各根都是方程(4.2.7)的根；反之，方程(4.2.7)的根都是方程(4.2.8)的根. 所以，方程(4.2.8)和方程(4.2.7)具有完全相同的根. 于是方程(4.2.7)和(4.2.8)的系数满足如下关系，即

$$\frac{a_n}{a_0} = \frac{a_{n-1}}{a_1} = \cdots = \frac{a_0}{a_n}.$$

因为

$$\frac{a_n}{a_0} = \frac{a_0}{a_n},$$

所以

$$a_n = \pm a_0.$$

如果 $a_n = a_0$，则 $a_{n-1} = a_1$，$a_{n-2} = a_2$，$\cdots$，即与首末两项等距离的项的系数都相等. 具有这种特点的方程称为**第一类倒数方程**. 其中第一类偶次倒数方程又称为**标准型倒数方程**.

如果 $a_n = -a_0$，则 $a_{n-1} = -a_1$，$a_{n-2} = -a_2$，$\cdots$，即与首末两项等距离的项的系数互为相反数. 具有这种特点的方程称为**第二类倒数方程**.

注 4.6　第二类偶次倒数方程，和一般的偶次方程的项数为奇数不同，它的正中间的一项系数为 0，因此它的非零项的项数为偶数. 如 $2x^4 + 3x^3 - 3x - 2 = 0$.

定理 4.15　标准型倒数方程 $f(x) = a_0 x^{2k} + a_1 x^{2k-1} + \cdots + a_k x^k + \cdots + a_1 x + a_0 = 0 \, (a_0 \neq 0)$ 可通过换元 $y = x + \dfrac{1}{x}$ 化为关于 y 的 k 次方程.

证明：因为 $x \neq 0$，故在方程两端同时除以 x^k，得

$$\frac{1}{x^k}f(x) = a_0\left(x^k + \frac{1}{x^k}\right) + a_1\left(x^{k-1} + \frac{1}{x^{k-1}}\right) + \cdots + a_{k-1}\left(x + \frac{1}{x}\right) + a_k = 0.$$

$$(4.2.9)$$

设 $x + \dfrac{1}{x} = y$,则

$$x^2 + \frac{1}{x^2} = \left(x + \frac{1}{x}\right)\left(x + \frac{1}{x}\right) - 2 = y^2 - 2,$$

$$x^3 + \frac{1}{x^3} = \left(x^2 + \frac{1}{x^2}\right)\left(x + \frac{1}{x}\right) - \left(x + \frac{1}{x}\right) = y^3 - 3y,$$

$$x^4 + \frac{1}{x^4} = \left(x^3 + \frac{1}{x^3}\right)\left(x + \frac{1}{x}\right) - \left(x^2 + \frac{1}{x^2}\right) = y^4 - 4y^2 + 2,$$

$$\cdots$$

由归纳法知 $x^k + \dfrac{1}{x^k} = \left(x^{k-1} + \dfrac{1}{x^{k-1}}\right)\left(x + \dfrac{1}{x}\right) - \left(x^{k-2} + \dfrac{1}{x^{k-2}}\right)$ 可化为 y 的 k 次多项式.

将以上各式代入 (4.2.9),所得方程是 y 的 k 次方程.　　□

注 4.7　定理 4.15 的证明过程给出了标准型倒数方程的解法,而其他类型的倒数方程可以通过因式分解转化成求解标准型倒数方程.

例 4.12　解方程 $x^5 + 2x^4 - x^3 - x^2 + 2x + 1 = 0$.

解:这是第一类奇次倒数方程,它有根 $x = -1$,原方程可变形为 $(x+1)(x^4 + x^3 - 2x^2 + x + 1) = 0$,而 $g(x) = x^4 + x^3 - 2x^2 + x + 1 = 0$ 是标准型倒数方程,可变形为

$$\frac{1}{x^2}g(x) = \left(x^2 + \frac{1}{x^2}\right) + \left(x + \frac{1}{x}\right) - 2 = 0.$$

令 $x + \dfrac{1}{x} = y$,则有 $y^2 + y - 4 = 0$,解之得 $y = \dfrac{-1 \pm \sqrt{17}}{2}$.

由 $x + \dfrac{1}{x} = \dfrac{-1 + \sqrt{17}}{2}$,解得

$$x_{1,2} = \frac{\sqrt{17} - 1}{4} \pm \frac{\sqrt{2\sqrt{17} - 2}}{4}\mathrm{i}.$$

由 $x + \dfrac{1}{x} = \dfrac{-1 - \sqrt{17}}{2}$,解得

$$x_{3,4} = -\frac{\sqrt{17} + 1}{4} \pm \frac{\sqrt{2\sqrt{17} + 2}}{4}.$$

从而原方程的根为 x_1, x_2, x_3, x_4 及 $x_5 = -1$.

例 4.13　解方程 $x^6 - 6x^5 + 6x^4 - 6x^2 + 6x - 1 = 0$.

解:这是第二类偶次倒数方程,它有根 $x = 1, x = -1$,原方程可变形为

$$x^6 - 6x^5 + 6x^4 - 6x^2 + 6x - 1 = (x^2 - 1)(x^4 - 6x^3 + 7x^2 - 6x + 1) = 0,$$

而

$$x^4 - 6x^3 + 7x^2 - 6x + 1 = 0$$

是标准型倒数方程. 于是可得原方程的解为

$$x_{1,2} = \pm 1, x_{3,4} = \frac{1}{2} \pm \frac{\sqrt{3}}{2}i, x_{5,6} = \frac{5}{2} \pm \frac{\sqrt{21}}{2}.$$

例 4.14 解方程 $x^5 - 11x^4 + 36x^3 - 36x^2 + 11x - 1 = 0$.

解：这是第二类奇次倒数方程, 它有根 $x = 1$, 于是可分解为 $(x - 1)(x^4 - 10x^3 + 26x^2 - 10x + 1) = 0$, 而

$$x^4 - 10x^3 + 26x^2 - 10x + 1 = 0$$

是标准型倒数方程, 于是可求得原方程的根为 $x_{1,2} = 2 \pm \sqrt{3}$, $x_{3,4} = 3 \pm 2\sqrt{2}$ 及 $x_5 = 1$.

4.3 分式方程

中学数学中有如下的分式方程定义(如沪教版九年义务教育数学课本, 2019).

定义 4.10 分母中含有未知数的方程叫作**分式方程**.

并指出：解分式方程的关键是去分母, 将其转化为已学过的整式方程再求解.

分式方程的另一个定义如下.

定义 4.11 形如 $\dfrac{f_1(x)}{g_1(x)} = \dfrac{f_2(x)}{g_2(x)}$ 的方程叫作**分式方程**, 其中 $f_1(x)$, $f_2(x)$, $g_1(x)$, $g_2(x)$ 均为多项式, 且 $g_1(x)$, $g_2(x)$ 中至少有一个不是常数.

解分式方程的基本思想是化为整式方程, 常用的方法包括去分母、换元法、合分比变形等, 其中去分母、换元法把分式变成整式后, 常常会扩大方程的定义域, 从而产生增解.

如方程 $\dfrac{x + 2}{x - 2} = \dfrac{2x^3 + 2x}{x^3 - 2x^2 + x - 2}$ 的定义域是 $x \neq 2$, 去分母后方程定义域是 $\mathbb{R}$, 较之前扩大了, 从而导致产生增根 $x = 2$.

找出增根的一个直接方法就是验根.

合分比变形也可能改变方程的定义域. 如方程 $\dfrac{x^2 - x + 2}{x^2 + x + 2} = \dfrac{x + 1}{3x + 1}$ 的定义域是 $x \neq -\dfrac{1}{3}$, 进行合分比变形, 有

$$\frac{(x^2 - x + 2) + (x^2 + x + 2)}{(x^2 + x + 2) - (x^2 - x + 2)} = \frac{(x + 1) + (3x + 1)}{(3x + 1) - (x + 1)},$$

得 $\dfrac{2x^2+4}{2x} = \dfrac{4x+2}{2x}$,其定义域为 $x \neq 0$,然而 $x = 0$ 恰好是原方程的根,即 $x = 0$ 是这种解法的失根.

关于合分比变形有下面的定理.

定理 4.16 对于方程

$$\frac{f_1(x)}{g_1(x)} = \frac{f_2(x)}{g_2(x)} \tag{4.3.1}$$

与

$$\frac{f_1(x) + g_1(x)}{f_1(x) - g_1(x)} = \frac{f_2(x) + g_2(x)}{f_2(x) - g_2(x)}, \tag{4.3.2}$$

(1) 当 $g_1(x)$ 、 $g_2(x)$ 、 $f_1(x) - g_1(x)$ 、 $f_2(x) - g_2(x)$ 都不为零时,式(4.3.1)、式(4.3.2)同解;

(2) 若 $x = x_0$ 使得 $g_1(x_0) \neq 0$, $g_2(x_0) \neq 0$,而 $f_1(x_0) - g_1(x_0) = 0$ 、 $f_2(x_0) - g_2(x_0) = 0$,则 $x = x_0$ 是式(4.3.1)的解,但不是式(4.3.2)的解(即失解);

(3) 若 $x = x_0$ 使得 $g_1(x_0) = 0$, $g_2(x_0) = 0$,而 $f_1(x_0) - g_1(x_0) \neq 0$ 、 $f_2(x_0) - g_2(x_0) \neq 0$,则 $x = x_0$ 是式(4.3.2)的解,但不是式(4.3.1)的解(即增解).

可以证明:对于分式方程 $\dfrac{f(x)}{g(x)} = 0$,当 $f(x)$ 、 $g(x)$ 互素时(即 $f(x), g(x)$ 除了零次多项式外不再有其他的公因式),它与 $f(x) = 0$ 同解.

例 4.15 解方程 $\dfrac{x^2+3x+2}{x^2-3x+2} = \dfrac{2x^2+3x+1}{2x^2-3x+1}$.

解:将原方程的分子分母分解因式,得

$$\frac{(x+1)(x+2)}{(x-1)(x-2)} = \frac{(x+1)(2x+1)}{(x-1)(2x-1)}.$$

移项、通分后整理可得

$$\frac{6x(x+1)}{(x-1)(x-2)(2x-1)} = 0.$$

因为分子 $6x(x+1)$ 与分母 $(x-1)(x-2)(2x-1)$ 互素,此方程和整式方程 $6x(x+1)$ 同解.故解得 $x_1 = 0, x_2 = -1$.

经检验,原方程的解为 $x = 0$ 和 $x = -1$.

例 4.16 已知关于 x 的方程为 $(a^2-1)\left(\dfrac{x}{x-1}\right)^2 - \dfrac{2a+7}{x-1} - 2a - 6 = 0$.

(1) 求 a 的取值范围,使得方程有实数根;

(2) 求 a 的取值范围,使得方程恰有一个实数根;

(3) 若原方程的两个相异实根为 x_1, x_2 ,且 $\dfrac{x_1}{x_1-1} + \dfrac{x_2}{x_2-1} = \dfrac{3}{11}$,求 a 的值.

解：(1) 设 $\dfrac{x}{x-1}=t$，则 $t=1+\dfrac{1}{x-1}\neq 1$. 原方程化为

$$(a^2-1)t^2-(2a+7)t+1=0. \qquad\qquad ①$$

1) 当 $a^2-1=0$，即 $a=\pm 1$ 时，①式可化为 $-9t+1=0$ 或 $-5t+1=0$，得 $t=\dfrac{1}{9}$ 或 $t=\dfrac{1}{5}$. 于是

$$\frac{x}{x-1}=\frac{1}{9}\text{或}\frac{x}{x-1}=\frac{1}{5}.$$

解得 $x=-\dfrac{1}{8}$ 或 $x=-\dfrac{1}{4}$. 所以，当 $a=1$ 时，原方程的解为 $x=-\dfrac{1}{8}$，当 $a=-1$ 时，原方程的解为 $x=-\dfrac{1}{4}$.

2) 当 $a^2-1\neq 0$，即 $a\neq \pm 1$ 时，①式为一元二次方程，由判别式 $\Delta\geqslant 0$ 解得 $a\geqslant -\dfrac{53}{28}$.

当 $t=1$ 时，由①式得 $(a^2-1)-(2a+7)+1=0$，解得 $a=1\pm 2\sqrt{2}>-\dfrac{53}{28}$.

当 $a=1\pm 2\sqrt{2}$ 时，①式有根 $t_1=1,t_2=\dfrac{1}{8}(2\pm\sqrt{2})$，其中 $t_1=1$ 为增根，$t_2=\dfrac{1}{8}(2\pm\sqrt{2})$ 符合题意.

即 $a\geqslant -\dfrac{53}{28}$ 且 $a\neq \pm 1$.

综上所述，当 $a\geqslant -\dfrac{53}{28}$ 时，原方程有实数根.

(2) 由(1)可知，当 $a=\pm 1$ 时，原方程有且仅有一个根；

当 $a=1+2\sqrt{2}$ 时，$t=\dfrac{1}{8}(2-\sqrt{2})$，所以 $\dfrac{x}{x-1}=\dfrac{2-\sqrt{2}}{8}$，解得 $x=\dfrac{4\sqrt{2}-7}{17}$；

当 $a=1-2\sqrt{2}$ 时，$t=\dfrac{1}{8}(2+\sqrt{2})$，所以 $\dfrac{x}{x-1}=\dfrac{2+\sqrt{2}}{8}$，解得 $x=\dfrac{-4\sqrt{2}-7}{17}$；

当 $a=-\dfrac{53}{28}$ 时，方程①有两个相等的实数根 $t_1=t_2=\dfrac{2a+7}{2(a^2-1)}=\dfrac{28}{45}$，所以 $\dfrac{x}{x-1}=\dfrac{28}{45}$，解得 $x=-\dfrac{28}{17}$.

综上所述，当 $a=\pm 1$、$1\pm 2\sqrt{2}$、$-\dfrac{53}{28}$ 时，原方程有唯一的实数根.

(3) 由题设可知 $\dfrac{x_1}{x_1-1}$ 和 $\dfrac{x_2}{x_2-1}$ 是方程 $(a^2-1)t^2-(2a+7)t+1=0$ 的两个实数根.

根据韦达定理可知 $\dfrac{x_1}{x_1-1}+\dfrac{x_2}{x_2-1}=\dfrac{2a+7}{a^2-1}$,又 $\dfrac{x_1}{x_1-1}+\dfrac{x_2}{x_2-1}=\dfrac{3}{11}$,

所以 $\dfrac{2a+7}{a^2-1}=\dfrac{3}{11}$,去分母,化简可得 $3a^2-22a-80=0$.

解得 $a_1=10,a_2=-\dfrac{8}{3}$.

由(1)可知方程有两个实数根的条件是 $a\geqslant-\dfrac{53}{28}$ 且 $a\neq\pm1$、$a\neq1\pm2\sqrt{2}$.因为

$a_2=-\dfrac{8}{3}<-\dfrac{53}{28}$,故 $a=10$.

所以,当 $a=10$ 时,原方程有两个相异的实数根 x_1,x_2,且 $\dfrac{x_1}{x_1-1}+\dfrac{x_2}{x_2-1}=\dfrac{3}{11}$.

4.4 无理方程

中学数学中有如下的无理方程定义(如沪教版九年义务教育数学课本,2019).

定义 4.12 方程中含有根式,且被开方数是含有未知数的代数式,这样的方程叫作**无理方程**.

从函数角度有如下定义.

定义 4.13 形如 $f(x)=g(x)$ 的方程叫作无理方程,其中 $f(x),g(x)$ 至少有一个含有根式.

定理 4.17 对于方程
$$f(x)=g(x),\tag{4.4.1}$$
两边同时 n 次乘方 $(n\in\mathbb{N}^*)$,有
$$f^n(x)=g^n(x),\tag{4.4.2}$$
那么方程(4.4.2)是方程(4.4.1)的结果方程.

证明:上述两个方程分别变形为同解方程,即
$$f(x)-g(x)=0\tag{4.4.3}$$
与
$$f^n(x)-g^n(x)=0,\tag{4.4.4}$$
(4.4.4)又可变形为
$$[f(x)-g(x)][f^{n-1}(x)+f^{n-2}(x)g(x)+\cdots+f(x)g^{n-2}(x)+g^{n-1}(x)]=0.$$
根据因式分解定理此方程的解集等于方程(4.4.3)和方程(4.4.5)的解集的并集:
$$f^{n-1}(x)+f^{n-2}(x)g(x)+\cdots+f(x)g^{n-2}(x)+g^{n-1}(x)=0.\tag{4.4.5}$$

显然方程(4.4.5)的解是方程(4.4.4)的解,但不一定是方程(4.4.3)的解,但是方程(4.4.3)的解一定是方程(4.4.4)的解,即(4.4.1)的解一定是方程(4.4.2)的解,反之则不一定. □

根据定理4.17,用两边乘方法解无理方程,得到的是结果方程,从而有可能产生增根,所以必须要进行验根.

例 4.17 关于 x 的方程 $\sqrt{x^2 - m} + 2\sqrt{x^2 - 1} = x$ 有且仅有一个实数根,求实数 m 的取值范围.

解: 由题可知 $\begin{cases} x^2 - m \geq 0, \\ x^2 - 1 \geq 0, \\ x \geq 0, \end{cases}$ 即 $\begin{cases} x^2 \geq m, \\ x \geq 1. \end{cases}$

当 $m < 0$ 时,显然有 $\sqrt{x^2 - m} + 2\sqrt{x^2 - 1} > x$,此时原方程无解.

当 $m \geq 0$ 时,将原方程移项可得

$$2\sqrt{x^2 - 1} = x - \sqrt{x^2 - m},$$

两边同时平方并化简可得

$$2x^2 + m - 4 = -2x\sqrt{x^2 - m},$$

再次平方可得

$$8(2 - m)x^2 = (m - 4)^2.$$

可知 $0 \leq m < 2$ 时,方程只可能有解 $x = \dfrac{4 - m}{\sqrt{8(2 - m)}}$.

将 $x = \dfrac{4 - m}{\sqrt{8(2 - m)}}$ 代入原方程,得

$$\sqrt{\frac{(m - 4)^2}{8(2 - m)} - m} + 2\sqrt{\frac{(m - 4)^2}{8(2 - m)} - 1} = \frac{4 - m}{\sqrt{8(2 - m)}},$$

化简并整理,得 $|3m - 4| = 4 - 3m$,即 $0 \leq m \leq \dfrac{4}{3}$,此时原方程有唯一解.

综上所述,m 的取值范围为 $0 \leq m \leq \dfrac{4}{3}$.

解无理方程的常用方法,除了乘方法外,还有换元法、三角代换法、因式分解法、共轭因式法、合分比变形等. 这些方法都可能改变原方程的定义域,从而产生增根或者失根.

例 4.18 设 $x \in \mathbb{R}$,解方程 $x + \dfrac{x}{\sqrt{x^2 - 1}} = \dfrac{35}{12}$.

解: 由题意可得 $\begin{cases} x^2 - 1 > 0, \\ x > 0, \end{cases}$ 所以 $x > 1$. 令 $x = \sec \alpha, a \in \left(0, \dfrac{\pi}{2}\right)$,则原方程化为

$$\sec \alpha + \frac{\sec \alpha}{\tan \alpha} = \frac{35}{12},$$

即

$$\frac{1}{\cos \alpha} + \frac{1}{\sin \alpha} = \frac{35}{12}.$$

去分母可得

$$12(\sin \alpha + \cos \alpha) = 35\sin \alpha\cos \alpha. \tag{①}$$

令 $\sin \alpha + \cos \alpha = t(1 < t \le \sqrt{2})$，则 $\sin \alpha\cos \alpha = \frac{t^2 - 1}{2}$，代入①式并化简得

$$35t^2 - 24t - 35 = 0,$$

解得 $t_1 = \frac{7}{5}, t_2 = -\frac{5}{7}(舍)$. 所以

$$\begin{cases} \sin \alpha + \cos \alpha = \dfrac{7}{5}, \\ \sin \alpha\cos \alpha = \dfrac{12}{25}. \end{cases}$$

解此方程组可得 $\begin{cases} \sin \alpha = \dfrac{4}{5}, \\ \cos \alpha = \dfrac{3}{5} \end{cases}$ 或 $\begin{cases} \sin \alpha = \dfrac{3}{5}, \\ \cos \alpha = \dfrac{4}{5}. \end{cases}$

由 $x = \sec \alpha$ 得 $x = \dfrac{5}{3}$ 或 $x = \dfrac{5}{4}$.

经检验，$x_1 = \dfrac{5}{3}, x_2 = \dfrac{5}{4}$ 是原方程的根.

例 4.19 解方程 $\dfrac{\sqrt{4-x} + \sqrt{x-3}}{\sqrt{4-x} - \sqrt{x-3}} = \dfrac{1}{7 - 2x}$.

解：利用合分比性质，将原方程变形为 $\dfrac{\sqrt{4-x}}{\sqrt{x-3}} = \dfrac{4-x}{x-3}$.

令 $\dfrac{\sqrt{4-x}}{\sqrt{x-3}} = t$，得 $t = t^2$，解得 $t_1 = 0, t_2 = 1$.

当 $t = 0$ 时，解得 $x = 4$；当 $t = 1$ 时，解得 $x = \dfrac{7}{2}$.

经检验 $x = 4$ 是原方程的根，而 $x = \dfrac{7}{2}$ 是原方程的增根.

又 $x = 3$ 满足原方程，所以 $x = 3$ 是遗根.

综上，原方程的根是 $x_1 = 4, x_2 = 3$.

4.5 不定方程

一般地,方程个数少于未知数个数的方程叫作**不定方程**.

不定方程有着悠久的历史,中国古代的"百鸡问题",是三元一次不定方程组. 著名的费马大定理也是三元 n 次不定方程.

在生产实践中,不定方程也有着广泛的应用,许多实际问题可以归结成不定方程.

对于不定方程,通常研究它的整数解,有时只要求出它的正整数解. 关于二元一次不定方程整数解的存在性及通解表达式,有下面的定理.

定理 4.18 二元一次不定方程 $ax + by = c(a, b, c \in \mathbb{Z}, a \neq 0, b \neq 0)$ 有整数解的充分必要条件是 $(a, b) \mid c$.

证明:必要性:设方程有整数解 (x_0, y_0),则 $ax_0 + by_0 = c$. 由 $(a, b) \mid a$,$(a, b) \mid b$ 可知 $(a, b) \mid c$.

充分性:由最大公因数性质知存在整数 m, n 使得 $(a, b) = ma + nb$. 由 $(a, b) \mid c$,设 $c = k(a, b), k \in \mathbb{Z}$,则 $k(a, b) = kma + knb$,即 $kma + knb = c$,所以方程有整数解 $x = km, y = kn$.

定理 4.19 设二元一次不定方程 $ax + by = c(a, b, c \in \mathbb{Z}, a \neq 0, b \neq 0)$ 有一组整数解 (x_0, y_0),又设 $(a, b) = d, a = a_1 d, b = b_1 d$,则 $ax + by = c$ 的一切整数解都可表示成 $x = x_0 + b_1 t, y = y_0 - a_1 t, t$ 为任意整数.

证明:若 $(a, b) = 1$,则因 $ax + by = c$ 有解 (x_0, y_0),所以 $ax_0 + by_0 = c$,可得 $a(x - x_0) + b(y - y_0) = 0$,即 $a(x - x_0) = b(y_0 - y)$. 因 $(a, b) = 1$,所以 $a \mid (y_0 - y)$,即存在 $t \in \mathbb{Z}$ 使得 $y_0 - y = at$,所以

$$y = y_0 - at.$$

把 $y = y_0 - at$ 代入 $a(x - x_0) = b(y_0 - y)$ 即得 $x = x_0 + bt$.

若 $(a, b) = d \neq 1$,由已证的 $(a, b) = 1$ 的结论易得结果. $\square$

由定理 4.19 可知,在求二元一次不定方程的整数解时,需要先找到一组整数解,这可以由观察法或者辗转相除法等方法得到.

例 4.20 (百鸡问题)鸡翁一,值钱五;鸡母一,值钱三;鸡雏三,值钱一. 百钱买百鸡,问鸡翁母雏各几何.

解:设鸡翁、鸡母、鸡雏分别为 x, y, z 只,则有

$$\begin{cases} x + y + z = 100, \\ 5x + 3y + \dfrac{z}{3} = 100. \end{cases}$$

消去 z 可得 $14x + 8y = 200$,即 $7x + 4y = 100$. 此方程有正整数解 $x_0 = 0, y_0 = 25$,于

是可得此方程的通解为 $x = 4t, y = 25 - 7t \, (t \in \mathbb{Z})$. 又由 $x + y + z = 100$, 可得 $z = 75 + 3t$, 所以原方程组的通解为

$$\begin{cases} x = 4t, \\ y = 25 - 7t, (t \in \mathbb{Z}). \\ z = 75 + 3t \end{cases}$$

因 $\begin{cases} 4t \geqslant 0, \\ 25 - 7t \geqslant 0, \\ 75 + 3t \geqslant 0, \end{cases}$ 故 $0 \leqslant t \leqslant \dfrac{25}{7}$, 所以 $t = 0, 1, 2, 3$.

所以原方程组的非负整数解为

$$\begin{cases} x = 0, \\ y = 25, \\ z = 75, \end{cases} \quad \begin{cases} x = 4, \\ y = 18, \\ z = 78, \end{cases} \quad \begin{cases} x = 8, \\ y = 11, \\ z = 81, \end{cases} \quad \begin{cases} x = 12, \\ y = 4, \\ z = 84. \end{cases}$$

例 4.21 方程 $\dfrac{1}{x} + \dfrac{1}{y} + \dfrac{1}{z} = 1 \, (x \leqslant y \leqslant z)$ 有多少个正整数解?

解: 由题意可知 $2 \leqslant x \leqslant y \leqslant z$.

当 $x = 2$ 时, 得 $\dfrac{1}{y} + \dfrac{1}{z} = \dfrac{1}{2}$, 可见 $y \geqslant 3$.

当 $y = 3$ 时, 得 $z = 6$;

当 $y = 4$ 时, 得 $z = 4$;

当 $y \geqslant 5$ 时, $\dfrac{1}{y} + \dfrac{1}{z} \leqslant \dfrac{2}{5} < \dfrac{1}{2}$, 不符合题意.

当 $x = 3$ 时, 得 $\dfrac{1}{y} + \dfrac{1}{z} = \dfrac{2}{3}$, 有唯一解 $y = 3, z = 3$.

当 $x \geqslant 4$ 时, 原方程无正整数解.

所以原方程的正整数解为 $(2,3,6), (2,4,4), (3,3,3)$, 共 3 个.

例 4.22 求有限集合 $A = \{a_1, a_2, \cdots, a_n\} \, (a \geqslant 2)$, 其中 $a_1, a_2, \cdots, a_n$ 为正整数, 使得 $a_1 a_2 \cdots a_n = a_1 + a_2 + \cdots + a_n$.

解: 不妨设 $a_1 < a_2 < \cdots < a_n$.

1) 当 $n = 2$ 时, 得 $a_1 a_2 = a_1 + a_2, \dfrac{1}{a_1} + \dfrac{1}{a_2} = 1$, 有 $a_1 \geqslant 2, a_2 \geqslant 3$.

所以 $\dfrac{1}{a_1} + \dfrac{1}{a_2} \leqslant \dfrac{1}{2} + \dfrac{1}{3} < 1$, 不符合题意.

2) 当 $n = 3$ 时, $a_1 a_2 a_3 = a_1 + a_2 + a_3, \dfrac{1}{a_1 a_2} + \dfrac{1}{a_2 a_3} + \dfrac{1}{a_3 a_1} = 1$.

此时若 $a_1 \geqslant 2$, 则 $a_2 \geqslant 3, a_3 \geqslant 4$, 所以 $\dfrac{1}{a_1 a_2} + \dfrac{1}{a_2 a_3} + \dfrac{1}{a_3 a_1} \leqslant \dfrac{1}{2 \times 3} + \dfrac{1}{3 \times 4} + \dfrac{1}{4 \times 2} < 1$, 不符合题意.

所以 $a_1 = 1, a_2 \geqslant 2, a_3 \geqslant 3$, 得 $\dfrac{1}{a_1 a_2} + \dfrac{1}{a_2 a_3} + \dfrac{1}{a_3 a_1} \leqslant \dfrac{1}{1 \times 2} + \dfrac{1}{2 \times 3} + \dfrac{1}{3 \times 1} = 1$, 由 $a_1 a_2 a_3 = a_1 + a_2 + a_3$, 得 $(a_1, a_2, a_3) = (1, 2, 3)$, 所以 $A = \{1, 2, 3\}$.

3) 当 $n \geqslant 4$ 时, 可证 $a_1 a_2 \cdots a_n > a_1 + a_2 + \cdots + a_n$. 事实上, $\dfrac{a_1 + a_2 + \cdots + a_n}{a_1 a_2 \cdots a_n} <$

$\dfrac{n a_n}{a_1 a_2 \cdots a_n} = \dfrac{n}{a_1 a_2 \cdots a_{n-1}} \leqslant \dfrac{n}{(n-1)!} < 1$, 故此时无解.

所以 $A = \{1, 2, 3\}$.

例 4.23 求方程组 $\begin{cases} xy + yz = 63, \\ xz + yz = 23 \end{cases}$ 的正整数解的个数.

解: 由第二个方程得 $(x + y)z = 23$. 因为 x, y, z 是正整数, 且 23 只能分解为 23×1, 所以只能是 $x + y = 23, z = 1$.

将 $z = 1$ 代入原方程组可得

$$\begin{cases} xy + y = 63, \\ x + y = 23, \end{cases}$$

解之, 得正整数解为 $\begin{cases} x = 2, \\ y = 21, \end{cases}$ $\begin{cases} x = 20, \\ y = 3. \end{cases}$

所以原方程组的正整数解为 $(2, 21, 1), (20, 3, 1)$, 共 2 个.

4.6 初等超越方程

定义 4.14 设 $F(x)$ 是初等超越函数, 则称形如 $F(x) = 0$ 的方程为**初等超越方程**. 如果 $F(x)$ 是基本初等超越函数, 则称方程 $F(x) = 0$ 为**最简超越方程**.

解初等超越方程的基本方法是通过换元、乘幂化、对数化、三角代换等同解变形或非同解变形, 把方程化为代数方程或最简超越方程.

4.6.1 指数方程

1. 指数方程的概念

定义 4.15 在指数里含有未知数的方程叫作**指数方程**. 形如 $a^x = c (a > 0, a \neq 1)$ 的方程叫作**最简指数方程**.

2. 关于指数方程的同解定理

(1) $a^{f(x)} = b (a > 0, a \neq 1, b > 0) \Leftrightarrow f(x) = \log_a b$.

(2) $a^{f(x)} = a^{g(x)} (a > 0, a \neq 1) \Leftrightarrow f(x) = g(x)$.

(3) $a^{f(x)} = b^{g(x)} (a > 0, a \neq 1, b > 0, b \neq 1) \Leftrightarrow f(x) \log_c a = g(x) \log_c b (c > 0, c \neq 1)$.

(4) $f(a^{g(x)}) = 0(a > 0, a \neq 1) \Leftrightarrow \begin{cases} t = a^{g(x)}, t \in \mathbb{R}^+, \\ f(t) = 0. \end{cases}$

3. 指数方程的解法

指数方程的基本解法是：通过取对数、换元、化为同底指数式等变形,把方程化为代数方程或最简指数方程(注意增根、漏根).

例 4.24 解方程 $\dfrac{1}{2}(a^x + a^{-x}) = m(a > 0, a \neq 1)$.

解: 令 $a^x = t$, 则 $a^{-x} = \dfrac{1}{t}$, 原方程可化为分式方程 $\dfrac{1}{2}\left(t + \dfrac{1}{t}\right) = m$, 解得

$$t_1 = m + \sqrt{m^2 - 1}, t_2 = m - \sqrt{m^2 - 1}.$$

1) 当 $m > 1$ 时, 原方程有两个解 $x_1 = \log_a(m + \sqrt{m^2 - 1})$, $x_2 = \log_a(m - \sqrt{m^2 - 1})$;

2) 当 $m = 1$ 时, 原方程有解 $x = 0$;

3) 当 $m < 1$ 时, 原方程无解.

例 4.25 解方程 $4^x - 3^{x - \frac{1}{2}} = 3^{x + \frac{1}{2}} - 2^{2x - 1}$.

解: 把原方程化为

$$2^{2x} - \frac{1}{\sqrt{3}} \cdot 3^x = \sqrt{3} \cdot 3^x - \frac{1}{2} \cdot 2^{2x},$$

移项整理可得

$$\frac{3}{2} \cdot 2^{2x} = \frac{4}{\sqrt{3}} \cdot 3^x, \frac{2^{2x}}{8} = \frac{3^x}{3\sqrt{3}}$$

即

$$2^{2x - 3} = 3^{x - \frac{3}{2}}.$$

两边取对数,有

$$(2x - 3)\lg 2 = \left(x - \frac{3}{2}\right)\lg 3,$$

移项得

$$(2x - 3)\left(\lg 2 - \frac{1}{2}\lg 3\right) = 0,$$

因为 $\lg 2 - \dfrac{1}{2}\lg 3 \neq 0$, 所以 $x = \dfrac{3}{2}$.

4.6.2 对数方程

1. 对数方程的概念

定义 4.16 在对数符号后面含有未知数的方程叫作**对数方程**. 形如 $\log_a x = b(a > 0, a \neq 1)$ 的方程叫作**最简对数方程**.

2. 关于对数方程的同解定理

(1) $\log_a f(x) = c(a > 0, a \neq 1) \Leftrightarrow f(x) = a^c$.

(2) $f(\log_a g(x)) = 0(a > 0, a \neq 1) \Leftrightarrow \begin{cases} t = \log_a g(x), \\ f(t) = 0. \end{cases}$

(3) 对于对数方程 $\log_a f(x) = \log_a g(x)(a > 0, a \neq 1)$，$f(x) = g(x)$ 是它的结果方程(可能产生增根).

3. 对数方程的解法

运用对数运算法则、对数基本恒等式、换底公式等进行变形，把方程化为代数方程或者最简对数方程(注意定义域的变化可能导致产生增根).

例 4.26 解方程 $x^{\log_{\sqrt{x}} 2x} = 4$.

解：原方程同解于 $\begin{cases} x > 0, \\ x \neq 1, \\ x^{\log_{\sqrt{x}} 2x} = 4, \end{cases}$ 即 $\begin{cases} x > 0, \\ x \neq 1, \\ (2x)^2 = 4. \end{cases}$

所以原方程无解.

例 4.27 解方程 $10^{(\lg x)^2} + x^{\lg x} = 20$.

解：因

$$10^{(\lg x)^2} = (10^{\lg x})^{\lg x} = x^{\lg x},$$

所以原方程可变形为

$$2x^{\lg x} = 20,$$

即 $x^{\lg x} = 10$.

以 10 为底对两边取对数，得

$$\lg(x^{\lg x}) = \lg 10,$$

即 $\lg x \cdot \lg x = 1$，解得 $\lg x = \pm 1$，即 $x = 10$ 或 $x = \dfrac{1}{10}$.

所以原方程的解为 $x_1 = 10, x_2 = \dfrac{1}{10}$.

例 4.28 解方程 $\lg^2 x - [\lg x] - 2 = 0$.

解：因为 $[\lg x] \leq \lg x$，所以有

$$\lg^2 x - \lg x - 2 \leq 0,$$

故

$$-1 \leq \lg x \leq 2.$$

1) 当 $-1 \leq \lg x < 0$ 时，$[\lg x] = -1$. 原方程变为

$$\lg^2 x = 1,$$

所以 $\lg x = -1, x = \dfrac{1}{10}$.

2）当 $0 \leqslant \lg x < 1$ 时，$[\lg x] = 0$. 原方程变形为
$$\lg^2 x = 2,$$
得 $\lg x = \pm\sqrt{2}$，与 $[\lg x] = 0$ 矛盾，所以无解.

3）当 $1 \leqslant \lg x < 2$ 时，$[\lg x] = 1$. 原方程变形为
$$\lg^2 x = 3,$$
所以 $\lg x = \sqrt{3}$，$x = 10^{\sqrt{3}}$.

4）当 $\lg x = 2$ 时，$[\lg x] = 2$. 原方程变形为
$$\lg^2 x = 4,$$
所以 $\lg x = 2$，$x = 100$.

综上所述，原方程的解为 $x_1 = \dfrac{1}{10}$，$x_2 = 10^{\sqrt{3}}$，$x_3 = 100$.

4.6.3　三角方程和反三角方程

1. 三角方程和反三角方程的概念

定义 4.17　含有未知数的三角函数的方程叫作**三角方程**. 形如
$$\sin x = a, \cos x = a, \tan x = a, \cot x = a$$
的方程叫作**最简三角方程**. 在反三角函数符号后含有未知数的方程称为**反三角方程**. 形如
$$\arcsin x = b, \arccos x = b, \arctan x = b, \operatorname{arccot} x = b$$
的方程叫作**最简反三角方程**.

2. 三角方程和反三角方程的解法

三角函数和反三角函数形式多样，性质复杂，因此三角方程和反三角方程的解法灵活多样，基本方法是利用三角函数和反三角函数的性质，通过各种变形和代数方法，把三角方程和反三角方程化为代数方程、最简三角方程和同名三角函数的方程等.

例 4.29　解方程 $\sin x - 2\cos x = 2$.

解：这是非同名三角函数的方程，利用万能公式
$$\sin x = \frac{2\tan\dfrac{x}{2}}{1 + \tan^2\dfrac{x}{2}}, \cos x = \frac{1 - \tan^2\dfrac{x}{2}}{1 + \tan^2\dfrac{x}{2}},$$
把原方程化为代数方程.

1）当 $\dfrac{x}{2} \neq k\pi + \dfrac{\pi}{2}$，即 $x \neq 2k\pi + \pi (k \in \mathbb{Z})$ 时，令 $\tan\dfrac{x}{2} = t$，则原方程变形为
$$\frac{2t}{1 + t^2} - \frac{2(1 - t^2)}{1 + t^2} = 2,$$
解得 $t = 2$，即 $\tan\dfrac{x}{2} = 2$，从而得 $x = 2\arctan 2 + 2k\pi (k \in \mathbb{Z})$.

2) 当 $\dfrac{x}{2} = k\pi + \dfrac{\pi}{2}$，即 $x = 2k\pi + \pi(k \in \mathbb{Z})$ 时，代入原方程得 $0 - 2 \times (-1) = 2$，

等式成立，从而 $x = 2k\pi + \pi(k \in \mathbb{Z})$ 是原方程的解.

综上，原方程的解为

$$\{x \mid x = (2k+1)\pi, k \in \mathbb{Z}\} \cup \{x \mid x = 2\arctan 2 + 2k\pi, k \in \mathbb{Z}\}.$$

例 4.30 解方程 $\arctan(x - 1) + \arctan x + \arctan(x + 1) = \arctan 3x$.

解：移项得

$$\arctan(x - 1) + \arctan(x + 1) = \arctan 3x - \arctan x.$$

两边同时取正切，

$$\tan\big[\arctan(x - 1) + \arctan(x + 1)\big] = \tan(\arctan 3x - \arctan x).$$

根据两角和差的正切公式可得

$$\frac{\tan[\arctan(x - 1)] + \tan[\arctan(x + 1)]}{1 - \tan[\arctan(x - 1)] \cdot \tan[\arctan(x + 1)]}$$

$$= \frac{\tan(\arctan 3x) - \tan(\arctan x)}{1 + \tan(\arctan 3x) \cdot \tan(\arctan x)},$$

所以

$$\frac{x - 1 + x + 1}{1 - (x - 1)(x + 1)} = \frac{3x - x}{1 + 3x \cdot x},$$

即

$$\frac{2x}{1 - (x^2 - 1)} = \frac{2x}{1 + 3x^2},$$

化简整理可得

$$2x(4x^2 - 1) = 0.$$

解得

$$x = 0, x = \frac{1}{2}, x = -\frac{1}{2}.$$

经检验，原方程的根是 $x_1 = 0, x_2 = \dfrac{1}{2}, x_3 = -\dfrac{1}{2}$.

例 4.31 解方程 $\theta = \arctan(2\tan^2 \theta) - \dfrac{1}{2}\arcsin \dfrac{3\sin 2\theta}{5 + 4\cos 2\theta}$.

解：设

$$\arctan(2\tan^2 \theta) = \alpha, \arcsin \frac{3\sin 2\theta}{5 + 4\cos 2\theta} = \beta,$$

则 $\alpha \in \left[0, \dfrac{\pi}{2}\right), \beta \in \left[-\dfrac{\pi}{2}, \dfrac{\pi}{2}\right]$，原方程变形为

$$\theta = \alpha - \frac{1}{2}\beta,$$

其中 $\theta \in \left[-\dfrac{\pi}{4}, \dfrac{3\pi}{4}\right)$,且有

$$\tan \alpha = 2\tan^2 \theta,$$

$$\sin \beta = \frac{3\sin 2\theta}{5 + 4\cos 2\theta} = \frac{6\tan \theta}{9 + \tan^2 \theta},$$

$$\cos \beta = \left| \frac{9 - \tan^2 \theta}{9 + \tan^2 \theta} \right|.$$

1) 当 $\tan^2 \theta \leqslant 9$ 时,$\cos \beta = \dfrac{9 - \tan^2 \theta}{9 + \tan^2 \theta}$. 因为 $\theta = \alpha - \dfrac{1}{2}\beta$,所以 $\dfrac{\beta}{2} = \alpha - \theta$,两边同时取正切可得

$$\tan \frac{\beta}{2} = \frac{\tan \alpha - \tan \theta}{1 + \tan \alpha \tan \theta}. \qquad\qquad ①$$

注意到

$$\tan \frac{\beta}{2} = \frac{1 - \cos \beta}{\sin \beta} = \frac{1 - \dfrac{9 - \tan^2 \theta}{9 + \tan^2 \theta}}{\dfrac{6\tan \theta}{9 + \tan^2 \theta}} = \frac{\tan \theta}{3},$$

将 $\tan \dfrac{\beta}{2} = \dfrac{\tan \theta}{3}$ 和 $\tan \alpha = 2\tan^2 \theta$ 代入①式,得

$$\frac{\tan \theta}{3} = \frac{2\tan^2 \theta - \tan \theta}{1 + 2\tan^3 \theta},$$

去分母整理可得

$$\tan \theta (\tan \theta - 1)^2 (\tan \theta + 2) = 0,$$

因而

$$\tan \theta = 0, \tan \theta - 1 = 0, \tan \theta + 2 = 0,$$

所以

$$\theta = 0, \theta = \frac{\pi}{4}, \theta = \pi - \arctan 2.$$

2) 当 $\tan^2 \theta > 9$ 时,$\cos \beta = -\dfrac{9 - \tan^2 \theta}{9 + \tan^2 \theta}$,同上可得

$$\frac{3}{\tan \theta} = \frac{2\tan^2 \theta - \tan \theta}{1 + 2\tan^3 \theta},$$

去分母整理可得

$$(\tan \theta + 1)(4\tan^2 \theta - 3\tan \theta + 3) = 0,$$

解得 $\theta = -\dfrac{\pi}{4}$(舍).

经检验,$\theta_1 = 0, \theta_2 = \dfrac{\pi}{4}, \theta_3 = \pi - \arctan 2$ 是原方程的根.

4.7 方程组

4.7.1 方程组的概念

定义 4.18　含有 $n(n \in \mathbb{Z}^+)$ 个未知数 $x_1, x_2, \cdots, x_n$ 的 $k(k \geqslant 2)$ 个方程的集合, 即

$$
\begin{cases}
f_1(x_1, x_2, \cdots, x_n) = g_1(x_1, x_2, \cdots, x_n), \\
f_2(x_1, x_2, \cdots, x_n) = g_2(x_1, x_2, \cdots, x_n), \\
\cdots \\
f_k(x_1, x_2, \cdots, x_n) = g_k(x_1, x_2, \cdots, x_n)
\end{cases}
$$

叫作**方程组**. 方程组中 k 个方程定义域的交集叫作**该方程组的定义域**.

定义 4.19　如果 $x_1 = a_1, x_2 = a_2, \cdots, x_n = a_n$ 能使方程组中的每一个等式成立, 则有序数组 $(a_1, a_2, \cdots, a_n)$ 称为方程组的一个**解**. 方程组的所有解的集合叫作方程组的**解集**. 求出方程组的解集的过程叫作**解方程组**. 无解方程组叫作**矛盾方程组**, 它的解集是空集.

4.7.2 方程组的分类

　　方程组的分类标准和方程的分类标准相同. 根据构成方程组的函数表达式的结构, 方程组可以分为代数方程组和超越方程组. 代数方程组包括整式方程组、分式方程组、无理方程组, 其中整式方程组又包括线性方程组、二次方程组、高次方程组等; 超越方程组包括指数方程组、对数方程组、三角方程组、反三角方程组等. 不同类型的方程也可以组成方程组.

4.7.3 方程组的同解性

1. 方程组的同解概念

定义 4.20　在某个数集里, 如果方程组 A_1 的每个解都是方程组 A_2 的解, 方程组 A_2 的每个解也都是方程组 A_1 的解, 则称方程组 A_1, A_2 是**同解方程组**.

定义 4.21　在某个数集里, 如果方程组 A_1 的解集是方程组 A_2 的解集的子集, 则称方程组 A_2 是方程组 A_1 的**结果方程组**. 存在于方程组 A_2 的解集中, 但不存在于方程组 A_1 的解集中的解, 称为方程组 A_1 的**增解**.

2. 方程组的同解定理

定理 4.20　(用同解方程代换) 如果方程 $f_1(x_1, x_2, \cdots, x_n) = 0$ 和方程 $\tilde{f}_1(x_1, x_2, \cdots, x_n) = 0$ 同解, 则方程组

$$
\begin{cases}
f_1(x_1, x_2, \cdots, x_n) = 0, \\
f_2(x_1, x_2, \cdots, x_n) = 0, \\
\cdots \\
f_k(x_1, x_2, \cdots, x_n) = 0
\end{cases}
$$

和方程组 $\begin{cases} \tilde{f}_1(x_1,x_2,\cdots,x_n) = 0, \\ f_2(x_1,x_2,\cdots,x_n) = 0, \\ \cdots \\ f_k(x_1,x_2,\cdots,x_n) = 0 \end{cases}$ 同解.

定理 4. 21 （加减消元定理）方程组（Ⅰ）

$$\begin{cases} f_1(x_1,x_2,\cdots,x_n) = 0, \\ f_2(x_1,x_2,\cdots,x_n) = 0, \\ \cdots \\ f_k(x_1,x_2,\cdots,x_n) = 0 \end{cases}$$

和方程组（Ⅱ）

$$\begin{cases} m_{11}f_1 + m_{12}f_2 + \cdots + m_{1k}f_k = 0, \\ m_{21}f_1 + m_{22}f_2 + \cdots + m_{2k}f_k = 0, \\ \cdots \\ m_{k1}f_1 + m_{k2}f_2 + \cdots + m_{kk}f_k = 0 \end{cases}$$

同解,其中 $m_{ij}(i = 1,2,\cdots,k, j = 1,2,\cdots,k, k \geqslant 2)$ 是常数,且 $\det(m_{ij}) \neq 0$.

证明: 当（Ⅰ）的各等式成立时,（Ⅱ）的各等式显然成立. 反之,当（Ⅱ）的各等式成立时,把（Ⅱ）看作关于 $f_i(i = 1,2,\cdots,k)$ 的齐次线性方程组,因其系数行列式 $\det(m_{ij}) \neq 0$,故只有零解 $f_i = 0(i = 1,2,\cdots,k)$,即（Ⅰ）的各等式都成立. 所以（Ⅰ）与（Ⅱ）同解. □

定理 4. 22 （代入消元定理）如果方程 $f_1(x_1,x_2,\cdots,x_n) = 0$ 的一般解是 $x_1 = g(x_2,\cdots, x_n)$,则方程组

$$\begin{cases} f_1(x_1,x_2,\cdots,x_n) = 0, \\ f_2(x_1,x_2,\cdots,x_n) = 0, \\ \cdots \\ f_k(x_1,x_2,\cdots,x_n) = 0 \end{cases} \tag{4.7.1}$$

与

$$\begin{cases} x_1 = g(x_2,\cdots,x_n), \\ f_2(g(x_2,\cdots,x_n),x_2,\cdots,x_n) = 0, \\ \cdots \\ f_k(g(x_2,\cdots,x_n),x_2,\cdots,x_n) = 0 \end{cases}$$

同解.

注 4. 8 对于方程 $f_1(x_1,x_2,\cdots,x_n) = 0$,用关于变量 $x_2,\cdots,x_n$ 的初等函数的解析式 $x_1 = g(x_2,\cdots,x_n)$ 来表示 x_1,称为由这个方程解出 x_1,这个解析式称为关于 x_1 的**一般解**.

定理 4.23 （因式分解降次定理）如果(4.7.1)中$f_1(x_1, x_2, \cdots, x_n) =$
$$g_1(x_1, x_2, \cdots, x_n)g_2(x_1, x_2, \cdots, x_n)\cdots g_m(x_1, x_2, \cdots, x_n),$$
则方程组(4.7.1)的解集是以下 m 个方程组的解集的并集与 D 的交集,即:

$$\begin{cases} g_1 = 0, \\ f_2 = 0, \\ \cdots \\ f_k = 0. \end{cases} \quad \begin{cases} g_2 = 0, \\ f_2 = 0, \\ \cdots \\ f_k = 0. \end{cases} \quad \cdots \quad \begin{cases} g_m = 0, \\ f_2 = 0, \\ \cdots \\ f_k = 0. \end{cases}$$

这里 D 是(4.7.1)的定义域与上面 m 个方程组定义域的交集.

注 4.9 定理 4.21、4.22 是加减消元法和代入消元法的理论依据,定理 4.23 是因式分解法解方程组的理论依据.

4.7.4 方程组的解法举例

线性方程组的求解,在高等代数中用矩阵和行列式给出了完整的方法. 非线性方程组的求解,则没有统一的方法可循,需要根据方程中函数的特点进行求解,主要思路就是降次、消元,常用的方法包括消元法、因式分解法、换元法等.

1. 整式方程组

例 4.32 解方程组 $\begin{cases} x^2 = 15 + (y-z)^2, \\ y^2 = 5 + (z-x)^2, \\ z^2 = 3 + (x-y)^2. \end{cases}$

解：原方程组通过移项和因式分解可变形为

$$\begin{cases} (x-y+z)(x+y-z) = 15, \\ (x+y-z)(-x+y+z) = 5, \\ (-x+y+z)(x-y+z) = 3. \end{cases}$$

三式相乘得

$$(-x+y+z)^2(x-y+z)^2(x+y-z)^2 = 225,$$

将其两边开方可得

$$(-x+y+z)(x-y+z)(x+y-z) = 15,$$

或

$$(-x+y+z)(x-y+z)(x+y-z) = -15.$$

因而原方程可以化为以下两个方程组,即

$$\begin{cases} -x+y+z = 1, \\ x-y+z = 3, \\ x+y-z = 5, \end{cases} \quad \begin{cases} -x+y+z = -1, \\ x-y+z = -3, \\ x+y-z = -5. \end{cases}$$

解得

$$\begin{cases} x = 4, \\ y = 3, \\ z = 2. \end{cases} \quad \begin{cases} x = -4, \\ y = -3, \\ z = -2. \end{cases}$$

所以原方程组的解为$(4,3,2)$和$(-4,-3,-2)$.

2. 无理方程组

例 4.33　解方程组 $\begin{cases} 2xy - 5\sqrt{xy + 1} = 10, \\ x^2 + y^2 = 34. \end{cases}$

解：由第一个方程可得

$$2(xy + 1) - 5\sqrt{xy + 1} - 12 = 0,$$

设 $\sqrt{xy + 1} = t\,(t \geq 0)$，则 $2t^2 - 5t - 12 = 0$，解得 $t_1 = 4, t_2 = -\dfrac{3}{2}$（舍），所以 $xy = 15$. 设

$$x = \sqrt{15}\,a,\ y = \frac{\sqrt{15}}{a},$$

代入第二个方程可得 $15a^4 - 34a^2 + 15 = 0$，解得 $a^2 = \dfrac{5}{3}$ 或 $a^2 = \dfrac{3}{5}$，即 $a = \pm\dfrac{1}{3}\sqrt{15}$ 或 $a = \pm\dfrac{1}{5}\sqrt{15}$. 所以

$$\begin{cases} x_1 = 5, \\ y_1 = 3, \end{cases} \quad \begin{cases} x_2 = 3, \\ y_2 = 5, \end{cases} \quad \begin{cases} x_3 = -3, \\ y_3 = -5, \end{cases} \quad \begin{cases} x_4 = -5, \\ y_4 = -3. \end{cases}$$

经检验，这四组都是原方程的解.

例 4.34　求所有实数 x，使得 $x = \sqrt{x - \dfrac{1}{x}} + \sqrt{1 - \dfrac{1}{x}}$.

解：显然 $x > 0$. 设 $a = \sqrt{x - \dfrac{1}{x}}, b = \sqrt{1 - \dfrac{1}{x}}$，则 $a \geq 0, b \geq 0$，且由原方程可得关于 a, b 的二元二次方程组

$$\begin{cases} a + b = x, \\ a^2 - b^2 = x - 1. \end{cases}$$

因为 $x > 0$，所以

$$a - b = 1 - \frac{1}{x}.$$

由 $a + b = x$ 和 $a - b = 1 - \dfrac{1}{x}$ 可得

$$2a = x - \frac{1}{x} + 1 = a^2 + 1,$$

整理可得 $(a - 1)^2 = 0, a = 1$，即 $x - \dfrac{1}{x} = 1$，所以 $x^2 - x - 1 = 0, x = \dfrac{1 \pm \sqrt{5}}{2}$.

经检验，$x = \dfrac{1 - \sqrt{5}}{2}$ 为增根，舍去.

所以原方程的根为 $x = \dfrac{1 + \sqrt{5}}{2}$.

3. 超越方程组

定义 4.22 如果在方程组中至少有一个方程是初等超越方程,则称该方程组是**初等超越方程组**,简称**超越方程组**.

解超越方程组的基本思想是通过对数化、乘幂化、换元法、三角代换等同解或非同解变形,把方程组中的方程化为代数方程或最简超越方程,从而求得方程组的解.

(1) 指数方程组

例 4.35 解方程组

$$\begin{cases} 2^{y-x} \cdot (x+y) = 1, \\ (x+y)^{x-y} = 2. \end{cases}$$

解: 显然 $x+y > 0$ 且 $\neq 1$. 将原方程组两边同时取对数,则原方程组变形为

$$\begin{cases} (y-x)\lg 2 + \lg(x+y) = 0, \\ (x-y)\lg(x+y) = \lg 2. \end{cases}$$

即

$$\begin{cases} \lg(x+y) = (x-y)\lg 2, \\ \lg(x+y) = \dfrac{1}{x-y}\lg 2. \end{cases}$$

两式相除得 $x - y = \dfrac{1}{x-y}$, 即 $x-y = \pm 1$.

将其代入 $\lg(x+y) = (x-y)\lg 2$, 得原方程组的解为 $\left(\dfrac{3}{2}, \dfrac{1}{2}\right), \left(-\dfrac{1}{4}, \dfrac{3}{4}\right)$.

例 4.36 已知方程组 $\begin{cases} x^{x+y} = y^{x-y}, \\ x^2 y = 1, \end{cases}$ 求它的正数解.

解: 由第二个方程可得 $y = \dfrac{1}{x^2}$, 将其代入第一个方程可得

$$x^{x+\frac{1}{x^2}} = \left(\dfrac{1}{x^2}\right)^{x-\frac{1}{x^2}},$$

即

$$x^{x+\frac{1}{x^2}} = x^{-2x+\frac{2}{x^2}},$$

所以

$$x^{3x-\frac{1}{x^2}} = 1.$$

因为 $x > 0$, 所以 $x = 1$ 或 $3x - \dfrac{1}{x^2} = 0$.

1) 当 $x = 1$ 时, $y = 1$;

2) 当 $3x - \dfrac{1}{x^2} = 0$ 时, $x = \dfrac{\sqrt[3]{9}}{3}, y = \sqrt[3]{9}$.

所以原方程组的正数解为 $\begin{cases} x = 1, \\ y = 1, \end{cases}$ $\begin{cases} x = \dfrac{\sqrt[3]{9}}{3}, \\ y = \sqrt[3]{9}. \end{cases}$

(2) 对数方程组

例4.37 解方程组 $\begin{cases} 4^{\frac{x}{y}+\frac{y}{x}} = 32, \\ \log_3(x-y) = 1 - \log_3(x+y). \end{cases}$

解：由题可知 $x + y > 0, x - y > 0$. 根据第一个方程可得

$$\frac{x}{y} + \frac{y}{x} = \log_4 32 = \frac{5}{2}.$$

即

$$2\left(\frac{x}{y}\right)^2 - 5\left(\frac{x}{y}\right) + 2 = 0,$$

$$\left(\frac{x}{y} - 2\right)\left(\frac{2x}{y} - 1\right) = 0.$$

解得 $x = 2y$ 或 $y = 2x$.

将 $\log_3(x-y) = 1 - \log_3(x+y)$ 移项整理可得 $\log_3(x-y)(x+y) = 1$，即 $x^2 - y^2 = 3$. 所以原方程可以化为以下两个方程组，即

$$\begin{cases} x = 2y, \\ x^2 - y^2 = 3. \end{cases} ① \qquad \begin{cases} y = 2x, \\ x^2 - y^2 = 3. \end{cases} ②$$

由①可得 $\begin{cases} x = 2, \\ y = 1, \end{cases}$ $\begin{cases} x = -2, \\ y = -1 \end{cases}$（舍去）.

由②可得 $\begin{cases} y = 2x, \\ x^2 = -1, \end{cases}$ 无解.

所以原方程组的解为 $\begin{cases} x = 2, \\ y = 1. \end{cases}$

(3) 三角和反三角方程组

例4.38 解方程组 $\begin{cases} \sin x + \sin y = 1, \\ \cos x + \cos y = \sqrt{3}. \end{cases}$

解：原方程组可变形为

$$\begin{cases} \sin y = 1 - \sin x, \\ \cos y = \sqrt{3} - \cos x, \end{cases}$$

可得

$$(1 - \sin x)^2 + (\sqrt{3} - \cos x)^2 = 1,$$

展开可得

$$1 - 2\sin x + \sin^2 x + 3 - 2\sqrt{3}\cos x + \cos^2 x = 1,$$

整理化简可得

$$\sin x + \sqrt{3}\cos x = 2,$$

即

$$\sin\left(x + \frac{\pi}{3}\right) = 1,$$

解得

$$x = 2k\pi + \frac{\pi}{6}(k \in \mathbb{Z}).$$

故

$$\sin y = \frac{1}{2}, \ y = 2m\pi + \frac{\pi}{6}或2m\pi + \frac{5}{6}\pi(m \in \mathbb{Z}).$$

又由 $\cos x + \cos y = \sqrt{3}$ 可得 $\cos y = \dfrac{\sqrt{3}}{2}$,故 $y = 2m\pi \pm \dfrac{\pi}{6}(m \in \mathbb{Z})$.

所以 $y = 2m\pi + \dfrac{\pi}{6}$.

所以原方程组的解为 $\begin{cases} x = 2k\pi + \dfrac{\pi}{6}, \\ y = 2m\pi + \dfrac{\pi}{6} \end{cases} (k,m \in \mathbb{Z}).$

例 4.39 解方程组 $\begin{cases} \arcsin x \arcsin y = \dfrac{\pi^2}{12}, \\ \arccos x \arccos y = \dfrac{\pi^2}{24}. \end{cases}$

解：根据

$$\arccos \alpha = \frac{\pi}{2} - \arcsin \alpha,$$

可将第二个方程化为

$$\left(\frac{\pi}{2} - \arcsin x\right)\left(\frac{\pi}{2} - \arcsin y\right) = \frac{\pi^2}{24}.$$

令 $u = \arcsin x, v = \arcsin y$,则原方程组可变为

$$\begin{cases} uv = \dfrac{\pi^2}{12}, \\ uv - (u+v)\dfrac{\pi}{2} = -\dfrac{5\pi^2}{24}, \end{cases}$$

即

$$\begin{cases} uv = \dfrac{\pi^2}{12}, \\ u + v = \dfrac{7\pi}{12}. \end{cases}$$

易见 u,v 是一元二次方程 $12z^2 - 7\pi z + \pi^2 = 0$ 的两个根. 解此方程,得

$$\begin{cases} u_1 = \dfrac{\pi}{3}, \\ v_1 = \dfrac{\pi}{4}, \end{cases} \quad \begin{cases} u_2 = \dfrac{\pi}{4}, \\ v_2 = \dfrac{\pi}{3}, \end{cases}$$

即

$$\begin{cases} \arcsin x = \dfrac{\pi}{3}, \\ \arcsin y = \dfrac{\pi}{4}, \end{cases} \quad \begin{cases} \arcsin x = \dfrac{\pi}{4}, \\ \arcsin y = \dfrac{\pi}{3}. \end{cases}$$

可得

$$\begin{cases} x_1 = \dfrac{\sqrt{3}}{2}, \\ y_1 = \dfrac{\sqrt{2}}{2}, \end{cases} \quad \begin{cases} x_2 = \dfrac{\sqrt{2}}{2}, \\ y_2 = \dfrac{\sqrt{3}}{2}. \end{cases}$$

经检验, $\begin{cases} x_1 = \dfrac{\sqrt{3}}{2}, \\ y_1 = \dfrac{\sqrt{2}}{2}, \end{cases} \quad \begin{cases} x_2 = \dfrac{\sqrt{2}}{2}, \\ y_2 = \dfrac{\sqrt{3}}{2} \end{cases}$ 是原方程组的解.

习 题 四

1. 解方程 $\dfrac{1}{x^2 + 2x - 3} + \dfrac{18}{x^2 + 2x + 2} - \dfrac{1}{x^2 + 2x + 1} = 0$.

2. 求方程 $17\left(\dfrac{2 - 3x}{x + 1} - \dfrac{4x + 1}{x + 4}\right) + 59 = 5\left(\dfrac{3 - 7x}{x + 2} + \dfrac{2 - 5x}{x + 3}\right)$ 的实数解.

3. 设 p 为实常数,试求方程 $\sqrt{x^2 - p} + 2\sqrt{x^2 - 1} = x$ 有实根的充要条件和实根.

4. 解方程 $2\sqrt{x^2 - 121} + 11\sqrt{x^2 - 4} = 7\sqrt{3}x$.

5. 求方程组 $\begin{cases} x^3 + 1 - xy^2 - y^2 = 0, \\ y^3 + 1 - x^2y - x^2 = 0 \end{cases}$ 的所有实数解.

6. 解方程组 $\begin{cases} x^2 - y^2 = 2(xz + yz + x + y), \\ y^2 - z^2 = 2(yz + zx + y + z), \\ z^2 - x^2 = 2(zy + xy + z + x). \end{cases}$

7. 解方程 $a^{2x - 3} - a^{2x - 2} + a^{2x} = b, a > 0$.

8. 解方程 $\log_{12}(\sqrt{x} + \sqrt[4]{x}) = \dfrac{1}{2}\log_9 x$.

9. 解方程 $\lg(x - 1) + \lg(3 - x) = \lg(a - x)$,其中 $a, x \in \mathbb{R}$.

10. 解方程 $(a - 1)\cos x + (a + 1)\sin x = 2a$.

11. 解方程 $\sin^4 x + \cos^{15} x = 1$.

12. 解方程 $\dfrac{\cos x + \sin x}{\cos x - \sin x} = 1 + \sin 2x$.

13. 解方程 $2\arctan x = \arcsin \dfrac{2a}{1+a^2} + \arcsin \dfrac{2b}{1+b^2}$，其中 $|a| < 1, |b| < 1$.

14. 求方程 $\arctan \dfrac{\sqrt{1+x^2}}{\sqrt{2} + \sqrt{1-x^2}} + \arctan \dfrac{\sqrt{1-x^2}}{\sqrt{2} + \sqrt{1+x^2}} = \dfrac{\pi}{4}$ 的解.

15. 当 k 和 d 满足什么条件时，方程组 $\begin{cases} x^3 + y^3 = 2, \\ y = kx + d \end{cases}$ 没有实数解?

16. 求所有实数组 (a,b,c,d)，使其满足 $\begin{cases} ab + c + d = 3, \\ bc + d + a = 5, \\ cd + a + b = 6, \\ da + b + c = 2. \end{cases}$

17. 解方程组 $\begin{cases} a^2 = \dfrac{\sqrt{bc}\sqrt[3]{bcd}}{(b+c)(b+c+d)}, \\[2mm] b^2 = \dfrac{\sqrt{cd}\sqrt[3]{cda}}{(c+d)(c+d+a)}, \\[2mm] c^2 = \dfrac{\sqrt{da}\sqrt[3]{dab}}{(d+a)(d+a+b)}, \\[2mm] d^2 = \dfrac{\sqrt{ab}\sqrt[3]{abc}}{(a+b)(a+b+c)}. \end{cases}$

18. 解方程组 $\begin{cases} x\sqrt{y+z} + y\sqrt{z+x} + z\sqrt{x+y} = \dfrac{3}{2}\sqrt{(x+y)(y+z)(z+x)}, \\[2mm] x + \dfrac{y}{2} + z = 1. \end{cases}$

19. 求方程组 $\begin{cases} \sin\left[(x+\sqrt{2\pi})^2 + y^2\right] = 0, \\[2mm] \sqrt{2\log_{\sqrt{\pi}}(x^2+y^2)} + 2\log_{\pi}\sqrt{x^2+y^2} = 3 \end{cases}$ 的正数解.

20. 解方程组 $\begin{cases} 9^{-1} \cdot \sqrt[y]{9^x} - 27 \cdot \sqrt[x]{27^y} = 0, \\ \lg(x-1) - \lg(1-y) = 0. \end{cases}$

21. 解方程组 $\begin{cases} \cos\dfrac{x+y}{2}\cos\dfrac{x-y}{2} = \dfrac{1}{2}, \\[2mm] \cos x \cos y = \dfrac{1}{4}. \end{cases}$

22. 解方程组 $\begin{cases} \sqrt{x(1-y)} + \sqrt{y(1-x)} = a, \\ \sqrt{x(1-x)} + \sqrt{y(1-y)} = b, \end{cases}$ 其中 $0 < b \leqslant a < 1$.

第五章　不等式

不等式是反映不等关系的数学模型. 不等关系在实际应用中很普遍,用不等式解决问题,需要分析问题中各个量之间的数量关系,列出不等式(组),然后通过解不等式(组)使问题得到解决. 用不等式解决问题时,经常结合方程、函数等数学方法.

本章介绍不等式的概念及性质,讨论不等式的同解性,分析代数不等式、初等超越不等式的解法,归纳证明不等式的一些方法和技巧,然后介绍几个著名的不等式.

5.1　不等式的概念与性质

5.1.1　不等式的概念

定义 5.1　将两个解析式用不等号($>$, $<$, $\geqslant$, $\leqslant$, $\neq$)连接后所成的式子叫作**不等式**. 不等式中两个解析式的定义域的交集,叫作**不等式的定义域**.

例如, $f(x_1, x_2, \cdots, x_n) > g(x_1, x_2, \cdots, x_n)$ 是关于变元 $x_1, x_2, \cdots, x_n$ 的不等式,其定义域是 $f(x_1, x_2, \cdots, x_n)$, $g(x_1, x_2, \cdots, x_n)$ 的定义域的交集.

不等式可以根据其中解析式的类别进行分类. 如果不等式中的两个解析式都是代数式,则不等式称为**代数不等式**. 如果不等式中含有超越式,则不等式称为**超越不等式**. 代数不等式包括整式不等式、分式不等式、无理不等式等;超越不等式包括指数不等式、对数不等式、三角不等式、反三角不等式等.

5.1.2　不等式的性质

1. 对称性

如果 $x > y$,那么 $y < x$;如果 $y < x$,那么 $x > y$.

2. 传递性

如果 $x > y, y > z$,那么 $x > z$.

3. 加法单调性

如果 $x > y, z$ 为任意实数或整式,那么 $x + z > y + z$.

(即不等式两边同时加或减去同一个整式,不等号方向不变)

4. 乘法单调性

（1）如果 $x > y, z > 0$，那么 $xz > yz$.

（即不等式两边同时乘以（或除以）同一个大于 0 的整式，不等号方向不变）

（2）如果 $x > y, z < 0$，那么 $xz < yz$.

（即不等式两边同时乘以（或除以）同一个小于 0 的整式，不等号方向改变）

上面四条是不等式的基本性质，由这四个基本性质，可以推出两个不等式的相加、相乘、乘方等法则.

5. 相加法则

如果 $x > y, m > n$，那么 $x + m > y + n$.

6. 相乘法则

如果 $x > y > 0, m > n > 0$，那么 $xm > yn$.

7. 乘方法则

如果 $x > y > 0, n$ 为正整数，那么 $x^n > y^n$；如果 $x > y > 0, n$ 为负整数，那么 $x^n < y^n$.

8. 开方法则

如果 $x > y > 0, n$ 为正整数，那么 $\sqrt[n]{x} > \sqrt[n]{y}$.

注 5.1 5.1.2 中的性质及法则可推广到相应的非严格不等式.

5.2 解不等式

一般地，使不等式成立的变元的值的全体称为**不等式的解集**. 求不等式的解集，叫作**解不等式**.

5.2.1 不等式的同解性

定义 5.2 如果两个含有相同变元的不等式的解集相同，那么这两个不等式叫作**同解不等式**.

如 $2x + 6 < 0$ 与 $3x < -9$ 是同解不等式.

下面给出一些关于不等式的同解原理. 为了表述简洁，用 $\Leftrightarrow$ 表示同解.

（1）$f(x) > g(x) \Leftrightarrow g(x) < f(x)$.

（2）若函数 $h(x)$ 的定义域包含不等式 $f(x) > g(x)$ 的定义域，则
$$f(x) > g(x) \Leftrightarrow f(x) + h(x) > g(x) + h(x).$$

（3）若函数 $h(x)$ 的定义域包含不等式 $f(x) > g(x)$ 的定义域，则
$$h(x) > 0 \text{ 时有 } f(x) > g(x) \Leftrightarrow f(x)h(x) > g(x)h(x),$$

$h(x) < 0$ 时有 $f(x) > g(x) \Leftrightarrow f(x)h(x) < g(x)h(x)$.

(4) 不等式 $f(x)g(x) > 0$ 的解集是下面两个不等式组解集的并集,即

$$\begin{cases} f(x) > 0, \\ g(x) > 0, \end{cases} \quad \begin{cases} f(x) < 0, \\ g(x) < 0. \end{cases}$$

(5) $\dfrac{f(x)}{g(x)} > 0 \Leftrightarrow f(x)g(x) > 0$.

(6) $|f(x)| > |g(x)| \Leftrightarrow |f(x)|^n > |g(x)|^n, n$ 是正整数.

5.2.2 代数不等式的解法

1. 实系数整式不等式

一元实系数整式不等式的解法:把不等式 $f(x) = a_0 x^n + a_1 x^{n-1} + \cdots + a_{n-1} x + a_n > 0$(或 $< 0, a_0 > 0$)分解成 $a_0(x - \alpha_1)^{m_1}(x - \alpha_2)^{m_2} \cdots (x - \alpha_k)^{m_k}(x^2 + p_1 x + q_1)^{n_1}(x^2 + p_2 x + q_2)^{n_2} \cdots (x^2 + p_r x + q_r)^{n_r} > 0$(或 < 0)的形式($a_0 > 0, \alpha_1 < \alpha_2 < \cdots < \alpha_k, p_i^2 - 4q_i < 0, i = 1, 2, 3, \cdots, r, \sum\limits_{j=1}^{k} m_j + 2 \sum\limits_{j=1}^{r} n_j = n$)→在数轴上标记出方程的实根→穿针引线,从右往左,从上往下穿(奇穿偶不穿)→写出不等式的解集.

例 5.1 解不等式:$2x^3 - x^2 - 15x > 0$.

解:原不等式可化为

$$x(2x + 5)(x - 3) > 0.$$

方程 $x(2x + 5)(x - 3) = 0$ 有 3 个根,分别为

$$x_1 = 0, x_2 = -\frac{5}{2}, x_3 = 3.$$

由穿线法知原不等式解集为

$$\left\{ x \,\middle|\, -\frac{5}{2} < x < 0 \text{ 或 } x > 3 \right\}.$$

2. 分式不等式

把分式不等式通过移项、通分、因式分解等化成 $\dfrac{f(x)}{g(x)} \geq 0$ 的形式→化成不等式组

$$\begin{cases} g(x) \neq 0, \\ f(x)g(x) \geq 0 \end{cases}$$

→解不等式组得解集.

注意:解分式不等式一定要考虑定义域.

例 5.2 解关于 x 的不等式 $\dfrac{a(x-1)}{x-2} > 1$.

解:原不等式移项通分后化为

$$\frac{(a-1)x - (a-2)}{x-2} > 0,$$

它与不等式

$$[(a-1)x-(a-2)](x-2)>0$$

同解.

1) 当 $a-1>0$, 即 $a>1$ 时, 原不等式与不等式

$$\left(x-\frac{a-2}{a-1}\right)(x-2)>0$$

同解, 此时因为 $\frac{a-2}{a-1}<2$, 所以原不等式的解集为

$$\left(-\infty,\frac{a-2}{a-1}\right)\cup(2,+\infty).$$

2) 当 $a=1$ 时, 即 $x-2>0$, 其解集为 $(2,+\infty)$.

3) 当 $a<1$ 时, 原不等式与不等式 $\left(x-\frac{a-2}{a-1}\right)(x-2)<0$ 同解.

当 $\frac{a-2}{a-1}>2$, 即 $0<a<1$ 时, 原不等式的解集为 $\left(2,\frac{a-2}{a-1}\right)$.

当 $a=0$ 时, 原不等式的解集为 $\varnothing$.

当 $a<0$ 时, 原不等式的解集为 $\left(\frac{a-2}{a-1},2\right)$.

综上, 当 $a>1$ 时, 解集为 $\left(-\infty,\frac{a-2}{a-1}\right)\cup(2,+\infty)$; 当 $a=1$ 时, 解集为 $(2,+\infty)$; 当 $0<a<1$ 时, 解集为 $\left(2,\frac{a-2}{a-1}\right)$; 当 $a=0$ 时, 解集为 $\varnothing$; 当 $a<0$ 时, 解集为 $\left(\frac{a-2}{a-1},2\right)$.

3. 无理不等式

无理不等式是指含有无理式的代数不等式, 常用的解法有乘方法、换元法、分类讨论等. 用乘方法把无理不等式转化为有理不等式时, 要注意根式有意义的条件和定义域的变化. 有时 $\sqrt{f(x)}\geqslant g(x)$ 可转化为

$$\sqrt{f(x)}>g(x) \text{ 或 } \sqrt{f(x)}=g(x),$$

而 $\sqrt{f(x)}>g(x)$ 等价于 $\begin{cases} f(x)\geqslant 0, \\ g(x)<0 \end{cases}$ 或 $\begin{cases} f(x)\geqslant 0, \\ g(x)\geqslant 0, \\ f(x)>[g(x)]^2. \end{cases}$

例 5.3 解关于 x 的不等式 $\sqrt{2ax-a^2}>1-x\,(a>0)$.

解: 原不等式的解集是下面两个不等式组解集的并集, 即

$$\begin{cases} 2ax-a^2>0, \\ 1-x\geqslant 0, \\ 2ax-a^2>(1-x)^2, \end{cases} ① \qquad \begin{cases} 2ax-a^2\geqslant 0, \\ 1-x<0. \end{cases} ②$$

因 $a>0$, 所以①②可分别化为

$$\begin{cases} x > \dfrac{a}{2}, \\ x \leqslant 1, \\ x^2 - 2(a+1)x + a^2 + 1 < 0, \end{cases} \quad ③ \quad \begin{cases} x \geqslant \dfrac{a}{2}, \\ x > 1. \end{cases} \quad ④$$

对于③,由判别式 $\Delta = 4(a+1)^2 - 4(a^2+1) = 8a > 0$,得不等式 $x^2 - 2(a+1)x + a^2 + 1 < 0$ 的解是 $a + 1 - \sqrt{2a} < x < a + 1 + \sqrt{2a}$.

当 $0 < a \leqslant 2$ 时,$\dfrac{a}{2} \leqslant a + 1 - \sqrt{2a} \leqslant 1, a + 1 + \sqrt{2a} > 1$,不等式组①的解是 $a + 1 - \sqrt{2a} < x \leqslant 1$,不等式组②的解是 $x > 1$.

当 $a > 2$ 时,不等式组①无解,②的解是 $x \geqslant \dfrac{a}{2}$.

综上可知,当 $0 < a \leqslant 2$ 时,原不等式的解集是 $(a + 1 - \sqrt{2a}, +\infty)$;当 $a > 2$ 时,原不等式的解集是 $\left[\dfrac{a}{2}, +\infty \right)$.

4. 绝对值不等式

绝对值不等式的基本解法有下面三种.

(1) 公式法. 对只含有一个绝对值的不等式,可用公式 $|x| > a \Leftrightarrow x > a$ 或 $x < -a$;$|x| < a \Leftrightarrow -a < x < a$ 去掉绝对值符号.

(2) 分类讨论. 根据绝对值定义,按照绝对值符号内式子的正负进行分类讨论. 零点分段法也属于分类讨论,比如 $|x + a| + |x + b| < c$,可在数轴上标出各绝对值项的零点 $-a$, $-b$,把数轴分成若干段,然后逐段进行讨论.

(3) 平方法. 如果绝对值不等式的两边都是非负数,如:$|ax + b| > 1$,可以使用平方法.

例 5.4 解不等式 $|x^2 - 3x - 4| > x + 1$.

解:原不等式等价于

$$\begin{cases} x^2 - 3x - 4 \geqslant 0, \\ x^2 - 3x - 4 > x + 1, \end{cases} \quad 或 \quad \begin{cases} x^2 - 3x - 4 < 0, \\ -(x^2 - 3x - 4) > x + 1. \end{cases}$$

即

$$\begin{cases} x \geqslant 4 \text{ 或 } x \leqslant -1, \\ x > 5 \text{ 或 } x < -1, \end{cases} \quad 或 \quad \begin{cases} -1 < x < 4, \\ -1 < x < 3, \end{cases}$$

得 $x > 5$ 或 $x < -1$,或 $-1 < x < 3$.

所以,原不等式的解集为 $(-\infty, -1) \cup (-1, 3) \cup (5, +\infty)$.

例 5.5 解不等式 $\dfrac{|x + 1|}{|x + 2|} \geqslant 1$.

解:$\dfrac{|x + 1|}{|x + 2|} \geqslant 1 \Leftrightarrow \begin{cases} |x + 1| \geqslant |x + 2| \\ x + 2 \neq 0 \end{cases} \Leftrightarrow \begin{cases} (x + 1)^2 \geqslant (x + 2)^2 \\ x + 2 \neq 0 \end{cases} \Leftrightarrow x \leqslant -\dfrac{3}{2} \text{ 且 } x \neq -2$.

所以,原不等式的解集为 $(-\infty, -2) \cup \left(-2, -\dfrac{3}{2}\right]$.

5.2.3 初等超越不等式的解法

初等超越不等式包括指数不等式、对数不等式、三角不等式和反三角不等式等.

1. 指数、对数不等式

解指数不等式和对数不等式有以下几种常用方法.

(1) 同底法. 如果不等号两边能化为同底的指数或对数,先化为同底,再根据指数、对数的单调性转化为代数不等式. 底数含参数时一般要分情况进行讨论.

1) 当 $a > 1$ 时,有

$$a^{f(x)} > a^{g(x)} \Leftrightarrow f(x) > g(x),$$

$$\log_a f(x) > \log_a g(x) \Leftrightarrow \begin{cases} f(x) > 0, \\ g(x) > 0, \\ f(x) > g(x). \end{cases}$$

2) 当 $0 < a < 1$ 时,有

$$a^{f(x)} > a^{g(x)} \Leftrightarrow f(x) < g(x),$$

$$\log_a f(x) > \log_a g(x) \Leftrightarrow \begin{cases} f(x) > 0, \\ g(x) > 0, \\ f(x) < g(x). \end{cases}$$

(2) 对数与指数互化法. 如果不等号两边不能化成同底的指数或对数时,可用对数与指数互化法. 即对数不等式两边取指数,转化成整式不等式来解;指数不等式两边取对数,转化成整式不等式来解.

$$a^x > b \, (a > 1) \Rightarrow \log_a (a^x) > \log_a b \Rightarrow x > \log_a b.$$

$$a^x > b \, (0 < a < 1) \Rightarrow \log_a (a^x) < \log_a b \Rightarrow x < \log_a b.$$

$$\log_a x > b \, (a > 1) \Rightarrow \begin{cases} x > 0, \\ a^{\log_a x} > a^b \end{cases} \Rightarrow \begin{cases} x > 0, \\ x > a^b. \end{cases}$$

$$\log_a x > b \, (0 < a < 1) \Rightarrow \begin{cases} x > 0, \\ a^{\log_a x} < a^b \end{cases} \Rightarrow \begin{cases} x > 0, \\ x < a^b. \end{cases}$$

(3) 换元法. 把指数式或对数式设为 t,从而把指数或对数不等式变为代数不等式.

例 5.6 解不等式 $\dfrac{2^{\sqrt{1-x^2}}}{2} > 4^{-\frac{1}{2}\sqrt{2x-x^2}}$.

解: 　　　原式　$\Leftrightarrow 2^{\sqrt{1-x^2}-1} > 2^{-\sqrt{2x-x^2}}$

$\Leftrightarrow \sqrt{1-x^2} - 1 > -\sqrt{2x-x^2}$

$\Leftrightarrow \sqrt{2x-x^2} > 1 - \sqrt{1-x^2} \, (x \geqslant 0)$

$$\Leftrightarrow \quad 2x - x^2 > (1 - \sqrt{1 - x^2})^2$$

$$\Leftrightarrow \quad \sqrt{1 - x^2} > 1 - x$$

$$\Leftrightarrow \quad 1 - x^2 > (1 - x)^2$$

$$\Leftrightarrow \quad 0 < x < 1.$$

原不等式的解集为 $(0,1)$.

例 5.7 解不等式 $2^{2x-1} - 6 \cdot \left(\dfrac{1}{2}\right)^{1-x} < 8$.

解：原不等式可化为

$$2^{2x} - 6 \cdot 2^x - 16 < 0.$$

令 $2^x = t (t > 0)$, 则得

$$t^2 - 6t - 16 < 0 \Leftrightarrow (t + 2)(t - 8) < 0 \Leftrightarrow -2 < t < 8.$$

又 $t > 0$, 故 $0 < t < 8$, 即 $0 < 2^x < 8$, 解得 $x < 3$.

原不等式的解集为 $(-\infty, 3)$.

例 5.8 解不等式 $\log_{x-1} \dfrac{1}{4} - \log_{\frac{1}{2}} (x - 1) > 1$.

解：原不等式可化为

$$\frac{2}{\log_{\frac{1}{2}} (x - 1)} - \log_{\frac{1}{2}} (x - 1) > 1.$$

令 $\log_{\frac{1}{2}} (x - 1) = t$, 则有 $\dfrac{2}{t} - t > 1$, 解得 $t < -2$ 或 $0 < t < 1$. 从而

$$\log_{\frac{1}{2}} (x - 1) < -2 \text{ 或 } 0 < \log_{\frac{1}{2}} (x - 1) < 1.$$

所以, $x - 1 > \left(\dfrac{1}{2}\right)^{-2}$ 或 $\dfrac{1}{2} < x - 1 < 1$, 故原不等式的解集为

$$\left\{ x \ \middle| \ x > 5 \text{ 或 } \frac{3}{2} < x < 2 \right\}.$$

2. 三角和反三角不等式

定义 5.3 形如

$$\sin x > a, \cos x > a, \tan x > a$$

或

$$\sin x < a, \cos x < a, \tan x < a (a \in \mathbb{R})$$

的不等式叫作**最简三角不等式**.

求解含有三角函数或反三角函数的不等式, 要充分利用三角恒等式和三角函数的性质, 把三角不等式化为最简三角不等式或者代数不等式. 对于含反三角函数的不等式, 需注意其定义域.

例 5.9 解不等式 $2\cos x - 2\sin x + \sqrt{3} > \sqrt{3} \cot x, x$ 为锐角.

解：令 $f(x) = 2\cos x - 2\sin x + \sqrt{3} - \sqrt{3} \cot x, 0 < x < \dfrac{\pi}{2}$, 则

$$f(x) = 2(\cos x - \sin x) + \sqrt{3}(1 - \cot x)$$

$$= 2(\cos x - \sin x) + \sqrt{3}\left(\frac{\sin x - \cos x}{\sin x}\right)$$

$$= (\cos x - \sin x)\left(2 - \frac{\sqrt{3}}{\sin x}\right).$$

设 $f(x) = 0$,得 $\cos x = \sin x$ 或 $\sin x = \dfrac{\sqrt{3}}{2}$,即 $x = \dfrac{\pi}{4}$ 或 $x = \dfrac{\pi}{3}$.

当 $0 < x < \dfrac{\pi}{4}$ 时,$f(x) = (\cos x - \sin x)\left(2 - \dfrac{\sqrt{3}}{\sin x}\right) < 0$;

当 $\dfrac{\pi}{4} < x < \dfrac{\pi}{3}$ 时,$f(x) = (\cos x - \sin x)\left(2 - \dfrac{\sqrt{3}}{\sin x}\right) > 0$;

当 $\dfrac{\pi}{3} < x < \dfrac{\pi}{2}$ 时,$f(x) = (\cos x - \sin x)\left(2 - \dfrac{\sqrt{3}}{\sin x}\right) < 0$.

所以原不等式的解集为 $\left\{x \mid \dfrac{\pi}{4} < x < \dfrac{\pi}{3}\right\}$.

例 5.10 解不等式 $\arcsin \dfrac{x+5}{x+1} < \arctan\sqrt{x^2 + 2x}$.

解:因 $\sin x$ 在 $\left[-\dfrac{\pi}{2}, \dfrac{\pi}{2}\right]$ 单调增加,将原不等式两边同时取正弦,并利用 $\sin x =$

$\dfrac{\tan x}{\sqrt{1 + \tan^2 x}}$,则原不等式等价于下面的不等式组

$$\begin{cases} -1 \leqslant \dfrac{x+5}{x+1} \leqslant 1, & ① \\[3mm] \dfrac{x+5}{x+1} < \dfrac{\sqrt{x^2+2x}}{|x+1|}. & ② \end{cases}$$

由①得 $x \leqslant -3$,此时②化为 $-x - 5 < \sqrt{x^2 + 2x}$,它的解为 $x \leqslant -2$ 或 $x \geqslant 0$. 故原不等式的解集为 $\{x \mid x \leqslant -3\}$.

5.3 不等式的证明

证明不等式,就是要证明所给不等式对于定义域内所有数都成立. 证明的主要依据是不等式的性质及一些基本不等式. 不等式证明方法灵活多样,技巧性强,常用方法包括比较法、放缩法、综合法、分析法、换元法、构造法、数学归纳法等. 微积分方法在中学数学中也得到越来越广泛的运用.

下面就来介绍一些常用的证明不等式的方法.

1. 比较法
比较法是证明不等式最基本的方法,有作差法和作商法两种常用的比较法.

（1）作差法. $a > b \Leftrightarrow a - b > 0, a < b \Leftrightarrow a - b < 0$.

（2）作商法. 当 $b > 0$ 时, $a > b \Leftrightarrow \dfrac{a}{b} > 1$, $\quad a < b \Leftrightarrow \dfrac{a}{b} < 1$.

用作差法证题时，有时可通过因式分解，利用各因式的符号进行判断，或进行配方后进行判断；而用作商法证题时，通常要考虑式子的正负，尤其是作为除式的式子的值必须确定符号. 指数、根式或乘积不等式的证明常用作商法.

例 5.11 若 a, b 均为正数，求证：$\dfrac{a}{\sqrt{b}} + \dfrac{b}{\sqrt{a}} \geqslant \sqrt{a} + \sqrt{b}$.

证明：（作差法）由于

$$\dfrac{a}{\sqrt{b}} + \dfrac{b}{\sqrt{a}} - (\sqrt{a} + \sqrt{b})$$

$$= \dfrac{a\sqrt{a} + b\sqrt{b} - \sqrt{ab}(\sqrt{a} + \sqrt{b})}{\sqrt{ab}} = \dfrac{a\sqrt{a} + b\sqrt{b} - (a\sqrt{b} + b\sqrt{a})}{\sqrt{ab}}$$

$$= \dfrac{(a - b)(\sqrt{a} - \sqrt{b})}{\sqrt{ab}} = \dfrac{(\sqrt{a} - \sqrt{b})^2(\sqrt{a} + \sqrt{b})}{\sqrt{ab}} \geqslant 0,$$

所以 $\dfrac{a}{\sqrt{b}} + \dfrac{b}{\sqrt{a}} \geqslant \sqrt{a} + \sqrt{b}$. □

例 5.12 设 a, b, c 均为正数，求证：$a^a b^b c^c \geqslant (abc)^{\frac{a+b+c}{3}}$.

证明：（作商法）由于所证式子关于 a, b, c 对称，不妨设 $a \geqslant b \geqslant c > 0$，则

$$a - b \geqslant 0, b - c \geqslant 0, a - c \geqslant 0,$$

且

$$\dfrac{a}{b} \geqslant 1, \dfrac{b}{c} \geqslant 1, \dfrac{a}{c} \geqslant 1,$$

所以

$$\dfrac{a^a b^b c^c}{(abc)^{\frac{a+b+c}{3}}} = a^{\frac{a-b+a-c}{3}} b^{\frac{b-a+b-c}{3}} c^{\frac{c-a+c-b}{3}}$$

$$= \left(\dfrac{a}{b}\right)^{\frac{a-b}{3}} \left(\dfrac{a}{c}\right)^{\frac{a-c}{3}} \left(\dfrac{b}{c}\right)^{\frac{b-c}{3}}$$

$$\geqslant 1,$$

即 $a^a b^b c^c \geqslant (abc)^{\frac{a+b+c}{3}}$. □

2. 放缩法

欲证不等式 $A \leqslant B$，可通过适当放大或缩小，借助一个（或多个）中间量 C 作比较，使得 $A \leqslant C$ 与 $C \leqslant B$ 同时成立，由不等式的传递性知 $A \leqslant B$ 成立，这种方法叫作放缩法.

例 5.13 已知 $x \in [0, \pi]$，求证：$\cos(\sin x) > \sin(\cos x)$.

思路分析：不等号两边的式子不易直接比较大小，故考虑找一个中间量，比

$\cos(\sin x)$ 小,同时比 $\sin(\cos x)$ 大,即可证明原不等式.

证明:1) 当 $x = 0, \dfrac{\pi}{2}, \pi$ 时,显然 $\cos(\sin x) > \sin(\cos x)$ 成立.

2) 当 $0 < x < \dfrac{\pi}{2}$ 时,因 $0 < \sin x < x < \dfrac{\pi}{2}$,而函数 $y = \cos x$ 在 $\left(0, \dfrac{\pi}{2}\right)$ 上为减函数,所以有 $\cos(\sin x) > \cos x$;另一方面,因 $0 < \cos x < \dfrac{\pi}{2}$,故有

$$\sin(\cos x) < \cos x,$$

因此

$$\cos(\sin x) > \cos x > \sin(\cos x),$$

从而 $\cos(\sin x) > \sin(\cos x)$.

3) 当 $\dfrac{\pi}{2} < x < \pi$ 时,

$$0 < \sin x < 1 < \dfrac{\pi}{2}, \quad -\dfrac{\pi}{2} < -1 < \cos x < 0,$$

故

$$\cos(\sin x) > 0, \sin(\cos x) < 0,$$

从而 $\cos(\sin x) > \sin(\cos x)$.

综上可知,$x \in [0, \pi]$ 时,$\cos(\sin x) > \sin(\cos x)$.

例 5.14 设 $a_i > 0 (i = 1, 2, \cdots, n)$,求证:

$$\frac{a_2}{(a_1 + a_2)^2} + \frac{a_3}{(a_1 + a_2 + a_3)^2} + \cdots + \frac{a_n}{(a_1 + a_2 + \cdots + a_n)^2} < \frac{1}{a_1}.$$

证明: 左边 $< \dfrac{a_2}{a_1(a_1 + a_2)} + \dfrac{a_3}{(a_1 + a_2)(a_1 + a_2 + a_3)} + \cdots$

$$+ \frac{a_n}{(a_1 + a_2 + \cdots + a_{n-1})(a_1 + a_2 + \cdots + a_n)}$$

$$= \left(\frac{1}{a_1} - \frac{1}{a_1 + a_2}\right) + \left(\frac{1}{a_1 + a_2} - \frac{1}{a_1 + a_2 + a_3}\right) + \cdots$$

$$+ \left(\frac{1}{a_1 + a_2 + \cdots + a_{n-1}} - \frac{1}{a_1 + a_2 + \cdots + a_n}\right)$$

$$= \frac{1}{a_1} - \frac{1}{a_1 + a_2 + \cdots + a_n} < \frac{1}{a_1}.$$

所以,原不等式成立.   □

3. 综合法

综合法的证题思路是由因导果,利用已知条件或某些已证明过的不等式作为基础,运用不等式的性质,逐步推导出所要证明的不等式.

例 5.15 设 $-1 < a < 1, -1 < b < 1$，求证：$\dfrac{1}{1-a^2} + \dfrac{1}{1-b^2} \geqslant \dfrac{2}{1-ab}$.

证明： 由于 $a^2 + b^2 \geqslant 2ab$，所以 $-a^2 - b^2 \leqslant -2ab$，从而

$$0 < 1 + a^2b^2 - a^2 - b^2 \leqslant 1 + a^2b^2 - 2ab = (1-ab)^2.$$

又因 $1 - ab > 0$，所以

$$\frac{1}{1-a^2} + \frac{1}{1-b^2} \geqslant 2\sqrt{\frac{1}{1-a^2} \cdot \frac{1}{1-b^2}}$$

$$= 2\sqrt{\frac{1}{1+a^2b^2-a^2-b^2}} \geqslant 2\sqrt{\frac{1}{(1-ab)^2}} = \frac{2}{1-ab}. \qquad \square$$

所以，原不等式成立.

例 5.16 已知 a, b, c 都是正实数，$a + b + c = 1$，求证：$\left(a + \dfrac{1}{a}\right)^2 + \left(b + \dfrac{1}{b}\right)^2 + \left(c + \dfrac{1}{c}\right)^2 \geqslant \dfrac{100}{3}$.

证明： 由于 $a + b + c = 1$，故

$$1 = (a+b+c)^2 = a^2 + b^2 + c^2 + 2ab + 2bc + 2ac$$

$$\leqslant a^2 + b^2 + c^2 + (a^2+b^2) + (b^2+c^2) + (a^2+c^2)$$

$$= 3(a^2+b^2+c^2).$$

即 $a^2 + b^2 + c^2 \geqslant \dfrac{1}{3}$.

$$\frac{1}{a^2} + \frac{1}{b^2} + \frac{1}{c^2} = (a+b+c)^2\left(\frac{1}{a^2} + \frac{1}{b^2} + \frac{1}{c^2}\right)$$

$$\geqslant (3\sqrt[3]{abc})^2 \cdot \left(3\sqrt[3]{\frac{1}{a^2}\frac{1}{b^2}\frac{1}{c^2}}\right)$$

$$= 27,$$

所以

$$\left(a + \frac{1}{a}\right)^2 + \left(b + \frac{1}{b}\right)^2 + \left(c + \frac{1}{c}\right)^2$$

$$= a^2 + b^2 + c^2 + 6 + \left(\frac{1}{a^2} + \frac{1}{b^2} + \frac{1}{c^2}\right)$$

$$\geqslant \frac{1}{3} + 6 + 27$$

$$= \frac{100}{3}.$$

所以，原不等式成立. $\qquad \square$

4. 分析法

分析法的证题思路是执果索因,即:从求证的不等式出发,层层倒推出使这个不等式成立的充分条件,直到得到一个明显成立的不等式或一个比较容易证明的不等式为止,这种证明方法叫作分析法.

例 5.17 已知 $n \in \mathbb{N}^*$,求证:

$$\frac{1}{n+1}\left(1 + \frac{1}{3} + \frac{1}{5} + \cdots + \frac{1}{2n-1}\right) \geq \frac{1}{n}\left(\frac{1}{2} + \frac{1}{4} + \frac{1}{6} + \cdots + \frac{1}{2n}\right).$$

证明: 要证原不等式,只需证

$$n\left(1 + \frac{1}{3} + \frac{1}{5} + \cdots + \frac{1}{2n-1}\right) \geq (n+1)\left(\frac{1}{2} + \frac{1}{4} + \frac{1}{6} + \cdots + \frac{1}{2n}\right). \tag{①}$$

①式左边即

$$\frac{n}{2} + \frac{n}{2} + n\left(\frac{1}{3} + \frac{1}{5} + \cdots + \frac{1}{2n-1}\right), \tag{②}$$

①式右边即

$$\left(\frac{1}{2} + \frac{1}{4} + \frac{1}{6} + \cdots + \frac{1}{2n}\right) + n\left(\frac{1}{2} + \frac{1}{4} + \frac{1}{6} + \cdots + \frac{1}{2n}\right)$$

$$= \frac{n}{2} + \left(\frac{1}{2} + \frac{1}{4} + \cdots + \frac{1}{2n}\right) + n\left(\frac{1}{4} + \frac{1}{6} + \cdots + \frac{1}{2n}\right), \tag{③}$$

比较②和③,可知要证①式成立,只需证

$$\frac{n}{2} \geq \frac{1}{2} + \frac{1}{4} + \frac{1}{6} + \cdots + \frac{1}{2n}, \tag{④}$$

$$\frac{1}{3} + \frac{1}{5} + \cdots + \frac{1}{2n-1} \geq \frac{1}{4} + \frac{1}{6} + \cdots + \frac{1}{2n}. \tag{⑤}$$

④⑤两式显然成立,故不等式①成立,即原不等式成立. □

分析法的优点是比较符合探索解题的思路,缺点是叙述往往比较冗长.实际做题时可用分析法探索解题思路,用综合法作解答.

5. 反证法

反证法是利用互为逆否的命题具有等价性来进行证明的,是不等式证明中很常用的一种方法.

例 5.18 已知 $a + b + c > 0, ab + bc + ca > 0, abc > 0$,求证:$a > 0, b > 0, c > 0$.

证明: 因为 $abc > 0$,所以 $a \neq 0$. 假设 $a < 0$,则 $bc < 0$. 又因为 $a + b + c > 0$,有 $b + c > -a > 0$. 所以

$$ab + bc + ca = a(b+c) + bc < 0,$$

与 $ab + bc + ca > 0$ 矛盾. 所以

$$a > 0.$$

同理可证 $b > 0, c > 0$. □

6. 换元法

对于结构较为复杂的不等式,通过引入恰当的新变量,代换原题中的部分式子,使原式化为结构较简单的不等式,或者转化为熟悉的形式,便于进一步处理.用换元法时要注意新元的取值范围.

例 5.19 设 $-1 < a < 1, -1 < b < 1$,求证:$\dfrac{1}{1-a^2} + \dfrac{1}{1-b^2} \geqslant \dfrac{2}{1-ab}$.

证明:用三角代换. 设 $a = \sin\alpha, b = \sin\beta, \alpha, \beta \in \left(-\dfrac{\pi}{2}, \dfrac{\pi}{2}\right)$,则

$$\frac{1}{1-a^2} + \frac{1}{1-b^2} = \frac{1}{1-\sin^2\alpha} + \frac{1}{1-\sin^2\beta}$$

$$= \frac{(1-\sin^2\beta) + (1-\sin^2\alpha)}{(1-\sin^2\alpha)(1-\sin^2\beta)}$$

$$= \frac{\cos^2\beta + \cos^2\alpha}{\cos^2\alpha\cos^2\beta}$$

$$\geqslant \frac{2|\cos\alpha\cos\beta|}{\cos^2\alpha\cos^2\beta} = \frac{2}{|\cos\alpha\cos\beta|}$$

$$\geqslant \frac{2}{1-\sin\alpha\sin\beta}$$

$$= \frac{2}{1-ab}. \qquad \square$$

例 5.20 已知 $a > b > c$,求证:

$$\frac{1}{a-b} + \frac{1}{b-c} \geqslant \frac{4}{a-c}.$$

证明:令 $a-b = m, b-c = n$,则 $a-c = m+n, m, n$ 均为正数. 原不等式化为

$$\frac{1}{m} + \frac{1}{n} \geqslant \frac{4}{m+n}. \qquad \square$$

这由基本不等式易得证.

> **注 5.2** 本例中所用的换元法称为**增量代换**. 常用于对称(或循环对称)不等式,代换的目的是减少变量的个数.

7. 构造法

根据欲证不等式的结构特点,通过构造函数、图形、方程、数列、向量等来证明不等式.

例 5.21 设 $x, y, z > 0, xyz = 1$,求证:

$$\frac{x^2}{y+z} + \frac{y^2}{z+x} + \frac{z^2}{x+y} \geqslant \frac{3}{2}.$$

证明：构造向量

$$p = \left(\frac{x}{\sqrt{y+z}}, \frac{y}{\sqrt{z+x}}, \frac{z}{\sqrt{x+y}} \right)$$

$$q = \left(\sqrt{y+z}, \sqrt{z+x}, \sqrt{x+y} \right)$$

则

$$p \cdot q = x + y + z,$$

$$|p||q| = \sqrt{\frac{x^2}{y+z} + \frac{y^2}{z+x} + \frac{z^2}{x+y}} \cdot \sqrt{2(x+y+z)}.$$

由于

$$p \cdot q = |p||q|\cos\alpha \leqslant |p||q|,$$

所以

$$x + y + z \leqslant \sqrt{\frac{x^2}{y+z} + \frac{y^2}{z+x} + \frac{z^2}{x+y}} \cdot \sqrt{2(x+y+z)},$$

即

$$\sqrt{\frac{x^2}{y+z} + \frac{y^2}{z+x} + \frac{z^2}{x+y}} \cdot \sqrt{2} \geqslant \sqrt{x+y+z} \geqslant \sqrt{3\sqrt[3]{xyz}} = \sqrt{3},$$

所以

$$\frac{x^2}{y+z} + \frac{y^2}{z+x} + \frac{z^2}{x+y} \geqslant \frac{3}{2}.$$

$\square$

5.4 著名的不等式

1. 柯西不等式

定理 5.1 设 $a_1, a_2, \cdots, a_n, b_1, b_2, \cdots, b_n$ 是实数,则

$$(a_1^2 + a_2^2 + \cdots + a_n^2)(b_1^2 + b_2^2 + \cdots + b_n^2) \geqslant (a_1 b_1 + a_2 b_2 + \cdots + a_n b_n)^2,$$

当且仅当

$$a_i = 0 (i = 1, 2, \cdots, n)$$

或存在一个数 k,使得 $b_i = ka_i (i = 1, 2, \cdots, n)$ 时,"="成立.

证明: $a_i (i = 1, 2, \cdots, n)$ 全为零时命题显然成立;

当 $a_i (i = 1, 2, \cdots, n)$ 不全为零时,设

$$A = a_1^2 + a_2^2 + \cdots + a_n^2,$$

$$B = a_1 b_1 + a_2 b_2 + \cdots + a_n b_n,$$

$$C = b_1^2 + b_2^2 + \cdots + b_n^2,$$

则不等式就是

$$AC \geqslant B^2.$$

构造二次函数

$$f(x) = (a_1^2 + a_2^2 + \cdots + a_n^2)x^2 - 2(a_1b_1 + a_2b_2 + \cdots + a_nb_n)x + (b_1^2 + b_2^2 + \cdots + b_n^2),$$

则

$$f(x) = (a_1x - b_1)^2 + (a_2x - b_2)^2 + \cdots + (a_nx - b_n)^2 \geqslant 0,$$

所以,对应的判别式 $\Delta \leqslant 0$,即

$$4(a_1b_1 + a_2b_2 + \cdots + a_nb_n)^2 - 4(a_1^2 + a_2^2 + \cdots + a_n^2) \cdot (b_1^2 + b_2^2 + \cdots + b_n^2) \leqslant 0.$$

所以

$$(a_1^2 + a_2^2 + \cdots + a_n^2)(b_1^2 + b_2^2 + \cdots + b_n^2) \geqslant (a_1b_1 + a_2b_2 + \cdots + a_nb_n)^2.$$

等号成立的充分必要条件是 $f(x)$ 有二重根 $x = k$,即

$$(a_1k - b_1)^2 + (a_2k - b_2)^2 + \cdots + (a_nk - b_n)^2 = 0.$$

因此当且仅当 $a_i = 0(i = 1,2,\cdots,n)$ 或 $b_i = ka_i(i = 1,2,\cdots,n)$ 时,“ $=$ ”成立. □

推论 5.1 (三角不等式)设 $a_1, a_2, \cdots, a_n, b_1, b_2, \cdots, b_n$ 是实数,则

$$(a_1^2 + a_2^2 + \cdots + a_n^2)^{\frac{1}{2}} + (b_1^2 + b_2^2 + \cdots + b_n^2)^{\frac{1}{2}}$$

$$\geqslant \left[(a_1 + b_1)^2 + (a_2 + b_2)^2 + \cdots + (a_n + b_n)^2 \right]^{\frac{1}{2}},$$

当且仅当 $a_i = 0(i = 1,2,\cdots,n)$ 或存在一个数 k,使得 $b_i = ka_i(i = 1,2,\cdots,n)$ 时,“ $=$ ”成立.

证明: 对 $a_1, a_2, \cdots, a_n$ 和 $a_1 + b_1, a_2 + b_2, \cdots, a_n + b_n$ 运用柯西不等式,再对 $b_1, b_2, \cdots, b_n$ 和 $a_1 + b_1, a_2 + b_2, \cdots, a_n + b_n$ 运用柯西不等式,把两次的结果开方后相加即得证. □

例 5.22 已知实数 a,b,c,d 满足 $a + b + c + d = m, a^2 + 2b^2 + 3c^2 + 6d^2 = 1.$

(1) 试求 m 的取值范围;

(2) 若 $m = 1$,求 a 的最值.

解: (1) 由柯西不等式得

$$(a^2 + 2b^2 + 3c^2 + 6d^2)\left(1 + \frac{1}{2} + \frac{1}{3} + \frac{1}{6}\right) \geqslant (a + b + c + d)^2 = m^2.$$

所以

$$m^2 \leqslant 2, \ -\sqrt{2} \leqslant m \leqslant \sqrt{2}.$$

(2) 由柯西不等式得

$$(2b^2 + 3c^2 + 6d^2)\left(\frac{1}{2} + \frac{1}{3} + \frac{1}{6}\right) \geqslant (b + c + d)^2,$$

所以

$$1 - a^2 \geqslant (m - a)^2 = (1 - a)^2,$$

得

$$0 \leqslant a \leqslant 1,$$

当且仅当

$$\frac{\sqrt{2}\,b}{\sqrt{\dfrac{1}{2}}} = \frac{\sqrt{3}\,c}{\sqrt{\dfrac{1}{3}}} = \frac{\sqrt{6}\,d}{\sqrt{\dfrac{1}{6}}}$$

时等号成立. 因此, 当 $b = c = d = 0$ 时, $a_{max} = 1$. 当 $b = \dfrac{1}{2}, c = \dfrac{1}{3}, d = \dfrac{1}{6}$ 时, $a_{min} = 0$.

例 5.23 已知 $x, y, z \in \mathbb{R}^{+}$ 且 $x + y + z = 1$.

(1) 求 $\dfrac{1}{x} + \dfrac{1}{y} + \dfrac{1}{z}$ 的最小值;

(2) 求 $Q = \left(x + \dfrac{1}{x}\right)^2 + \left(y + \dfrac{1}{y}\right)^2 + \left(z + \dfrac{1}{z}\right)^2$ 的最小值.

解: (1) $\left(\dfrac{1}{x} + \dfrac{1}{y} + \dfrac{1}{z}\right)(x + y + z) \geqslant \left(\sqrt{x}\dfrac{1}{\sqrt{x}} + \sqrt{y}\dfrac{1}{\sqrt{y}} + \sqrt{z}\dfrac{1}{\sqrt{z}}\right)^2$

$$= (1 + 1 + 1)^2 = 9,$$

当且仅当 $x = y = z = \dfrac{1}{3}$ 时取等号, 所以

$$\left(\dfrac{1}{x} + \dfrac{1}{y} + \dfrac{1}{z}\right)_{min} = 9.$$

(2) $Q = \dfrac{1}{3}(1^2 + 1^2 + 1^2)\left[(x + \dfrac{1}{x})^2 + (y + \dfrac{1}{y})^2 + (z + \dfrac{1}{z})^2\right]$

$$\geqslant \dfrac{1}{3}\left[1 \cdot \left(x + \dfrac{1}{x}\right) + 1 \cdot \left(y + \dfrac{1}{y}\right) + 1 \cdot \left(z + \dfrac{1}{z}\right)\right]^2$$

$$= \dfrac{1}{3}\left[1 + \left(\dfrac{1}{x} + \dfrac{1}{y} + \dfrac{1}{z}\right)\right]^2$$

$$= \dfrac{1}{3}\left[1 + (x + y + z)\left(\dfrac{1}{x} + \dfrac{1}{y} + \dfrac{1}{z}\right)\right]^2$$

$$\geqslant \dfrac{1}{3}(1 + 9)^2$$

$$= \dfrac{100}{3},$$

当且仅当 $x = y = z = \dfrac{1}{3}$ 时, $Q_{min} = \dfrac{100}{3}$.

2. 排序不等式

定理 5.2 设 $a_1 \leqslant a_2 \leqslant \cdots \leqslant a_n, b_1 \leqslant b_2 \leqslant \cdots \leqslant b_n$, 则

$$a_1 b_n + a_2 b_{n-1} + \cdots + a_n b_1 \,(倒序和)$$

$$\leqslant a_1 b_{r_1} + a_2 b_{r_2} + \cdots + a_n b_{r_n} \,(乱序和)$$

$$\leqslant a_1 b_1 + a_2 b_2 + \cdots + a_n b_n. \,(顺序和)$$

这里 $r_1, r_2, \cdots, r_n$ 是 $1, 2, \cdots, n$ 的排列. 当且仅当 $a_1 = a_2 = \cdots = a_n$ 或 $b_1 = b_2 = \cdots = b_n$ 时等号成立.

证明: 不妨设乱序和中 $r_n \neq n$(若 $r_n = n$,则考虑 r_{n-1}),且乱序和中有项 $a_k b_n$,则 $a_k b_n + a_n b_{r_n} \leqslant a_k b_{r_n} + a_n b_n$. 事实上,$(a_k b_{r_n} + a_n b_n) - (a_k b_n + a_n b_{r_n}) = (a_n - a_k)(b_n - b_{r_n}) \geqslant 0$. 这说明:在乱序和中把 $\{a_i\}$、$\{b_i\}$($i = 1, 2, \cdots, n$)两组数的最大者 a_n, b_n 调到一起相乘(即 a_n, b_n 相乘,a_k, b_{r_n} 相乘,而其他所有的项都不变)后,得到新的和,新的和比乱序和增大了. 这样至多经过 $n - 1$ 次调整,乱序和变成顺序和,每一次调整后的和都不小于调整前的和,所以乱序和 $\leqslant$ 顺序和.

同理可证倒序和 $\leqslant$ 乱序和. □

注 5.3 上述排序不等式的证明方法称为**逐步调整法**. 排序原理还有多组的情形,即"多组排序原理".

例 5.24 若 $a_1 \leqslant a_2 \leqslant \cdots \leqslant a_n$,而 $b_1 \geqslant b_2 \geqslant \cdots \geqslant b_n$,或 $a_1 \geqslant a_2 \geqslant \cdots \geqslant a_n$,而 $b_1 \leqslant b_2 \leqslant \cdots \leqslant b_n$. 证明:

$$\frac{a_1 b_1 + a_2 b_2 + \cdots + a_n b_n}{n} \leqslant \frac{a_1 + a_2 + \cdots + a_n}{n} \cdot \frac{b_1 + b_2 + \cdots + b_n}{n},$$

当且仅当

$$a_1 = a_2 = \cdots = a_n$$

或

$$b_1 = b_2 = \cdots = b_n$$

时等号成立.

证明: 考虑 $a_1 \leqslant a_2 \leqslant \cdots \leqslant a_n$,而 $b_1 \geqslant b_2 \geqslant \cdots \geqslant b_n$ 的情形(另一种情形的证明类似). 由排序不等式得

$$a_1 b_1 + a_2 b_2 + \cdots + a_n b_n = a_1 b_1 + a_2 b_2 + \cdots + a_n b_n,$$
$$a_1 b_1 + a_2 b_2 + \cdots + a_n b_n \leqslant a_1 b_2 + a_2 b_3 + \cdots + a_n b_1,$$
$$a_1 b_1 + a_2 b_2 + \cdots + a_n b_n \leqslant a_1 b_3 + a_2 b_4 + \cdots + a_{n-1} b_1 + a_n b_2,$$
$$\cdots$$
$$a_1 b_1 + a_2 b_2 + \cdots + a_n b_n \leqslant a_1 b_n + a_2 b_1 + \cdots + a_n b_{n-1}.$$

将上述 n 个式子相加,得

$$n(a_1 b_1 + a_2 b_2 + \cdots + a_n b_n) \leqslant (a_1 + a_2 + \cdots + a_n)(b_1 + b_2 + \cdots + b_n),$$

两边同除以 n^2,得

$$\frac{a_1 b_1 + a_2 b_2 + \cdots + a_n b_n}{n} \leqslant \frac{a_1 + a_2 + \cdots + a_n}{n} \cdot \frac{b_1 + b_2 + \cdots + b_n}{n},$$

等号当且仅当

$$a_1 = a_2 = \cdots = a_n$$

或

$$b_1 = b_2 = \cdots = b_n$$

时" $=$ "成立. □

例 5.25 设 a,b,c 是正实数，求证：$a^a b^b c^c \geqslant (abc)^{\frac{a+b+c}{3}}$.

证明： 不妨设 $a \geqslant b \geqslant c > 0$，则

$$\lg a \geqslant \lg b \geqslant \lg c.$$

由排序不等式有

$$a\lg a + b\lg b + c\lg c \geqslant b\lg a + c\lg b + a\lg c,$$
$$a\lg a + b\lg b + c\lg c \geqslant c\lg a + a\lg b + b\lg c,$$
$$a\lg a + b\lg b + c\lg c = a\lg a + b\lg b + c\lg c.$$

上述三式相加得

$$3(a\lg a + b\lg b + c\lg c) \geqslant (a+b+c)(\lg a + \lg b + \lg c),$$

即

$$\lg(a^a b^b c^c) \geqslant \frac{a+b+c}{3}\lg(abc) = \lg(abc)^{\frac{a+b+c}{3}},$$

故

$$a^a b^b c^c \geqslant (abc)^{\frac{a+b+c}{3}}.$$

□

3. 均值不等式

均值不等式，又名平均值不等式、平均不等式，是数学中极常用的一个不等式.

定理 5.3 对 n 个正数 $a_1, a_2, \cdots, a_n$，记

$$H_n = \frac{n}{\dfrac{1}{a_1} + \dfrac{1}{a_2} + \cdots + \dfrac{1}{a_n}}, \quad G_n = \sqrt[n]{a_1 a_2 \cdots a_n},$$

$$A_n = \frac{a_1 + a_2 + \cdots + a_n}{n}, \quad Q_n = \sqrt{\frac{a_1^2 + a_2^2 + \cdots + a_n^2}{n}},$$

那么有

$$H_n \leqslant G_n \leqslant A_n \leqslant Q_n,$$

当且仅当 $a_1 = a_2 = \cdots = a_n$ 时等号成立.

称 H_n 为**调和平均数**，G_n 为**几何平均数**，A_n 为**算术平均数**，Q_n 为**平方平均数**.

证明： 先证 $G_n \leqslant A_n$. 令 $b_i = \dfrac{a_i}{G_n}(i = 1, 2, \cdots, n)$，则 $b_1 b_2 \cdots b_n = 1$，且

$$A_n \geqslant G_n \Leftrightarrow b_1 + b_2 + \cdots + b_n \geqslant n.$$

取 n 个正数 $x_1, x_2, \cdots, x_n$ 使得 $b_1 = \dfrac{x_1}{x_2}, b_2 = \dfrac{x_2}{x_3}, \cdots, b_{n-1} = \dfrac{x_{n-1}}{x_n}, b_n = \dfrac{x_n}{x_1}$，则

$$b_1 + b_2 + \cdots + b_n = \frac{x_1}{x_2} + \frac{x_2}{x_3} + \cdots + \frac{x_n}{x_1} \geqslant \frac{x_1}{x_1} + \frac{x_2}{x_2} + \cdots + \frac{x_n}{x_n} = n,$$

所以 $A_n \geqslant G_n$.

对 $\dfrac{1}{a_1}, \dfrac{1}{a_2}, \cdots, \dfrac{1}{a_n}$ 运用 $A_n \geqslant G_n$ 即得 $H_n \leqslant G_n$.

下证 $A_n \leqslant Q_n$.

$$a_1^2 + a_2^2 + \cdots + a_n^2$$

$$= \frac{1}{n}\left[(a_1 + a_2 + \cdots + a_n)^2 + (a_1 - a_2)^2 + (a_1 - a_3)^2 + \cdots + (a_1 - a_n)^2 \right.$$

$$\left. + (a_2 - a_3)^2 + (a_2 - a_4)^2 + \cdots + (a_2 - a_n)^2 + \cdots + (a_{n-1} - a_n)^2\right]$$

$$\geqslant \frac{1}{n}(a_1 + a_2 + \cdots + a_n)^2,$$

所以 $A_n \leqslant Q_n$.

从证明过程可知,当且仅当 $a_1 = a_2 = \cdots = a_n$ 时,不等式取等号.　　□

注 5.4　$A_n \leqslant Q_n$ 的推广之一是所谓的**幂平均不等式**: 对 n 个正数 $a_1, a_2, \cdots, a_n$, 实数 $\alpha < \beta$, 有

$$\left(\frac{a_1^\alpha + a_2^\alpha + \cdots + a_n^\alpha}{n}\right)^{\frac{1}{\alpha}} \leqslant \left(\frac{a_1^\beta + a_2^\beta + \cdots + a_n^\beta}{n}\right)^{\frac{1}{\beta}},$$

简记为 $M_\alpha \leqslant M_\beta$. $A_n \leqslant Q_n$ 相当于 $M_1 \leqslant M_2$.

例 5.26　已知 x, y 为正实数, $3x + 2y = 10$, 求函数 $W = \sqrt{3x} + \sqrt{2y}$ 的最大值.

解: 利用 $A_2 \leqslant Q_2$ 有

$$\frac{\sqrt{3x} + \sqrt{2y}}{2} \leqslant \sqrt{\frac{(\sqrt{3x})^2 + (\sqrt{2y})^2}{2}} = \sqrt{5},$$

当 $x = \dfrac{5}{3}, y = \dfrac{5}{2}$ 时 "$=$" 成立, 所以 W 的最大值为 $2\sqrt{5}$.

例 5.27　已知 $a, b, c \in \mathbb{R}^+$ 且 $a + b + c = 1$, 求证:

$$\left(\frac{1}{a} - 1\right)\left(\frac{1}{b} - 1\right)\left(\frac{1}{c} - 1\right) \geqslant 8.$$

解: 由 $a, b, c \in \mathbb{R}^+$ 且 $a + b + c = 1$, 有

$$\frac{1}{a} - 1 = \frac{1-a}{a} = \frac{b+c}{a} \geqslant \frac{2\sqrt{bc}}{a}.$$

同理有

$$\frac{1}{b} - 1 \geqslant \frac{2\sqrt{ac}}{b},$$

$$\frac{1}{c} - 1 \geqslant \frac{2\sqrt{ab}}{c}.$$

上述 3 个不等式两边均为正, 分别相乘, 得

$$\left(\frac{1}{a} - 1\right)\left(\frac{1}{b} - 1\right)\left(\frac{1}{c} - 1\right) \geqslant \frac{2\sqrt{bc}}{a} \cdot \frac{2\sqrt{ac}}{b} \cdot \frac{2\sqrt{ab}}{c} = 8,$$

当且仅当

$$a = b = c = \frac{1}{3}$$

时取等号.

4. 琴生(Jensen)不等式

第三章中给出了函数 $f(x)$ 凹凸性的定义. 当 $f(x)$ 连续时,有下面的等价定义.

定义 5.4 设 $f(x)$ 为定义在区间 I 上的函数,如果对任意 $x_1, x_2 \in I$,以及任意的 $\lambda_1, \lambda_2 \in \mathbb{R}^+, \lambda_1 + \lambda_2 = 1$,都有 $f(\lambda_1 x_1 + \lambda_2 x_2) \leqslant \lambda_1 f(x_1) + \lambda_2 f(x_2)$,则称 $f(x)$ 为区间 I 上的**凹函数**. 如果 $f(\lambda_1 x_1 + \lambda_2 x_2) \geqslant \lambda_1 f(x_1) + \lambda_2 f(x_2)$,则称 $f(x)$ 为区间 I 上的**凸函数**.

定理 5.4 (琴生不等式)设 $f(x)$ 是区间 I 上的凹函数,$x_1, x_2, \cdots, x_n \in I$,则

$$f\left(\frac{x_1 + x_2 + \cdots + x_n}{n}\right) \leqslant \frac{f(x_1) + f(x_2) + \cdots + f(x_n)}{n}, \tag{5.4.1}$$

当 $f(x)$ 是 I 上的凸函数时,不等号反向.

证明: 用数学归纳法. 当 $n = 2$ 时,由凹函数定义知(5.4.1)成立.

假设(5.4.1)对大于或等于 2 而小于 n 的自然数都成立,下证其对 n 也成立.

当 n 为偶数时,设 $n = 2k$,则

$$f\left(\frac{x_1 + x_2 + \cdots + x_n}{n}\right)$$

$$= f\left(\frac{\dfrac{x_1 + x_2 + \cdots + x_k}{k} + \dfrac{x_{k+1} + x_{k+2} + \cdots + x_{2k}}{k}}{2}\right)$$

$$\leqslant \frac{1}{2}\left[f\left(\frac{x_1 + x_2 + \cdots + x_k}{k}\right) + f\left(\frac{x_{k+1} + x_{k+2} + \cdots + x_{2k}}{k}\right)\right]$$

$$\leqslant \frac{1}{2}\left[\frac{f(x_1) + \cdots + f(x_k)}{k} + \frac{f(x_{k+1}) + \cdots + f(x_{2k})}{k}\right]$$

$$= \frac{f(x_1) + f(x_2) + \cdots + f(x_n)}{n}.$$

当 n 为奇数时,$n+1$ 是偶数,由已证有

$$f\left(\frac{x_1 + x_2 + \cdots + x_n}{n}\right)$$

$$= f\left(\frac{x_1 + x_2 + \cdots + x_n + \dfrac{x_1 + x_2 + \cdots + x_n}{n}}{n+1}\right)$$

$$\leqslant \frac{f(x_1) + f(x_2) + \cdots + f(x_n) + f\left(\dfrac{x_1 + x_2 + \cdots + x_n}{n}\right)}{n+1},$$

由此可得

$$f\left(\frac{x_1 + x_2 + \cdots + x_n}{n}\right) \leqslant \frac{f(x_1) + f(x_2) + \cdots + f(x_n)}{n},$$

即(5.4.1)对所有大于 1 的自然数都成立. □

例 5.28 用琴生不等式证明均值不等式 $A_n \geqslant G_n$，即：若 $a_i \in \mathbb{R}^+ (i = 1, 2, \cdots n)$，则

$$\frac{a_1 + a_2 + \cdots + a_n}{n} \geqslant \sqrt[n]{a_1 a_2 \cdots a_n}.$$

证明： 设 $f(x) = \lg x$，则 $f(x)$ 为 $(0, +\infty)$ 上的凸函数. 由琴生不等式有

$$\lg \frac{a_1 + a_2 + \cdots + a_n}{n} \geqslant \frac{1}{n}(\lg a_1 + \lg a_2 + \cdots + \lg a_n) = \lg \sqrt[n]{a_1 a_2 \cdots a_n},$$

所以

$$\frac{a_1 + a_2 + \cdots + a_n}{n} \geqslant \sqrt[n]{a_1 a_2 \cdots a_n}. \qquad \square$$

例 5.29 $f(x)$ 定义在 (a, b) 上，$f(x)$ 在 (a, b) 上恒大于 0，且对 $x_1, x_2 \in (a, b)$ 有

$$f(x_1)f(x_2) \geqslant \left[f\left(\frac{x_1 + x_2}{2}\right)\right]^2,$$

求证：当 $x_1, x_2, \cdots, x_n \in (a, b)$ 时，有

$$f(x_1)f(x_2) \cdots f(x_n) \geqslant \left[f\left(\frac{x_1 + x_2 + \cdots + x_n}{n}\right)\right]^n.$$

证明： 对 $\forall x_1, x_2 \in (a, b)$，有

$$f(x_1)f(x_2) \geqslant \left[f\left(\frac{x_1 + x_2}{2}\right)\right]^2,$$

两边取对数，得

$$\lg [f(x_1)f(x_2)] \geqslant \lg \left[f\left(\frac{x_1 + x_2}{2}\right)\right]^2,$$

即

$$\frac{\lg f(x_1) + \lg f(x_2)}{2} \geqslant \lg f\left(\frac{x_1 + x_2}{2}\right).$$

令 $g(x) = \lg f(x)$，则 $g(x)$ 为 (a, b) 上的凹函数，由琴生不等式，对 $x_1, x_2, \cdots, x_n \in (a, b)$，有

$$\frac{\lg f(x_1) + \lg f(x_2) + \cdots + \lg f(x_n)}{n} \geqslant \lg f\left(\frac{x_1 + x_2 + \cdots + x_n}{n}\right),$$

即

$$f(x_1)f(x_2) \cdots f(x_n) \geqslant \left[f\left(\frac{x_1 + x_2 + \cdots + x_n}{n}\right)\right]^n. \qquad \square$$

5. 赫尔德(Hölder)不等式

设 $a_i, b_i (i = 1, 2, \cdots, n)$ 都是非负实数，p, q 是正数且 $\frac{1}{p} + \frac{1}{q} = 1$，则

$$a_1 b_1 + a_2 b_2 + \cdots + a_n b_n \leqslant (a_1^p + a_2^p + \cdots + a_n^p)^{\frac{1}{p}}(b_1^q + b_2^q + \cdots + b_n^q)^{\frac{1}{q}}. \qquad (5.4.2)$$

证明：首先，对任意正数 a, b，由凹函数定义及 $f(x) = e^x$ 是凹函数知

$$ab = e^{\frac{\ln a^p}{p} + \frac{\ln b^q}{q}} \leqslant \frac{1}{p} e^{\ln a^p} + \frac{1}{q} e^{\ln b^q} = \frac{1}{p} a^p + \frac{1}{q} b^q.$$

记 $\sigma_1 = a_1^p + a_2^p + \cdots + a_n^p$，$\sigma_2 = b_1^q + b_2^q + \cdots + b_n^q$. 若 a_i 全为 0 或 b_i 全为 $0(i = 1, 2, \cdots, n)$，显然 (5.4.2) 成立，否则有

$$\frac{a_k b_k}{\sigma_1^{\frac{1}{p}} \sigma_2^{\frac{1}{q}}} \leqslant \frac{1}{p} \cdot \frac{a_k^p}{\sigma_1} + \frac{1}{q} \cdot \frac{b_k^q}{\sigma_2},$$

对 k 从 1 到 n 求和，得

$$\frac{\sum\limits_{k=1}^{n} a_k b_k}{\sigma_1^{\frac{1}{p}} \sigma_2^{\frac{1}{q}}} \leqslant \frac{1}{p} + \frac{1}{q} = 1,$$

即

$$a_1 b_1 + a_2 b_2 + \cdots + a_n b_n \leqslant (a_1^p + a_2^p + \cdots + a_n^p)^{\frac{1}{p}} (b_1^q + b_2^q + \cdots + b_n^q)^{\frac{1}{q}}. \qquad \square$$

注 5.5 当 $p = q = 2$ 时，赫尔德不等式即成为柯西不等式.

例 5.30 已知 $x \in \left(0, \dfrac{\pi}{2}\right)$，求 $f(x) = \dfrac{1}{\sqrt{\sin x}} + \dfrac{1}{\sqrt{\cos x}}$ 的最小值.

解：取 $p = \dfrac{5}{4}, q = 5$，则 $\dfrac{1}{p} + \dfrac{1}{q} = 1$. 由赫尔德不等式有

$$\frac{1}{\sin^{\frac{2}{5}} x} \cdot \sin^{\frac{2}{5}} x + \frac{1}{\cos^{\frac{2}{5}} x} \cdot \cos^{\frac{2}{5}} x$$

$$\leqslant \left[\left(\frac{1}{\sin^{\frac{2}{5}} x} \right)^{\frac{5}{4}} + \left(\frac{1}{\cos^{\frac{2}{5}} x} \right)^{\frac{5}{4}} \right]^{\frac{4}{5}} \cdot \left[(\sin^{\frac{2}{5}} x)^5 + (\cos^{\frac{2}{5}} x)^5 \right]^{\frac{1}{5}}$$

$$= \left(\frac{1}{\sqrt{\sin x}} + \frac{1}{\sqrt{\cos x}} \right)^{\frac{4}{5}} \cdot (\sin^2 x + \cos^2 x)^{\frac{1}{5}},$$

所以 $f(x) = \dfrac{1}{\sqrt{\sin x}} + \dfrac{1}{\sqrt{\cos x}} \geqslant 2^{\frac{5}{4}}$. 当 $x = \dfrac{\pi}{4}$ 时等号成立. 所以 $f(x)$ 的最小值为 $2^{\frac{5}{4}}$.

例 5.31 设 $a_1, a_2, \cdots, a_n, b_1, b_2, \cdots, b_n$ 都是非负实数，$p \geqslant 1$，用赫尔德不等式证明下面的闵可夫斯基 (Minkowski) 不等式：

$$\left[(a_1 + b_1)^p + (a_2 + b_2)^p + \cdots + (a_n + b_n)^p \right]^{\frac{1}{p}}$$

$$\leqslant (a_1^p + a_2^p + \cdots + a_n^p)^{\frac{1}{p}} + (b_1^p + b_2^p + \cdots + b_n^p)^{\frac{1}{p}}.$$

证明：$p = 1$ 时显然成立.

设 $p > 1$，记 $c_i = a_i + b_i, q = \dfrac{p}{p-1}$，则 $\dfrac{1}{p} + \dfrac{1}{q} = 1$，且

$$(a_i + b_i)^p = a_i(a_i + b_i)^{p-1} + b_i(a_i + b_i)^{p-1} = a_i c_i^{p-1} + b_i c_i^{p-1},$$

所以运用赫尔德不等式有

$$\sum_{i=1}^{n}(a_i + b_i)^p = \sum_{i=1}^{n} a_i c_i^{p-1} + \sum_{i=1}^{n} b_i c_i^{p-1}$$

$$\leqslant \left(\sum_{i=1}^{n} a_i^p\right)^{\frac{1}{p}}\left[\sum_{i=1}^{n}(c_i^{p-1})^q\right]^{\frac{1}{q}} + \left(\sum_{i=1}^{n} b_i^p\right)^{\frac{1}{p}}\left[\sum_{i=1}^{n}(c_i^{p-1})^q\right]^{\frac{1}{q}}$$

$$= \left[\left(\sum_{i=1}^{n} a_i^p\right)^{\frac{1}{p}} + \left(\sum_{i=1}^{n} b_i^p\right)^{\frac{1}{p}}\right]\left[\sum_{i=1}^{n}(c_i^{p-1})^q\right]^{\frac{1}{q}}$$

$$= \left[\left(\sum_{i=1}^{n} a_i^p\right)^{\frac{1}{p}} + \left(\sum_{i=1}^{n} b_i^p\right)^{\frac{1}{p}}\right]\left(\sum_{i=1}^{n} c_i^p\right)^{\frac{1}{q}},$$

由此得

$$\left[\sum_{i=1}^{n}(a_i + b_i)^p\right]^{\frac{1}{p}} \leqslant \left(\sum_{i=1}^{n} a_i^p\right)^{\frac{1}{p}} + \left(\sum_{i=1}^{n} b_i^p\right)^{\frac{1}{p}}.$$

注 5.6 当 $p = 2$ 时,闵可夫斯基不等式即成为三角不等式.

习　题　五

1. 解不等式 $(a^2 + a + 1)x - 3a > (2 + a)x + 5a$.

2. 解不等式 $56x^2 + ax - a^2 < 0$.

3. 解不等式 $\dfrac{10x + 2}{x^2 + 3x + 2} \geqslant x + 1$.

4. 解不等式 $\sqrt{x^2 - 5x + 6} > x - 1$.

5. 解不等式 $|x - 1| + |x + 1| < 4$.

6. 解不等式 $\left(\dfrac{5}{4}\right)^{1-x} < \left(\dfrac{16}{25}\right)^{2(1+\sqrt{x})}$.

7. 解不等式 $\lg(x^2 + 2x - 1) - \lg(x - 2) > \lg(10x + 5) - 1$.

8. 求证:

$$\sqrt{x^2 + y^2} + \sqrt{(x-1)^2 + y^2} + \sqrt{x^2 + (y-1)^2} + \sqrt{(x-1)^2 + (y-1)^2} \geqslant 2\sqrt{2}.$$

9. 用三角不等式在实数范围内解方程 $\sqrt{x^2 + \sqrt{3}x + \dfrac{7}{4}} + \sqrt{x^2 - 3\sqrt{3}x + \dfrac{31}{4}} = 4$.

10. 已知 $0 < x < 1$,求证: $|\log_a(1-x)| > |\log_a(1+x)|$.

11. 设 $a_i > 0 (i = 1, 2, \cdots, n)$,求证:

$$\frac{a_2}{(a_1 + a_2)^2} + \frac{a_3}{(a_1 + a_2 + a_3)^2} + \cdots + \frac{a_n}{(a_1 + a_2 + \cdots + a_n)^2}$$

$$\leqslant \frac{a_2 + \cdots + a_n}{a_1 \cdot (a_1 + a_2 + \cdots + a_n)}.$$

12. 已知 $a^2 + b^2 = 1$,求证: $a\sin\alpha + b\cos\alpha \leqslant 1$.

13. 设 $x,y,z \in \mathbb{R}^+$，且 $\sin^2 x + \sin^2 y + \sin^2 z = 1$，求证 $x + y + z > \dfrac{\pi}{2}$.

14. 设 $x,y \in \mathbb{R}^+$，且 $x + y = 1$，求证：$\left(x + \dfrac{1}{x}\right)\left(y + \dfrac{1}{y}\right) \geqslant \dfrac{25}{4}$.

15. 设 $-1 < a,b,c < 1$，求证：$ab + bc + ca > -1$.

16. 已知 $x,y,z > 0$，求证：

$$\sqrt{x^2 + y^2 - xy} + \sqrt{y^2 + z^2 - yz} \geqslant \sqrt{x^2 + z^2 + xz}.$$

17. 证明：不等式 $\dfrac{1}{n+1} + \dfrac{1}{n+2} + \dfrac{1}{n+3} + \cdots + \dfrac{1}{3n+1} > 1 (n \in \mathbb{N})$.

18. 设 P 是 $\triangle ABC$ 内的一点，x,y,z 是 P 到三边 a,b,c 的距离，R 是 $\triangle ABC$ 外接圆的半径，证明：

$$\sqrt{x} + \sqrt{y} + \sqrt{z} \leqslant \dfrac{1}{\sqrt{2R}}\sqrt{a^2 + b^2 + c^2}.$$

19. 已知实数 a,b,c,d 满足 $a + b + c + d = 3$，$a^2 + 2b^2 + 3c^2 + 6d^2 = 5$，试求 a 的最值.

20. 空间中一向量 a 与 x 轴，y 轴，z 轴正向之夹角依次为 α, β, γ（α, β, γ 均非象限角），求

$$\dfrac{1}{\sin^2 \alpha} + \dfrac{4}{\sin^2 \beta} + \dfrac{9}{\sin^2 \gamma}$$

的最小值.

21. 比较 $10^{10} \times 11^{11} \times 12^{12} \times 13^{13}$ 与 $10^{13} \times 11^{12} \times 12^{11} \times 13^{10}$ 的大小.

22. 已知 $a,b,c \in \mathbb{R}^+$，求证：$\dfrac{a^{12}}{bc} + \dfrac{b^{12}}{ca} + \dfrac{c^{12}}{ab} \geqslant a^{10} + b^{10} + c^{10}$.

23. 已知 $a,b,c \in \mathbb{R}^+$，求证：$\dfrac{a}{b+c} + \dfrac{b}{c+a} + \dfrac{c}{a+b} \geqslant \dfrac{3}{2}$.

24. 分析下面的解题过程是否正确?

已知正数 x,y 满足 $x + 2y = 1$，求 $\dfrac{1}{x} + \dfrac{1}{y}$ 的最小值.

解：$\because x > 0, y > 0, \therefore x + 2y \geqslant 2\sqrt{x \cdot 2y} = 2\sqrt{2} \cdot \sqrt{xy}$，

$\because x + 2y = 1, \therefore 1 \geqslant 2\sqrt{2} \cdot \sqrt{xy} \Rightarrow \dfrac{1}{\sqrt{xy}} \geqslant 2\sqrt{2}, \therefore \dfrac{1}{x} + \dfrac{1}{y} \geqslant 2\sqrt{\dfrac{1}{xy}} = 2 \cdot \dfrac{1}{\sqrt{xy}} \geqslant 4\sqrt{2}$.

$\therefore \dfrac{1}{x} + \dfrac{1}{y}$ 的最小值为 $4\sqrt{2}$.

25. 设 $a,b,c \in \mathbb{R}^+$，且 $2a^2 + 2b^2 + 2c^2 + abc = 32$，求证：$4 < a + b + c \leqslant 6$.

26. 解关于 x 的不等式 $ax^2 - (a+1)x + 1 < 0$.

27. 正实数 a,b,c 满足 $ab + bc + ca = 1$，求证：

$$\sqrt{3}(\sqrt{a} + \sqrt{b} + \sqrt{c}) \leqslant \dfrac{a\sqrt{a}}{bc} + \dfrac{b\sqrt{b}}{ca} + \dfrac{c\sqrt{c}}{ab}.$$

第六章　数列

数列指一列(有限个或无限个)有序实数(本章主要讨论实数列,不讨论非实复数列)

$$a_1, a_2, a_3, \cdots, a_n (a_1, a_2, a_3, \cdots, a_n, \cdots),$$

并称之为**有穷数列(无穷数列)**. 它可以看作定义域为集合 $\{1, 2, \cdots, n\}$ 或全体正整数集合 $\mathbb{N}^*$ 的实值函数 $f(n) = a_n$. 数列可记为 $\{a_k\}_{k=1}^{n}(\{a_k\}_{k=1}^{\infty})$, 有时根据上下文知道数列的项数, 数列简记为 $\{a_n\}$, 其中 a_n 称为该数列的**通项**, a_1 称为**首项**.

研究数列的目的就是找出此数列蕴含的规律, 如通项的表示、部分和(即前任意项和)、数列的最大项和最小项、单调性等; 对无穷数列, 还需研究通项的变化趋势, 如通项的极限、部分和的极限等, 此时无穷数列与无穷级数有着非常重要的联系, 一些无穷数列的极限必须依赖于无穷级数才能求出.

本章的内容安排如下. 首先介绍两种最常见的数列——等差数列和等比数列, 然后描述常见的求通项公式和部分和的方法, 在第三节中讲述数列极限的概念和求法, 在第四节讲述数列与级数之间的关系.

6.1　等差数列和等比数列

本节介绍最常见的两个数列——等差数列和等比数列, 研究它们的通项公式和部分和公式.

6.1.1　等差数列

定义 6.1　数列 $\{a_n\}$, 若存在实数 d, 使得

$$a_{n+1} - a_n = d, n = 1, 2, \cdots,$$

则称 $\{a_n\}$ 为**等差数列**, d 称为它的**公差**, $S_n \triangleq a_1 + a_2 + \cdots + a_n$ 称为数列的**前 n 项和**.

定理 6.1　设 $\{a_n\}$ 是公差为 d 的等差数列, 则其通项 a_n 和前 n 项和 S_n 为

$$a_n = a_1 + (n-1)d, \tag{6.1.1}$$

$$S_n = na_1 + \frac{n(n-1)}{2}d = (a_1 + \frac{n-1}{2}d) \cdot n = \frac{a_1 + a_n}{2} \cdot n. \tag{6.1.2}$$

证明: 首先利用数学归纳法证明

$$1 + 2 + \cdots + n = \frac{n(n+1)}{2}.$$

然后根据等差数列的定义和上述等式即可证得. □

例 6.1 已知 $\{a_n\}$ 为等差数列, 前 n 项和记为 S_n, 求解下述问题:

(1) 若 $a_9 + a_{10} = 10, a_{29} + a_{30} = 20$, 求 $a_{99} + a_{100}$;

(2) 若公差 $d = 1$, 前 98 项和 $S_{98} = 137$, 求 $a_2 + a_4 + \cdots + a_{98}$;

(3) 若 $S_6 = 36, S_n = 324, S_{n-6} = 144 (n > 6)$, 求项数 n;

(4) 设此数列的项数 n 为奇数 $(n \geqslant 3)$, 求奇数项之和与偶数项之和的比值.

解: (1) 设等差数列 $\{a_n\}$ 的公差为 d, 则由定理 6.1 知

$$2a_1 + 17d = 10, 2a_1 + 57d = 20,$$

求得 $a_1 = \frac{23}{8}, d = \frac{1}{4}$, 故 $a_{99} + a_{100} = 2a_1 + 197d = 55$.

(2) 由 $(a_2 + a_4 + \cdots + a_{98}) + (a_1 + a_3 + \cdots + a_{97}) = S_{98} = 137, (a_2 + a_4 + \cdots + a_{98}) - (a_1 + a_3 + \cdots + a_{97}) = 49d = 49$ 得到 $a_2 + a_4 + \cdots + a_{98} = 93$.

(3) 设 $\{a_n\}$ 的公差为 d. 则由定理 6.1 知

$$6a_1 + 15d = 36, na_1 + \frac{n(n-1)}{2}d = 324, (n-6)a_1 + \frac{(n-6)(n-7)}{2}d = 144,$$

注意到 $n > 6$, 求得 $a_1 = 1, d = 2, n = 18$.

(4) 设 $\{a_n\}$ 的公差为 d, 项数为奇数 $2n - 1, n \geqslant 2$. 注意到奇数项和偶数项都组成了公差为 $2d$ 的等差数列, 则由定理 6.1 知

$$\frac{a_1 + a_3 + \cdots + a_{2n-1}}{a_2 + a_4 + \cdots + a_{2n-2}} = \frac{\left[\dfrac{a_1 + a_{2n-1}}{2}\right] \cdot n}{\left[\dfrac{a_2 + a_{2n-2}}{2}\right] \cdot (n-1)} = \frac{a_1 + a_{2n-1}}{a_2 + a_{2n-2}} \cdot \frac{n}{n-1}$$

$$= \frac{2a_1 + (2n-2)d}{2a_1 + (2n-3+1)d} \cdot \frac{n}{n-1} = \frac{n}{n-1}.$$

$n = 2$ 时, 偶数项只有 a_2, 此时 $\dfrac{a_1 + a_3}{a_2} = \dfrac{2a_1 + 2d}{a_1 + d} = 2$, 结论仍成立.

例 6.2 (1) 已知数列 $\{a_n\}$ 的首项 $a_1 = 3, a_n$ 与前 n 项和 S_n 之间满足 $a_n = S_n S_{n-1} (n \geqslant 2)$. 求证: $\left\{\dfrac{1}{S_n}\right\}$ 是等差数列, 并求 a_n 的通项公式.

(2) 设等差数列 $\{a_n\}$ 的前 n 项和为 S_n. 已知 $a_3 = 12, a_{12} > 0, a_{13} < 0$, 求公差 d 的范围, 并确定 $a_1, a_2, \cdots, a_{12}$ 中的最大项.

解: (1) 注意到 $a_n = S_n - S_{n-1}$, 因此 $S_n - S_{n-1} = S_n S_{n-1}$.

下面证明 $S_n \neq 0, n = 1, 2, \cdots$. 首先 $S_1 = a_1 = 3 \neq 0$.

假设 $S_{n-1} \neq 0$. 要证明 $S_n \neq 0$. 可采用反证法, 假设 $S_n = 0$. 但是由 $S_n - S_{n-1} = S_n S_{n-1}$, 得到 $S_{n-1} = 0$. 这与归纳假设 $S_{n-1} \neq 0$ 矛盾.

因此，$S_n \neq 0, n = 1, 2, \cdots$.

因此由 $S_n - S_{n-1} = S_n S_{n-1}$，得到

$$\frac{1}{S_n} - \frac{1}{S_{n-1}} = -1.$$

因此 $\left\{\dfrac{1}{S_n}\right\}$ 是等差数列，公差为 -1. 由此得到 $\dfrac{1}{S_n} = \dfrac{1}{S_1} + (n-1)(-1) = -n + \dfrac{4}{3}$，

从而 $S_n = \dfrac{-3}{3n-4}, a_n = S_n S_{n-1} = \dfrac{9}{(3n-4)(3n-7)}, n \geqslant 2$.

（2）数列的通项为 $a_n = a_1 + (n-1)d$，故 $a_{12} = a_3 + 9d = 12 + 9d > 0, a_{13} = a_3 + 10d$

$= 12 + 10d < 0$，得到 $-\dfrac{4}{3} < d < -\dfrac{6}{5}$.

由于 $d < 0, n$ 增大时 a_n 随着减小，故 $a_1, a_2, \cdots, a_{12}$ 中最大项是 a_1.

例 6.3 （1）等差数列 $\{a_n\}, \{b_n\}$ 的前 n 项和分别为 S_n, T_n. 若 $\dfrac{S_n}{T_n} = \dfrac{2n}{3n+1}$，求 $\dfrac{a_{100}}{b_{100}}$.

（2）等差数列 $\{a_n\}$，已知 $a_9 = a_{16} + a_{17} + a_{18} = 36$，求前 n 项和 S_n 和 S_n 取得最小值和最大值时的 n，以及数列 $T_n = |a_1| + |a_2| + \cdots + |a_n|$.

解： （1）设 $\{a_n\}, \{b_n\}$ 的公差分别为 d_1, d_2. 由

$$\frac{S_1}{T_1} = \frac{a_1}{b_1} = \frac{2}{4} = \frac{1}{2}, \frac{S_2}{T_2} = \frac{2a_1 + d_1}{2b_1 + d_2} = \frac{4}{7},$$

$$\frac{S_3}{T_3} = \frac{3a_1 + 3d_1}{3b_1 + 3d_2} = \frac{a_1 + d_1}{b_1 + d_2} = \frac{6}{10} = \frac{3}{5},$$

得到 $a_1 = \dfrac{1}{2}b_1, d_1 = b_1, d_2 = \dfrac{3}{2}b_1, b_1 \neq 0$. 因此 $\dfrac{a_{100}}{b_{100}} = \dfrac{a_1 + 99d_1}{b_1 + 99d_2} = \dfrac{199}{299}$.

（2）设等差数列 $\{a_n\}$ 的公差为 d. 由

$$a_9 = a_1 + 8d = 36, a_{16} + a_{17} + a_{18} = 3a_1 + (15 + 16 + 17)d = 36,$$

得到 $a_1 = 60, d = -3$. 因此 $S_n = 60n - \dfrac{3}{2}n(n-1) = -\dfrac{3}{2}n^2 + \dfrac{123}{2}n$.

配方得 $S_n = -\dfrac{3}{2}\left(n - \dfrac{41}{2}\right)^2 + \dfrac{5043}{8}$，故当 $n = 20, 21$ 时 S_n 取到最大值 $S_{20} = S_{21} =$

630；而当 $n \to +\infty$ 时，$S_n \to -\infty$，故 S_n 取不到最小值.

通项 $a_n = 60 - 3(n-1) = 3(21 - n), a_{21} = 0$，故当 $n \leqslant 21$ 时，$T_n = 60n - \dfrac{3}{2}n(n-1)$

$= -\dfrac{3}{2}n^2 + \dfrac{123}{2}n$；当 $n > 21$ 时，$T_n = \displaystyle\sum_{k=1}^{21}(63 - 3k) + \sum_{k=22}^{n}(3k - 63) = \dfrac{3}{2}n^2 - \dfrac{123}{2}n + 1260$.

定义 6.2 给定数列 $\{a_i\}_{i=1}^{n}(n \leqslant \infty)$，称数列 $\{a_{1,i}\}$ 为 $\{a_n\}$ 的一阶差分数列，其中 $a_{1,i}$ $= a_{i+1} - a_i(i = 1, 2, \cdots)$；称数列 $\{a_{2,i}\}$ 为 $\{a_n\}$ 的二阶差分数列，其中 $a_{2,i} = a_{1,i+1} - a_{1,i}(i = 1, 2, \cdots)$；依此方法，第 r 次得到的数列 $\{a_{r,i}\}$ 为 $\{a_n\}$ 的 r 阶差分数列，其中 $a_{r,i} =$

$$a_{r-1,i+1} - a_{r-1,i}.$$

若$\{a_n\}$的$r(r \geq 2)$阶差分数列是不为零的常数列,则称$\{a_n\}$为r**阶等差数列**. 特别地, 常数列称为**零阶等差数列**, 前面定义的等差数列称为**一阶等差数列**.

定理 6.2 若数列$\{a_n\}$为高阶等差数列, 则通项$a_n = \sum\limits_{k=0}^{n-1} C_{n-1}^k a_{k,1}$, 其中$C_{n-1}^k$是组合数, $a_{0,1} = a_1$.

证明: 当$n = 2$时, $a_2 = a_1 + (a_2 - a_1) = a_{0,1} + a_{1,1} = C_1^0 a_{0,1} + C_1^1 a_{1,1}$. 命题成立.

假设$n = k$时命题成立, 则当$n = k+1$时

$$\begin{aligned}
a_{k+1} &= a_k + a_{1,k} = \sum_{i=0}^{k-1} C_{k-1}^i a_{i,1} + \sum_{i=0}^{k-1} C_{k-1}^i a_{i+1,1} \\
&= a_1 + (C_{k-1}^0 + C_{k-1}^1) a_{1,1} + (C_{k-1}^1 + C_{k-1}^2) a_{2,1} + \cdots \\
&\quad + (C_{k-1}^{k-2} + C_{k-1}^{k-1}) a_{k-1,1} + a_{k,1} \\
&= a_1 + C_k^1 a_{1,1} + C_k^2 a_{2,1} + \cdots + C_k^{k-1} a_{k-1,1} + a_{k,1} \\
&= \sum_{i=0}^{k} C_k^i a_{i,1}. \quad \text{因此} \ n = k+1 \text{时命题成立.}
\end{aligned}$$

由数学归纳法定理得证. □

推论 6.1 (1) 一阶等差数列的通项公式为

$$a_n = C_{n-1}^0 a_{0,1} + C_{n-1}^1 a_{1,1} = a_1 + (n-1)d,$$

其中$a_{1,1} = d$为公差, $a_{k,1} = 0, k \geq 2$.

(2) 若$\{a_n\}$是r阶等差数列, 则前n项和$S_r(n) = \sum\limits_{k=0}^{r} C_n^{k+1} a_{k,1}$.

特别地, 若$\{a_n\}$是一阶等差数列, 则其前n项和

$$S_1(n) = \sum_{k=0}^{1} C_n^{k+1} a_{k,1} = na_1 + \frac{n(n-1)}{2} a_{1,1},$$

其中$a_{k,1} = 0, k \geq 2, a_{1,1} = d$为公差.

推论 6.2 (1) r阶等差数列$\{a_n\}$的一阶等差数列是$r-1$阶等差数列;

(2) $\{a_n\}$是r阶等差数列的充要条件是通项a_n是n的r次多项式;

(3) $\{a_n\}$是r阶等差数列的充要条件是其前n项和S_n是n的$r+1$次多项式.

例 6.4 (1) 三阶等差数列$\{a_n\}$的前 4 项依次为$30, 72, 140, 240$, 求a_n.

(2) 求和$S_n = 1 \times 3 \times 2^2 + 2 \times 4 \times 3^2 + \cdots + n(n+2)(n+1)^2$.

(3) 证明: 数列$1^k, 2^k, \cdots, n^k$是k阶等差数列, 其k阶差为$k! \ (k \in \mathbf{N}^*)$.

解: (1) 由推论知, a_n是n的三次多项式, 设$a_n = An^3 + Bn^2 + Cn + D$. 由$a_1 = 30$, $a_2 = 72, a_3 = 140, a_4 = 240$, 得到

$$\begin{cases}
A + B + C + D = 30, \\
8A + 4B + 2C + D = 72, \\
27A + 9B + 3C + D = 140, \\
64A + 16B + 4C + D = 240.
\end{cases}$$

求得 $A = 1, B = 7, C = 14, D = 8$, 故通项为 $a_n = n^3 + 7n^2 + 14n + 8$.

（2）S_n 是数列 $\{n(n+2)(n+1)^2\}$ 的前 n 项和, $a_n = n(n+2)(n+1)^2$ 是 n 的四次多项式, 故 S_n 是 n 的五次多项式.

$$S_n = \sum_{k=1}^{n} a_n = \sum_{k=1}^{n} [k(k+1)(k+2)(k+3) - 2k(k+1)(k+2)]$$

$$= \sum_{k=1}^{n} \frac{1}{5}\{k(k+1)(k+2)(k+3)[(k+4)-(k-1)]\}$$

$$- 2 \sum_{k=1}^{n} \frac{1}{4}\{k(k+1)(k+2)(k+3) - (k-1)k(k+1)(k+2)\}$$

$$= \frac{1}{5}n(n+1)(n+2)(n+3)(n+4) - 2 \cdot \frac{1}{4}n(n+1)(n+2)(n+3)$$

$$= \frac{1}{10}n(n+1)(n+2)(n+3)(2n+3).$$

（3）当 $k = 1$ 时, 命题显然成立. 假设数列对各项指数 $\leq k$ 时命题成立. 数列 $\{n^{k+1}\}$ 的一阶差数列为 $\{a_{1,n-1}\}$, 其中 $a_{1,n-1} = (n-1+1)^{k+1} - (n-1)^{k+1} = \sum_{i=1}^{k+1} C_{k+1}^i (n-1)^{k+1-i}$, 是 $k+1$ 个数列 $\{C_{k+1}^i (n-1)^{k+1-i}\}, i = 1, 2, \cdots, k+1$ 之和. 由归纳假设, 这 $k+1$ 个数列分别为 k 阶, $k-1$ 阶, $\cdots$, 1 阶, 0 阶等差数列, 它们不等于零的最高阶差是 $C_{k+1}^i k!, i = 1, 2, \cdots, k$. 因此 $\{a_{1,n-1}\}$ 的 k 阶差, 即 $\{n^{k+1}\}$ 的 $k+1$ 阶差, 是这 $k+1$ 个数列的 k 阶差之和 $(k+1)!$ (其中非零的 k 阶差只有 $\{C_{k+1}^1 (n-1)^k\}$ 的 k 阶差 $C_{k+1}^1 k! = (k+1)!$). 由数学归纳法命题得证.

6.1.2 等比数列

定义 6.3 若数列 $\{a_n\}$ 的后一项与前一项的比值等于相同的非零实数 q, 即

$$\frac{a_{n+1}}{a_n} = q \neq 0, n = 1, 2, \cdots,$$

则称 $\{a_n\}$ 为**等比数列**, q 称为**公比**.

定理 6.3 设 $\{a_n\}$ 是公比为 $q \neq 0$ 的等比数列, 则它的通项 a_n 和前 n 项和 S_n 为

$$a_n = a_1 q^{n-1}, S_n = \begin{cases} na_1, & q = 1, \\ \dfrac{a_1(1-q^n)}{1-q}, & q \neq 1. \end{cases} \tag{6.1.3}$$

证明: 利用 $(1-q)(1+q+q^2+\cdots+q^{n-1}) = 1-q^n$ 易得证. ▢

由此看到, 等比数列 $\{a_n\}$ 完全由它的首项 a_1 和公比 q 确定.

推论 6.3 设 $\{a_n\}$ 是公比为 $q \neq 0$ 的等比数列, 则

（1）$a_n = a_m q^{n-m}, n \geq m$;

（2）若正整数 m, n, i, j 满足 $n+m = i+j$, 则 $a_n a_m = a_i a_j$, 特别地, $2n = i+j$ 时, $a_n^2 = a_i a_j$.

例 6.5 (1) 等比数列 $\{a_n\}$ 满足 $a_2 + a_4 + a_6 = 13, a_2 a_4 a_6 = 27$, 求 a_2, a_4, a_6.

(2) 等比数列 $\{a_n\}$ 满足 $a_n > 0, a_2 a_4 + 2 a_3 a_5 + a_4 a_6 = 25$, 求 $a_3 + a_5$.

(3) 数列 $\{a_n\}$ 中, $a_1 = \dfrac{5}{6}, a_{n+1} = \dfrac{1}{3} a_n + \dfrac{1}{2^{n+1}}$; 数列 $\{b_n\}$ 中, $b_n = a_{n+1} - \dfrac{1}{2} a_n$. 求证: $\{b_n\}$ 是等比数列, 并求 $\{a_n\}$ 的通项公式.

解: (1) 设公比为 $q \neq 0$, 则 $a_2 + a_4 + a_6 = a_4(q^{-2} + 1 + q^2) = 13, a_2 a_4 a_6 = a_4^3 = 27$, 得到 $a_4 = 3, q^2 = 3$ 或 $\dfrac{1}{3}$. 因此 a_2, a_4, a_6 分别为 $1, 3, 9$ 或 $9, 3, 1$.

(2) 由 $a_n > 0, a_2 a_4 + 2 a_3 a_5 + a_4 a_6 = a_3^2 + 2 a_3 a_5 + a_5^2 = (a_3 + a_5)^2 = 25$, 得到 $a_3 + a_5 = 5$.

(3) 利用已知等式得到

$$\frac{b_{n+1}}{b_n} = \frac{a_{n+2} - \dfrac{1}{2} a_{n+1}}{a_{n+1} - \dfrac{1}{2} a_n} = \frac{\dfrac{1}{3} a_{n+1} + \dfrac{1}{2^{n+2}} - \dfrac{1}{2} a_{n+1}}{a_{n+1} - \dfrac{1}{2} a_n} = \frac{-\dfrac{1}{6} a_{n+1} + \dfrac{1}{2^{n+2}}}{a_{n+1} - \dfrac{1}{2} a_n}$$

$$= \frac{-\dfrac{1}{6}\left(\dfrac{1}{3} a_n + \dfrac{1}{2^{n+1}}\right) + \dfrac{1}{2^{n+2}}}{\dfrac{1}{3} a_n + \dfrac{1}{2^{n+1}} - \dfrac{1}{2} a_n} = \frac{-\dfrac{1}{18} a_n + \dfrac{1}{3 \cdot 2^{n+1}}}{-\dfrac{1}{6} a_n + \dfrac{1}{2^{n+1}}} = \frac{1}{3},$$

$$b_1 = a_2 - \frac{1}{2} a_1 = \frac{1}{3} a_1 + \frac{1}{4} - \frac{1}{2} a_1 = -\frac{1}{6} a_1 + \frac{1}{4} = -\frac{1}{6} \cdot \frac{5}{6} + \frac{1}{4} = \frac{1}{9},$$

故 $\{b_n\}$ 是首项 $b_1 = \dfrac{1}{9}$, 公比为 $\dfrac{1}{3}$ 的等比数列, $b_n = \dfrac{1}{9} \cdot \left(\dfrac{1}{3}\right)^{n-1} = \dfrac{1}{3^{n+1}}$.

又 $a_{n+1} - \dfrac{1}{2} a_n = b_n = \dfrac{1}{3^{n+1}}, a_{n+1} = \dfrac{1}{2} a_n + \dfrac{1}{3^{n+1}}$, 得 $a_n = \dfrac{3}{2^n} - \dfrac{2}{3^n}$.

例 6.6 (1) 等比数列 $\{a_n\}$ 的前 10 项和 $S_{10} = 10$, 前 20 项和 $S_{20} = 30$, 求其前 30 项和 S_{30}.

(2) 设函数 $f(x) = ax^2 + bx + c$, 系数 a, b, c 成等比数列, $f(0) = -4$, 求 $f(x)$ 的最值.

(3) 已知数列 $\{a_n\}$ 的相邻两项 a_n, a_{n+1} 是关于 x 的方程 $x^2 - 2^n x + b_n = 0$ 的两个实根, 且 $a_1 = 1$. 求证: $\left\{a_n - \dfrac{2^n}{3}\right\}$ 是等比数列, 并求通项 a_n 及其前 n 项和 S_n.

解: (1) 设 $\{a_n\}$ 的公比为 q, 则 $S_{10} = \dfrac{a_1(1-q^{10})}{1-q} = 10, S_{20} = \dfrac{a_1(1-q^{20})}{1-q} = 30$, 有 $q^{10} = 2, \dfrac{a_1}{1-q} = -10$. 故 $S_{30} = \dfrac{a_1(1-q^{30})}{1-q} = (-10)(1-2^3) = 70$.

(2) 由 $f(0) = -4$, 得 $c = -4$. 由 a, b, c 成等比数列, 得到 $a = -\dfrac{b^2}{4}, b \neq 0$. 配方得

到 $f(x) = -\frac{1}{4}b^2x^2 + bx - 4 = -\frac{1}{4}(bx - 2)^2 - 3$，得到 $x = \frac{2}{b}$ 时 $f(x)$ 取到最大值 -3；但 $f(x)$ 无最小值.

（3）由韦达定理知，$a_n + a_{n+1} = 2^n$，$a_n a_{n+1} = b_n$，且判别式 $\Delta \geqslant 0$ 得 $b_n \leqslant 2^{2n-2}$. 因此

$$\frac{a_{n+1} - \dfrac{2^{n+1}}{3}}{a_n - \dfrac{2^n}{3}} = \frac{2^n - a_n - \dfrac{2^{n+1}}{3}}{a_n - \dfrac{2^n}{3}} = -1,$$

即 $\left\{ a_n - \dfrac{2^n}{3} \right\}$ 是公比为 -1 的等比数列.

由 $a_1 = 1$，$a_n - \dfrac{2^n}{3} = \left(a_1 - \dfrac{2}{3} \right)(-1)^{n-1}$，得到 $a_n = \dfrac{1}{3}[2^n + (-1)^{n-1}]$，其前 n 项和

$$S_n = \frac{1}{3}\left(\sum_{k=1}^{n} 2^k + \sum_{k=1}^{n} (-1)^{k-1} \right) = \frac{1}{3}\left[2^{n+1} - 2 + \frac{1 - (-1)^n}{2} \right].$$

6.2 数列的通项与部分和

本节介绍由数列 $\{a_n\}$ 的通项 a_n 或部分和（即前 n 项和）S_n 满足的关系式或条件确定通项 a_n 和数列的常用方法.

6.2.1 求数列的通项与部分和的常用方法

对于等差数列或等比数列，利用等差数列和等比数列的通项公式和前 n 项和公式解题. 常用的数列求和公式有

$$\sum_{k=1}^{n} k = \frac{1}{2}n(n+1);$$

$$\sum_{k=1}^{n} (2k - 1) = n^2;$$

$$\sum_{k=1}^{n} 2k = 2\sum_{k=1}^{n} k = n(n+1);$$

$$\sum_{k=1}^{n} k^2 = \frac{1}{6}n(n+1)(2n+1);$$

$$\sum_{k=1}^{n} k^3 = \frac{1}{4}n^2(n+1)^2 = \left[\frac{n(n+1)}{2} \right]^2.$$

一般的数列求和，应从通项入手，若无通项，先求通项，通过对通项变形，转化为与特殊数列有关或具备某种方法适用特点的形式，从而选择合适的方法求和.

对不是等差数列和等比数列的数列的求和，主要有两种思路.

（1）转化的思想，即将一般数列设法转化为等差或等比数列. 这一思想方法往往

通过通项分解来完成.

(2) 不能转化为等差或等比数列的数列,往往通过倒序相加法、错位相减法、裂项相消法等来求和.

将数列分解为若干个等差或等比数列的方法,称为**通项分解转化法**. 通项分解转化法求和的常见类型如下.

(1) 若 $a_n = b_n \pm c_n$,其中 $\{b_n\}$, $\{c_n\}$ 为等差或等比数列,可用分组求和法求 $\{a_n\}$ 的前 n 项和.

(2) 通项公式为 $a_n = \begin{cases} b_n, & n \text{ 为奇数}, \\ c_n, & n \text{ 为偶数} \end{cases}$ 的数列,其中数列 $\{b_n\}$, $\{c_n\}$ 为等差或等比数列,可采用分组求和法求和.

例 6.7 (1) 等比数列 $\{a_n\}$ 中,a_1, a_2, a_3 分别是下表第一、二、三行中的某一个数,且 a_1, a_2, a_3 中的任何两个数不在下表的同一列.

	第一列	第二列	第三列
第一行	3	2	10
第二行	6	4	14
第三行	9	8	18

若数列 $\{b_n\}$ 满足 $b_n = a_n + (-1)^n \ln a_n$,求 $\{b_n\}$ 的前 $2n$ 项和 S_{2n}.

(2) 已知数列 $\{x_n\}$ 的首项 $x_1 = 3$,通项 $x_n = 2^n p + nq$(n 为正整数,p, q 为常数),且 x_1, x_4, x_5 成等差数列. 求 p, q 和 $\{x_n\}$ 前 n 项和 S_n 的公式.

(3) 已知等差数列 $\{a_n\}$ 的前 n 项和为 S_n,且 $a_2 = 8, S_4 = 40$. 数列 $\{b_n\}$ 的前 n 项和为 T_n,且 $T_n - 2b_n + 3 = 0$,求 $\{a_n\}$, $\{b_n\}$ 的通项公式;设 $c_n = \begin{cases} a_n, & n \text{ 为奇数}, \\ b_n, & n \text{ 为偶数}, \end{cases}$ 求 $\{c_n\}$ 的前 $2n + 1$ 项和 R_{2n+1}.

解:(1) a_1, a_2, a_3 成等比数列,因此 $a_2^2 = a_1 a_3$. 验证第 2 行的 3 个数 $6, 4, 14$ 的平方,即 $36, 16, 196$ 能表示为第一行和第三行中的各一个数的乘积,只能是 $6^2 = 36 = 2 \times 18, 4^2 = 16 = 2 \times 8$. 但是 $2, 8$ 位于同一列,因此 $a_1 = 2, a_2 = 6, a_3 = 18$. 从而 $\{a_n\}$ 的公比为 3,通项公式为 $a_n = 2 \cdot 3^{n-1}$.

$\{b_n\}$ 的通项 $b_n = 2 \cdot 3^{n-1} + (-1)^n [\ln 2 + (n-1)\ln 3]$,故其 $2n$ 项和为 $S_{2n} = 2\sum_{k=1}^{2n} 3^{k-1} + \ln 2 \sum_{k=1}^{2n} (-1)^k + \ln 3 \sum_{k=1}^{2n} (-1)^k (k-1) = 3^{2n} - 1 + n\ln 3$.

(2) x_1, x_4, x_5 成等差数列,故 $2x_4 = x_1 + x_5$,又由 $x_1 = 3, x_n = 2^n p + nq$ 得到 $2p + q = 3, 2(2^4 p + 4q) = 3 + (2^5 p + 5q)$. 求得 $p = 1, q = 1$.

数列 $\{x_n\}$ 的通项为 $x_n = 2^n + n$,其前 n 项和 $S_n = 2^{n+1} - 2 + \dfrac{n(n+1)}{2}$.

(3) 设公差为 d. 由题意得 $a_1 + d = 8, 4a_1 + 6d = 40$,求出 $a_1 = 4, d = 4$. 故 $a_n = 4n$.

因为 $T_n - 2b_n + 3 = 0$,取 $n = 1$ 得 $b_1 = 3$;$n \geq 2$ 时,将 $T_n - 2b_n + 3 = 0, T_{n-1} - 2b_{n-1} + 3 = 0$ 两式相减得 $b_n = 2b_{n-1}$. 故 $\{b_n\}$ 是等比数列,$b_n = 3 \cdot 2^{n-1}$.

$$c_n = \begin{cases} 4n, & n \text{ 为奇数}, \\ 3 \cdot 2^{n-1}, & n \text{ 为偶数}. \end{cases} \text{ 所以} \{c_n\} \text{ 的前 } 2n+1 \text{ 项和}$$

$$\begin{aligned} R_{2n+1} &= (a_1 + a_3 + \cdots + a_{2n+1}) + (b_2 + b_4 + \cdots + b_{2n}) \\ &= \frac{1}{2}[4 + 4(2n+1)](n+1) + \frac{6(1-4^n)}{1-4} \\ &= 2^{2n+1} + 4n^2 + 8n + 2. \end{aligned}$$

如果数列的首末两端等"距离"的两项的和相等或等于同一常数,那么可用**倒序相加法**求它的前 n 项和,等差数列的前 n 项和就是用此法得到的.

例 6.8 (1) 证明: $C_n^1 + 2C_n^2 + 3C_n^3 + \cdots + nC_n^n = n \cdot 2^{n-1}$.

(2) 已知 $f(x) = \dfrac{1}{4^x + 2}$,设 m 为正整数. 求 $\displaystyle\sum_{i=1}^{m} f\left(\dfrac{i}{m}\right)$.

解: (1) 记 $S_n = C_n^1 + 2C_n^2 + 3C_n^3 + \cdots + nC_n^n$,　　　　　　　　①

利用组合数的性质 $C_n^k = C_n^{n-k}$,颠倒次序得到 $S_n = nC_n^n + \cdots + 2C_n^2 + C_n^1$,　　②

① + ②,得

$$2S_n = nC_n^n + [(n-1)C_n^{n-1} + C_n^1] + \cdots + [C_n^1 + (n-1)C_n^{n-1}] + nC_n^n$$
$$= n(C_n^n + C_n^{n-1} + \cdots + C_n^0) = n \cdot 2^n,$$

$S_n = n \cdot 2^{n-1}$. 得证.

(2) $1 \leqslant i \leqslant m-1$ 时,$f\left(\dfrac{i}{m}\right) + f\left(\dfrac{m-i}{m}\right) = \dfrac{4^{\frac{i}{m}} + 4^{1-\frac{i}{m}} + 4}{(4^{\frac{i}{m}} + 2)(4^{1-\frac{i}{m}} + 2)} = \dfrac{1}{2}$,

故有

$$\sum_{i=1}^{m} f\left(\frac{i}{m}\right) = \frac{1}{2} \sum_{i=1}^{m-1} \left[f\left(\frac{i}{m}\right) + f\left(\frac{m-i}{m}\right) \right] + f\left(\frac{m}{m}\right) = \frac{3m-1}{12}.$$

如果数列的各项由等差数列和等比数列的对应项之积构成,那么它的前 n 项和即可用**错位相减法**来求,等比数列的前 n 项和就是用此法推导的.

用错位相减求和应注意以下几点.

(1) 要善于识别题目类型,特别是等比数列公比为负数的情形;

(2) 在写出 "S_n" 与 "qS_n" 的表达式时应特别注意将两式 "错项对齐",以便下一步准确写出 "$S_n - qS_n$" 的表达式;

(3) 在应用错位相减求和时,若等比数列的公比为参数,应分公比等于 1 和不等于 1 两种情况求解.

例 6.9 (1) 求 $x + 3x^2 + 5x^3 + \cdots + (2n-1)x^n$.

(2) 已知数列 $\{a_n\}$ 满足 $a_1 = 1, a_{n+1} = 3a_n$,数列 $\{b_n\}$ 的前 n 项和为 $S_n = n^2 + 2n + 1$,求数列 $c_n = a_n b_n$ 的前 n 项和 T_n.

解: (1) 记 $S_n = x + 3x^2 + 5x^3 + \cdots + (2n-1)x^n$,则 $xS_n = x^2 + 3x^3 + 5x^4 + \cdots + (2n-1)x^{n+1}$,相减求出 $S_n = \dfrac{x + x^2 + [(2n-1)x - (2n+1)]x^{n+1}}{(1-x)^2}, x \neq 1$. 故

$$S_n = \begin{cases} \dfrac{x + x^2 + [(2n-1)x - (2n+1)]x^{n+1}}{(1-x)^2}, & x \neq 1, \\ n^2, & x = 1. \end{cases}$$

（2）易知 $a_n = 3^{n-1}$，数列 $\{b_n\}$ 满足 $b_1 = S_1 = 4, b_n = S_n - S_{n-1} = 2n+1, n \geq 2$. 故数列 $\{c_n\}$ 的通项为

$$c_n = a_n b_n = \begin{cases} 4, & n = 1, \\ (2n+1) \cdot 3^{n-1}, & n \geq 2, \end{cases}$$

前 n 项和 $T_n = 4 + 5 \cdot 3 + 7 \cdot 3^2 + \cdots + (2n+1) \cdot 3^{n-1}$，故 $3T_n = 12 + 5 \cdot 3^2 + 7 \cdot 3^3 + \cdots + (2n+1) \cdot 3^n$，相减得 $-2T_n = 7 + 2(3^2 + 3^3 + \cdots + 3^{n-1}) - (2n+1) \cdot 3^n = -2 - 2n \cdot 3^n$，故 $T_n = 1 + n \cdot 3^n (n \geq 1)$.

把数列的通项拆成两项之差，在求和时中间的一些项可以相互抵消，从而求得其和，这种方法称为裂项相消法. 裂项相消法求和的实质是将数列中的通项分解，然后重新组合，使之能消去一些项，最终达到求和的目的，其解题的关键就是准确裂项和消项.

（1）裂项原则：一般是前边裂几项，后边就裂几项，直到发现被消去项的规律；

（2）将通项裂项后，有时需要调整前面的系数，使裂开的两项之差和系数之积与原通项相等. 如若 $\{a_n\}$ 是公差为 $d \neq 0$ 的等差数列，则

$$\frac{1}{a_n a_{n+1}} = \frac{1}{d}\left(\frac{1}{a_n} - \frac{1}{a_{n+1}}\right), \frac{1}{a_n a_{n+2}} = \frac{1}{2d}\left(\frac{1}{a_n} - \frac{1}{a_{n+2}}\right).$$

（3）消项规律：抵消后并不一定只剩下第一项和最后一项，消项后前边剩几项，后边就剩几项，前边剩第几项，后边就剩倒数第几项.

常见数列的裂项方法如下.

$$\frac{1}{n(n+k)} = \frac{1}{k}\left(\frac{1}{n} - \frac{1}{n+k}\right);$$

$$\frac{1}{4n^2 - 1} = \frac{1}{2}\left(\frac{1}{2n-1} - \frac{1}{2n+1}\right);$$

$$\frac{1}{\sqrt{n} + \sqrt{n+1}} = \sqrt{n+1} - \sqrt{n};$$

$$\log_a\left(1 + \frac{1}{n}\right) = \log_a(n+1) - \log_a n \,(a > 0, a \neq 1);$$

$$\frac{1}{n(n+1)(n+2)} = \frac{1}{2}\left[\frac{1}{n(n+1)} - \frac{1}{(n+1)(n+2)}\right];$$

$$\frac{2^n}{(2^n - 1)(2^{n+1} - 1)} = \frac{1}{2^n - 1} - \frac{1}{2^{n+1} - 1}.$$

例 6.10 （1）正项数列 $\{a_n\}$ 的前 n 项和 S_n 满足：$S_n^2 - (n^2 + n - 1)S_n - (n^2 + n) = 0$. 令 $b_n = \dfrac{n+1}{(n+2)^2 a_n^2}$，证明：对任意的正整数 n，b_n 的前 n 项和 T_n 满足 $T_n < \dfrac{5}{64}$.

(2) 正项数列 $\{a_n\}$ 满足 $a_1 = 1$，$\left(\dfrac{1}{a_{n+1}} + \dfrac{1}{a_n}\right)\left(\dfrac{1}{a_{n+1}} - \dfrac{1}{a_n}\right) = 4$. 而 $\dfrac{1}{b_n} = \dfrac{1}{a_{n+1}} + \dfrac{1}{a_n}$，数列 $\{b_n\}$ 的前 n 项和记为 T_n，求 T_{20}.

解：(1) 由 $S_n^2 - (n^2 + n - 1)S_n - (n^2 + n) = 0$，得 $[S_n - (n^2 + n)](S_n + 1) = 0$.
由于 $\{a_n\}$ 是正项数列，所以 $S_n > 0$. 因此 $S_n = n^2 + n$. 于是 $a_1 = S_1 = 2$，当 $n \geqslant 2$ 时，$a_n = S_n - S_{n-1} = n^2 + n - (n-1)^2 - (n-1) = 2n$.

$$b_n = \frac{n+1}{(n+2)^2 a_n^2} = \frac{n+1}{4(n+2)^2 n^2} = \frac{1}{16}\left[\frac{1}{n^2} - \frac{1}{(n+2)^2}\right] > 0.$$

$$T_n = \frac{1}{16}\left[1 - \frac{1}{3^2} + \frac{1}{2^2} - \frac{1}{4^2} + \cdots + \frac{1}{n^2} - \frac{1}{(n+2)^2}\right]$$

$$= \frac{1}{16}\left[1 + \frac{1}{2^2} - \frac{1}{(n+1)^2} - \frac{1}{(n+2)^2}\right]$$

$$< \frac{1}{16}\left(1 + \frac{1}{2^2}\right) = \frac{5}{64}. \text{ 得证}.$$

(2) 由条件知，$\dfrac{1}{a_{n+1}^2} - \dfrac{1}{a_n^2} = 4$，则 $\left\{\dfrac{1}{a_n^2}\right\}$ 是首项为 1，公差为 4 的等差数列，故 $\dfrac{1}{a_n^2} = 4n - 3$. 因为 $\{a_n\}$ 为正项数列，故 $a_n = \dfrac{1}{\sqrt{4n-3}}$.

故 $b_n = \dfrac{1}{\sqrt{4n+1} + \sqrt{4n-3}} = \dfrac{1}{4}(\sqrt{4n+1} - \sqrt{4n-3})$. 从而

$$T_{20} = \frac{1}{4}\left[(\sqrt{5} - 1) + (\sqrt{9} - \sqrt{5}) + \cdots + (\sqrt{81} - \sqrt{77})\right]$$

$$= \frac{1}{4}(\sqrt{81} - 1) = 2.$$

例 6.11 设二次函数 $f(x) = (k-4)x^2 + kx$，$k \in \mathbb{R}$，且对任意实数 x，$f(x) \leqslant 6x + 2$ 恒成立. 数列 $\{a_n\}$ 满足 $a_1 = \dfrac{1}{3}$，$a_{n+1} = f(a_n)$. 问是否存在非零整数 λ，使得对任意正整数 n，都有

$$\sum_{k=1}^{n} \log_3\left(\frac{1}{\frac{1}{2} - a_k}\right) > -1 + (-1)^{n+1} \cdot 2\lambda + n\log_3 2$$

恒成立. 若存在，求之；若不存在，说明理由.

解：对任意实数 x，$f(x) \leqslant 6x + 2$，即 $(k-4)x^2 + (k-6)x - 2 \leqslant 0$ 恒成立，故 $k - 4 < 0$，判别式 $\Delta = (k-6)^2 + 8(k-4) = (k-2)^2 \leqslant 0$，得到 $k = 2$，$f(x) = -2x^2 + 2x$.

因此 $a_{n+1} = f(a_n) = -2a_n^2 + 2a_n$. 变形得到 $a_{n+1} - \dfrac{1}{2} = -2\left(a_n - \dfrac{1}{2}\right)^2$. 又由 $a_1 =$

$\frac{1}{3}$,归纳证得,对任意正整数 n,$0 < a_n < \frac{1}{2}$,从而得到

$$\log_3\left(\frac{1}{\frac{1}{2} - a_{n+1}}\right) - \log_3\left(\frac{1}{\frac{1}{2} - a_n}\right) + \log_3 2 = \log_3\left(\frac{1}{\frac{1}{2} - a_n}\right).$$

对 n 求和,得到

$$\sum_{k=1}^{n} \log_3\left(\frac{1}{\frac{1}{2} - a_k}\right) = n\log_3 2 + \log_3\left(\frac{1}{\frac{1}{2} - a_{n+1}}\right) - \log_3\left(\frac{1}{\frac{1}{2} - \frac{1}{3}}\right)$$

$$= n\log_3 2 - \log_3 6 + \log_3\left(\frac{1}{\frac{1}{2} - a_{n+1}}\right)$$

$$= n\log_3 2 - 1 + \log_3\left(\frac{1}{1 - 2a_{n+1}}\right).$$

所要满足的不等式简化为 $\log_3\left(\frac{1}{1 - 2a_{n+1}}\right) > (-1)^{n+1} \cdot 2\lambda$,对任意正整数 n 成立.

当 $n = 1$ 时,计算得 $a_2 = f(a_1) = f\left(\frac{1}{3}\right) = -2\left(\frac{1}{3}\right)^2 + \frac{2}{3} = \frac{4}{9}$,代入上式得到

$\lambda < 1$. 但要求 $\lambda \in \mathbb{N}$,故只能 $\lambda = 0$. 此时上式等价于 $0 < a_{n+1} < \frac{1}{2}$. 而这已证得. 因此所求的非负整数 $\lambda = 0$ 存在.

求通项有一种重要的方法——**特征根法**. 当数列的通项满足的递推公式是线性的,如 $a_{n+2} + Aa_{n+1} + Ba_n = 0$,或其变形,如 $a_{n+1} = \frac{Aa_n + B}{Ca_n + D}$,$a_{n+1} = \frac{Aa_n^2 + B}{2Aa_n + D}$,都可以利用特征根法求出数列的通项.

(1) 若数列满足 $a_{n+2} + Aa_{n+1} + Ba_n = 0$,假设特征方程 $x^2 + Ax + B = 0$ 有两个实根 $x_1 = \alpha$,$x_2 = \beta$. 由根与系数的关系知,$\alpha + \beta = -A$,$\alpha \cdot \beta = B$.

① 若 $\alpha = \beta$,则递推关系可变化为 $a_{n+2} - \alpha a_{n+1} = \alpha(a_{n+1} - \alpha a_n)$,$a_{n+1} - \alpha a_n$ 是公比为 α 的等比数列,$a_{n+1} - \alpha a_n = \alpha^{n-1}(a_2 - \alpha a_1)$,乘以 α 的幂次,得到 $\alpha^i a_{n-i} - \alpha^{i+1} a_{n-i-1} = \alpha^{n-2}(a_2 - \alpha a_1)$. 对 $i = 0,1,\cdots,n-2$ 求和得到

$$a_n = (n-1)\alpha^{n-2} a_2 - (n-2)\alpha^{n-1} a_1, n \geq 3;$$

② 若 $\alpha \neq \beta$,则递推关系可变化为 $a_{n+2} - \alpha a_{n+1} = \beta(a_{n+1} - \alpha a_n)$ 和 $a_{n+2} - \beta a_{n+1} = \alpha(a_{n+1} - \beta a_n)$,$a_{n+1} - \alpha a_n$ 是公比为 β 的等比数列,$a_{n+1} - \beta a_n$ 是公比为 α 的等比数列,故 $a_{n+1} - \alpha a_n = \beta^{n-1}(a_2 - \alpha a_1)$,$a_{n+1} - \beta a_n = \alpha^{n-1}(a_2 - \beta a_1)$,相减得到

$$a_n = \frac{\alpha^{n-1} - \beta^{n-1}}{\alpha - \beta} a_2 + \frac{\alpha\beta^{n-1} - \alpha^{n-1}\beta}{\alpha - \beta} a_1, n \geq 3.$$

(2) 若数列满足 $a_{n+1} = \frac{Aa_n + B}{Ca_n + D}$,$C \neq 0$,假设其特征方程 $x = \frac{Ax + B}{Cx + D}$ 有两个实根

$x_1 = \alpha, x_2 = \beta$. 若首项 $a_1 = \alpha$ 或 $a_1 = \beta$, 则 $a_n = \alpha$ 或 $a_n = \beta$. 下面假设 $a_1 \neq \alpha, \beta$. 用数学归纳法可证, $a_n \neq \alpha, \beta$.

① 若 $\alpha = \beta$, 由递推关系得 $\dfrac{1}{a_{n+1} - \alpha} - \dfrac{1}{a_n - \alpha} = \dfrac{C}{A - \alpha C}$, $\left\{\dfrac{1}{a_n - \alpha}\right\}$ 是公差为 $\dfrac{C}{A - \alpha C}$ 的等差数列, 得到 $\dfrac{1}{a_n - \alpha} = \dfrac{1}{a_1 - \alpha} + \dfrac{(n-1)C}{A - \alpha C}$, 从而

$$a_n = \alpha + \dfrac{(a_1 - \alpha)(A - \alpha C)}{(n-1)(a_1 - \alpha)C + A - \alpha C}, n \geq 2;$$

② 若 $\alpha \neq \beta$, 则递推关系变为 $\dfrac{\dfrac{a_{n+1} - \alpha}{a_{n+1} - \beta}}{\dfrac{a_n - \alpha}{a_n - \beta}} = \dfrac{A - \alpha C}{A - \beta C}$, $\left\{\dfrac{a_n - \alpha}{a_n - \beta}\right\}$ 是公比为 $\dfrac{A - \alpha C}{A - \beta C}$ 的等比数列, 故 $\dfrac{a_n - \alpha}{a_n - \beta} = \dfrac{a_1 - \alpha}{a_1 - \beta}\left(\dfrac{A - \alpha C}{A - \beta C}\right)^{n-1}$, 从而得到

$$a_n = \dfrac{\alpha(a_1 - \beta)(A - \beta C)^{n-1} - \beta(a_1 - \alpha)(A - \alpha C)^{n-1}}{(a_1 - \beta)(A - \beta C)^{n-1} - (a_1 - \alpha)(A - \alpha C)^{n-1}}, n \geq 2.$$

（3）若数列满足 $a_{n+1} = \dfrac{Aa_n^2 + B}{2Aa_n + D}, A \neq 0$, 假设其特征方程 $x = \dfrac{Ax^2 + B}{2Ax + D}$ 有两个实根 $x_1 = \alpha, x_2 = \beta$. 若首项 $a_1 = \alpha$ 或 $a_1 = \beta$, 则 $a_n = \alpha$ 或 $a_n = \beta$. 下面假设 $a_1 \neq \alpha, \beta$. 用数学归纳法可证, $a_n \neq \alpha, \beta$.

① 若 $\alpha = \beta$, 则递推关系可变化为 $a_{n+1} - \alpha = \dfrac{1}{2}(a_n - \alpha)$, $a_n - \alpha$ 是公比为 $\dfrac{1}{2}$ 的等比数列, 故

$$a_n = \alpha + \dfrac{1}{2^{n-1}}(a_1 - \alpha), n \geq 2;$$

② 若 $\alpha \neq \beta$, 则 $\dfrac{a_{n+1} - \alpha}{a_{n+1} - \beta} = \left(\dfrac{a_n - \alpha}{a_n - \beta}\right)^2 > 0$, 故 $\ln\left|\dfrac{a_n - \alpha}{a_n - \beta}\right|$ 是公比为 2 的等比数列, 求得

$$a_n = \dfrac{\alpha(a_1 - \beta)^{2^{n-1}} - \beta(a_1 - \alpha)^{2^{n-1}}}{(a_1 - \beta)^{2^{n-1}} - (a_1 - \alpha)^{2^{n-1}}}, n \geq 2.$$

例 6.12 （斐波那契数列）意大利数学家莱昂纳多·斐波那契（L. Fibonacci）在 1202 年提出了著名的数列：假设一对兔子每隔一个月生一对一雄一雌的小兔子, 每月一次, 如此下去. 年初时兔房里放一对大兔子, 问一年后兔房内共有多少对兔子？

解：用 a_n 表示第 n 个月初时兔房内兔子的对数, 则 $a_1 = 1, a_2 = 1, a_3 = 2$, 第 $n+2$ 个月初时, 兔房内兔子分成两部分, 第 $n+1$ 个月初已经在兔房内的兔子对数 a_{n+1} 和第 $n+2$ 个月初新出生的兔子对数 a_n 对, 故 $a_{n+2} = a_{n+1} + a_n$.

对应的特征方程 $x^2 = x + 1$ 有实特征根 $x_1 = \dfrac{1 + \sqrt{5}}{2}, x_2 = \dfrac{1 - \sqrt{5}}{2}$，求得通项为

$$a_n = \frac{\sqrt{5}}{5}\left[\left(\frac{1 + \sqrt{5}}{2}\right)^n - \left(\frac{1 - \sqrt{5}}{2}\right)^n\right].$$

由此还可推得斐波那契数列的前 n 项和为

$$S_n = a_{n+2} - 1 = \frac{\sqrt{5}}{5}\left[\left(\frac{1 + \sqrt{5}}{2}\right)^{n+2} - \left(\frac{1 - \sqrt{5}}{2}\right)^{n+2}\right] - 1.$$

例 6.13 (1) 若 $\{a_n\}$ 满足 $a_{n+1} + 4a_n + 4a_{n-1} = 0, a_1 = 3, a_2 = 2$，求 a_n.

(2) 若数列 $\{a_n\}$ 满足 $a_{n+1} + 3a_n + 2a_{n-1} = 0, a_1 = 3, a_2 = 2$，求 a_n.

解： (1) 特征方程 $x^2 + 4x + 4 = 0$ 有唯一实根 $x = -2$，故 $\{a_{n+1} + 2a_n\}$ 是首项为 $a_2 + 2a_1 = 8$，公比为 -2 的等比数列，求得 $a_{n+1} + 2a_n = 8 \cdot (-2)^{n-1}$，得到 $a_n = (-2)^{n-1}(-4n + 7)$.

(2) 特征方程 $x^2 + 3x + 2 = 0$ 有实根 $x_1 = -2, x_2 = -1$，故 $\{a_{n+1} + 2a_n\}$ 是首项为 $a_2 + 2a_1 = 8$，公比为 -1 的等比数列，$\{a_{n+1} + a_n\}$ 是首项为 $a_2 + a_1 = 5$，公比为 -2 的等比数列，故 $a_{n+1} + 2a_n = 8 \cdot (-1)^{n-1}, a_{n+1} + a_n = 5 \cdot (-2)^{n-1}$，两式相减得到 $a_n = (-1)^{n-1}(8 - 5 \cdot 2^{n-1})$.

例 6.14 (1) 若 $a_{n+1} = \dfrac{a_n - 1}{a_n + 3}, a_1 = 2$，求 a_n.

(2) 若 $a_{n+1} = \dfrac{2a_n + 6}{a_n + 1}, a_1 = 2$，求 a_n.

(3) 若 $a_{n+1} = \dfrac{a_n^2 - 3}{2a_n - 4}, a_1 = 4$，求 a_n.

解： (1) 特征方程 $x = \dfrac{x - 1}{x + 3}$ 有唯一实特征根 $x = -1$，故 $\left\{\dfrac{1}{a_n + 1}\right\}$ 是首项为 $\dfrac{1}{3}$，公差为 $\dfrac{1}{2}$ 的等差数列，即 $\dfrac{1}{a_n + 1} = \dfrac{1}{3} + \dfrac{1}{2}(n - 1)$，求得 $a_n = \dfrac{-3n + 7}{3n - 1}$.

(2) 特征方程 $x = \dfrac{2x + 6}{x + 1}$ 有实特征根 $x_1 = -2, x_2 = 3$，故 $\left\{\dfrac{a_n - 3}{a_n + 2}\right\}$ 是首项为 $-\dfrac{1}{4}$，公比为 $-\dfrac{1}{4}$ 的等比数列，故 $\dfrac{a_n - 3}{a_n + 2} = \left(-\dfrac{1}{4}\right)^n$，求得 $a_n = \dfrac{5}{1 - \left(-\dfrac{1}{4}\right)^n} - 2$.

(3) 特征方程 $x = \dfrac{x^2 - 3}{2x - 4}$ 有实特征根 $x_1 = 1, x_2 = 3$，归纳证得 $a_n > 3, a_{n+1} < a_n$. 故 $\left\{\log_3 \dfrac{a_n - 1}{a_n - 3}\right\}$ 是首项为 1，公比为 2 的等比数列，故 $\log_3 \dfrac{a_n - 1}{a_n - 3} = 2^{n-1}$，求得 $a_n = \dfrac{3 \cdot 3^{2^{n-1}} - 1}{3^{2^{n-1}} - 1}$.

求数列的通项或部分和还有一种非常重要的方法——**数学归纳法**. 数学归纳法有多种形式(详见第一章),常用的是第一归纳法(已知命题对 $n = 1$ 成立,假设命题对 $n = k$ 时成立,证明命题对 $n = k + 1$ 成立,从而得到命题对一切正整数成立)和第二归纳法(已知命题对 $n = 1$ 成立,假设命题对 $n \leq k$ 时成立,证明命题对 $n = k + 1$ 成立,从而得到命题对一切正整数成立). 在证明有关正整数的命题之前,有时需要归纳(观察数列的前面若干项) 猜想出数列满足的命题,然后再用数学归纳法加以证明.

例 6.15   (1) 已知数列 $\{a_n\}$ 满足 $a_1 = \dfrac{1}{2}, a_n = \dfrac{a_{n-1}}{2a_{n-1} + 1}, n \geq 2, n \in \mathbb{N}^*$. 求通项 a_n.

(2) 已知 $f(n) = 1 + \dfrac{1}{2} + \dfrac{1}{3} + \cdots + \dfrac{1}{n}$, 且 $g(n) = \dfrac{1}{f(n) - 1}[f(1) + f(2) + \cdots + f(n-1)], n > 1$. 求 $g(n)$ 的通项公式.

解:(1) 由题意得 $a_1 = \dfrac{1}{2}, a_2 = \dfrac{1}{4}, a_3 = \dfrac{1}{6}, a_4 = \dfrac{1}{8}$,于是猜想:$a_n = \dfrac{1}{2n}$.

下面利用数学归纳法证之.

当 $n = 1$ 时,$a_1 = \dfrac{1}{2}$,命题成立.

假设 $n = k$ 时,$a_k = \dfrac{1}{2k}$. 则当 $n = k + 1$ 时,由递推公式得到

$$a_{k+1} = \frac{a_k}{2a_k + 1} = \frac{\dfrac{1}{2k}}{2 \cdot \dfrac{1}{2k} + 1} = \frac{1}{2(k+1)}.$$

因此命题对 $n = k + 1$ 时也成立. 由(第一)数学归纳法,命题对一切正整数成立,即 $a_n = \dfrac{1}{2n}$ 对一切正整数成立.

(2) 此题 $f(n)$ 的表示式没法简化,$g(n)$ 也不容易直接求出,故可先考察 $g(n)$ 的前几项,有

$$g(2) = \frac{1}{1 + \dfrac{1}{2} - 1} \cdot f(1) = 2, g(3) = 3, g(4) = 4, g(5) = 5,$$

因此猜想:对任意的正整数 $n \geq 2$,

$$g(n) = n.$$

下面用数学归纳法证明此猜想.

当 $n = 2$ 时,$g(2) = 2$,故此时猜想成立.

假设 $n = k$ 时,$g(k) = k$ 成立,则

$$k = g(k) = \frac{1}{f(k) - 1}[f(1) + f(2) + \cdots + f(k-1)],$$

即

$$f(1) + f(2) + \cdots + f(k-1) = k[f(k) - 1].$$

因此 $n = k + 1$ 时,

$$g(k + 1) = \frac{1}{f(k+1) - 1}[f(1) + f(2) + \cdots + f(k)]$$

$$= \frac{1}{f(k+1) - 1}[kf(k) - k + f(k)]$$

$$= \frac{1}{f(k) + \dfrac{1}{k+1} - 1}[(k+1)f(k) - k]$$

$$= \frac{1}{f(k) - \dfrac{k}{k+1}}[(k+1)f(k) - k]$$

$$= k + 1,$$

因此 $n = k + 1$ 时猜想成立. 由数学归纳法, $g(n) = n$, 对正整数 $n \geqslant 2$ 成立.

例 6.16 (1) 已知数列 $\{a_n\}$ 满足 $a_1 = 3, a_2 = 8, 4(a_{n-1} + a_{n-2}) = 3a_n + 5n^2 - 24n + 20(n \geqslant 3)$, 证明: $a_n = n^2 + 2^n$.

(2) 已知数列 $\{a_n\}$ 满足 $a_1 = a_2 = 1, a_3 = 2, a_{n+2} = \dfrac{a_{n+1}^2 + (-1)^n}{a_n}$, 证明: 对一切正整数 n, a_n 是正整数.

证明: (1) 已知 $a_1 = 3 = 1^2 + 2^1, a_2 = 8 = 2^2 + 2^2$, 计算得到 $a_3 = 17 = 3^2 + 2^3$, $a_4 = 32 = 4^2 + 2^4$, 故 $n = 1,2,3,4$ 时, 结论成立.

假设 $n \leqslant k(k \geqslant 1)$ 时结论成立, 即 $a_k = k^2 + 2^k, a_{k-1} = (k-1)^2 + 2^{k-1}$, 则当 $n = k + 1$ 时, 利用递推关系式得到

$$a_{k+1} = \frac{4}{3}(a_k + a_{k-1}) - \frac{1}{3}[5(k+1)^2 - 24(k+1) + 20]$$

$$= \frac{4}{3}[k^2 + 2^k + (k-1)^2 + 2^{k-1}] - \frac{1}{3}[5(k+1)^2 - 24(k+1) + 20]$$

$$= k^2 + 2k + 1 + 2^{k+1}$$

$$= (k+1)^2 + 2^{k+1},$$

因此当 $n = k + 1$ 时结论成立.

由第二数学归纳法知, 结论对一切正整数 $n \geqslant 1$ 成立.

(2) 计算前几项得到

$$a_1 = a_2 = 1, a_3 = 2, a_4 = 5 = 2 \times 2 + 1, a_5 = 12 = 2 \times 5 + 2,$$

$$a_6 = 29 = 2 \times 12 + 5, a_7 = 70 = 2 \times 29 + 12,$$

因此猜想

$$a_n = 2a_{n-1} + a_{n-2}, n \geqslant 4.$$

下面利用第二数学归纳法证明此猜想.

由前知, 当 $n = 4,5,6,7$ 时, 猜想成立.

假设 $4 \leqslant n \leqslant k+1(k > 4)$ 时,猜想成立,则 $n = k+2$ 时,由归纳假设,

$$a_{k+2} = \frac{a_{k+1}^2 + (-1)^k}{a_k} = \frac{(2a_k + a_{k-1})^2 + (-1)^k}{a_k}$$

$$= \frac{4a_k^2 + 4a_k a_{k-1} + a_{k-1}^2 + (-1)^k}{a_k}.$$

由递推公式 $a_k = \dfrac{a_{k-1}^2 + (-1)^{k-2}}{a_{k-2}}$,即 $a_{k-1}^2 + (-1)^{k-2} = a_k a_{k-2}$,代入得到

$$a_{k+2} = \frac{4a_k^2 + 4a_k a_{k-1} + a_k a_{k-2}}{a_k}$$

$$= 2(2a_k + a_{k-1}) + (2a_{k-1} + a_{k-2}) = 2a_{k+1} + a_k,$$

因此 $n = k+2$ 时猜想成立.

由第二数学归纳法知,猜想对一切正整数 $n \geqslant 4$ 成立. 由证得的猜想,利用数学归纳法知,数列 $\{a_n\}$ 是正整数列. □

有关数列或正整数的一些命题,如下一章的排列组合公式和组合数学中的一些问题等也可以用数学归纳法证明.

6.2.2 数列中的最值问题

数列中还有一类关于求最大项、最小项或部分和取最值的问题. 这些问题需要考虑通项的符号变化、单调性等,常见方法是相邻三项比较法、作差或作商比较法、导数法等. 在借助辅助函数的单调性解题时,要注意数列的自变量只有取正整数时才有意义. 由于数列可看作一类特殊的函数,所以有关数列最大项、最小项问题均可以借助函数来解决,但它的定义域具有鲜明的个性,是正整数集 $\mathbb{N}^*$(或它的有限子集 $\{1, 2, \cdots, n\}$),这就使得数列的图像是一群孤立的点,求数列中的最大项或最小项问题时,不要忽视这一点. 求数列中的最大项或最小项,有些题目有多种途径能够解决,有些题目不是几种方案都能奏效,要有一个尝试判断的思维过程,碰壁后要及时调整策略. 有时这些方法可能计算和解不等式很复杂,也可能都失效,这时可以通过考察数列前面的几项找出规律,加以猜想并证明.

例 6.17 (1) 等差数列 $\{a_n\}$ 的前 n 项和记为 S_n. 已知 $a_3 = 12, S_{12} > 0, S_{13} < 0$,求公差 d 的范围和 $\{S_n\}$ 最大时 n 的值.

(2) 设等比数列 $\{a_n\}$ 中首项 $a_1 = 8$,公比 $q = \dfrac{1}{4}$,求 $\{\log_2 a_n\}$ 的前 n 项和 S_n 的最大值.

(3) 已知等差数列 $\{a_n\}$ 的首项 $a_1 = 11$,前 4 项和 $S_4 = 80$. 设 $c_n = \dfrac{a_n - 14}{a_n - 20}$,求数列 $\{c_n\}$ 中的最大项和最小项.

(4) 已知数列 $\{a_n\}$ 中,$a_1 = 1, a_2 = 2, a_n \geqslant 0$,且对任意的 $n \geqslant 2$,a_n 和 a_{n+1} 中必有

一项是另一项与 a_{n-1} 的等差中项. 如果 $\{a_n\}$ 中恰有 3 项为零, 即 $a_r = a_s = a_t = 0, 2 < r < s < t$, 求 $a_{r+1} + a_{s+1} + a_{t+1}$ 的最大值.

解: (1) 设首项为 a_1, 公差为 d. 由题意得

$$a_3 = a_1 + 2d = 12, \quad S_{12} = 12a_1 + \frac{12(12-1)}{2}d > 0,$$

$$S_{13} = 13a_1 + \frac{13(13-1)}{2}d < 0,$$

即 $a_1 = 12 - 2d, 12(12 - 2d) + 66d > 0, 13(12 - 2d) + 78d < 0$,

从而 $-\dfrac{24}{7} < d < -3$. 再由

$$S_{12} = \frac{12(a_1 + a_{12})}{2} = 6(a_6 + a_7) > 0 \ 得 \ a_6 + a_7 > 0,$$

$$S_{13} = \frac{13(a_1 + a_{13})}{2} = 13a_7 < 0 \ 得 \ a_7 < 0.$$

所以 $a_6 > 0, a_7 < 0$. 故当 $n = 6$ 时, S_n 取到最大值.

(2) $a_n = a_1 q^{n-1} = 8 \cdot \left(\dfrac{1}{4}\right)^{n-1} = 2^{5-2n}, \log_2 a_n = 5 - 2n.$ 当 $n \geq 3$ 时, $\log_2 a_n < 0$, 故 S_n 中最大值为 $S_2 = 3 + 1 = 4$.

(3) 由 $a_1 = 11, S_4 = 4 \cdot 11 + \dfrac{4 \cdot 3}{2}d = 80$, 求得 $\{a_n\}$ 的公差 $d = 6$.

故 $a_n = 11 + (n-1) \cdot 6 = 6n + 5.$ 从而

$$c_n = \frac{a_n - 14}{a_n - 20} = \frac{6n - 9}{6n - 15} = 1 + \frac{6}{6n - 15} = 1 + \frac{1}{n - \frac{5}{2}}.$$

因此 $n = 1, 2$ 时, $c_1 = \dfrac{1}{3} < 1, c_2 = -1 < c_1 < 1$; 当 $n \geq 3$ 时, $c_n > 1$ 且由于 $\dfrac{1}{n - \frac{5}{2}}$ 单

调下降趋于零, 因此 $c_3 = 3$ 最大.

综上, 数列 $\{c_n\}$ 中第 2 项 $c_2 = -1$ 最小, 第 3 项 $c_3 = 3$ 最大.

(4) 由题意 $2a_{n+1} = a_{n-1} + a_n$ 或 $2a_n = a_{n-1} + a_{n+1}$. 因此 $\dfrac{a_{n+1} - a_n}{a_n - a_{n-1}} = 1$ 或 $-\dfrac{1}{2}$.

由 $a_r = 0$ 得到 $a_{r-2} = 2a_{r-1}$ (另一种可能会导致 $a_{r-1} = a_{r-2} = 0$, 矛盾). 故 $a_{r-1} - a_{r-2} = -a_{r-1}$.

另一方面, 由 $a_r = 0$ 得到 $a_{r+1} = \dfrac{1}{2}a_{r-1}$. 因此有

$$a_{r+1} = \frac{1}{2}a_{r-1} = -\frac{1}{2}(a_{r-1} - a_{r-2})$$

$$= -\frac{1}{2} \cdot \left(-\frac{1}{2}\right)^i 1^{r-3-i}(a_2 - a_1) = \left(-\frac{1}{2}\right)^{1+i},$$

故 $i = 1$ 时，a_{r+1} 取得最大值 $\dfrac{1}{4}$.

同理，$a_{s+1} = \left(-\dfrac{1}{2}\right)^{1+j} 1^{s-2-r-j}(a_{r+1} - a_r) = \left(-\dfrac{1}{2}\right)^{1+j} \cdot a_{r+1}$，

故 $j = 1$，$a_{r+1} = \dfrac{1}{4}$ 时，a_{s+1} 取得最大值 $\dfrac{1}{16}$.

$$a_{t+1} = \left(-\dfrac{1}{2}\right)^{1+k} \cdot 1^{t-2-s-k}(a_{s+1} - a_s) = \left(-\dfrac{1}{2}\right)^{1+k} \cdot a_{s+1},$$

故 $k = 1$，$a_{s+1} = \dfrac{1}{16}$ 时，a_{t+1} 取得最大值 $\dfrac{1}{64}$.

综上，$a_{r+1} + a_{s+1} + a_{t+1}$ 的最大值为 $\dfrac{1}{4} + \dfrac{1}{16} + \dfrac{1}{64} = \dfrac{21}{64}$.

例 6.18 (1) 数列 $\{a_n\}$ 的前 n 项和为 S_n，$a_1 = 1$，$a_{n+1} = 2S_n + 1$. 等差数列 $\{b_n\}$ 满足 $b_3 = 3$，$b_5 = 9$. 若对任意的 $n \in \mathbb{N}^*$，$k \cdot (S_n + 1) \geqslant b_n$ 成立，求实数 k 的取值范围.

(2) 数列 $\{a_n\}$ 中，$a_1 = 2$，$a_{n+1} = \lambda a_n + \lambda^{n+1} + (2 - \lambda)2^n$，$n \in \mathbb{N}^*$，$\lambda > 0$. 求 $\{a_n\}$ 的前 n 项和 S_n，并求正整数 k，使得 $\dfrac{a_{n+1}}{a_n} \leqslant \dfrac{a_{k+1}}{a_k}$ 对一切正整数 n 成立.

解：(1) 易求得 $a_n = 3^{n-1}$，$b_n = 3n - 6$，$S_n = \dfrac{3^n - 1}{2}$. 故 $k \geqslant \dfrac{6n - 12}{3^n + 1}$，对任意的 $n \in \mathbb{N}^*$ 成立. 设 $c_n = \dfrac{6n - 12}{3^n + 1}$，问题转化为求数列 $\{c_n\}$ 的最大项.

下面介绍几种求解的方法.

方法一：相邻三项比较法

分别求解不等式

$$c_n \geqslant c_{n+1}, c_n \geqslant c_{n-1},$$

解得 $\dfrac{5}{2} + \dfrac{1}{2 \cdot 3^n} \leqslant n$，$n \leqslant \dfrac{7}{2} + \dfrac{3}{2 \cdot 3^n}$. 这意味着，当 $n \geqslant 3$ 时，c_n 单调下降；当 $n \leqslant 3$ 时，c_n 单调增加. 故 $n = 3$ 时，c_n 取得最大值 $\dfrac{3}{14}$，因此 $k \geqslant \dfrac{3}{14}$.

方法二：作差法

分别求解不等式

$$c_{n+1} - c_n \geqslant 0, c_n - c_{n-1} \leqslant 0,$$

即 $c_{n+1} - c_n = \dfrac{(5 - 2n) \cdot 3^n + 1}{(3^{n+1} + 1)(3^n + 1)} \geqslant 0$，$c_n - c_{n-1} = \dfrac{(7 - 2n) \cdot 3^{n-1} + 1}{(3^{n-1} + 1)(3^n + 1)} \leqslant 0$，

故 $n \leqslant 2$ 时，$c_{n+1} - c_n > 0$，故 $c_1 < c_2 < c_3$；$n \geqslant 3$ 时，$c_{n+1} - c_n < 0$，故 $c_3 > c_4 > \cdots$. 因此 $c_3 = \dfrac{3}{14}$ 为最大值，因此 $k \geqslant \dfrac{3}{14}$.

方法三：作商法

分别求解不等式

$$\frac{c_n}{c_{n+1}} \geqslant 1, \frac{c_n}{c_{n-1}} \geqslant 1,$$

类似得到 $n = 3$ 时，c_n 取得最大值 $\frac{3}{14}$，因此 $k \geqslant \frac{3}{14}$.

方法四：求导法

令 $f(x) = \dfrac{6x - 12}{3^x + 1}$，则 $f'(x) = 6 \cdot 3^x \cdot \dfrac{1 + 3^{-x} - \ln 3 \cdot (x - 2)}{(3^x + 1)^2}$，故 $0 < x \leqslant 2$ 时，

$f'(x) > 0; x \geqslant 3$ 时 $f'(x) < 0$. 计算得到 $f(1) = -\dfrac{3}{2}, f(2) = 0, f(3) = \dfrac{3}{14}$，所以当 n

$= 3$ 时，$c_n = f(n)$ 取得最大值 $\dfrac{3}{14}$. 因此 $k \geqslant \dfrac{3}{14}$.

(2) 递推公式变形为

$$\frac{a_{n+1}}{\lambda^{n+1}} - \left(\frac{2}{\lambda}\right)^{n+1} = \frac{a_n}{\lambda^n} - \left(\frac{2}{\lambda}\right)^n + 1.$$

故 $\left\{\dfrac{a_n}{\lambda^n} - \left(\dfrac{2}{\lambda}\right)^n\right\}$ 是首项为 0，公差为 1 的等差数列，故

$$\frac{a_n}{\lambda^n} - \left(\frac{2}{\lambda}\right)^n = n - 1, a_n = (n-1)\lambda^n + 2^n.$$

先记数列 $\{(n-1)\lambda^n\}$ 的前 n 项和为 T_n.

当 $\lambda \neq 1$ 时，

$$(1 - \lambda)T_n = \lambda^2 + \lambda^3 + \cdots + \lambda^n - (n-1)\lambda^{n+1} = \frac{\lambda^2 - \lambda^{n+1}}{1 - \lambda} - (n-1)\lambda^{n+1},$$

$$T_n = \frac{\lambda^2 - \lambda^{n+1}}{(1-\lambda)^2} - \frac{(n-1)\lambda^{n+1}}{1 - \lambda} = \frac{(n-1)\lambda^{n+2} - n\lambda^{n+1} + \lambda^2}{(1-\lambda)^2}.$$

故此时 $\{a_n\}$ 的前 n 项和 $S_n = \dfrac{(n-1)\lambda^{n+2} - n\lambda^{n+1} + \lambda^2}{(1-\lambda)^2} + 2^{n+1} - 2$.

当 $\lambda = 1$ 时，$a_n = n - 1 + 2^n, S_n = \dfrac{n(n-1)}{2} + 2^{n+1} - 2$.

求满足条件的正整数 k，即求数列 $\left\{\dfrac{a_{n+1}}{a_n}\right\}$ 的最大项的项数 k.

此时，如果使用第(1)问解答中介绍的相邻三项比较法、作差法、作商法、求导法等方法都会导致复杂的计算和不等式求解. 虽然这些方法都是解决数列最值问题的常用方法，但它们都不适用于本题. 本题可以采用考察数列 $\left\{\dfrac{a_{n+1}}{a_n}\right\}$ 前面几项并加以比较，从而猜想存在的规律，然后加以证明，即归纳、猜想、证明的方法.

通过计算数列 $\left\{\dfrac{a_{n+1}}{a_n}\right\}$ 的前面几项，并加以比较，我们发现

$$\frac{a_3}{a_2}, \frac{a_4}{a_3}, \frac{a_5}{a_4} < \frac{a_2}{a_1},$$

因此猜想

$$\frac{a_{n+1}}{a_n} < \frac{a_2}{a_1}, \forall n \geqslant 2.$$

下面证明此猜想.

对任意的正整数 $n \geqslant 2$,有

$$\frac{a_{n+1}}{a_n} - \frac{a_2}{a_1} = \frac{a_1 a_{n+1} - a_2 a_n}{a_1 a_n}$$

$$= \frac{1}{a_1 a_n}[2(n\lambda^{n+1} + 2^{n+1}) - (\lambda^2 + 4)((n-1)\lambda^n + 2^n)]$$

$$< \frac{1}{a_1 a_n}[2n\lambda^{n+1} - (\lambda^2 + 4)(n-1)\lambda^n]$$

$$= \frac{\lambda^n}{a_1 a_n}[2n\lambda - (\lambda^2 + 4)(n-1)]$$

$$\leqslant \frac{\lambda^n}{a_1 a_n}[2n\lambda - 4\lambda(n-1)] = \frac{\lambda^{n+1}}{a_1 a_n}(4 - 2n)$$

$$\leqslant 0,$$

因此猜想成立.

综上,所求的正整数 $k = 1$.

6.3   数列的极限

这一节主要介绍数列极限的概念和性质,以及求极限的一些方法举例.

6.3.1   数列极限的定义与柯西收敛准则

对于无穷数列,还需要研究它的变化趋势,由此产生了极限概念和极限方法.从几何上看,数列 $\{a_n\}$ 的通项 a_n 随着 n 趋于无穷大而趋近于 A,即当 n 适当大时,a_n 落在 A 的邻域 $(A - \varepsilon, A + \varepsilon)$,$\varepsilon > 0$.

定义 6.4   数列 $\{a_n\}$,若存在 $A \in \mathbb{R}$,使得对于任意给定的正数 $\varepsilon > 0$(不论它多么小),总存在正整数 N(可能与 ε 有关),当 $n > N$ 时,$|a_n - A| < \varepsilon$ 总成立,则称 A 为数列 $\{a_n\}$ 的**极限**或称 $\{a_n\}$ **收敛于** A,记为 $\lim\limits_{n \to \infty} a_n = A$. 若这样的常数 A 不存在,则称数列 $\{a_n\}$ **发散**或极限不存在.

由定义知,数列 $\{a_n\}$ 的敛散性与数列的前面任意有限项无关. 数列 $\{a_n\}$ 收敛于 A 等价于对于任意给定的正数 $\varepsilon > 0$,$\{a_n\}$ 从某项起全部位于 A 的邻域 $(A - \varepsilon, A + \varepsilon)$ 内;从而数列 $\{a_n\}$ 不收敛于 A,等价于存在 $\varepsilon_0 > 0$,$\{a_n\}$ 有无穷多项位于 A 的邻域

$(A - \varepsilon_0, A + \varepsilon_0)$ 外.

用定义可求得 $\lim\limits_{n \to \infty} \dfrac{1}{n^\alpha} = 0 \, (\alpha > 0), \lim\limits_{n \to \infty} q^n = 0 \, (\mid q \mid < 1), \lim\limits_{n \to \infty} \sqrt[n]{a} = 1 \, (a > 0),$

$\lim\limits_{n \to \infty} \dfrac{a^n}{n!} = 0 \, (a \in \mathbb{R}).$ 而用定义和反证法可得到 $n^\alpha (\alpha > 0), (-1)^n$ 是发散的.

定义 6.5 无穷数列 $\{a_n\}$,设 $\{n_k\}_{k=1}^\infty$ 是正整数集 $\mathbb{N}^*$ 的任意无限子集,且 $n_1 < n_2 < \cdots < n_k < \cdots$,则数列 $\{a_{n_k}\}$ 称为 $\{a_n\}$ 的一个**子列**.

利用数列极限的定义可证明

定理 6.4 数列 $\{a_n\}$ 收敛的充要条件是 $\{a_n\}$ 的任意子列都收敛,也等价于其奇子列 $\{a_{2k-1}\}$ 和偶子列 $\{a_{2k}\}$ 收敛于相同值.

由此定理可证明,$\left\{ \sin \dfrac{n\pi}{2} \right\}, \left\{ \cos \dfrac{n\pi}{4} \right\}, \{(-1)^n\}, \left\{ (-1)^n \dfrac{n}{n+1} \right\}$ 发散.

利用实数的完备性,如致密性定理和单调有界定理,得到数列极限的柯西 (Cauchy) 收敛准则.

定理 6.5 [柯西 (Cauchy) 收敛准则] 数列 $\{a_n\}$ 收敛的充要条件是:对任意的 $\varepsilon > 0$,存在正整数 N 使得

$$| a_n - a_m | < \varepsilon, \forall n, m > N.$$

利用柯西收敛准则可证明 $\left\{ \sum\limits_{k=1}^n \dfrac{\sin k}{2^k} \right\}_{n=1}^\infty, \left\{ \sum\limits_{k=1}^n \dfrac{1}{k^2} \right\}_{n=1}^\infty$ 收敛. 利用柯西收敛准则

和反证法可证 $\left\{ \sum\limits_{k=1}^n \dfrac{1}{k} \right\}_{n=1}^\infty$ 发散,比较得 $\left\{ \sum\limits_{k=1}^n \dfrac{1}{k^\alpha} \right\}_{n=1}^\infty \, (\alpha \leq 1)$ 发散.

6.3.2　数列极限的性质

定义 6.6 数列 $\{a_n\}$,若存在 $M > 0$,使得对任意的 $n, | a_n | < M$,称 $\{a_n\}$ 为**有界数列**,否则称为**无界数列**.

利用数列极限的定义,可以得到下列定理.

定理 6.6 (1)(**唯一性**) 若 $\{a_n\}$ 收敛,则 $\{a_n\}$ 的极限唯一.

(2)(**有界性**) 若 $\{a_n\}$ 收敛,则 $\{a_n\}$ 是有界数列.

(3)(**保号性**) 若 $\lim\limits_{n \to \infty} a_n = A > 0$,则对任意的 $B \in (0, A)$,存在正整数 N,使得 $a_n > B > 0, \forall n > N$.

(4)(**保不等式性**) 若 $\lim\limits_{n \to \infty} a_n, \lim\limits_{n \to \infty} b_n$ 存在,且存在 N_0,使得 $a_n \leq b_n, \forall n > N_0$,则 $\lim\limits_{n \to \infty} a_n \leq \lim\limits_{n \to \infty} b_n$.

(5)(**迫敛性**) 存在 N_0,有 $a_n \leq c_n \leq b_n, \forall n > N_0$,且 $\lim\limits_{n \to \infty} a_n = \lim\limits_{n \to \infty} b_n = A$,则 $\lim\limits_{n \to \infty} c_n = A$.

（6）（四则运算法则） 常数 $\alpha, \beta \in \mathbb{R}$，若 $\lim\limits_{n \to \infty} a_n = A$，$\lim\limits_{n \to \infty} b_n = B$，则 $\lim\limits_{n \to \infty}(\alpha a_n + \beta b_n) = \alpha A + \beta B$，$\lim\limits_{n \to \infty} a_n b_n = AB$，$\lim\limits_{n \to \infty} \dfrac{a_n}{b_n} = \dfrac{A}{B}(B \neq 0)$.

由极限保号性可证 $\lim\limits_{n \to \infty} \dfrac{1}{\sqrt[n]{n!}} = 0$；由极限迫敛性可证 $\lim\limits_{n \to \infty} \sqrt[n]{n} = 1$，$\lim\limits_{n \to \infty} \sqrt[n]{a_1^n + a_2^n + \cdots + a_m^n} = \max\limits_{1 \leqslant i \leqslant m}\{a_i\}$，其中 $a_1, a_2, \cdots, a_m \geqslant 0$.

例 6.19 已知数列 $\{b_n\}$，满足 $b_n = 2n - 1, n \in \mathbb{N}^*$. 数列 $\{c_n\}$ 是等差数列. 无穷数列 $\{a_n\}$ 满足 $a_n = \begin{cases} \dfrac{b_{n+1}}{2}, & n \text{ 为奇数}, \\ c_{\frac{n}{2}}, & n \text{ 为偶数}. \end{cases}$ 数列 $\{a_n\}$ 的前 n 项和记为 S_n，对任意正整数 n，$S_{2n-1} \geqslant 0, S_{2n} \leqslant 0$. 求 c_{2021} 的取值范围.

解： 设等差数列 $\{c_n\}$ 的公差为 d，首项为 c_1. 则对任意正整数 $n \in \mathbb{N}^*$，

$$S_{2n-1} = (a_1 + a_3 + \cdots + a_{2n-1}) + (a_2 + a_4 + \cdots + a_{2n-2})$$

$$= (b_1 + b_2 + \cdots + b_n) + (c_1 + c_2 + \cdots + c_{n-1})$$

$$= \frac{1 + (2n-1)}{2} \cdot n + \frac{c_1 + c_1 + (n-2)d}{2} \cdot (n-1)$$

$$= \left(1 + \frac{d}{2}\right) n^2 + \left(c_1 - \frac{3}{2}d\right) n + (d - c_1) \geqslant 0,$$

即

$$\left(1 + \frac{d}{2}\right) + \frac{c_1 - \dfrac{3}{2}d}{n} + \frac{d - c_1}{n^2} \geqslant 0; \qquad ①$$

$$S_{2n} = S_{2n-1} + a_{2n} = S_{2n-1} + c_n = S_{2n-1} + [c_1 + (n-1)d]$$

$$= \left(1 + \frac{d}{2}\right) n^2 + \left(c_1 - \frac{1}{2}d\right) n \leqslant 0,$$

即

$$\left(1 + \frac{d}{2}\right) + \frac{c_1 - \dfrac{1}{2}d}{n} \leqslant 0. \qquad ②$$

将 ①② 两个不等式两边取极限并利用极限的保号性得到

$$1 + \frac{d}{2} \geqslant 0, 1 + \frac{d}{2} \leqslant 0,$$

解得 $d = -2$，代入 ①② 两个不等式得到，对任意正整数 $n \in \mathbb{N}^*$，

$$n(c_1 + 3) + (-2 - c_1) \geqslant 0, c_1 \leqslant -1,$$

即

$$-\frac{3n-2}{n-1} = -3 - \frac{1}{n-1} \leqslant c_1 \leqslant -1, \forall n \geqslant 2.$$

利用 $\dfrac{1}{n-1}(n \geqslant 2)$ 非负且单调下降, $\lim\limits_{n \to \infty} \dfrac{1}{n-1} = 0$, 得到 $-3 \leqslant c_1 \leqslant -1$.

因此 $c_{2021} = c_1 + 2020 \cdot (-2) = c_1 - 4040 \in [-4043, -4041]$.

6.3.3 极限存在的充分条件

定义 6.7 若数列 $\{a_n\}$ 满足关系式 $a_n \leqslant a_{n+1}(a_n \geqslant a_{n+1})$ 对任意的 n 成立, 则称 $\{a_n\}$ 为**递增(递减)数列**, 有时也统称为**单调数列**.

由实数的完备性, 如确界原理——有上(下)界的非空实数集必有上(下)确界, 可证得下述的数列的单调有界定理.

定理 6.7 (**单调有界定理**) 在实数系中, 有界的单调数列必有极限.

利用单调有界定理可证明, $\lim\limits_{n \to \infty} \sum\limits_{k=1}^{n} \dfrac{1}{k^\alpha}(\alpha > 1)$, $\lim\limits_{n \to \infty}\left(1 + \dfrac{1}{n}\right)^n \triangleq e$ 都收敛, 其中拉丁字母 e 表示后一极限的值, 且有 $e = 2.718281828459 \cdots\cdots$ 是无理数. 以 e 为底的对数**称为自然对数**, 通常记为 $\ln x = \log_e x (x > 0)$.

利用单调有界定理还可证明下述的实数系的完备性定理.

定理 6.8 (1) 任意数列都有单调子列;

(2) (**致密性定理**) 任意有界数列必有收敛子列;

(3) (**聚点定理**) 实数集的任意非空有界无穷子集必有聚点;

(4) (**闭区间套定理**) 设区间 $[a_n, b_n]$ 满足

$$[a_{n+1}, b_{n+1}] \subset [a_n, b_n], \forall n \in \mathbb{N}^*; \lim\limits_{n \to \infty}(b_n - a_n) = 0,$$

则存在唯一的实数 ξ, 使得 $\bigcap\limits_{n=1}^{\infty}[a_n, b_n] = \{\xi\}$.

利用函数极限的归结原则——海涅(Heine)定理——可计算一些数列的极限.

定理 6.9 (**海涅定理**) 若函数 $f(x)$ 有极限 $\lim\limits_{x \to \infty} f(x) = A \left(\lim\limits_{x \to x_0} f(x) = A\right)$, 则 $\lim\limits_{n \to \infty} f(x_n) = A$, 其中 x_n 是满足 $\lim\limits_{n \to \infty} x_n = \infty \left(\lim\limits_{n \to \infty} x_n = x_0\right)$ 的任意数列.

上述结论对单侧极限也成立.

如 $\lim\limits_{n \to \infty} n \sin \dfrac{\pi}{n} = \lim\limits_{n \to \infty} \dfrac{\sin \dfrac{\pi}{n}}{\dfrac{\pi}{n}} \cdot \pi = \lim\limits_{x \to 0} \dfrac{\sin x}{x} \cdot \pi = \pi$;

$\lim\limits_{n \to \infty}\left(1 + \dfrac{1}{n} - \dfrac{1}{n^2}\right)^n = \lim\limits_{n \to \infty}\left(1 + \dfrac{n-1}{n^2}\right)^{\frac{n^2}{n-1} \cdot \frac{n-1}{n}}$

$$= \left(\lim_{n \to \infty} \left(1 + \frac{n-1}{n^2} \right)^{\frac{n^2}{n-1}} \right)^{\lim_{n \to \infty} \frac{n-1}{n}}$$

$$= \lim_{x \to 0} (1 + x)^{\frac{1}{x}} = \mathrm{e}.$$

类似于函数极限的洛必达(Hospital)法则,数列极限有施笃兹(Stolz)定理.

定理 6.10 (施笃兹定理) 数列$\{a_n\}$,$\{b_n\}$.

(1) 若$\{b_n\}$是严格单调下降数列且

$$\lim_{n \to \infty} b_n = 0, \lim_{n \to \infty} a_n = 0, \lim_{n \to \infty} \frac{a_{n+1} - a_n}{b_{n+1} - b_n} = L(\text{其中 } L \text{ 可以为有限常数} , + \infty , - \infty),$$

则$\lim_{n \to \infty} \dfrac{a_n}{b_n} = L$;

(2) 若$\{b_n\}$是严格单调增加数列且

$$\lim_{n \to \infty} b_n = + \infty , \lim_{n \to \infty} \frac{a_{n+1} - a_n}{b_{n+1} - b_n} = L(\text{其中 } L \text{ 可以为有限常数} , + \infty , - \infty),$$

则$\lim_{n \to \infty} \dfrac{a_n}{b_n} = L$.

在上述极限式中,极限等于$- \infty$,$+ \infty$ 表示相应的数列为负无穷大数列、正无穷大数列.

如,设$\lim_{n \to \infty} x_n = a$(其中 a 可以为有限常数、$+ \infty$ 、$- \infty$),则由施笃兹定理得到,

$$\lim_{n \to \infty} \frac{\sum_{i=1}^{n} x_i}{n} = a;$$ 若进一步假设$x_n \geqslant 0, \forall n \in \mathbb{N}^*$,则有$\lim_{n \to \infty} \sqrt[n]{x_1 x_2 \cdots x_n} = a$. 若$x_n > 0$,

$\forall n \in \mathbb{N}^*$,且$\lim_{n \to \infty} \dfrac{x_{n+1}}{x_n} = a$,则利用施笃兹定理,得到$\lim_{n \to \infty} \sqrt[n]{x_n} = a$. 再如利用施笃兹定理

得到$\lim_{n \to \infty} \dfrac{1 + \frac{1}{2} + \cdots + \frac{1}{n}}{\ln n} = \lim_{n \to \infty} \dfrac{\frac{1}{n+1}}{\ln(n+1) - \ln n} = 1$.

由函数的定积分定义可知,利用函数的可积性可以求一些求和形式的数列的极限. 如

$$\lim_{n \to \infty} \left(\frac{1}{n+1} + \frac{1}{n+2} + \cdots + \frac{1}{2n} \right)$$

$$= \lim_{n \to \infty} \frac{1}{n} \left(\sum_{k=1}^{n} \frac{1}{1 + \frac{k}{n}} \right) = \int_0^1 \frac{1}{1 + x} \mathrm{d}x = \ln(1 + x) \Big|_0^1 = \ln 2;$$

$$\lim_{n \to \infty} \frac{1}{n} \left(\sum_{k=1}^{n} \sin \frac{k\pi}{n} \right) = \int_0^1 \sin(\pi x) \mathrm{d}x = \frac{1}{\pi}(- \cos \pi x) \Big|_0^1 = \frac{2}{\pi}.$$

有时还需利用定积分的性质求数列的极限. 如利用定积分的几何意义得到不等式组

$$\int_1^{n+1} \frac{1}{x} dx < \sum_{i=1}^{n} \frac{1}{i}, \sum_{i=1}^{n-1} \frac{1}{i+1} < \int_1^n \frac{1}{x} dx,$$

即 $\ln(1+n) < 1 + \frac{1}{2} + \cdots + \frac{1}{n} < 1 + \ln n$, 从而得到 $\lim\limits_{n \to \infty} \dfrac{1 + \frac{1}{2} + \cdots + \frac{1}{n}}{\ln n} = 1$.

还有其他一些利用微积分来求数列极限的例子, 比如利用级数理论求一些部分和形式的数列的极限, 详见下一节.

6.4 级数与数列

很多无穷数列的极限较难判断是否存在, 即使能判断极限的存在性, 但极限的值很难求出. 级数是无穷多个实数或实值函数的和, 级数的敛散性用其部分和数列或部分和函数列的敛散性来定义. 因此级数与数列有着重要的联系, 利用常数项级数和函数项级数, 特别是幂级数和傅里叶级数, 能得到一些对应于级数的部分和数列的极限.

6.4.1 数项级数与数列

定义 6.8 数项级数 $\sum\limits_{n=1}^{\infty} a_n (a_n \in \mathbb{R})$ 的**部分和数列** $\{S_n\}_{n=1}^{\infty}$ 定义为 $S_n = \sum\limits_{k=1}^{n} a_k$. 若数列 $\{S_n\}_{n=1}^{\infty}$ 收敛于 $A \in \mathbb{R}$, 即 $\lim\limits_{n \to \infty} S_n = A$, 则称级数 $\sum\limits_{n=1}^{\infty} a_n$ **收敛于** A, 记作 $\sum\limits_{n=1}^{\infty} a_n = A$; 若数列 $\{S_n\}_{n=1}^{\infty}$ 发散, 则称级数 $\sum\limits_{n=1}^{\infty} a_n$ **发散**.

若对任意的 $n \in \mathbb{N}^*$, $a_n \geq 0$, 则称级数 $\sum\limits_{n=1}^{\infty} a_n$ 为**正项级数**.

若级数的项取其绝对值 $|a_n|$, 则称级数 $\sum\limits_{n=1}^{\infty} |a_n|$ 为原级数 $\sum\limits_{n=1}^{\infty} a_n$ 的**绝对值级数**; 显然任意级数的绝对值级数必为正项级数. 若此绝对值级数收敛于 $B \in \mathbb{R}$, 则称原级数 $\sum\limits_{n=1}^{\infty} a_n$ **绝对收敛**; 若级数 $\sum\limits_{n=1}^{\infty} a_n$ 收敛但不绝对收敛, 则称级数 $\sum\limits_{n=1}^{\infty} a_n$ **条件收敛**.

显然 $a_n = \dfrac{a_n + |a_n|}{2} - \dfrac{|a_n| - a_n}{2}$, 故任一级数的部分和数列 $\{S_n\}$ 都可以表示为两个正项级数的部分和数列的差, 从而利用数列收敛的性质得到

定理 6.11 若级数 $\sum\limits_{n=1}^{\infty} a_n$ 绝对收敛,则

(1) 级数 $\sum\limits_{n=1}^{\infty} a_n$ 也收敛;

(2) 将此级数的项任意重新排列后得到的级数仍然是绝对收敛的,且重排前后的两个级数的极限相等.

基于数项级数和数列的关系,由数列极限的柯西(Cauchy)收敛准则得到下述定理.

定理 6.12 [**级数收敛的柯西(Cauchy)准则**] 级数 $\sum\limits_{n=1}^{\infty} u_n$ 收敛的充要条件是:对任意的 $\varepsilon > 0$,存在正整数 N,使得

$$|u_{m+1} + u_{m+2} + \cdots + u_{m+p}| < \varepsilon, \forall m > N, m, p \in \mathbb{N}^*.$$

推论 6.4 若 $\sum\limits_{n=1}^{\infty} u_n$ 收敛,则 $\lim\limits_{n \to \infty} u_n = 0$.

利用柯西准则,可证得 $\sum\limits_{n=1}^{\infty} \dfrac{1}{n}$ 发散,且 $\sum\limits_{n=1}^{\infty} \dfrac{1}{n} = +\infty$.

利用正项级数的比式判别法可证明 $\sum\limits_{n=1}^{\infty} \dfrac{(n!)^2}{(2n)!}$ 收敛,故 $\lim\limits_{n \to \infty} \dfrac{(n!)^2}{(2n)!} = 0$.

利用正项级数的拉贝判别法可证明,当 $s > 2$ 时,$\sum\limits_{n=1}^{\infty} \left[\dfrac{1 \cdot 3 \cdots (2n-1)}{2 \cdot 4 \cdots (2n)} \right]^s$ 收敛,故

通项 $\lim\limits_{n \to \infty} \left[\dfrac{1 \cdot 3 \cdots (2n-1)}{2 \cdot 4 \cdots (2n)} \right]^s = 0$,从而 $\lim\limits_{n \to \infty} \dfrac{1 \cdot 3 \cdots (2n-1)}{2 \cdot 4 \cdots (2n)} = 0$.

利用正项级数的积分判别法,可证明 $p > 1$ 时 p 级数 $\sum\limits_{n=1}^{\infty} \dfrac{1}{n^p}$ 收敛,故由柯西准则得

到 $\lim\limits_{n \to \infty} \left[\dfrac{1}{(n+1)^p} + \dfrac{1}{(n+2)^p} + \cdots + \dfrac{1}{(2n)^p} \right] = 0$.

利用等比级数(即几何级数)的敛散性,可得到 $p > 1$ 时,$\sum\limits_{n=1}^{\infty} \dfrac{1}{p^n}$ 收敛,故由柯西准

则得到 $\lim\limits_{n \to \infty} \left(\dfrac{1}{p^{n+1}} + \dfrac{1}{p^{n+2}} + \cdots + \dfrac{1}{p^{2n}} \right) = 0$.

6.4.2 幂级数与数列

利用函数项级数的收敛性及其和函数,可得到相应的级数的和或对应部分和数列的极限. 要注意的是,由于幂级数和傅里叶级数等函数项级数有常数项,按照习惯记为 a_0,因此与它们相联系的数列也从 a_0 算起,即讨论数列 $\{a_n\}_{n=0}^{\infty}$.

定义 6.9 形式幂级数 $\sum\limits_{n=0}^{\infty} a_n x^n$ 称为数列 $\{a_n\}_{n=0}^{\infty}$ 的**普通型母函数**,简称**普母函数**;而

形式幂级数 $\sum\limits_{n=0}^{\infty} a_n \dfrac{x^n}{n!}$ 称为数列 $\{a_n\}_{n=0}^{\infty}$ 的**指数型母函数**,简称**指母函数**.

对有限数列 $a_1, a_2, \cdots, a_n$,可将多项式 $a_0 + a_1 x + a_2 x^2 + \cdots + a_n x^n$ 与 $a_0 + a_1 \dfrac{x}{1!} +$ $a_2 \dfrac{x^2}{2!} + \cdots + a_n \dfrac{x^n}{n!}$ 分别看作上述形式幂级数自某项以后所有项的系数皆为零的特殊情形. 这样,数列与它的母函数——形式幂级数建立了一一对应的关系. 因此可借助于形式幂级数来研究其相应数列的一些性质.

我们可以从数列 $\{a_n\}$ 出发构造它的母函数,然后将母函数展开成幂级数,其中 x^n 的系数就是 a_n.

利用母函数还可以求数列的前 $n+1$ 项和. 设数列 $\{a_n\}_{n=0}^{\infty}$ 的母函数为 $f(x) = \sum\limits_{n=0}^{\infty} a_n x^n$,记 $S_n = a_0 + a_1 + a_2 + \cdots + a_n$. 因为 $\dfrac{1}{1-x} = \sum\limits_{n=0}^{\infty} x^n (|x| < 1)$,则由幂级数乘法运算法则得到 $\dfrac{f(x)}{1-x} = \left(\sum\limits_{n=0}^{\infty} a_n x^n\right)\left(\sum\limits_{n=0}^{\infty} x^n\right) = \sum\limits_{n=0}^{\infty}\left(\sum\limits_{k=0}^{n} a_k\right) x^n = \sum\limits_{n=0}^{\infty} S_n x^n$,即 $\dfrac{f(x)}{1-x}$ 为数列 $\{S_n\}$ 的母函数,从而可由 $\{S_n\}$ 的母函数求出 S_n.

例 6.20 (1) 数列 $\{a_n\}$ 中,$a_0 = -1, a_1 = 1, a_n = 2a_{n-1} + 3a_{n-2} + 3^n (n \geqslant 3)$,求通项 a_n.

(2) 数列 $\{a_n\}$ 中,$a_0 = -1, a_1 = 1, a_2 = 2, a_{n+3} = 6a_{n+2} - 12a_{n+1} + 8a_n (n = 0, 1, 2, \cdots)$,求该数列的前 n 项和.

解: (1) 设 $f(x) = \sum\limits_{n=0}^{\infty} a_n x^n$,则展开 $(1 - 2x - 3x^2) f(x) - \dfrac{1}{1-3x}$,并利用已知条件可得到 $(1 - 2x - 3x^2) f(x) - \dfrac{1}{1-3x} = -2$,即

$$f(x) = \frac{6x - 1}{(1+x)(1-3x)^2} = -\frac{7}{16(1+x)} + \frac{3}{4(1-3x)^2} - \frac{21}{16(1-3x)}$$

$$= -\frac{7}{16}\sum_{n=0}^{\infty}(-1)^n x^n + \frac{3}{4}\sum_{n=0}^{\infty}(n+1) 3^n x^n - \frac{21}{16}\sum_{n=0}^{\infty} 3^n x^n$$

$$= \sum_{n=0}^{\infty}\frac{1}{16}[(4n-3)\cdot 3^{n+1} - 7\cdot(-1)^n]\cdot x^n,$$

所以 $a_n = \dfrac{1}{16}[(4n-3)\cdot 3^{n+1} - 7\cdot(-1)^n], n = 0, 1, 2, \cdots$.

(2) 同(1)可求得该数列的母函数为 $f(x) = \dfrac{-1 + 7x - 16x^2}{(1-2x)^3}$,则 $\{S_n\}$ 的母函数为

$$\frac{f(x)}{1-x} = \frac{-1 + 7x - 16x^2}{(1-x)(1-2x)^3}$$

$$= -\frac{20}{1-2x} + \frac{12}{(1-2x)^2} - \frac{3}{(1-2x)^3} + \frac{10}{1-x}$$

$$= -20\sum_{n=0}^{\infty}(2x)^n + 12\sum_{n=0}^{\infty}C_{n+1}^1(2x)^n - 3\sum_{n=0}^{\infty}C_{n+2}^2(2x)^n + 10\sum_{n=0}^{\infty}x^n$$

$$= \sum_{n=0}^{\infty}[(-20 + 12C_{n+1}^1 - 3C_{n+2}^2)\cdot 2^n + 10]\cdot x^n,$$

所以数列 $\{a_n\}$ 的前 n 项的和为

$$S_{n-1} = (-20 + 12C_n^1 - 3C_{n+1}^2)\cdot 2^{n-1} + 10 = 10 - (3n^2 - 21n + 40)\cdot 2^{n-2}.$$

利用幂级数 $f(x) = \sum\limits_{n=0}^{\infty}a_n(x-x_0)^n$ 在特殊点 y_0 处的和 $f(y_0)$，可得到对应的所求级数的和或对应部分和数列的极限. 有时可能还需要借助幂级数的连续性、逐项可积性和逐项可导性等性质.

例 6.21 (1) 求 $\lim\limits_{n\to\infty}\sum\limits_{k=1}^{n}(-1)^{k-1}\dfrac{k^2}{2^k} = \sum\limits_{n=1}^{\infty}(-1)^{n-1}\dfrac{n^2}{2^n}$.

(2) 求 $\lim\limits_{n\to\infty}\sum\limits_{k=1}^{n}\dfrac{(-1)^{k-1}}{k} = \sum\limits_{n=1}^{\infty}\dfrac{(-1)^{n-1}}{n}$.

解：(1) $\sum\limits_{n=1}^{\infty}(-1)^{n-1}\dfrac{n^2}{2^n}$ 是函数项级数 $f(x) = \sum\limits_{n=1}^{\infty}(-1)^{n-1}n^2x^n$ 在 $x = \dfrac{1}{2}$ 处的值.

此函数项级数的收敛域为 $(-1,1)$，记

$$f(x) = x\sum_{n=1}^{\infty}(-1)^{n-1}n^2x^{n-1} \xlongequal{\triangle} x\cdot g(x).$$

对 $g(x) = \sum\limits_{n=1}^{\infty}(-1)^{n-1}n^2x^{n-1}$ 积分，利用逐项积分性质得到

$$\int_0^x g(t)\mathrm{d}t = x\sum_{n=1}^{\infty}(-1)^{n-1}nx^{n-1} \xlongequal{\triangle} x\cdot h(x).$$

对 $h(x) = \sum\limits_{n=1}^{\infty}(-1)^{n-1}nx^{n-1}$ 积分，利用逐项积分性质得到，$x\in(-1,1)$ 时，

$$\int_0^x h(t)\mathrm{d}t = \sum_{n=1}^{\infty}(-1)^{n-1}n\int_0^x t^{n-1}\mathrm{d}t = \sum_{n=1}^{\infty}(-1)^{n-1}x^n = \frac{x}{1+x}.$$

因此得到

$$h(x) = \left(\frac{x}{1+x}\right)' = \frac{1}{(1+x)^2}, g(x) = (xh(x))' = \frac{1-x}{(1+x)^3},$$

$$f(x) = xg(x) = \frac{x-x^2}{(1+x)^3}, x\in(-1,1).$$

从而 $\lim\limits_{n\to\infty}\sum\limits_{k=1}^{n}(-1)^{k-1}\dfrac{k^2}{2^k} = \sum\limits_{n=1}^{\infty}(-1)^{n-1}\dfrac{n^2}{2^n} = f\left(\dfrac{1}{2}\right) = \dfrac{\dfrac{1}{2} - \left(\dfrac{1}{2}\right)^2}{\left(1+\dfrac{1}{2}\right)^3} = \dfrac{2}{27}.$

(2) 设 $f(x) = \sum_{n=0}^{\infty} a_n x^n$，$|x| < R(R > 0)$ 时收敛，且 $\sum_{n=0}^{\infty} \frac{a_n}{n+1} R^{n+1}$ 也收敛，则可证

明 $\int_0^R f(x) \mathrm{d}x = \sum_{n=0}^{\infty} \frac{a_n}{n+1} R^{n+1}$.

由此得到，$\lim_{n \to \infty} \sum_{k=1}^{n} \frac{(-1)^{k-1}}{k} = \sum_{n=1}^{\infty} \frac{(-1)^{n-1}}{n} = \int_0^1 \frac{1}{1+x} \mathrm{d}x = \ln 2$.

由例 6.21 可知，对形如"$\{a_n = p(n)x_0^n\}(x_0 \in (-1,1))$，其中 $p(n)$ 是 n 的有理分式"的数列都可以类似地求出其部分和的极限.

6.4.3 傅里叶级数与数列

利用函数的傅里叶(Fourier)级数展开式及其收敛定理，在自变量取一些特殊的值之后，也能得到一些有用的级数的和或对应的部分和序列的极限.

定义 6.10 若 $a_0, a_1, a_2, \cdots, a_n, \cdots$ 为一无穷数列，则形式傅里叶级数为

$$\frac{a_0}{2} + \sum_{n=1}^{\infty} (a_n \cos nx + b_n \sin nx),$$

称为该数列的($x = 0$ 时的)**傅里叶型母函数**.

对于函数的傅里叶级数展开和傅里叶级数的收敛有下述定理.

定理 6.13 （函数的傅里叶级数展开）若在整个实数轴上，

$$f(x) = \frac{a_0}{2} + \sum_{n=1}^{\infty} (a_n \cos nx + b_n \sin nx),$$

且等式右边级数一致收敛，则有如下关系式，即

$$a_n = \frac{1}{\pi} \int_{-\pi}^{\pi} f(x) \cos nx \mathrm{d}x, n = 0, 1, 2, \cdots,$$

$$b_n = \frac{1}{\pi} \int_{-\pi}^{\pi} f(x) \sin nx \mathrm{d}x, n = 1, 2, \cdots.$$

若 $f(x)$ 是奇函数，则 $a_n = 0, n = 0, 1, 2, \cdots$，此时 $f(x)$ 展开为傅里叶正弦级数 $\sum_{n=1}^{\infty} b_n \sin nx$，其中 $b_n = \frac{2}{\pi} \int_0^{\pi} f(x) \sin nx \mathrm{d}x$；

若 $f(x)$ 是偶函数，则 $b_n = 0, n = 1, 2, \cdots$，此时 $f(x)$ 展开为傅里叶余弦级数 $\frac{a_0}{2} + \sum_{n=1}^{\infty} a_n \cos nx$，其中 $a_n = \frac{2}{\pi} \int_0^{\pi} f(x) \cos nx \mathrm{d}x$.

定理 6.14 （傅里叶级数的收敛定理）若以 2π 为周期的函数 f 在 $[-\pi, \pi]$ 上按段光滑(即 $f(x), f'(x)$ 在 $[-\pi, \pi]$ 上除至多有限个第一类间断点外处处连续)，则在每一点 $x \in [-\pi, \pi]$，f 的傅里叶级数 $\frac{a_0}{2} + \sum_{n=1}^{\infty} (a_n \cos nx + b_n \sin nx)$ 收敛于

$\dfrac{f(x-0) + f(x+0)}{2}$, 即

$$\frac{a_0}{2} + \sum_{n=1}^{\infty} (a_n \cos nx + b_n \sin nx) = \frac{f(x-0) + f(x+0)}{2}, \forall x \in [-\pi, \pi].$$

周期为 $2l(l > 0)$ 的周期函数 $f(x)$，可以考虑变换 $t = \dfrac{\pi x}{l}$，将周期为 2π 的周期函数 $F(t) = f\left(\dfrac{lt}{\pi}\right) = f(x)$ 展开为 $[-\pi, \pi]$ 上的傅里叶级数即可.

例 **6.22** 将分段常值函数 $f(x) = \begin{cases} -\dfrac{\pi}{4}, & -\pi < x < 0, \\ \dfrac{\pi}{4}, & 0 \leqslant x < \pi, \end{cases}$ 展开为傅里叶级数 $\displaystyle\sum_{n=1}^{\infty} \frac{\sin(2n-1)x}{2n-1}$,

此级数收敛于 $g(x) = \begin{cases} -\dfrac{\pi}{4}, & -\pi < x < 0, \\ 0, & x = 0, -\pi, \pi, \\ \dfrac{\pi}{4}, & 0 < x < \pi. \end{cases}$

取 $x = \dfrac{\pi}{2}$，可得到

$$\lim_{n \to \infty} \sum_{k=1}^{n} \left[\frac{(-1)^{k+1}}{2k-1}\right] = \sum_{n=1}^{\infty} \frac{(-1)^{n+1}}{2n-1} = 1 - \frac{1}{3} + \frac{1}{5} - \frac{1}{7} + \cdots = \frac{\pi}{4}.$$

由此利用级数的极限定义，即其部分和数列的分解，然后取极限得到

$$1 + \frac{1}{5} - \frac{1}{7} - \frac{1}{11} + \frac{1}{13} + \frac{1}{17} + \cdots$$

$$= \left(1 - \frac{1}{3} + \frac{1}{5} - \frac{1}{7} + \cdots\right) + \frac{1}{3}\left(1 - \frac{1}{3} + \frac{1}{5} - \frac{1}{7} + \cdots\right)$$

$$= \frac{4}{3} \cdot \left(1 - \frac{1}{3} + \frac{1}{5} - \frac{1}{7} + \cdots\right) = \frac{4}{3} \cdot \frac{\pi}{4} = \frac{\pi}{3}.$$

取特殊值 $x = \dfrac{\pi}{3}$ 计算得到

$$1 - \frac{1}{5} + \frac{1}{7} - \frac{1}{11} + \frac{1}{13} - \frac{1}{17} + \cdots = \frac{\sqrt{3}}{6}\pi.$$

例 **6.23** 按段光滑函数 $f(x) = \begin{cases} x^2, & 0 < x < \pi, \\ 0, & x = \pi, \\ -x^2, & \pi < x \leqslant 2\pi \end{cases}$ 展开成傅里叶级数为

$$f(x) \sim -\pi^2 + \sum_{n=1}^{\infty} \left\{\frac{4}{n^2}[(-1)^n - 1]\right\} \cos nx$$

$$+\left[\frac{2\pi}{n}+\left(\frac{2\pi}{n}-\frac{4}{n^3\pi}\right)\left[1-(-1)^n\right]\right]\sin nx\Bigg\},$$

根据收敛定理,此傅里叶级数收敛于 $g(x)=\begin{cases} x^2, & 0<x<\pi, \\ 0, & x=\pi, \\ -x^2, & \pi<x<2\pi, \\ -2\pi^2, & x=0,2\pi. \end{cases}$

取特殊值,如 $x=0,\pi,2\pi$,都能得到

$$\lim_{n\to\infty}\sum_{k=1}^{n}\left[1+\frac{1}{3^2}+\frac{1}{5^2}+\cdots+\frac{1}{(2n-1)^2}\right]=\sum_{n=1}^{\infty}\frac{1}{(2n-1)^2}=\frac{\pi^2}{8}.$$

这样也得到

$$\lim_{n\to\infty}\sum_{k=1}^{n}\left(1+\frac{1}{2^2}+\cdots+\frac{1}{n^2}\right)=\sum_{n=1}^{\infty}\frac{1}{n^2}=\sum_{n=1}^{\infty}\frac{1}{(2n-1)^2}+\sum_{n=1}^{\infty}\frac{1}{(2n)^2}$$

$$=\frac{\pi^2}{8}+\frac{1}{4}\sum_{n=1}^{\infty}\frac{1}{n^2}=\frac{\pi^2}{6}.$$

利用这两个部分和数列的极限可得到

$$\lim_{n\to\infty}\sum_{k=1}^{n}\frac{(-1)^{k+1}}{k^2}=\sum_{n=1}^{\infty}\frac{(-1)^{n+1}}{n^2}=1-\frac{1}{2^2}+\frac{1}{3^2}-\frac{1}{4^2}+\cdots$$

$$=\left(1+\frac{1}{3^2}+\frac{1}{5^2}+\cdots\right)-\frac{1}{4}\sum_{n=1}^{\infty}\frac{1}{n^2}$$

$$=\frac{\pi^2}{8}-\frac{1}{4}\cdot\frac{\pi^2}{6}=\frac{\pi^2}{12}.$$

还可以取 $x=\dfrac{\pi}{2}$,化简得到

$$\lim_{n\to\infty}\sum_{k=1}^{n}\frac{(-1)^{k-1}}{(2k-1)^3}=\sum_{k=1}^{\infty}\frac{(-1)^{k-1}}{(2k-1)^3}=1-\frac{1}{3^3}+\frac{1}{5^3}-\frac{1}{7^3}+\cdots$$

$$=-\frac{5}{32}\pi^3+\left[\sum_{k=1}^{\infty}\frac{(-1)^{k-1}}{2k-1}\right]\cdot\frac{3}{4}\pi^2$$

$$=-\frac{5}{32}\pi^3+\frac{\pi}{4}\cdot\frac{3}{4}\pi^2=\frac{\pi^3}{32}.$$

例6.24 将函数 $f(x)=|x^3|,x\in[-\pi,\pi]$,展开为傅里叶余弦级数

$$f(x)\sim\frac{1}{4}\pi^3+\sum_{n=1}^{\infty}\left[\frac{(-1)^n 6\pi}{n^2}+\frac{12[1-(-1)^n]}{n^4\pi}\right]\cos nx,$$

此级数收敛于 $f(x)$.

取 $x=0$ 计算得到

$$\lim_{n\to\infty}\sum_{k=1}^{n}\frac{1}{(2k-1)^4}=\sum_{n=1}^{\infty}\frac{1}{(2n-1)^4}=1+\frac{1}{3^4}+\frac{1}{5^4}+\cdots$$

$$= \frac{\pi}{24}\left[-\frac{1}{4}\pi^3 + 6\pi\sum_{n=1}^{\infty}\frac{(-1)^{n-1}}{n^2}\right]$$

$$= \frac{\pi}{24}\left(-\frac{1}{4}\pi^3 + 6\pi\cdot\frac{\pi^2}{12}\right) = \frac{\pi^4}{96}.$$

由此还能得到

$$\lim_{n\to\infty}\sum_{k=1}^{n}\frac{1}{k^4} = \sum_{n=1}^{\infty}\frac{1}{n^4} = \sum_{n=1}^{\infty}\frac{1}{(2n-1)^4} + \sum_{n=1}^{\infty}\frac{1}{(2n)^4}$$

$$= \sum_{n=1}^{\infty}\frac{1}{(2n-1)^4} + \frac{1}{16}\sum_{n=1}^{\infty}\frac{1}{n^4} = \frac{16}{15}\sum_{n=1}^{\infty}\frac{1}{(2n-1)^4}$$

$$= \frac{16}{15}\cdot\frac{\pi^4}{96} = \frac{\pi^4}{90}.$$

习 题 六

1. 设函数 $f(x) = 2x - \cos x$，$\{a_n\}$ 为公差为 $\frac{\pi}{8}$ 的等差数列，已知 $f(a_1) + f(a_2) + f(a_3)$ $+ f(a_4) + f(a_5) = 5\pi$，求 $[f(a_3)]^2 - a_1 a_5$.

2. 已知等差数列 $\{a_n\}$ 的前 n 项和为 S_n，$a_5 = 5$，$S_5 = 15$，求数列的前 100 项和 S_{100}.

3. 设公比为 $q(q > 0)$ 的等比数列 $\{a_n\}$ 的前 n 项为 S_n. 若 $S_2 = 3a_2 + 2$，$S_4 = 3a_4 + 2$，求公比 q.

4. 记 $[x]$ 为不超过实数 x 的最大整数，如 $[2] = 2$，$[1.5] = 1$，$[-0.3] = -1$. 设 a 为正整数，数列 $\{x_n\}$ 满足 $x_1 = a$，$x_{n+1} = \left[\dfrac{x_n + \dfrac{a}{x_n}}{2}\right](n \in \mathbb{N}^*)$，则下述命题中正确的有哪些？并写出正确或错误的原因.

   (1) 当 $a = 5$ 时，数列 $\{x_n\}$ 的前 3 项为 $5,3,2$；

   (2) 对数列 $\{x_n\}$，都存在正整数 k，使得当 $n \geqslant k$ 时总有 $x_n = x_k$；

   (3) 当 $n \geqslant 1$ 时，$x_n > \sqrt{a} - 1$；

   (4) 对某个正整数 k，若 $x_{k+1} \geqslant x_k$，则 $x_k = [\sqrt{a}]$.

5. 数列 $\{a_n\}$ 满足 $a_{n+1} + (-1)^n a_n = 2n - 1$，求 $\{a_n\}$ 的前 60 项和 S_{60}.

6. 各项均为正数的两数列 $\{a_n\}$，$\{b_n\}$ 满足 $a_{n+1} = \dfrac{a_n + b_n}{\sqrt{a_n^2 + b_n^2}}(n \in \mathbb{N}^*)$.

   (1) 设 $b_{n+1} = 1 + \dfrac{b_n}{a_n}(n \in \mathbb{N}^*)$. 证明：$\left\{\left(\dfrac{b_n}{a_n}\right)^2\right\}$ 为等差数列；

   (2) 设 $b_{n+1} = \sqrt{2}\cdot\dfrac{b_n}{a_n}(n \in \mathbb{N}^*)$，且 $\{a_n\}$ 为等比数列，求 a_1, b_1.

7. 已知等差数列 $\{a_n\}$ 的前三项的和为 -3，前三项的积为 8.

（1）求等差数列 $\{a_n\}$ 的通项公式；

（2）若 a_2,a_3,a_1 成等比数列，求数列 $\{a_n\}$ 的前 n 项和.

8. 已知数列 $\{a_n\}$ 的前 n 项和为 S_n，且 $a_2 a_n = S_2 + S_n$，$\forall n \in \mathbb{N}^*$.

   （1）求 a_1,a_2；

   （2）设 $a_1 > 0$，数列 $\left\{\lg \dfrac{10a_1}{a_n}\right\}$ 的前 n 项和为 T_n，求 T_n 的最大值及此时的项数.

9. 数列 $\{a_n\}$ 中 $a_1 = 1$，$a_n = \dfrac{2S_n^2}{2S_n - 1}(n \geq 2)$，求 a_n.

10. 数列 $\{a_n\}$ 满足 $a_n = \begin{cases} 6n - 5, & n\text{ 为奇数} \\ 4^n, & n\text{ 为偶数} \end{cases}$，求 $\{a_n\}$ 的前 n 项和.

11. 等差数列 $\{a_n\}$ 的公差 $d \neq 0$，它的部分项 $a_{k_1},a_{k_2},a_{k_3},\cdots,a_{k_n},\cdots$ 成等比数列，其中 $k_1 = 1,k_2 = 5,k_3 = 17$，求 $k_1 + k_2 + \cdots + k_n$.

12. 已知数列 $\{a_n\}$ 中，$a_1 = \dfrac{5}{6}$，且对任意的 $n \in \mathbb{N}^*$，有 $a_{n+1} = \dfrac{1}{3}a_n + \left(\dfrac{1}{2}\right)^{n+1}$，数列 $\{b_n\}$，$b_n = a_{n+1} - \dfrac{1}{2}a_n$，求 a_n,b_n 的通项公式.

13. 已知等比数列 $\{a_n\}$ 的各项均为正数，且 $2a_1 + 3a_2 = 1$，$a_3^2 = 9a_2 a_6$. 设 $b_n = \log_3 a_1 + \log_3 a_2 + \cdots + \log_3 a_n$，求 $\left\{\dfrac{1}{b_n}\right\}(n \geq 1)$ 的前 n 项和.

14. 在数 1 和 100 之间插入 n 个实数，使得这 $n + 2$ 个数构成递增的等比数列，将这 $n + 2$ 个数的乘积记作 T_n，再令 $a_n = \lg T_n$，$n \geq 1$. 设 $b_n = \tan a_n \cdot \tan a_{n+1}$，求数列 $\{b_n\}$ 的前 n 项和.

15. 已知数列 $\{a_n\}$ 满足 $a_1 = 1$，$a_{n+1} = 3a_n + 1$. 证明：
$$\frac{1}{a_1} + \frac{1}{a_2} + \cdots + \frac{1}{a_n} < \frac{3}{2}, n \in \mathbb{N}^*.$$

16. 设 S_n 为数列 $\{a_n\}$ 的前 n 项和，$S_n = (-1)^n a_n - \dfrac{1}{2^n}$，$n \in \mathbb{N}^*$，求 $S_1 + S_2 + \cdots + S_{100}$.

17. 利用数学归纳法证明

    （1）对任意正整数 n，有
    $$\frac{2}{3}n\sqrt{n} < \sqrt{1} + \sqrt{2} + \sqrt{3} + \cdots + \sqrt{n} < \frac{4n + 3}{6}\sqrt{n};$$

    （2）设 $R_1 = 1$，$R_{n+1} = 1 + \dfrac{n}{R_n}$，则 $\sqrt{n} \leq R_n \leq \sqrt{n} + 1$，$n \geq 1$；

    （3）设 n,p 为正整数，$C_{hk}(h = 1,2,\cdots,n;k = 1,2,\cdots,p)$ 满足条件 $0 \leq C_{hk} \leq 1$. 则
    $$\left(\sum_{h=1}^{n}\sum_{k=1}^{p}\frac{C_{hk}}{h}\right)^2 \leq 2p\sum_{h=1}^{n}\sum_{k=1}^{p}C_{hk};$$

    （4）设 $S_n = 1 + \dfrac{1}{2} + \dfrac{1}{3} + \cdots + \dfrac{1}{n}$，则

$$n(n+1)^{\frac{1}{n}} < n + S_n, n > 1;\ (n-1)n^{-\frac{1}{n-1}} < n - S_n, n > 2.$$

18. 设 n 为正整数,则 $x^n - \dfrac{1}{x^n}$ 能表示为 $x - \dfrac{1}{x}$ 的多项式的充要条件是 n 为奇数.

19. 数列 $\{a_n\}$ 满足: $a_0 = a, a_{n+1} = 2a_n - n^2, n \in \mathbb{N}$,如果它的一切项都为正的,求 a 的取值范围.

20. 已知数列 $\{a_n\}$ 的前 n 项和为 S_n,$S_n = 1 + ta_n (t \ne 1, n \in \mathbb{N}^*)$. 若 $\lim\limits_{n \to \infty} S_n = 1$,求实数 t 的取值范围.

21. 已知 $a > 0, a \ne 1$,数列 $\{a_n\}$ 满足 $a_n = a^n (n \in \mathbb{N}^*)$,且有 $\dfrac{b_n}{a_n} = \log_a a_n$,数列 $\{b_n\}$ 前 n 项和 S_n. 当 $a > 1$ 时,求极限 $\lim\limits_{n \to \infty} \dfrac{S_n}{b_n}$;若数列 $\left\{\dfrac{n}{b_n}\right\}$ 中每一项总小于它后面的各项和,求实数 a 的取值范围.

22. 已知数列 $\{a_n\}$ 是首项 $a_1 = a$,公差为 2 的等差数列. 数列 $\{b_n\}$ 满足 $2b_n = (n+1)a_n$.

   (1) 若对任意 $n \in \mathbb{N}^*$,都有 $b_n \geqslant b_5$ 成立,求实数 a 的取值范围.

   (2) 数列 $\{c_n\}$ 满足 $c_n - c_{n-2} = 3\left(-\dfrac{1}{2}\right)^{n-1}$ $(n \in \mathbb{N}^*, n \geqslant 3)$,其中 $c_1 = 1, c_2 = -\dfrac{3}{2}$,$f(n) = b_n - |c_n|$,当 $-16 \leqslant a \leqslant -14$ 时,求 $f(n)$ 的最小值.

23. 设数列 $\{a_n\}$ 满足 $a_1 = \dfrac{5}{3}, a_{n+1} = \dfrac{3a_n}{a_n + 2}, n \in \mathbb{N}^*$,求极限

$$\lim_{n \to \infty} \dfrac{1}{n} \cdot \left(\dfrac{1}{a_1} + \dfrac{1}{a_2} + \dfrac{1}{a_3} + \cdots + \dfrac{1}{a_n}\right).$$

24. 数列 $\{a_n\}$ 的前 n 项和为 S_n,已知 $S_{n+1} = pS_n + q (p, q$ 为常数$), n \in \mathbb{N}^*$,又 $a_1 = 2$,$a_2 = 1, a_3 = q - 3p$,求 $\lim\limits_{n \to \infty} \dfrac{a_n + 2^{2n+1}}{3^n a_n - 4^n}$.

25. 已知数列 $\{a_n\}$ 满足 $a_2 = 6, \dfrac{a_{n+1} - a_n + 1}{a_{n+1} + a_n - 1} = \dfrac{1}{n}, n \in \mathbb{N}^*$.

   (1) 设 $b_n = \dfrac{a_n}{n \cdot 2^n}, n \in \mathbb{N}^*$,记 $S_n = b_1 + b_2 + \cdots + b_n$. 求 $\lim\limits_{n \to \infty} S_n$.

   (2) 设 $c_n = \dfrac{a_n}{n + c} (n \in \mathbb{N}^*)$,常数 $c \in \mathbb{R}, c \ne 0$. 若数列 $\{c_n\}$ 是等差数列,记 $S_n = c_1 c + c_2 c^2 + c_3 c^3 + \cdots + c_n c^n$,求 $\lim\limits_{n \to \infty} S_n$.

26. 数列 $\{a_n\}$ 的二阶差分数列的各项均为 16,且 $a_{63} = a_{89} = 10$,求 a_{51}.

27. 数列 $\{a_n\}$ 的二阶差分数列是等比数列,且 $a_1 = 5, a_2 = 6, a_3 = 9, a_4 = 16$,求 $\{a_n\}$ 的通项公式.

28. 利用等式 $(n+1)^m = \sum\limits_{i=0}^{m} C_m^i n^{m-i}$,求出和 $\sum\limits_{k=0}^{n} k^m$ 的表示式(其中 $m = 2,3,4,5$).

第七章 组合数学初步

组合数学是当今数学中十分活跃的分支,主要研究在一定条件下完成某事的方法数.排列与组合是组合数学的重要内容,是学习和计算古典概率的基础.组合数学也是一种重要的数学方法,对概率论和数理统计的发展有很大作用,同时它和数学其他分支联系也很密切,对计算机科学、编码理论、试验设计等其他处理离散现象的数学分支也都有影响.

本章首先介绍两个重要原理——加法原理和乘法原理,然后介绍排列与组合的相关知识,深入研究了排列组合的一些性质和计算方法,还介绍了组合数学中的两个重要原理——包含容斥原理和抽屉原则,补充了一些组合趣题,如染色问题、操作与游戏、组合最值等.

图论及其相关内容也是组合数学的重要内容,在中学数学竞赛中经常有与图论相关的赛题.但由于篇幅的限制,本书不介绍图论及其相关知识.

7.1 排列与组合

本节主要介绍计数的两个重要原理——加法原理和乘法原理,然后介绍利用加法原理和乘法原理得到的排列与组合的相关知识.

7.1.1 枚举计数

枚举计数是计数方法中最基本的方法.枚举计数就是把要计数的对象一一列举出来,最后计算总数.枚举计数的过程中,必须注意不重复不遗漏,力求有序有规律,逐一地进行.

例 7.1 (1) 把 22 分成两个质数的和,共有多少种不同分法?

(2) 在一个 5 条边长各不相同的五边形的边上染色,每条边可以染红、黄、蓝 3 种颜色中的一种,但不允许相邻边有相同颜色,问有多少种不同染色法?

(3) 设一个八位数的每个数位的数字为 $1 \sim 9$ 中的某一个,任意连续 3 个数位组成的三位数能被 3 整除,求所有这样的八位数的个数.

解: (1) 设质数 a,b,满足 $a \leqslant b, a+b = 22$,则 a 可取 $2,3,5,7,11$,而 $b = 22-a$ 对应地依次为 $20,19,17,15,11$,其中 $19,17,11$ 为质数.因此不同分法共 3 种,即

$$22 = 3 + 19 = 5 + 17 = 11 + 11.$$

（2）将 5 条边依次编号为 a,b,c,d,e. 先假定 a 为红色，b 为黄色，记作 $(a,b) = $（红，黄），则若 $c = $（红），则 $(d,e) = $（黄，蓝）或（蓝，黄）；若 $c = $（蓝），则 $(d,e) = $（红，黄），（红，蓝）或（黄，蓝）. 因此当 a 为红色，b 为黄色时，共有 $2 + 3 = 5$ 种染色法.

而 (a,b) 还可以为（红，蓝），（黄，蓝），（黄，红），（蓝，红），（蓝，黄）5 种可能，而每一种情况都是对称的，故不同染色法共有 $5 \times 6 = 30$ 种.

（3）首先说明一个事实，即三位数仅由数字 $1 \sim 9$ 组成，且能被 3 整除，若前两位数字已经确定，则这个三位数的第 3 位有且仅有 3 个可能值. 事实上，设前两个数位之和为 a，则当 $a \equiv 0 (\bmod\ 3)$（其中 $a \equiv b (\bmod\ m)$ 表示正整数 a,b 除以 m 的余数相同）时，第 3 位可取 3,6,9；当 $a \equiv 1 (\bmod\ 3)$ 时，第 3 位可取 2,5,8；当 $a \equiv 2 (\bmod\ 3)$ 时，第 3 位可取 1,4,7.

于是满足条件的八位数的首位可取 9 个值，第 2 位可取 9 个值，当前两位已确定后，由前面提到的事实知，后面 6 位上每个数位上的可能值均为 3 个，从而满足条件的八位数有 $9 \times 9 \times 3^6 = 59049$ 个.

由例子看出，枚举计数有时可直接将计数的对象一一列举，有时需要将完成一件事的不同方法进行适当的分类，每一类中又有多种方法，所有不同的方法是这些方法的和，这就是分类思想，这样计数的原理称为**加法原理**；有时完成一件事需要分成多个步骤，每个步骤可能有多种方法，总的方法数就是这些方法数的积，这就是分步处理思想，这样计数的原理称为**乘法原理**.

7.1.2　加法原理与乘法原理

完成一件事，可能有多种方法，也可能会分多个步骤完成，这就形成了下述两个重要原理.

1. 加法原理

加法原理指做一件事情，完成它有 m 类不同的方法，在第 i 类方法中有 n_i 种不同的方法，则完成这件事共有 $N = \sum\limits_{i=1}^{m} n_i$ 种不同的方法.

加法原理可用有限集合的并集加以说明. 设欲完成的事情的所有的方法为 A，用第 i 类方法（或第 i 种方式）完成事件的方法全体记为 $A_i, i = 1,2,\cdots,m$，则得到 $A = A_1 \cup A_1 \cup \cdots \cup A_m$，并且 $A_i \cap A_j = \varnothing, i \neq j$，因此完成这件事的不同方法的总数目为

$$N = |A| = |A_1| + |A_2| + \cdots + |A_m| = n_1 + n_2 + \cdots + n_m = \sum_{i=1}^{m} n_i, \quad (7.1)$$

其中 $|A|$ 表示集合 A 中元素的个数.

2. 乘法原理

乘法原理指做一件事情，完成它有 m 个不同的步骤，完成第 i 步有 n_i 种方法，则

完成这件事共有 $N = n_1 \times n_2 \times \cdots \times n_m = \prod\limits_{i=1}^{m} n_i$ 种不同的方法.

乘法原理可用有限集合的笛卡尔乘积加以解释. 完成一件事情有 m 个不同的步骤, 完成第 i 步的所有方法组成集合 $A_i, i = 1, 2, \cdots, m$, 完成这件事的所有方法组成了集合 A. 则 $A = \{(a_1, a_2, \cdots, a_m) \mid a_1 \in A_1, a_2 \in A_2, \cdots, a_m \in A_m\}$, 完成这件事情的所有方法的数目为

$$|A| = |A_1| \times |A_2| \times \cdots \times |A_m| = n_1 \times n_2 \times \cdots \times n_m = \prod_{i=1}^{m} n_i. \qquad (7.2)$$

在应用加法原理和乘法原理时要注意它们的应用条件. 加法原理是把研究的事件分解为 n 类互斥的简单事件, 通过每个简单事件的每一种方法都能完成该事件全部; 而乘法原理是把研究的事件分解成若干个依次衔接的步骤, 各个步骤不可缺少, 只有当各个步骤依次全部完成后, 这件事才告完成(完成某一步的任何一种方法只能完成这一个步骤, 而不能独立完成此事件).

例 7.2 甲地到乙地有 5 种不同的路, 某人从甲地到乙地, 然后从乙地返回甲地, 再又去乙地, 再又返回甲地, 要求返回时不能走任何一次去乙地的路, 问此人有多少种不同走法?

解: 若第一次从甲地到乙地有 5 种选择, 从乙地返回甲地有 4 种选择.

若第二次从甲地到乙地的路与第一次重叠, 则返回时有 4 种不同选择;

若第二次从甲地到乙地的路与第一次不重叠, 则有 4 种不同选择, 而返回时有 3 种选择.

由乘法原理和加法原理共有 $5 \times 4 \times (4 + 4 \times 3) = 320$ 种不同走法.

利用加法原理和乘法原理, 可以直接得到下述两个重要概念——排列和组合.

7.1.3 排列与排列数

根据排列的要求和形式的不同, 我们介绍无重复线状排列、可重复线状排列和圆排列这 3 种排列.

1. 无重复线状排列

定义 7.1 从 n 个不同元素中, 不重复地任取 $m(m \le n)$ 个元素, 按一定顺序排成一行, 叫作从 n 个不同元素中取出 m 个元素的**排列**. 这样取出的所有排列的个数, 叫作从 n 个不同元素中取出 m 个元素的**排列数**, 记作 P_n^m.

因为从 n 个不同元素中取出 m 个元素进行排列(排成一行)是有头有尾的, 可以看作直线上的排列, 故有时也称为**线状排列**.

从 n 个不同元素中, 不重复地任取 $m(m \le n)$ 个元素, 这个事件可利用乘法原理来考虑. 取出的 m 个元素中的第 1 个元素是从 n 个不同元素中取的, 故有 n 种不同的取法, 这看作完成事件的第 1 步, 完成第 1 步有 n 种不同的方法;第 2 个元素是从余下

的 $n-1$ 个元素中取的,故有 $n-1$ 种不同的取法,这看作完成事件的第2步,完成第2步有 $n-1$ 种不同的方法;以此类推,到最后第 m 个元素是从余下的 $n-(m-1)$ 个不同元素中取的,故有 $n-(m-1)$ 种不同的取法,这看作完成事件的第 m 步,完成第 m 步有 $n-(m-1)$ 种不同的方法. 根据乘法原理,共有 $n(n-1)\cdots(n-m+1)$ 种不同的取法,即共有 $n(n-1)\cdots(n-m+1)$ 种不同的排列. 这就得到了下述关于排列数的定理.

定理 7.1 $P_n^m = n(n-1)\cdots(n-m+1) = \dfrac{n!}{(n-m)!}$,特别地,$P_n^n = n!$,其中 $n! = n(n-1)\cdots2\cdot1$,读作 n 的阶乘,并规定 $P_n^0 = 1, 0! = 1$.

推论 7.1 （1）$P_n^m = (n-m+1)P_n^{m-1}, P_n^m = \dfrac{n}{n-m}P_{n-1}^m, P_n^m = nP_{n-1}^{m-1}$;

（2）$P_{n+1}^m = P_n^m + mP_n^{m-1}$;

（3）$P_{n+1}^m - m(P_n^{m-1} + P_{n-1}^{m-1} + \cdots + P_m^{m-1}) = m!$.

例 7.3 6个人站成一排,求:

（1）甲、乙既不在排头也不在排尾的排法数;

（2）甲不在排头,乙不在排尾,且甲乙不相邻的排法数.

解：这是带有附加条件的全排列问题,一般原则是优先处理特殊元素.

（1）甲、乙既不在排头也不在排尾,故排在首尾的都只能是丙、丁、戊、戌4人. 先排好首位和尾位,共 P_4^2 种排法;再排中间4个位置,余下4个人排在中间4个位置共 P_4^4 种排法. 故总共有 $P_4^2P_4^4 = 288$ 种排法;

（2）将6个位置记为 $1,2,3,4,5,6$. 甲不在排头,故甲在 $2,3,4,5,6$ 共5个可能位置,则由于乙不在排尾且甲乙不相邻,故若甲在第2位,乙有 $4,5$ 共2个可能位置;若甲在第3位,乙有 $1,5$ 共2个可能位置;若甲在第4位,乙有 $1,2$ 共2个可能位置;若甲在第5位,乙有 $1,2,3$ 共3个可能位置;若甲在第6位,乙有 $1,2,3,4$ 共4个可能位置. 故甲乙可能的排法共 $2+2+2+3+4 = 13$ 种;余下4人排在剩下的4个位置,共 P_4^4 种排法. 故总共有 $13 \cdot P_4^4 = 312$ 种排法.

2. 可重复线状排列

前面介绍的排列是无重复的线状排列,下面介绍可重复的线状排列.

定义 7.2 从 n 个不同元素中,允许重复地任取 m 个按一定顺序排成一排,叫作从 n 个不同元素中取出 m 个的一个**可重复排列**. 这样取出的所有可重复排列的个数,称为 n 个不同元素的 m 元**可重复排列数**,记为 R_n^m.

由于每次取出元素是可重复的(即取出的元素是放回去再取的),故有 n 个不同的取法,由乘法原理,取了 m 次,故共有 n^m 种取法. 即有下述定理.

定理 7.2 $R_n^m = n^m$.

定义 7.3 在集合 $A = \{a_1, a_2, \cdots, a_n\}$ 中,若 a_i 可重复选取 m_i 次 $(i = 1, 2, \cdots, n)$,且 $m_1 + m_2 + \cdots + m_n = m$,则 A 的任意 $k(0 \leqslant k \leqslant m)$ 个可重复的元素组成的一个有序排列称为 A 的一个 **k 元有限重复排列数**,记为 B_m^k. 特别地,当 $k = m$ 时,称为 **m 个不尽相异元素的全排列**,这时的排列数记为 B_m.

定理 7.3 $B_m = \dfrac{m!}{m_1! \ m_2! \ \cdots m_n!}$,其中 $m_1 + m_2 + \cdots + m_n = m$.

证明: m 个不尽相异元素的全排列中,将 m_i 个 a_i 看作 m_i 个互不相同的元素 a_{i_1}, $a_{i_2}, \cdots, a_{i_{m_i}}$,并将它们在 m_i 个 a_i 所占的位置上作全排列,则原来的一个排列可以看作是 $m_i!$ 个不同的排列. 令 $i = 1, 2, \cdots, n$,则 m 个不尽相异元素的全排列可以看作 $m_1!$ $m_2! \cdots m_n!$ 个 m 个不尽相异元素的全排列,因而 $B_m \cdot m_1! \ m_2! \ \cdots m_n! = m!$,故 $B_m = \dfrac{m!}{m_1! \ m_2! \ \cdots m_n!}$. $\square$

例 7.4 (多项式定理)求证:

$$(a_1 + a_2 + \cdots + a_m)^n = \sum_{n_1 + n_2 + \cdots + n_m = n} \frac{n!}{n_1! \ n_2! \ \cdots n_m!} a_1^{n_1} a_2^{n_2} \cdots a_m^{n_m}.$$

证明: 因为 $(a_1 + a_2 + \cdots + a_m)^n$ 是 n 个因式 $(a_1 + a_2 + \cdots + a_m)$ 的乘积,则 $a_1^{n_1} a_2^{n_2} \cdots a_m^{n_m}$(其中 $n_1 + n_2 + \cdots + n_m = n$)可看作依次从 n_1 个因式中取 a_1,n_2 个因式中取 a_2,$\cdots$,n_m 个因式中取 a_m,相乘得到的. 从而 a_1 重复 n_1 次,a_2 重复 n_2 次,$\cdots$,a_m 重复 n_m 次的 n 个不尽相异元素的一个全排列就对应着上述的一种取法. 因此 $a_1^{n_1} a_2^{n_2} \cdots a_m^{n_m}$ 的系数为 $\dfrac{n!}{n_1! \ n_2! \ \cdots n_m!}$,即所求证等式成立. $\square$

例 7.5 某楼梯共有 11 级台阶,某人在上楼梯时,至多只可一步跨 2 级台阶,问他上楼共有多少种不同的走法?

解: 根据在上楼梯时一步跨 2 级台阶的次数进行分类讨论.

跨 2 级台阶的步数可能是 $0, 1, 2, 3, 4, 5$,分为 6 类进行分析,其余的步数都是跨 1 级台阶,这样的步数依次为 $11, 9, 7, 5, 3, 1$,因此这 6 类情形走法的种数依次为 1, $\dfrac{10!}{1! \ 9!}, \dfrac{9!}{2! \ 7!}, \dfrac{8!}{3! \ 5!}, \dfrac{7!}{4! \ 3!}, \dfrac{6!}{5! \ 1!}$,从而总的走法的种数为

$$1 + \frac{10!}{1! \ 9!} + \frac{9!}{2! \ 7!} + \frac{8!}{3! \ 5!} + \frac{7!}{4! \ 3!} + \frac{6!}{5! \ 1!} = 1 + 10 + 36 + 56 + 35 + 6 = 144.$$

3. 圆排列

还有一种排列是无头无尾的,也就是圆排列.

定义 7.4 从 n 个不同元素中,不重复地任取 $m(m \leqslant n)$ 个按一定顺序排成一个圆形,叫作从 n 个不同元素中取出 m 个元素的一个**圆排列**(或称**环状排列**). 这样取出的所

有圆排列的个数,称为 n 个不同元素的 m 元**圆排列数**.

圆排列有 3 个特点:①无头无尾;②按照同一方向(逆时针方向或顺时针方向)将其元素转换后仍是同一圆排列;③两个圆排列只有当它们的元素不完全相同,或者虽然元素相同但元素间的顺序不同时才是不同的圆排列.

定理 7.4 n 个不同元素的 m 元无重复圆排列数等于 $\dfrac{P_n^m}{m}$. 特别地,n 个不同元素中的 n 元无重圆排列数为 $(n-1)!$.

证明:设 n 个不同元素的 m 元圆排列数为 x.

任意圆排列从其中任意元素分开就得到一个无重复线状排列,故一个 n 个不同元素的 m 元圆排列按照此法得到 m 个不同的无重复线状排列,且不同的圆排列按照此法得到的无重复线状排列也不同,因此 $mx \leqslant P_n^m$,$x \leqslant \dfrac{P_n^m}{m}$.

反之,任意无重复线状排列将头尾衔接就得到一个圆排列,而将此圆排列按照同一方向轮换得到的是同一个圆排列,但对应的无重复线状排列是不同的,即一个圆排列按照此法得到了至少 m 个无重复线状排列,故 $mx \geqslant P_n^m$,$x \geqslant \dfrac{P_n^m}{m}$.

因此 $x = \dfrac{P_n^m}{m}$,即 n 个不同元素的 m 元无重圆排列数等于 $\dfrac{P_n^m}{m}$. □

推论 7.2 不计顺逆时针方向,n 个不同元素的 m 元无重复圆排列数为 $\dfrac{P_n^m}{2m}$.

例 7.6 有 3 个红球和 8 个篮球排成一圈,任意两个红球之间至少有两个篮球,问共有多少种不同排法?

解:由于任意两个红球之间至少有两个篮球,故每个红球的逆时针方向相邻的位置至少有两个篮球,于是将每个红球和它的逆时针方向相邻的两个篮球看作一个"白球"("捆绑法"),则满足条件的排列与 3 个"白球"两个篮球的圆排列是一一对应的.又由于 3 个"白球"是相同的,两个篮球是相同的,因此所求的不同排列数为 $\dfrac{P_5^5/5}{3!\,2!} = 2$(这也可以直接枚举得到).

例 7.7 8 个女孩和 25 个男孩围成一圈,任意两个女孩之间至少站两个男孩,共有多少种不同的排列方法?

解:对特殊元素——女孩优先考虑. 因为圆排列将元素旋转后与原来的圆排列是相同的,可以考虑让某个女孩甲固定不动,从 25 个男孩中任选 16 人,使每两个男孩跟随一个女孩. 这 16 个男孩可以任意排列,对每一个这样的排列,除甲之外的 7 个女孩各与其后的两个男孩捆绑成一个"元素"("捆绑法"),连同另外 9 个男孩,总共 16 个"元素",这 16 个"元素"又可以任意排列,故不同的排列总数为 $P_{25}^{16}(16!) = \dfrac{16!\,25!}{9!}$.

7.1.4 组合与组合数

根据组合的不同要求,本节介绍无重复组合和相异元素的重复组合.

1. 无重复组合与无重复组合数

定义 7.5 从 n 个不同元素中,不重复地任取 m 个元素(不计顺序地)并成一组($m \leqslant n$),称为从 n 个不同元素中取出 m 个元素的 m **元(无重复)组合**. 这样取出的所有 m 元(无重复)组合的个数,称为从 n 个不同元素中取出 m 个元素的 m **元(无重复)组合数**,记为 C_n^m.

从 n 个不同元素中,不重复地任取 m 个元素的不同排列数为 P_n^m. 一个 m 元组合中的元素进行全排列可得到 $P_m^m = m!$ 个不同排列,故 $P_n^m = C_n^m \cdot m!$,即得到下述定理.

定理 7.5 $C_n^m = \dfrac{P_n^m}{m!} = \dfrac{n!}{m!\,(n-m)!}$,特别地 $C_n^n = 1, C_n^0 = 1$.

推论 7.3 (1) $C_n^m = \dfrac{n-m+1}{m} C_n^{m-1} = \dfrac{n}{n-m} C_n^{m-1} = \dfrac{n}{m} C_{n-1}^{m-1}$;

(2) $C_n^m = C_n^{n-m}$;

(3) $C_{n+1}^m = C_n^m + C_n^{m-1}$;

(4) $C_{n+1}^{m+1} = \displaystyle\sum_{k=m}^{n} C_k^m$.

由二项式定理得到以下推论.

推论 7.4 (1) $\displaystyle\sum_{m=0}^{n} C_n^m = 2^n$;

(2) $\displaystyle\sum_{m=0}^{n} (-1)^m C_n^m = 0$;

(3) $\displaystyle\sum_{k=0}^{\left[\frac{n}{2}\right]} C_n^{2k} = \sum_{k=1}^{\left[\frac{n+1}{2}\right]} C_n^{2k-1} = 2^{n-1}$.

例 7.8 12 个元素的集合中选取 4 个两两不相交的三元子集,则不同取法有多少种?

解:第一步取出一个三元子集有 C_{12}^3 种取法,第二步从剩下的 9 个元素中取 3 个有 C_9^3 种取法,第三步取出一个三元子集有 C_6^3 种取法,最后剩下 3 个元素组成一个三元子集. 由于不考虑子集的顺序,故由乘法原理知共有 $\dfrac{1}{4!} C_{12}^3 C_9^3 C_6^3 C_3^3 = 15400$ 种不同取法.

例 7.9 设开始 $A = 0$. 将一枚硬币掷出,若掷得正面,则 A 加上 1,否则 A 减去 1. 当 $A = 3$ 或掷出次数达到 7 次时就不再掷了. 问当掷币停止时,不同掷币情况有多少种?

解:分下述 3 种情形分析:

(1) 若 $A = 3$ 且仅掷了 3 次,此时 3 次全为正面,即仅有 1 种掷法;

（2）若 $A = 3$ 且掷了5次，则前4次为3次正面1次反面，但如果前3次已全部是正面，则 A 已经达到了3次，故一次反面必出现在前3次中，所以有3种掷法；

（3）若掷了7次才停止，则前6次掷后 $A \leq 2$，又有以下3种情形：

① 4次正面2次反面：此时不能前3次均为正面，也不能前5次为4次正面1次反面. 6次投掷出现4次正面2次反面的掷法，考虑出现2次反面的投掷次数有 C_6^2 种掷法；但还需去除前3次都为正面的3种掷法，去除前5次为4次正面1次反面的3种掷法（此反面出现在前3次），故可能的掷法有 $C_6^2 - 3 - 3 = 9$ 种；

② 3次正面3次反面：前3次不能均为正面，掷法有 $C_6^3 - 1 = 19$ 种；

③ 类似地，2次正面4次反面，或1次正面5次反面或全为反面，共有掷法 $C_6^2 + C_6^1 + C_6^0 = 22$ 种.

第7次有正反面两种可能，故共有 $(9 + 19 + 22) \times 2 = 100$ 种掷法.

综上，共有不同掷法 $1 + 3 + 100 = 104$ 种.

2. 相异元素的可重复组合和可重复组合数

定义 7.6 从 n 个不同元素中，允许重复地任取 m 个元素（不计顺序地）并成一组 $(m \leq n)$，称为从 n 个不同元素中取出 m 个元素的 m **元可重复组合**. 这样取出的所有 m 元可重复组合的个数，称为从 n 个不同元素中取出 m 个元素的 m **元可重复组合数**，记为 H_n^m.

定理 7.6 $H_n^m = C_{n+m-1}^m.$

证明： 设 n 个不同元组成集合 $A = \{a_1, a_2, \cdots, a_n\}$. 任取 m 元可重复组合 $a_{i_1}, a_{i_2}, \cdots, a_{i_m}(1 \leq i_1 \leq i_2 \leq \cdots \leq i_m \leq n)$. 将这 m 个元的下标依次加上 $0, 1, 2, \cdots, m-1$，则此 m 元可重复组合变为 $a_{i_1}, a_{i_2+1}, \cdots, a_{i_m+m-1}$，且下标满足

$$1 \leq i_1 < i_2 + 1 < \cdots < i_m + m - 1 \leq n + m - 1,$$

这表示 n 元集合的一个 m 元可重复组合对应于 $n + m - 1$ 元集合的一个 m 元无重复组合，反之亦然. 故有 $H_n^m = C_{n+m-1}^m$.

上述证法首先由数学家欧拉（Euler）给出，故称为欧拉证法. □

例 7.10 （1）求 $x_1 + x_2 + \cdots + x_n = r(r, n \in \mathbb{N}^*)$ 的非负整数解的个数.

（2）求 $x_1 + x_2 + \cdots + x_n = r(r, n \in \mathbb{N}^*)$ 的正整数解的个数.

解：（1）不定方程的非负整数解 $(x_1, x_2, \cdots, x_n) = (m_1, m_2, \cdots, m_n)$ 可以理解为 x_i 出现 m_i 次 $(i = 1, 2, \cdots, n)$，这就将问题转化为从 n 个元素中可重复地取 r 个元素的问题. 因此不定方程 $x_1 + x_2 + \cdots + x_n = r$ 的非负整数解的个数为 $H_n^r = C_{n+r-1}^r$.

（2）设 $(x_1, x_2, \cdots, x_n)$ 是不定方程 $x_1 + x_2 + \cdots + x_n = r$ 的正整数解. 令 $y_i = x_i - 1, i = 1, 2, \cdots, n$，则 $(y_1, y_2, \cdots, y_n)$ 是 $y_1 + y_2 + \cdots + y_n = r - n$ 的非负整数解；反之，设 $(y_1, y_2, \cdots, y_n)$ 是 $y_1 + y_2 + \cdots + y_n = r - n$ 的非负整数解，令 $x_i = y_i + 1, i = 1, 2, \cdots, n$，则 $(x_1, x_2, \cdots, x_n)$ 是 $x_1 + x_2 + \cdots + x_n = r$ 的正整数解. 得到 $x_1 + x_2 + \cdots + x_n = r$ 的正整数解与 $y_1 +$

$y_2 + \cdots + y_n = r - n$ 的非负整数解间的一一对应, 故 $x_1 + x_2 + \cdots + x_n = r$ 的正整数解的个数为 $H_n^{r-n} = C_{n+r-n-1}^{r-n} = C_{r-1}^{r-n} = C_{r-1}^{n-1}$.

注 7.1 例 7.10 第 (2) 问有另一种解法——隔板法. 将 r 个小球排成一排, 中间有 $r-1$ 个空隙, 在其中选取 $n-1$ 个空隙各放一块隔板, 则每两块隔板之间的小球数都是正整数, 这些小球数依次组成了不定方程 $x_1 + x_2 + \cdots + x_n = r$ 的一个正整数解; 反之亦然. 放置隔板的方法共有 C_{r-1}^{n-1} 种, 故 $x_1 + x_2 + \cdots + x_n = r$ 的正整数解的个数为 C_{r-1}^{n-1}.

由这两种解法得到等式 $H_n^{r-n} = C_{r-1}^{n-1}$, 从而得到 $H_n^m = C_{n+m-1}^{n-1} = C_{n+m-1}^m$. 这也得到了定理 7.6 的另一种证明方法.

例 7.11 (1) 把 2008 个不加区别的小球分别放在 10 个不同的盒子里, 使得第 i 个盒子里至少有 i 个球 $(i = 1, 2, \cdots, 10)$. 问总共多少种不同放法?

(2) $n+1$ 个不同的小球放入 n 个不同的盒子里, 每个盒子不空, 共有多少种不同的放法?

解: (1) 先在第 i 个盒子里放入 i 个球 $(i = 1, 2, \cdots, 10)$, 共放了 $1 + 2 + \cdots + 10 = 55$ 个小球, 还剩余 $2008 - 55 = 1953$ 个球. 故问题转化为把 1953 个球任意放入 10 个盒子里 (允许有的盒子里不放球), 即为不定方程 $x_1 + x_2 + \cdots + x_{10} = 1953$ 的非负整数解的个数, 所以有不同放法 $H_{1953}^{10} = C_{1953+10-1}^{10} = C_{1962}^{10}$ 种.

(2) 此题中的小球是全部不同的小球, 显然是与 (1) 有区别的. 这里介绍 3 种不同的方法求解这一小题.

方法一 (特殊优先): 因为每个盒子不空, 所以应当有一个盒子里放入 2 个小球, 而其他每个盒子里放入 1 个小球. 对该事件作如下分步:

第一步, 从 n 个不同的盒子中选 1 个来放 2 个球, 方法数为 C_n^1;

第二步, 从 $n+1$ 个不同的小球中选出 2 个小球来放入选出的盒子, 方法数为 C_{n+1}^2;

第三步, 将余下的 $n-1$ 个不同小球放入剩下的 $n-1$ 个不同盒子里 (每个盒子放 1 个小球), 方法数为 P_{n-1}^{n-1}.

由乘法原理, 完成该件事的方法数为 $C_n^1 \cdot C_{n+1}^2 \cdot P_{n-1}^{n-1} = \dfrac{n}{2} \cdot (n+1)!$.

方法二 (隔板法): 先将这 $n+1$ 个小球排成一排, 方法数为 P_{n+1}^{n+1}; 在 $n+1$ 个小球之间的 n 个空隙中插入 $n-1$ 块隔板, 方法数为 C_n^{n-1}. 由于有两个小球处在同样的两个隔板之间且不计较顺序, 所以事件的方法数为 $\dfrac{1}{2} C_n^{n-1} P_{n+1}^{n+1} = \dfrac{n}{2} \cdot (n+1)!$.

方法三 (先一般后特殊): 对该事件作如下分步:

第一步, 从 $n+1$ 个不同的小球中选 n 个小球放入 n 个盒子里, 每个盒子放 1 个小球, 有不同放法 P_{n+1}^n 种;

第二步,将剩下的一个小球放入 n 个盒子中的一个,有不同放法 n 种.

由于先后放入同一个盒子中的两个小球的方法与放入次序无关,即甲、乙两球放在同一个盒子里时,甲先放入(第一步排列时放入)乙后放入,与乙先放入(第一步排列时放入)甲后放入是同一种放法,所以完成题目所给事件的方法数为 $\dfrac{1}{2}\mathrm{P}_{n+1}^{n}\times n=\dfrac{n}{2}\cdot(n+1)!$.

例 7.12 n 个同样的球放入 N 个盒子里($n\geqslant N$,且每个盒子装球数不限).

(1) 一共有多少种装法?

(2) 没有空盒的装法有多少种?

(3) 恰有 m 个盒子是空的装法有多少种?

(4) 指定 m 个盒中共有 k 个球的装法共有多少种?

解:本题直接求解较为困难,我们采用直观而巧妙的想法——隔板法和利用广义牛顿二项式定理的多项式系数法.

解法一(隔板法):

(1) 将 N 个盒子排成一排,n 个球的每种装法可考虑如下:每两个盒子之间插入隔板,共插入 $N-1$ 块隔板,相邻两块隔板之间的一个盒子装的每个球表示一个位置,因而 n 个球的每种装法对应于 $N-1$ 块隔板和 n 个球的不同位置(无须考虑隔板与球的次序),即 $n+N-1$ 个位置放置 n 个球(等价于放置 $N-1$ 块隔板)的组合数,即 C_{n+N-1}^{n}.

(2) 没有空盒即每一块隔板必须在两个球之间,即要在 n 个球形成的 $n-1$ 个空隙中插入 $N-1$ 块隔板,故有 C_{n-1}^{N-1} 种装法.

(3) 有 m 个空盒相当于少了 m 块隔板,对固定的 m 个空盒,相当于在 $n-1$ 个空隙中安插 $N-m-1$ 块隔板,有 C_{n-1}^{N-m-1} 种;而 m 个空盒有 C_{N}^{m} 种固定法,故有 $\mathrm{C}_{N}^{m}\cdot\mathrm{C}_{n-1}^{N-m-1}$ 种不同装法.

(4) 指定 m 个盒中有 k 个球,共有 C_{m+k-1}^{k} 种不同装法,又其余 $N-m$ 个盒中有 $n-k$ 个球的放法有 $\mathrm{C}_{n+N-m-k-1}^{N-m-1}$ 种,故共有 $\mathrm{C}_{m+k-1}^{k}\cdot\mathrm{C}_{n+N-m-k-1}^{N-m-1}$ 种不同装法.

解法二(利用广义牛顿二项式定理的多项式系数法):

(1) 将盒中放球数作对应,i 对应于 x^{i},其中 $i=0,1,\cdots,n$.

盒子有 N 个,故放球的方法数为 $\left(\sum\limits_{k=0}^{n}x^{k}\right)^{N}$ 的展开式中 x^{n} 的系数.

而由广义牛顿二项式定理,得到

$$\left(\sum_{k=0}^{n}x^{k}\right)^{N}=\left(\frac{1-x^{n+1}}{1-x}\right)^{N}=(1-x^{n+1})^{N}(1-x)^{-N}$$

$$=\left[\sum_{i=0}^{N}(-1)^{i}\mathrm{C}_{N}^{i}x^{(n+1)i}\right]\left[\sum_{k=0}^{\infty}\mathrm{C}_{N+k-1}^{k}x^{k}\right].$$

故 x^{n} 的系数为 C_{N+n-1}^{n},即共有 C_{N+n-1}^{n} 种装法.

（2）没有空盒意味着 $\left(\sum_{k=1}^{n} x^k\right)^N$ 展开式中 x^n 的系数，即 $\left(\sum_{k=0}^{n} x^k\right)^N$ 的展开式中 x^{n-N} 的系数，同第（1）问，有 $C_{N+(n-N)-1}^{n-N} = C_{n-1}^{n-N} = C_{n-1}^{N-1}$ 种装法.

（3）固定 m 个空盒，即将 n 个球投入 $N-m$ 个盒中，由第（2）问的方法知，其方法数为 $\left(\sum_{k=1}^{n} x^k\right)^{N-m}$ 的展开式中 x^n 的系数，即 $C_{n-1}^{n-(N-m)} = C_{n-1}^{N-m-1}$；又 m 个空盒有 C_N^m 种取法，故不同装法的总数为 $C_N^m \cdot C_{n-1}^{N-m-1}$.

（4）指定 m 个盒中共有 k 个球，而其余 $N-m$ 个盒中有 $n-k$ 个球，由上面的讨论知，前者有 C_{m+k-1}^k 种，后者有 $C_{N-m+n-k-1}^{N-m-1}$ 种，总计有 $C_{m+k-1}^k \cdot C_{N-m+n-k-1}^{N-m-1}$ 种不同装法.

注 7.2 广义牛顿二项式定理指以下恒等式，即
$$(1+t)^\alpha = 1 + C_\alpha^1 t + C_\alpha^2 t^2 + \cdots + C_\alpha^k t^k + \cdots,$$

其中 α 为实数，$|t|<1$. 若 α 是正整数，则右式高于 t^α 的项都为零；若 α 不是正整数，则右端是一个无穷级数和，这时若 k 为正整数，定义 $C_\alpha^k = \dfrac{\alpha(\alpha-1)\cdots(\alpha-k+1)}{k!}$，若 k 为零或负整数，规定 $C_\alpha^k = 0$.

二项式定理（$\alpha \in \mathbf{N}^*$）由牛顿（Newton）在 1664 ~ 1665 年给出，高斯（Gauss）在 1812 年给出了第一个完整证明. 例 7.4 中的多项式定理是二项式定理的推广.

7.2　包含容斥原理

在直接运用加法原理来解决完成某件事的方法数或有限集合 A 的计数时，我们必须把要完成的这件事的所有方法划分为若干个互斥的方法类，或把集合 A 划分为若干个两两不相交的子集，并使得每个子集便于计数. 但有时这样的划分是很困难的，因此我们需要，将集合划分为若干个子集 $A_1, A_2, \cdots, A_m$，它们不一定两两不相交，并探讨如何利用这些子集的交集，求集合 A 的元素个数 $|A|$.

例如，集合 $A = A_1 \cup A_2$，则计算 $|A_1| + |A_2|$ 时交集 $A_1 \cap A_2$ 中的元素计数时被加了两次，因此
$$|A| = |A_1 \cup A_2| = |A_1| + |A_2| - |A_1 \cap A_2|.$$

对于更一般的并集 $A = A_1 \cup A_2 \cup \cdots \cup A_n$，利用数学归纳法得到

定理 7.7　（容斥公式）设 $A = A_1 \cup A_2 \cup \cdots \cup A_n$，则
$$\left| \bigcup_{i=1}^{n} A_i \right| = \sum_{i=1}^{n} |A_i| - \sum_{1 \le i < j \le n} |A_i \cap A_j| + \sum_{1 \le i < j < k \le n} |A_i \cap A_j \cap A_k|$$
$$+ \cdots + (-1)^{n-1} \left| \bigcap_{i=1}^{n} A_i \right|.$$

定理 7.8 (**筛法公式**)设全集 A 的元素个数为 $s < +\infty$，$A_1, A_2, \cdots, A_n$ 是全集的子集，则

$$\left| \bigcap_{i=1}^{n} \overline{A_i} \right| = s - \sum_{i=1}^{n} |A_i| + \sum_{1 \leqslant i < j \leqslant n} |A_i \cap A_j| - \sum_{1 \leqslant i < j < k \leqslant n} |A_i \cap A_j \cap A_k|$$

$$+ \cdots + (-1)^n \left| \bigcap_{i=1}^{n} A_i \right|.$$

证明:利用集合论中的德·摩根(A. de Morgan)公式，有 $\overline{\bigcup_{i=1}^{n} A_i} = \bigcap_{i=1}^{n} \overline{A_i}$. 利用定理 7.7 得到定理 7.8. □

定理 7.9 (**容斥原理的一般形式**)令 A 为有限集，$f: A \to \mathbb{R}$ 是定义在 A 上的实值函数. 对任意子集 $B \subseteq A$，令 $f(B) = \sum_{x \in B} f(x)$，其中 $f(\varnothing) = 0$. 若 $A = \bigcup_{i=1}^{n} A_i$，则

$$f(A) = \sum_{I \neq \varnothing} (-1)^{|I|+1} f\left(\bigcap_{i \in I} A_i \right),$$

其中 I 遍历 $\{1, 2, \cdots, n\}$ 的一切非空子集，$|I|$ 表示 I 中元素的个数.

若 f 为常值函数，则对任意的 $x \in A$，$f(x) = 1$. 则容斥原理的一般形式便为通常情况下的容斥原理.

证明:显然 $n = 2$ 时利用函数 f 的定义，容易得到

$$f(A_1 \cup A_2) = \sum_{x \in A_1} f(x) + \sum_{x \in A_2} f(x) - \sum_{x \in A_1 \cap A_2} f(x),$$

即 $n = 2$ 时公式成立. 由数学归纳法，利用容斥公式可证得结果. □

例 7.13 (1) 某中学共有学生 900 人，其中男生 528 人，高中学生 312 人，团员 670 人，高中男生 192 人，男团员 336 人，高中团员 247 人，高中男团员 175 人，试问这些统计数据有无错误？

(2) 求 a,b,c,d,e,f 这 6 个字母的全排列中不(连续)出现 abc 和 de 的排列数.

(3) 用 26 个英文字母作的全排列中，不出现 dog, god, gum, depth, thing 等字样的排列个数是多少？

解: (1) 设 I 是该校所有学生组成的集合，考虑 I 的子集 A, B, C 分别为该校的男生、高中学生、团员集合. 那么

$$|I| = 900, |A| = 528, |B| = 312, |C| = 670;$$
$$|A \cap B| = 192, |A \cap C| = 336, |B \cap C| = 247,$$
$$|A \cap B \cap C| = 175;$$

$$|\overline{A} \cap \overline{B} \cap \overline{C}| = 900 - (528 + 312 + 670) + (192 + 336 + 247) - 175$$
$$= -10 < 0.$$

这不可能，故该统计数据有错误.

(2) 设 $I = \{a, b, c, d, e, f$ 的全排列$\}$，则 $|I| = 6!$. 下面作 I 的子集.

$A_1 = \{$出现 abc 的全排列$\}$，$A_2 = \{$出现 de 的全排列$\}$，

$$A_1 \cap A_2 = \{同时出现\ abc, de\ 的全排列\}.$$

A_1 中的排列都出现 abc，将 abc 看作一个字母，故 $|A_1| = 4!$；同理 $|A_2| = 5!$，$|A_1 \cap A_2| = 3!$. 由包含容斥原理知，所求排列个数为

$$\overline{A_1} \cap \overline{A_2} = |I| - |A_1| - |A_2| + |A_1 \cap A_2| = 6! - 4! - 5! + 3! = 582.$$

（3）设 $I = \{26\ 个英文字母作的全排列\}$，则 $|I| = 26!$. I 的子集 $A_i (1 \leqslant i \leqslant 5)$ 分别表示出现 dog, god, gum, depth, thing 字样的全排列，则

$$|A_1| = 24!, |A_2| = 24!, |A_3| = 24!, |A_4| = 22!, |A_5| = 22!.$$

$A_1 \cap A_2$ 表示同时出现 dog, god 的全排列，而这样的全排列是不存在的，即 $A_1 \cap A_2 = \varnothing$，$|A_1 \cap A_2| = 0$.

类似地，$A_1 \cap A_3$ 表示同时出现 dog 和 gum 的全排列，这样的全排列即为出现 dogum 的全排列，因此 $|A_1 \cap A_3| = 22!$.

$A_1 \cap A_4 = A_1 \cap A_5 = A_2 \cap A_3 = \varnothing$，$|A_1 \cap A_4| = |A_1 \cap A_5| = |A_2 \cap A_3| = 0$.

$A_2 \cap A_4$ 表示同时出现 god 和 depth 的全排列，这样的全排列出现 godepth，因此 $|A_2 \cap A_4| = 20!$.

$A_2 \cap A_5$ 表示同时出现 god 和 thing 的全排列，这样的全排列出现 thingod，因此 $|A_2 \cap A_5| = 20!$.

$A_3 \cap A_4$ 表示同时出现 gum 和 depth 的全排列，$|A_3 \cap A_4| = 20!$.

$A_3 \cap A_5$ 表示出现 thingum 的全排列，$|A_3 \cap A_5| = 20!$.

$A_4 \cap A_5$ 表示出现 depthing 的全排列，$|A_4 \cap A_5| = 19!$.

$A_3 \cap A_4 \cap A_5$ 表示出现 depthingum 的全排列，故 $|A_3 \cap A_4 \cap A_5| = 17!$.

其余未出现的 3 个以上（含 3 个）的 $A_i, i = 1,2,3,4,5,$ 的交集都是空集，它们中的元素个数都为 0.

故所求全排列的个数为

$$26! - (3 \cdot 24! + 2 \cdot 22!) + (22! + 4 \cdot 20! + 19!) - 17!$$
$$= 26! - 3 \cdot 24! - 22! + 4 \cdot 20! + 19! - 17!.$$

下面讨论包含容斥原理在整数论中的应用.

定理 7.10 设 $n = p_1^{k_1} p_2^{k_2} \cdots p_t^{k_t}$，其中 $p_i (1 \leqslant i \leqslant t)$ 是两两不等的素数，$k_i (1 \leqslant i \leqslant t)$ 是正整数，这称为 n 的**素因数分解**. 则在 $1 \sim n$ 中，与 n 互素的数的个数（记为 $\varphi(n)$）为

$$\varphi(n) = n\left(1 - \frac{1}{p_1}\right)\left(1 - \frac{1}{p_2}\right) \cdots \left(1 - \frac{1}{p_t}\right).$$

证明： 设 $I = \{1, 2, \cdots, n\}$. I 的子集 S_i 表示 I 中 p_i 的倍数组成的集合，$i = 1, 2, \cdots, t$. 注意到 $\overline{S_i}$ 表示 I 中不是 p_i 的倍数的正整数的集合，即 $\overline{S_i}$ 表示 I 中与 p_i 互素的正整数集合. 于是

$$|S_i| = \frac{n}{p_i}, i = 1, 2, \cdots, t; \quad |S_i \cap S_j| = \frac{n}{p_i p_j}, 1 \le i < j \le t; \cdots;$$

$$|S_1 \cap S_2 \cap \cdots \cap S_t| = \frac{n}{p_1 p_2 \cdots p_t}.$$

$$\varphi(n) = |\overline{S}_1 \cap \overline{S}_2 \cap \cdots \cap \overline{S}_t|$$

$$= |I| - \sum_{i=1}^{t} |S_i| + \sum_{1 \le i < j \le t} |S_i \cap S_j| + \cdots + (-1)^t |S_1 \cap S_2 \cap \cdots \cap S_t|$$

$$= n - \sum_{i=1}^{t} \frac{n}{p_i} + \sum_{1 \le i < j \le t} \frac{n}{p_i p_j} + \cdots + (-1)^t \frac{n}{p_1 p_2 \cdots p_t}$$

$$= n\left(1 - \frac{1}{p_1}\right)\left(1 - \frac{1}{p_2}\right)\cdots\left(1 - \frac{1}{p_t}\right). \qquad \square$$

定理 7.11 设正整数 $a_i (1 \le i \le t)$ 两两互素, 则 $1 \sim n$ 中都不能被 $a_i (1 \le i \le t)$ 整除的数的个数为

$$n - \sum_{1 \le i \le t} \left[\frac{n}{a_i}\right] + \sum_{1 \le i < j \le t} \left[\frac{n}{a_i a_j}\right] + \cdots + (-1)^t \left[\frac{n}{a_1 a_2 \cdots a_t}\right],$$

其中 $[x]$ 表示不大于实数 x 的最大整数, 称为实数 x 的整数部分.

证明: 设 $I = \{1, 2, \cdots, n\}$, I 的子集 S_i 表示 I 中 p_i 的倍数组成的集合, $i = 1, 2, \cdots, t$. 由于 $a_1, a_2, \cdots, a_t$ 是两两互素的正整数, 所以 $S_i \cap S_j (1 \le i < j \le t)$ 表示 $a_i a_j$ 的倍数, 因此 $|S_i \cap S_j| = \left[\frac{n}{a_i a_j}\right]$. 其余的集合交集的元素个数类似可得. 利用包含容斥原理, 即可得证. $\qquad \square$

例 7.14 设 n 为正整数, 如果已知小于等于 $\sqrt{n}$ 的所有素数, 那么可以用下面的爱氏 (Eratosthenes) 筛法找出所有大于 $\sqrt{n}$ 并小于 n 的素数: 先在正整数序列 $2, 3, \cdots, n$ 中划去所有能被 2 整除的数, 再划去 $3, 5, \cdots$ 的倍数, 一直到划去所有的被 p 整除的数 ($p \le \sqrt{n}$ 为最大的素数), 这样剩下的所有的数就是所有大于 $\sqrt{n}$ 并小于 n 的素数. 试问用爱氏筛法剩下来的素数共有多少个?

解: 设 x 为正数, $\pi(x)$ 表示不大于 x 的素数个数. 则由题设知, 剩下来的素数共有 $\pi(n) - \pi(\sqrt{n})$. 设 $a_1, a_2, \cdots, a_t$ 是小于等于 $\sqrt{n}$ 的所有素数, 则

$$\pi(n) - \pi(\sqrt{n}) = (n - 1) - \sum_{1 \le i \le t} \left[\frac{n}{a_i}\right] + \sum_{1 \le i < j \le t} \left[\frac{n}{a_i a_j}\right]$$

$$+ \cdots + (-1)^t \left[\frac{n}{a_1 a_2 \cdots a_t}\right].$$

7.3 抽屉原则

抽屉原则的最简单形式如下.

抽屉原则：将 $n+1$ 个苹果放入 n 个不同的抽屉中,则至少有一个抽屉中有两个或两个以上的苹果.

上述抽屉原则首先由狄利克雷(Dirichlet)提出并在数论问题中使用. 此原则更进一步地归纳为下述 3 种形式.

抽屉原则 Ⅰ：把 $n+1$ 个元素按照任意确定的方式划分成 n 个集合,那么一定存在某个集合含有两个或两个以上的元素.

抽屉原则 Ⅱ：把 m 个元素按照任意确定的方式划分成 n 个集合(m,n 是正整数),则必存在某集合含有 $\left[\dfrac{m-1}{n}\right]+1$ 个或 $\left[\dfrac{m-1}{n}\right]+1$ 个以上的元素.

抽屉原则 Ⅲ：把无穷多个元素按照任意确定的方式划分成有限个集合,那么一定存在某个集合含有无穷多个元素.

抽屉原则的以上所有形式都可用反证法简单证出.

抽屉原则解决数学问题的策略是：分析题意,构造"苹果"和"抽屉",应用抽屉原则中某种形式. 而应用抽屉原则解决问题的关键是恰到好处地构造"苹果"和"抽屉",构造"抽屉"的方式有很多,如剩余类、区间、几何图形、染色类等.

例 7.15 (1) 证明：17 个正整数中必存在 5 个数,它们的和为 5 的倍数.

(2) 任给 12 个正整数,证明：其中必定存在 8 个数,将它们用适当的运算符号连起来后运算的结果是 3465 的倍数.

证明：(1) 这 17 个数按照 5 的剩余类分为 5 类,分别为 $5k,5k+1,5k+2,5k+3,5k+4$ 的形式,k 为非负整数.

若 5 类数中每一类都有数,则每类任取一个数相加为 5 的倍数;

否则这 17 个数至多有 4 类,由抽屉原则,必有一类至少有 5 个数,取此类中的 5 个数,它们的和为 5 的倍数.

(2) 注意到 $3465=11\times 9\times 7\times 5$,故联想到利用剩余类构造抽屉.

一个正整数被 11 整除后的余数分别是 $0,1,2,\cdots,10$,即 11 个剩余类构成 11 个抽屉. 由抽屉原则,12 个正整数中必有两个数在同一剩余类,记为 a_1,a_2,不妨设 $a_1>a_2$,则 $11\mid(a_1-a_2)$.

12 个正整数中去掉 a_1,a_2 后,剩下 10 个正整数. 这 10 个正整数被 9 整除后的余数分别是 $0,1,2,\cdots,8$,即 9 个剩余类构成 9 个抽屉. 由抽屉原则,10 个正整数中必有两个数在同一剩余类,记为 a_3,a_4,不妨设 $a_3>a_4$,则 $9\mid(a_3-a_4)$.

类似地,10 个正整数去掉 a_3,a_4 后的 8 个数放入 7 的剩余类,由抽屉原则,这 8 个数中必有两个数在同一剩余类,记为 a_5,a_6,不妨设 $a_5>a_6$,则 $7\mid(a_5-a_6)$.

这 8 个正整数去掉 a_5，a_6 后的 6 个数放入 5 的剩余类，由抽屉原则，这 6 个数中必有两个数在在同一剩余类，记为 a_7，a_8，不妨设 $a_7 > a_8$，则 $5 \mid (a_7 - a_8)$。

由此，$(a_1 - a_2)(a_3 - a_4)(a_5 - a_6)(a_7 - a_8)$ 被 $11 \times 9 \times 7 \times 5 = 3465$ 整除，即存在 8 个数，a_1，a_2，$\cdots$，a_8，将它们用适当的运算符号连起来后运算的结果是 3465 的倍数。

例 7.16 数 $1, 2, \cdots, 1957$ 组成 6 个两两不交的集合，求证：必存在一个数，使得它是在与它同一集合中的某两个数的和或某一个数的两倍。

证明：用反证法。假设结论不成立，即 6 个集合中的任一集合中的任一个数既不等于同一集合中的任意另两个数的和，也不等于同一集合中的任意另一个数的两倍。因此任一集合中的任意两个数的差一定不在该集合中。

记这 6 个集合为 A_1，A_2，A_3，A_4，A_5，A_6。

由于 $1957 = 6 \times 326 + 1$，由抽屉原则知，存在集合，不妨记为 A_1，其由数 $1, 2, \cdots, 1957$ 中的 327 个数组成，记

$$A_1 = \{a_1, a_2, a_3, \cdots, a_{327}\}, \text{其中 } a_1 > a_2 > a_3 > \cdots > a_{327}.$$

由假设知，326 个差数

$$a_1 - a_2, a_1 - a_3, \cdots, a_1 - a_{327} \qquad ①$$

不在集合 A_1 中，只能在 A_2，A_3，A_4，A_5，A_6 中。因为 $326 = 5 \times 65 + 1$，故由抽屉原则知，有一个集合，不妨记为 A_2，至少含有 66 个数，这 66 个数具有差数①的形式，并设它们依次为 $b_1 > b_2 > \cdots > b_{66}$。

同样由假设知，65 个差数

$$b_1 - b_2, b_1 - b_3, \cdots, b_1 - b_{66} \qquad ②$$

不在 A_1，A_2 中（$b_1 - b_i$ 也是 a_1，a_2，$\cdots$，a_{327} 中两数之差），只能在 $A_i (3 \leq i \leq 6)$ 中。因为 $65 = 4 \times 16 + 1$，故由抽屉原则知，有一个集合，不妨记为 A_3，至少含有 17 个数，这 17 个数具有差数②的形式，并设它们依次为 $c_1 > c_2 > \cdots > c_{17}$。

由假设知，16 个差数

$$c_1 - c_2, c_1 - c_3, \cdots, c_1 - c_{17} \qquad ③$$

不在 A_1，A_2，A_3 中（$c_1 - c_k (2 \leq k \leq 17)$ 是 $a_i (1 \leq i \leq 327)$ 中两数之差，也是 $b_j (1 \leq j \leq 66)$ 中两数之差），只能在 A_4，A_5，A_6 中。因为 $16 = 3 \times 5 + 1$，故由抽屉原则知，有一个集合，不妨记为 A_4，至少含有 6 个数，这 17 个数具有差数③的形式，并设它们依次为 $d_1 > d_2 > \cdots > d_6$。

由假设知，5 个差数

$$d_1 - d_2, d_1 - d_3, \cdots, d_1 - d_6 \qquad ④$$

不在 A_1，A_2，A_3，A_4 中（$d_1 - d_l (2 \leq l \leq 6)$ 是 $a_i (1 \leq i \leq 327)$ 中两数之差，是 $b_j (1 \leq j \leq 66)$ 中两数之差，也是 $c_k (1 \leq k \leq 17)$ 中两数之差），只能在 A_5，A_6 中。因为 $5 = 2 \times 2 + 1$，故由抽屉原则知，有一个集合，不妨记为 A_5，至少含有 3 个数，这 3 个数具有差

数④的形式,并设它们依次为 $e_1 > e_2 > e_3$.

$e_1 - e_2, e_1 - e_3, e_2 - e_3$ 这 3 个数都可以同时写成 $a_1, a_2, \cdots, a_{327}$ 中两数之差, $b_1, b_2,$ $\cdots, b_{66}$ 中两数之差, $c_1, c_2, \cdots, c_{17}$ 中两数之差, $d_1, d_2, \cdots, d_6$ 中两数之差, e_1, e_2, e_3 中两数之差, 因此由假设知这 3 个数 $e_1 - e_2, e_1 - e_3, e_2 - e_3$ 都只能在 A_6 中.

但是 $e_1 - e_3 = (e_1 - e_2) + (e_2 - e_3)$, 即在 A_6 中, 数 $e_1 - e_3$ 是数 $e_1 - e_2, e_2 - e_3$ 的和, 这与假设矛盾. 因此假设不成立, 题设结论成立. □

例 7.17 (1) 从 $1 \sim 138$ 的正整数中任取 11 个互异的数, 证明: 其中一定有两个互异的正整数, 使得它们的比值 $\in \left(\dfrac{1}{3}, \dfrac{3}{2} \right)$.

(2) 由 $n (n \geq 1)$ 个已知素数的积 (每个素数可以出现任意多次) 组成 $n + 1$ 个正整数, 证明: 这 $n + 1$ 个数中必可取出若干个数, 使得它们的积是完全平方数.

证明: (1) 将这 138 个数分为 10 组

$$A_1 = \{1\}, A_2 = \{2, 3\}, A_3 = \{4, 5, 6\}, A_4 = \{7, 8, 9, 10\},$$
$$A_5 = \{11, 12, \cdots, 16\}, A_6 = \{17, 18, \cdots, 25\}, A_7 = \{26, 27, \cdots, 39\},$$
$$A_8 = \{40, 41, \cdots, 60\}, A_9 = \{61, 62, \cdots, 91\}, A_{10} = \{92, 93, \cdots, 138\},$$

其中同一组中任意两数的比值 $\in \left(\dfrac{1}{3}, \dfrac{3}{2} \right)$ (等价于说, 每组中最大数与最小数的比值不大于 $\dfrac{3}{2}$).

由抽屉原则, 任取 11 个数中至少有两个数属于同一组, 这两个数之比 $\in \left(\dfrac{1}{3}, \dfrac{3}{2} \right)$.

(2) 设这 n 个素数为 $p_1, p_2, \cdots, p_n$, 而它们的乘积形成的 $n + 1$ 个正整数为 $m_j = p_1^{a_{1j}} p_2^{a_{2j}} \cdots p_n^{a_{nj}} (1 \leq j \leq n + 1)$, 则从 $n + 1$ 个数中挑选若干个数组成乘积的不同方式有 $2^{n+1} - 1$ 种, 设这 $2^{n+1} - 1$ 个不同乘积为 $S_i = p_1^{b_{1i}} p_2^{b_{2i}} \cdots p_n^{b_{ni}}$.

$S_i = p_1^{b_{1i}} p_2^{b_{2i}} \cdots p_n^{b_{ni}}$ 是完全平方数等价于 $b_{ji} (1 \leq j \leq n)$ 都是偶数, 将 $\{(b_{1i}, b_{2i}, \cdots, b_{ni}) : 1 \leq i \leq 2^{n+1} - 1\}$ 按照各 $b_{ji} (1 \leq j \leq n)$ 的不同奇偶性分类有 2^n 个类, 故可按照奇偶性将 $S_i (1 \leq i \leq 2^{n+1} - 1)$ 分到 2^n 个抽屉中, 而 $2^{n+1} - 1 > 2^n$, 故必有某个抽屉中至少有两个数, 设为 S_i, S_k, 有

$$S_i = p_1^{b_{1i}} p_2^{b_{2i}} \cdots p_n^{b_{ni}}, S_k = p_1^{b_{1k}} p_2^{b_{2k}} \cdots p_n^{b_{nk}},$$

其中 $b_{li}, b_{lk} (1 \leq l \leq n)$ 的奇偶性相同, 故 $S_i \cdot S_k$ 的质因数分解中的幂次都是偶数, 从而 $S_i \cdot S_k$ 是完全平方数. 而且 S_i, S_k 由若干个 m_j 相乘, 除去 S_i, S_k 中共有的 m_j, 余下的 m_j 的乘积仍然为完全平方数. □

例 7.18 (1) 某班有 60 人, 任意两人要么相互认识, 要么相互不认识, 证明: 必有两个人, 他们认识的人的数目是一样的.

(2) 某次聚会共有 $4m + 2$ (m 为正整数) 位同学, 其中男生和女生各占一半. 他们

围成一圈,席地而坐,开篝火晚会. 求证:必能找到一位同学使得他(或她)的两旁都是女生.

证明:(1)班上 60 人,班上的人认识的人数可以为 $0,1,2,\cdots,59$. 但若某人只认识 0 人,则必无人认识 59 人;若认识 59 人则每人至少认识 1 人. 故不管何种情形,60 人认识的不同人数至多为 59 种. 而 $60 = 1 \times 59 + 1$,由抽屉原则知,必有两人认识的人数是一样的.

(2)若有男生两旁都是女生,则结论成立. 否则每个男生至少与一个男生相邻,而男生有 $\dfrac{4m+2}{2} = 2m+1$ 个,围成一圈后,至多有 m 个间隔供 $2m+1$ 个女生插位而坐,由抽屉原则知,至少有 3 位女生坐在同一间隔中,这 3 位女生中坐于中间位置的女生,她的两旁都是女生. □

例 7.19 (1)在 3×4 的长方形中,任意放置 6 个点,证明:存在两个点,它们的距离小于等于 $\sqrt{5}$.

(2)将平面上的所有点都染上黑白两种颜色之一,证明:存在两个相似三角形,它们的相似比为 $1:1995$,而且每个三角形的 3 个顶点是同色的.

证明:(1)若简单地设计抽屉为 1×2 的长方形,这时每个区域内两点距离不超过其对角线之长 $\sqrt{5}$,但此时共有 6 个抽屉,还不能使用抽屉原则. 因此必须改变抽屉形状,且一共只构造 5 个抽屉,且使得每个抽屉内任意两点内的距离不大于 $\sqrt{5}$.

扩大分割的区域,把长方形分成 5 个区域,分别为五边形 $AA_1A_2D_2D_1$,$A_1BB_1B_2A_2$,$A_2B_2C_1C_2D_2$,四边形 $D_1D_2C_2D$,$B_1CC_1B_2$,如图 7.1 所示.

这 5 个区域形状有 2 类,而每个区域内两点距离不超过其最长对角线之长 $\sqrt{5}$. 因此 6 个点放入 5 个区域内,必有两点属于同一区域,而它们的距离不大于 $\sqrt{5}$.

(2)如图 7.2 所示,在平面上作两个以 O 为圆心的同心圆,其半径之比为 $1:1995$. 在小圆上任取 9 个点,每点都染黑白两色之一,由抽屉原则知,其中必有 5 个点同色,记为 A,B,C,D,E. 作射线 OA,OB,OC,OD,OE 分别交大圆于 A_1,B_1,C_1,D_1,E_1,这 5 点也染黑白两色之一,由抽屉原则知,其中必有 3 个点同色,记为 A_1,B_1,C_1. 这时 3 个顶点同色的两三角形 $\triangle ABC$ 与 $\triangle A_1B_1C_1$ 相似,相似比为 $1:1995$. □

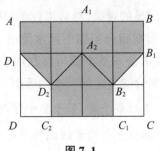

图 7.1

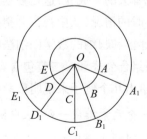

图 7.2

下面的例子既需要构造"苹果",也需要构造"抽屉".

例 7.20　(1) 在正 2008 边形 $A_1A_2\cdots A_{2008}$ 的各顶点上随意填上从 1 到 502 中的一个数,证明:存在矩形,使得其相对两顶点所填数之和相等.

(2) 将一个圆周分为 36 段,分别用 $1,2,\cdots,36$ 中的数对此 36 段圆弧标号,证明:必定存在相继的 3 段圆弧,使得其上标号之和至少是 56.

证明:(1) 正 2008 边形 $A_1A_2\cdots A_{2008}$ 的顶点 A_i 上所填的数记为 $a_i(i=1,2,\cdots,2008)$. 由于 $1\le a_i\le 502(i=1,2,\cdots,2008)$,则

$$2\le a_i+a_{1004+i}\le 502\times 2=1004(i=1,2,\cdots,1004).$$

由抽屉原则,存在 $k\ne j$,使得 $a_k+a_{1004+k}=a_j+a_{1004+j}$.

A_i 与 $A_{1004+i}(i=1,2,\cdots,1004)$ 关于 $A_1A_2\cdots A_{2008}$ 的中心成中心对称,A_iA_{i+1004} 为定值(与 i 无关),故顺次连接 $A_k,A_j,A_{1004+k},A_{1004+j}$ 4 个顶点得到的四边形,其对角线相等且互相平分,而边 A_kA_{1004+k} 为圆的直径,它对应的圆周角 $\angle A_kA_jA_{k+1004}$ 为直角,故此四边形为矩形,即存在矩形其相对两顶点所填数之和相等.

(2) 设第 i 段圆弧上的标号为 $a_i,i=1,2,\cdots,36$,则

$$a_1+a_2+\cdots+a_{36}=1+2+\cdots+36=18\times 37.$$

考察相继的 3 段圆弧上的标号之和,即

$$a_1+a_2+a_3,a_2+a_3+a_4,\cdots,a_{34}+a_{35}+a_{36},a_{35}+a_{36}+a_1,a_{36}+a_1+a_2,$$

共 36 个和(即 36 个抽屉). 又由于这些相继的 3 段圆弧上的标号之和的和数为

$$(a_1+a_2+a_3)+(a_2+a_3+a_4)+\cdots+(a_{34}+a_{35}+a_{36})$$
$$+(a_{35}+a_{36}+a_1)+(a_{36}+a_1+a_2)$$
$$=3(a_1+a_2+\cdots+a_{36})=3\times 18\times 37=36\times 55+18.$$

由抽屉原则,这 36 个和中必有一个和大于等于 56,即存在相继的 3 段圆弧,其上标号之和大于等于 56. □

7.4　数学归纳法

递推和归纳是处理与正整数有关的命题时常用的方法,其基本思想是从小的 n 推出下一个或者大的 n 成立,这在数学上称为**数学归纳法**. 当不容易观察出规律时,往往考察 n 较小时的情况,从中观察并猜想 n 大时满足的规律,然后用数学归纳法证明它.

猜想、递推和归纳的数学归纳法的证明过程在组合问题中经常使用,如本章第一节中的排列组合公式和第二节包含容斥原理中的公式基本都可以利用数学归纳法证明. 下面再给出几个例子来说明数学归纳法在组合的实际问题中的运用.

例 7.21　n 个元素排成一列,从中挑出一些元素组成子集,若子集中任两个元素在列中都不相邻,则称此子集是"不友善"的. 证明:挑出 k 个元素组成的所有 C_n^k 个子集中"不友善"子集数是 C_{n-k+1}^k(当 $k>n-k+1$ 时,规定 $C_{n-k+1}^k=0$).

证明：当 $k = 1$ 时，一个元素的子集都是"不友善"的，因此命题显然成立.

假设当 $k = p(p \geqslant 1)$ 时，命题对一切 n 成立.

当 $k = p + 1$ 时，设 n 个元素 $A_1, A_2, \cdots, A_n$ 排成一序列. "不友善"子集所含元素的最小下标是 i，则这样的子集数与从 $A_{i+2}, A_{i+3}, \cdots, A_n$ 这 $n - i - 1$ 个元素选出 p 个元素的"不友善"子集数相同；由归纳假设，此数目是 $C_{n-i-1-p+1}^p = C_{n-p-i}^p$. 它仅当 $i = 1, 2, \cdots, n - 2p$ 时不为零，故从 n 个元素中选取 $p + 1$ 个元素的"不友善"子集的总数是

$$C_{n-p-1}^p + C_{n-p-2}^p + \cdots + C_p^p = C_{n-p}^{p+1}(\text{见推论 7.3}),$$

即当 $k = p + 1$ 时命题对一切 n 成立. 由数学归纳法，命题成立. □

例 7.22 在一个有 n 人参加的循环赛中（每对参赛者都赛一场），如果没有平局发生，参赛者赢的场数分别是 $s_1, s_2, \cdots, s_n$，求证：出现 3 个参赛者 A，B，C 使得"A 赢 B、B 赢 C、C 赢 A"的充要条件是

$$s_1^2 + s_2^2 + \cdots + s_n^2 < \frac{1}{6}n(n-1)(2n-1).$$

证明：3 个参赛者 A，B，C 使得"A 赢 B、B 赢 C、C 赢 A"时称 A，B，C 形成三角形. 不妨设 $s_1 \leqslant s_2 \leqslant \cdots \leqslant s_n$.

首先证明：出现三角形的充要条件是 $s_1, s_2, \cdots, s_n$ 中至少有两个数相等.

如果有两个参赛者，如 A，B，都赢了 k 人，且不妨设 A 赢了 B，则在 B 赢的 k 人中，A 至多赢 $k - 1$ 人，故至少有 1 人，记为 C，赢了 A，从而 A，B，C 形成了三角形.

反之，若参赛者赢的场数各不相同，即 $s_1 < s_2 < \cdots < s_n$，赢的场数只能是 $0, 1, \cdots, n - 1$，故 $s_1 = 0, s_2 = 1, \cdots, s_n = n - 1$. 这时第 i 号参赛者只赢了第 $1, 2, \cdots, i - 1$ 号共 $i - 1$ 个参赛者，因而没有三角形出现.

其次，因为 n 人循环赛共赛了 $\frac{1}{2}n(n-1)$ 场，没有平局出现，故参赛者赢的总场数等于比赛的总场数，即

$$s_1 + s_2 + \cdots + s_n = \frac{1}{2}n(n-1).$$

下面对 n 进行归纳证明命题的正确性.

当 $n = 1$ 或 $n = 2$ 时，所要证明的等式不成立. 由于参赛者人数不足以形成三角形，因此命题成立.

假设命题对 $n = k(k \geqslant 3)$ 是正确的，则当 $n = k + 1$ 时，我们分下述两种情形讨论：

(1) 若 $s_{k+1} = k$，则第 $k + 1$ 个参赛者赢了所有其余参赛者，故不能与其余的参赛者形成三角形. 从而这 $k + 1$ 个参赛者出现三角形等价于前 k 个参赛者出现三角形，由归纳假设这等价于 $s_1^2 + s_2^2 + \cdots + s_k^2 < \frac{1}{6}(k-1)k(2k-1)$，这等价于

$$s_1^2 + s_2^2 + \cdots + s_k^2 + s_{k+1}^2 < \frac{1}{6}(k-1)k(2k-1) + k^2 = \frac{1}{6}k(k+1)(2k+1),$$

即所要证明的不等式成立.

(2) 若 $s_{k+1} < k$, 则 $s_1, s_2, \cdots, s_k, s_{k+1}$ 不能两两不等, 故必有三角形出现, 且有某个 i ($1 \leqslant i \leqslant k$), 使得 $s_i > i - 1$ (否则 $s_1 + s_2 + \cdots + s_k + s_{k+1} < 0 + 1 + \cdots + (k-1) + k = \frac{1}{2}k(k+1)$, 矛盾), 这时(注意到 $s_i \leqslant s_{k+1}$)有

$$s_1^2 + s_2^2 + \cdots + s_i^2 + \cdots + s_{k+1}^2 < s_1^2 + s_2^2 + \cdots + \cdots + (s_i - 1)^2 + \cdots + (s_{k+1} + 1)^2,$$

依次下去, 经过有限次调整, 得

$$s_1^2 + s_2^2 + \cdots + s_k^2 + s_{k+1}^2 < 0^2 + 1^2 + \cdots + k^2 = \frac{1}{6}k(k+1)(2k+1),$$

即所要证明的不等式成立.

综上, 由数学归纳法, 所要证明的不等式成立. □

例 7.23 (1) 一个平面中的 n 条直线最多可将平面分成多少个部分?

(2) 一个三维空间中 n 个平面最多可将此空间分成多少个部分?

解: (1) 设 n 条直线最多将平面分成 a_n 个部分. 考虑第 n 条直线, 它与其他 $n-1$ 条直线最多有 $n-1$ 个交点, 因此第 n 条直线最多被分成了 n 段, 而每一段线段(或射线)都可以将平面多分出一部分, 所以

$$a_1 = 2, a_n = a_{n-1} + n, \forall n \geqslant 2.$$

根据此递推关系易得

$$a_n = a_1 + 2 + 3 + \cdots + n = \frac{1}{2}(n^2 + n + 2).$$

然后利用递推关系和第一数学归纳法证明上式对一切正整数 n 成立(略).

(2) 显然, 当这 n 个平面满足以下条件时所分割的部分数最多:

① 这 n 个平面互不平行, 即两两相交;

② 任 3 个平面不交于同一点;

③ 这 n 个平面的交线互不平行.

设 n 个平面将空间最多分成 b_n 个部分.

从简单的或特殊的情形观察: $b_1 = 2, b_2 = 4, b_3 = 8, b_4 = 15$ ($n = 4$ 时可以一个四面体来观察), 这也很难找出一般规律.

故还是模拟(1)中的处理方法. 考虑第 n 个平面, 它与其他 $n-1$ 个平面两两相交, 最多有 $n-1$ 条交线. 这 $n-1$ 条交线任意 3 条不共点, 任意 2 条不平行, 因此这第 n 个平面将被这 $n-1$ 条直线分成 a_{n-1} 个部分(a_{n-1} 的定义见第(1)问). 而这 a_{n-1} 个部分平面中的每一个都将它通过的那一部分小空间分割成两个小空间. 所以添加了这个第 n 个平面, 就把原来的空间部分数最多添加了 a_{n-1} 个空间部分, 即得到关系式

$$b_n = b_{n-1} + a_{n-1}, a_n = \frac{1}{2}(n^2 + n + 2), b_1 = 2.$$

因此

$$b_n = a_{n-1} + a_{n-2} + \cdots + a_1 + b_1$$
$$= \frac{1}{2} \sum_{k=1}^{n-1} (k^2 + k + 2) + 2$$
$$= \frac{1}{2} \sum_{k=1}^{n-1} k^2 + \frac{1}{2} \sum_{k=1}^{n-1} k + (n-1) + 2$$
$$= \frac{1}{12}(n-1)n(2n-1) + \frac{1}{4}n(n-1) + n + 1$$
$$= \frac{1}{6}(n^3 + 5n + 6).$$

然后利用递推关系和数学归纳法证明上式对一切正整数 n 成立(略). 因此得到, n 个平面最多将空间分成 $\frac{1}{6}(n^3 + 5n + 6)$ 个空间部分.

7.5　组合趣题

最后我们介绍染色问题、操作与游戏、组合最值等三类组合数学中经典的有趣问题. 这些问题没有一般的解决方法,必须对具体问题进行具体分析,常见的解题思想有分类枚举讨论、推理递推和归纳、极端原理、从局部到整体、从一般到特殊、从特殊到一般、先猜后证等. 有些思想和方法已经在前面叙述了,本节从染色问题、操作与游戏、组合最值这三类问题出发讲述一些解题思想和方法.

7.5.1　染色问题

通常将要求作出或者证明存在某种染色性质的点、线、区域等问题称为**染色问题**,把用染色作为一种数学工具去分析解决问题的思维方法叫作**染色方法**. 染色方法通常是将所研究的对象进行分类,每一类用一种颜色来表示,更形象地突出该问题的特点. 染色方法本质上是一种分类讨论的方法,下面通过实例来介绍一些常用技巧.

例 7.24　(1)平面上给定 1004 个点,将连接每两点的线段的中点染成黑色,证明:至少有 2005 个黑点,且能找到恰有 2005 个黑点的点集.

(2)在直角坐标系中,一个凸五边形的 5 个顶点都是整点(即横坐标和纵坐标都是整数的点),每条边长为整数,证明:此五边形的周长是偶数.

证明:(1)连接 1004 个点的线段有 C_{1004}^2 条,必有一条线段,如 AB 最长. 则 A 与其他 1003 个点的连线的中点都在以点 A 为圆心, $\frac{AB}{2}$ 为半径的圆周上或圆内, B 与其他 1003 个点的连线的中点都在以点 B 为圆心, $\frac{AB}{2}$ 为半径的圆周上或圆内. 这两个圆只有一个交点,因此中点至少有 $2 \times 1003 - 1 = 2005$ 个黑点.

下面构造一个恰有 2005 个黑点的 1004 个给定点的点集:在 x 轴上取 A_i 为 $i-1$,
$i = 1,2,\cdots,1004$,则坐标为 $\dfrac{j}{2}(1 \leqslant j \leqslant 2005)$ 的点就是全部黑点,共计 2005 个.

(2) 把直角坐标系中所有整点染成黑白两色,当 $x + y \equiv 1(\bmod\ 2)$ 时,整点 (x,y)
染黑色,否则染白色. 从这个凸五边形的一个顶点 A 出发,沿五边形的边走如 BC,
$B(x_1,y_1),C(x_2,y_2)$,最后回到 A. 如果 $x_1 \neq x_2,y_1 \neq y_2$,则取点 $T_{BC} = (x_1,y_2)$,这时
BCT_{BC} 构成直角三角形,BC 为斜边,此时路径沿着两条直角边走;如果 $x_1 = x_2$ 或 $y_1 =
y_2$,此时前述的直角三角形不存在,路径就沿着边 BC(或 CB)走. 因为每次都是从一个
顶点走向下一个顶点,因此从顶点 A 出发,沿上述路径走,最后必定回到 A. 因为相邻
整点染色不同,所以所走过的路径的长度之和为偶数.

由于三整点 $(x_1,y_1),(x_2,y_2),(x_1,y_2)$ 形成的直角三角形的斜边长与两直角边长
度之和有相同的奇偶性(即由 $a^2 + b^2 = c^2$,有 $a + b \equiv c(\bmod\ 2)$),因此凸五边形边长长
度之和与此路径的长度之和的奇偶性相同,即此五边形的周长为偶数. $\qquad\square$

例 7.25 (1) 至少用多少种颜色染一个正五边形的 5 条边和 5 条对角线(每条线段
一种颜色),才能使得任一个三角形的 3 条边颜色均不同?

(2) 用 8 个 1×3 和 1 个 1×1 的砖块铺满一个 5×5 的格盘,证明:1×1 的砖块
必在中心位置上.

解:(1) 设五边形为 $A_1A_2A_3A_4A_5$,由于每个顶点引出 4 条线段,故至少需要 4 种
颜色. 假设线段 $A_1A_2 = 1,A_1A_3 = 2,A_1A_4 = 3,A_1A_5 = 4$,其中线段 $A_1A_2 = 1$ 指线段 A_1A_2
染颜色 1,其他类似. 则 $A_2A_3 \neq 1,2$.

若 $A_2A_3 = 3$,则由 $A_1A_3 = 2,A_1A_5 = 4,A_2A_3 = 3$ 知 $A_3A_5 = 1$,从而 $A_3A_4 = 4$;由 $A_2A_3 =
3,A_3A_4 = 4,A_1A_2 = 1$ 知 $A_2A_4 = 2,A_2A_5 = 2$,从而三角形 $A_2A_4A_5$ 有两边同色,故此时不满
足条件.

同理,$A_2A_3 = 4$ 也不满足条件. 所以至少需要 5 种颜色.

下面证明 5 种颜色能使得任一个三角形的 3 条边颜色不同. 具体的染色方法如
下:$A_1A_2 = A_3A_5 = 1,A_2A_3 = A_1A_4 = 2,A_3A_4 = A_5A_2 = 3,A_4A_5 = A_1A_3 = 4,A_5A_1 = A_2A_4 = 5$,此
时满足条件.

(2) 如图 7.3 所示,将 5×5 的格盘染成 A,B,C 3 种颜色,其中 A,C 有 8 格,B 有
9 格. 由于每个 3×1 的砖块必定覆盖 A,B,C 各一格,故 1×1 的砖块必定在颜色 B 的
位置上.

A	B	C	A	B
B	C	A	B	C
C	A	B	C	A
A	B	C	A	B
B	C	A	B	C

图 7.3

另一方面,将格盘旋转 90°,再同样染色,则 1×1 的砖块必定仍在颜色 B 的位置上.这两种情况下均染颜色 B 的格子只有中心位置.故 1×1 的砖块必在中心位置上.

例 7.26 (1986 年全国中学生数学冬令营试题)能否把 $1,1,2,2,3,3,\cdots,1986,1986$ 这些数排成一行,使得两个 1 之间夹着一个数,两个 2 之间夹着两个数,……,两个 1986 之间夹着一千九百八十六个数?请给出证明.

解: 不能.可以用染色的方法和反证法证明题设要求的排法不存在.

将 1986×2 个位置按奇数位着白色,偶数位着黑色染色,于是黑白点各有 1986 个.

假设题设排法存在,则发现两个相同的偶数之间隔了偶数个点,两个相同的奇数之间隔了奇数个点,因此同一个偶数占据一个黑点和一个白点,同一个奇数要么都占黑点,要么都占白点.于是 $1 \sim 1986$ 中的 993 个偶数占据白点数为 $A_1 = 993$ 个,占据黑点数为 $B_1 = 993$ 个;而 993 个奇数占据白点数 $A_2 = 2a$ 个,占据黑点数为 $B_2 = 2b$ 个,其中 $a + b = 993$.因此这 1986 个数共占据白点数为 $A = A_1 + A_2 = 993 + 2a$ 个,占据黑点数为 $B = B_1 + B_2 = 993 + 2b$ 个.由于 $a + b = 993$(993 不是偶数!),因此 $a \neq b$,从而得到 $A \neq B$.这与黑、白点各有 1986 个矛盾.故题设要求的排法不可能存在.

例 7.27 (1) 证明:任何 9 人中,至少有下述两情形之一发生:①有 3 人相互认识;②有 4 人互不认识.

(2) 证明:任何 18 人中,总有 4 人或者相互认识,或者互不认识.

证明: 设平面上有 n 个点,其中任意 3 点不共线.将这 n 个点任取两个点用线段相连,得到由 $C_n^2 = \dfrac{n(n-1)}{2}$ 条线段组成的图.给这些线段染红蓝两色.若将这 n 个点代表 n 个人,相互间的线段当两人认识时染红色,相互不认识时染蓝色.则第(1)问中的问题转化为"证明:当 $n = 9$ 时,图中必存在红色三角形(即三角形的 3 条边都是红色的)或完全的蓝色四边形(即四边形的 4 个顶点中任两点连线都是蓝色的)";而第(2)问中的问题转化为"证明:当 $n = 18$ 时,图中必定存在完全的红色四边形或完全的蓝色四边形".

(1) 设 $n = 9$.假设图中不含红色三角形.下面证明图中必定含有完全的蓝色四边形.分 3 种情形讨论.

① 若图中某顶点 v 至少连 4 条红边 vu_1, vu_2, vu_3, vu_4,则顶点 u_1, u_2, u_3, u_4 之间的连线只能染蓝色(否则连线染红色的两顶点与 v 之间组成红色三角形),从而顶点 u_1, u_2, u_3, u_4 及其之间的连线组成了完全的蓝色四边形;

② 若图中每个顶点都恰好连接 3 条红边.则图中的红边数为 $\dfrac{3 \times 9}{2}$,但这不是正整数,是不可能的;

③ 如果图中某顶点 w 至多连 2 条红边,则 w 至少连 6 条蓝边 $wx_1, wx_2, wx_3, wx_4, wx_5, wx_6$.由于顶点 $x_1, x_2, x_3, x_4, x_5, x_6$ 及其连线组成的图中不含红色三角形,故此图中

必定含有蓝色三角形(即三角形的三边都是蓝色的),记为 $\triangle x_i x_j x_k$,则 4 个顶点 w, x_i, x_j, x_k 及其连线组成了完全的蓝色四边形.

（2）设 $n = 18$,则任意一点有 17 条边与它相连,由抽屉原则,或者至少有 9 条红色的线段与它相连,或者至少有 9 条蓝色的线段与它相连,即问题转化为证明图中必定含有完全的红色四边形或完全的蓝色四边形.

若顶点 v 至少有 9 条红边与它相连,设为 $vu_1, vu_2, \cdots, vu_9$. 由第（1）问知,顶点 u_1, $u_2, \cdots, u_9$ 及其连线组成的图中含有红色三角形 $\triangle u_i u_j u_k$ 或完全的蓝色四边形. 若有红色三角形 $\triangle u_i u_j u_k$,则顶点 v, u_i, u_j, u_k 及其连线组成了完全的红色四边形. 总之,此时图中必定含有完全的红色四边形或完全的蓝色四边形.

若顶点 v 至少有 9 条蓝边与它相连,类似可证明图中必定含有完全的红色四边形或完全的蓝色四边形.

7.5.2 操作与游戏

操作问题(有些是博弈问题)是指在一定的规则下,对给定的对象进行调整,探求被调整对象的初始状态或终止状态及其变化规律. 操作问题主要指一人、两人或多人进行一种游戏,单人操作问题主要研究按一定的规则能否达到预期目标,两人或多人操作问题主要研究如何选取一个最佳策略保证取胜. 数学的操作与游戏问题的解决需要运用各种数学技巧、逻辑推理能力、构造能力,集数学的严谨性和趣味性于一体.

例 7.28 （1）在一条直线上有 $2n$ 个点,相邻两个点之间距离为 1. 某人从第一个点开始跳到其他点,跳了 $2n$ 次后回到第 1 个点,这 $2n$ 次跳跃将这 $2n$ 个点全部都到达了,问怎样跳才能使他跳的路程最远？

（2）在圆桌上坐了 10 人,每人面前放了一些糖果,共放了 100 粒糖果. 某个信号后,每个人将糖果传给他右边的人,数额如下：若他有偶数粒糖果,则将一半给右边的人；若他有奇数粒糖果,则给右边的人的糖果数是他所有糖果数加 1 后的一半. 此过程不断重复. 证明：最后每人面前有 10 粒糖果.

解：（1）若按 $1 \rightarrow 2n \rightarrow 2 \rightarrow 2n-1 \rightarrow 3 \rightarrow \cdots \rightarrow n+2 \rightarrow n \rightarrow n+1 \rightarrow 1$,则所有路程为 $(2n-1) + (2n-2) + \cdots + [n+2-(n-1)] + (n+2-n) + (n+1-n) + (n+1-1) = (2n-1) + (2n-2) + \cdots + 3 + 2 + 1 + n = 2n^2$.

下面证明 $2n^2$ 是路程的最大值. 事实上,设 $a_1 = 1$,a_k 表示跳第 $k-1$ 次后到达的点 $(2 \leqslant k \leqslant 2n)$,记 $a_{2n+1} = a_1$,则所有路程为 $S = \sum_{i=1}^{2n} |a_i - a_{i+1}|$. 当 S 中去掉绝对值符号后,a_i 中有 $2n$ 个为被减数,$2n$ 个为减数,且每一个 a_i 恰好出现 2 次,则 S 的最大值当然在被减数均为 $n+1 \sim 2n$,减数为 $1 \sim n$ 时取到,此时 $S = 2(n+1+n+2+\cdots+2n) - 2(1+2+\cdots+n) = 2n^2$. 故路程 S 的最大值为 $2n^2$,即最远路程为 $2n^2$.

（2）设在第 j 次传递糖果时,第 i 个人给出的糖果数为 $g_i(j)$ 粒,余下 $k_i(j)$ 粒糖果,其中 $1 \leqslant i \leqslant 10, j \geqslant 1$. 因此有

$$0 \leqslant g_i(j) - k_i(j) \leqslant 1, g_{i-1}(j) + k_i(j) = k_i(j+1) + g_i(j+1),$$

其中约定 $g_0(j) = g_{10}(j)$，j 为任意正整数. 由于 $|g_i(j+1) - k_i(j+1)| \leqslant |g_{i-1}(j) - k_i(j)|$，故

$$[g_{i-1}(j)]^2 + [k_i(j)]^2 \geqslant [k_i(j+1)]^2 + [g_i(j+1)]^2. \qquad ①$$

定义 $s(j) = \sum_{i=1}^{10} \{[k_i(j)]^2 + [g_i(j)]^2\}$. 则由①式可知，$s$ 关于 j 非增，且取整数值. 因此存在 t，使得 $s(t)$ 是它的最小值. 这意味着

$$当 j \geqslant t, 1 \leqslant j \leqslant 10 时，有 |g_{i-1}(j) - k_i(j)| \leqslant 1, \qquad ②$$

且 $k_1(t), g_1(t), k_2(t), g_2(t), \cdots, k_{10}(t), g_{10}(t)$ 是相等的 20 个数字，即每个数都是 5.

假设上述 20 个数不全为 5，则存在 i, l，使得

$$g_i(t) = 6, k_{i+1}(t) = g_{i+1}(t) = \cdots = k_l(t) = g_l(t) = 5, k_{l+1}(t) = 4.$$

再经过一次传递可知，

$$g_{i+1}(t+1) = 6, k_{l+1}(t+1) = 4,$$

$$k_{i+2}(t+1) = g_{i+2}(t+1) = \cdots = k_l(t+1) = g_l(t+1) = 5.$$

重复上述过程后可得 $g_l(t+l-i) = 6, k_{l+1}(t+l-i) = 4$. 这与②式矛盾. 所以这 20 个数都必须为 5，因此经过 t 次传递后，每个人都有 10 粒糖果.

7.5.3　组合最值

组合最值问题是离散变量最值问题中的重要题型. 所谓**组合最值**，就是指以整数、集合、点、线、圆等离散对象为背景，求它们满足某些约束条件的最大值或最小值. 这类问题通常包含两个方面的问题：①最值是多少；②如何具体安排对象达到最值. 因此解决组合最值问题，通常先对变量的值作出估计，准确地找到变量的上界或下界；然后构造一种具体的安排方式，以证明第一步估计的上界或下界能取到.

这类问题的解法与一般函数（连续变量）极值的解法有很大的差异. 对于这类非常规的极值问题，要针对具体问题认真分析、细心观察，选用灵活的策略与方法. 通常可以从论证与构造两方面予以考虑，先论证或求得该变量的上界或下界，然后构造一个实例说明此上界或下界可以达到，这样便求得了该组合量的最大值或最小值. 在论证或求解组合量的上界或下界时，通常要对组合量做出估计，在估计的过程中，构造法、分类讨论法、数学归纳法、反证法、极端原理、抽屉原则等起着重要的作用. 如抽屉原则就是使用极端原理的重要例子. 极端原理是一种从特殊情况看问题的方法，它往往以最大值、最小值、最长、最短等为出发点. 应用极端原理时，常常使用如下一些事实：有限个实数中必有最大值和最小值，也必有数不大于平均数，也必有数不小于平均数；无限个正整数中有最小值等.

例 7.29　(1) 把棋子放在 8×8 的国际象棋棋盘的方格上，每格至多放一枚棋子，要求在每一行、每一列以及每一斜线上都刚好有偶数枚棋子，试问最多可以放置多少枚棋子？

（2）由 10 个大学生按照下列条件组织运动队：

① 每个人可以报名参加多个运动队；

② 任一运动队不能完全包含在另一个队中，或者与其他队重合（但允许部分重合）.

在这些条件下，最多可能组织多少个队？并且各个队包含多少个人？

解：（1）最多可以放置 48 枚棋子. 如图 7.4 所示，在 8×8 的国际象棋棋盘上恰有 16 条对角线，每条对角线包含奇数个小方格，且任意两条对角线上的小方格没有公共方格，从而要保证每条斜线上有偶数枚棋子，至少有 16 个方格不放棋子，即至多只能放 48 枚棋子.

图 7.4

实际上，只要在两条主对角线上的 16 个小方格中不放棋子，其他方格上都放上 1 枚棋子，这样的构造即可满足题设要求.

（2）设 A 是满足条件① 和②，且含有队数最多的运动队的集合，A_i 是 A 中恰含有 i 个人的那些队组成的子集. 使得 $A_i \neq \varnothing$ 的 i 的最小值为 r，最大值是 s.

若 $s > 5$. 设 B 是由 A_s 的运动队开除一个运动员得到的一切可能的运动队组成的集合. 那么 B 中每个运动队都有 $s - 1$ 个运动员，A_s 中每个运动队恰含有 B 的 s 个运动队（这由开除 A_s 的运动队的 s 个人中的一个而得到），而 B 的每个运动队包含于 A_s 中的不多于 $11 - s$ 个运动队中（加上至多 $10 - (s - 1) = 11 - s$ 个不在 B 的运动队中的人之一得到的运动队，有的可能不在 A_s 中），因此，若用 $|B|$，$|A_s|$ 分别表示 B，A_s 中运动队的数目，则

$$(11 - s)|B| \geqslant s|A_s|, \quad |B| \geqslant \frac{s}{11 - s}|A_s| \geqslant \frac{6}{5}|A_s| > |A_s|.$$

从而 $A_r \cup A_{r+1} \cup \cdots \cup A_{s-1} \cup B$ 中的运动队数比 A 的运动队数多.

下面证明 $A_r \cup A_{r+1} \cup \cdots \cup A_{s-1} \cup B$ 也满足条件① 和②. 满足条件① 是显然的. 至于条件②，如果 $A_i (r \leqslant i \leqslant s - 1)$ 的运动队含在 B 的运动队中，由于 B 的运动队是由 A_s 的运动队开除一个运动员得到的，故 A_i 的这个运动队也必含于 A_s 的某个运动队中，这与对 B 的假设矛盾. 而 B 的运动队的队员数不少于 $A_i (r \leqslant i \leqslant s - 1)$ 的任一运动队的队员数，故 B 的运动队不能含于任一 $A_i (r \leqslant i \leqslant s - 1)$ 的运动队中. 所以 $A_r \cup A_{r+1} \cup \cdots \cup A_{s-1} \cup B$ 也满足条件②.

这样,与我们关于 B 的最大性假设矛盾.故 $s \leqslant 5$.

同理可证,$r \geqslant 5$.但由定义,$r \leqslant s$,从而 $r = s = 5$,即运动队全由 5 个人组成.

由 5 个人组成的一切可能的 C_{10}^5 个运动队中,显然满足条件①和②,故最多可能有的运动队数量为 $C_{10}^5 = 252$,每队恰含 5 人.

例 7.30 (1989 年全国中学生数学冬令营试题)三维空间中有 1989 个点,其中任何三点都不共线.把它们分成点数各不相同的 30 组,在任何三个不同的组中各取一点为顶点作三角形.试问要使这种三角形的总数最大,各组的点数应为多少?

思路分析: 先把 1989 个已知点分成个数分别为 $n_1, n_2, \cdots, n_{30}$ 的 30 组,其顶点在 3 个不同组的三角形总数可表示为 $S = \sum\limits_{1 \leqslant i < j < k \leqslant 30} n_i n_j n_k$,然后通过逐步调整法求得 S 的最大值.

解: 设 1989 个已知点分成 30 组,各组的点数分别为 $n_1, n_2, \cdots, n_{30}$ 的 30 组,其顶点在 3 个不同组的三角形总数可表示为 $S = \sum\limits_{1 \leqslant i < j < k \leqslant 30} n_i n_j n_k$.于是本题转化为,在 $\sum\limits_{i=1}^{30} n_i = 1989$,且 $n_1, n_2, \cdots, n_{30}$ 互不相同的条件下,S 在何时取得最大值.

由于把 1989 个点分成 30 组只有有限种不同的分法,故必有一种分法使 S 达到最大值.设正整数 $n_1 < n_2 < \cdots < n_{30}$ 为使 S 达到最大值的各组的点数.

下面逐步分析如何求 S 的最大值.

(1) 断言:对于 $i = 1, 2, \cdots, 29$,均有 $n_{i+1} - n_i \leqslant 2$.用反证法.若不然,假设存在 i_0,使得 $n_{i_0+1} - n_{i_0} \geqslant 3$,不妨设 $i_0 = 1$,这时改写

$$S = n_1 \cdot n_2 \sum_{k=3}^{30} n_k + (n_1 + n_2) \sum_{3 \leqslant j < k \leqslant 30} n_j n_k + \sum_{3 \leqslant i < j < k \leqslant 30} n_i n_j n_k.$$

令 $n'_1 = n_1 + 1, n'_2 = n_2 - 1$,则

$$n'_1 < n'_2 < n_3, n'_1 + n'_2 = n_1 + n_2, n'_1 n'_2 = n_1 n_2 - n_1 + n_2 - 1 > n_1 n_2,$$

所以当用 n'_1, n'_2 代替 n_1, n_2,就使得 S 变大,这与 S 取最大值矛盾.

(2) 断言:使 $n_{i+1} - n_i = 2$ 的 i 值至多一个.若有 $1 \leqslant i_0 < j_0 \leqslant 29$,使得 $n_{i_0+1} - n_{i_0} = 2, n_{j_0+1} - n_{j_0} = 2$,则当用 $n'_{i_0} = n_{i_0} + 1, n'_{j_0+1} = n_{j_0+1} - 1$ 代替 n_{i_0}, n_{j_0+1},将使得 S 变大,与 S 为最大值矛盾.

(3) 若 30 组的点数从小到大每相邻两组都差 1,设 30 组的点数依次为 $K - 14$, $K - 13, \cdots, K, K+1, \cdots, K + 15$,则点的总数 $(K - 14) + (K - 13) + \cdots + K + (K + 1) + \cdots + (K + 15) = 30K + 15 = 5(6K + 3)$ 为 5 的倍数,不可能是 1989.

综上,$n_1 < n_2 < \cdots < n_{30}$ 中,相邻两数之差恰有一个为 2,而其余的全为 1.

设 $n_j = \begin{cases} m + j - 1, & j = 1, 2, \cdots, i_0, \\ m + j, & j = i_0 + 1, \cdots, 30, \end{cases}$ 其中 $1 \leqslant i_0 \leqslant 29$,则

$$\sum_{j=1}^{i_0} (m + j - 1) + \sum_{j=i_0+1}^{30} (m + j) = 1989.$$

得到 $30m - i_0 = 1524$. 利用 $1 \leqslant i_0 \leqslant 29$, 解得 $m = 51, i_0 = 6$. 所以当 S 取得最大值时, 30 组点数依次为 $51, 52, \cdots, 56, 58, 59, \cdots, 81$ (没有 57).

注7.3 本题运用逐步调整的方法, 得到了使 S 取最大值的必要条件和充分条件, 其间多次运用了反证法.

习 题 七

1. 证明推论 7.1.

2. 证明推论 7.3.

3. 已知 i, m, n 为正整数, 且 $1 < i \leqslant m < n$.

   (1) 证明: $n^i P_m^i < m^i P_n^i$;

   (2) 证明: $(1 + m)^n > (1 + n)^m$.

4. 方程 $2x_1 + x_2 + x_3 + \cdots + x_{10} = 3$ 的非负整数解共有多少个?

5. 求不大于 500 且至少能被 2, 3, 5 中一个整除的自然数的个数.

6. 求证: 任意四个相邻的二项式系数

$$C_n^r, C_n^{r+1}, C_n^{r+2}, C_n^{r+3} (n, r \geqslant 0, r + 3 \leqslant n, n, r \text{ 都是整数})$$

   不能构成等差数列.

7. 求 $\sum_{k=1}^{n} k^2 C_n^k = 1^2 C_n^1 + 2^2 C_n^2 + \cdots + n^2 C_n^n$ 的值 (用 n 表示).

8. 在 1 到 100 的正整数中,

   (1) 任选两数的差的绝对值不大于 $k (0 \leqslant k < 100)$ 的选法有多少种?

   (2) 任选两数的差的绝对值不等于 $k (0 \leqslant k < 100)$ 的选法有多少种?

9. 设 $n = 2^\alpha \cdot 3^\beta \cdot 5^\gamma \cdot 7^\delta (\alpha, \beta, \gamma, \delta \in \mathbb{N}^*)$, 求在 $1, 2, \cdots, n$ 这 n 个连续正整数中与 2, 3, 5, 7 都互素的正整数的个数.

10. 分别求不定方程 $x + y + z + \omega = 20$ 的非负整数解的个数、正整数解的个数、满足条件 $x \leqslant 6, y \leqslant 7, z \leqslant 8, \omega \leqslant 9$ 时的正整数解的个数.

11. 设有纸币 100 张, 其中 1 分、2 分、5 分、1 角、2 角各 20 张. 将它们分别放在 5 个不同的盒子中, 如果每一个盒子中至少放有 1 张纸币, 问共有多少种放法?

12. n 个参赛者 $P_1, P_2, \cdots, P_n (n > 1)$ 进行循环赛, 每个参赛者同其他 $n - 1$ 个参赛者都进行一局比赛. 假设比赛结果没有不分胜负的平局出现, w_r 和 l_r 分别表示参赛者 P_r 胜与负的局数. 求证: $w_1^2 + w_2^2 + \cdots + w_n^2 = l_1^2 + l_2^2 + \cdots + l_n^2$.

13. 考虑由 n 个不同的元素 $a, b, c, \cdots, k$ 构成的无序对, 像 bc, ca, ab 这样的 3 对称为一个三角形, 求证: 如果 $4m \leqslant n^2$, 则可以选择 m 对, 它们不构成任何三角形.

14. 空间中的 $2n$ 个点 $(n > 1)$, 用 $n^2 + 1$ 条线段连接. 求证: 至少形成一个三角形; 并证明, 对每个 n, 存在 $2n$ 个点, 用 n^2 条线段连接, 不形成任何三角形.

15. 求小于 10^6 但数字和是 26 的正整数个数.

16. 某人在甲、乙两地工作,规定每月 1 至 20 日,他每天到甲地工作 1 小时或 3 小时,再到乙地工作 2 小时或 3 小时,但要求他:在 1 至 10 日的 10 天内,在甲、乙两地一共工作 34 小时,在 11 至 20 日的 10 天内,在甲、乙两地一共工作 59 小时,在 21 日到 30 日的 10 天内,在甲地工作 5 天,在乙地工作 3 天,休息两天. 问安排他工作的方式有多少种?

17. 将正九边形的 5 个顶点涂上红色,问最少存在多少对全等三角形,它们的顶点都是红点?

18. 一个圆周上有 n 个蓝点和 1 个红点,将这些点两两连线可组成许多三角形、四边形、$\cdots$、$n + 1$ 边形. 这些多边形中有只以蓝色点为顶点者,也有以这个红色点为其一顶点者. 这两类多边形哪一类多?多多少?

19. 一群科学家在一个研究所工作. 在某天的 8 小时工作时间内,每个科学家都至少去过一次咖啡厅. 已知对于每两个科学家,恰有他们中的一个出现在咖啡厅中的时间总和至少为 $x(x > 4)$ 小时. 求出在研究所中工作的科学家人数的最大可能值(依赖于 x).

20. 求具有如下性质的最小正整数 n:将正 n 边形的每一个顶点任意染上红、黄、蓝 3 种颜色之一,那么这 n 个顶点中一定存在 4 个同色点,它们是一个等腰梯形的顶点.

21. 在三维欧几里得空间中,任意给定 9 个格点(坐标都是整数的点),则其中必有两点,使得连接这两点的线段内部含有格点.

22. 若任意给定 $n + 1$ 个不超过 $2n$ 的正整数,则至少有一个数是另一个数的倍数.

第八章　概率论

在自然界中存在这样一类现象,它在个别实验中呈现出不确定性,而在大量重复实验中却具有统计规律性,这种现象称为**随机现象**.概率论与数理统计就是研究和揭示随机现象的统计规律性的一门数学学科.本章着重介绍概率论中的基本内容,如随机事件与概率、随机变量的分布和数字特征、大数定律和中心极限定理等.

8.1　随机事件及其概率

本节主要介绍随机事件的概率的概念及性质,主要从事件发生的频率出发,先后介绍古典概型、伯努利概型、几何概型等不同情况下的概率的定义,最后介绍概率的公理化定义.

8.1.1　随机事件

随机试验(简称为**试验**)指具有以下特点的试验:试验可在相同条件下重复进行;在试验前都可明确试验可有哪些不同的结果;在试验前不能肯定哪一种结果发生.

随机试验的每一种最简结果,称为试验的一个**基本事件**,由试验的所有基本事件组成的集合,称作试验的**样本空间**(或**基本空间**),用符号 Ω 表示.在随机试验中,可能发生也可能不发生的事件,称为**随机事件**,简称为**事件**,用字母 A,B,C 等表示.随机事件由一个或一个以上的基本事件组成.

从集合角度来看,在一个随机试验中,样本空间是所有基本事件组合的集合(可看作全集),而随机事件是此集合的某一个子集.

在某次试验中,必定发生的事件,称为**必然事件**,记为 Ω;一定不发生的事件,称作**不可能事件**,记作 $\varnothing$.必然事件和不可能事件严格地说不是随机事件,但为了叙述方便,通常把它们看作特殊的随机事件.

从集合的角度,事件之间的关系与集合之间的关系类似.

事件 A 包含事件 B 或事件 B 是事件 A 的**子事件**,相当于集合 $B \subseteq A$;若 $A \subseteq B,B \subseteq A$,则 $A = B$,称事件 A,B **相等**.

事件 A 或 B 中至少有一个发生,称为事件 A,B 的**和事件**,记作 $A \cup B$ 或 $A + B$.

若事件 A 发生而事件 B 不发生,称为事件 A,B 的**差事件**,记作 $A - B$.

事件 A,B 同时发生,称作事件 A,B 的**积事件**,记作 $A \cap B$ 或 AB.

若事件 A 与 B 不可能同时发生,则称事件 A,B **互斥**(或**互不相容**),这在集合上等价于 $A \cap B = \varnothing$,这也可推广到有限个两两互不相容的事件.

如果两事件 A,B 互斥,且它们中必有一事件发生,即 $AB = \varnothing, A + B = \Omega$,则称事件 A,B **对立**(或**互逆**),记作 $A = \overline{B}$(或 $B = \overline{A}$),从集合上看,A 等于 B 的补集(全集为 Ω).

若 n 个事件 $A_i(1 \le i \le n \le \infty)$ 至少有一个发生,即满足 $\bigcup\limits_{i=1}^{n} A_i = \Omega$,则称事件 $A_i(1 \le i \le n \le \infty)$ 构成一个**完备群**;若还有 $A_i A_j = \varnothing, i \ne j, i, j = 1, 2, \cdots, n$,则称事件 $A_1, A_2, \cdots, A_n, \cdots$ 构成一个**互不相容的完备群**.

这样集合的运算规律对随机事件也成立. 如

$$A \cup (B \cup C) = (A \cup B) \cup C, (AB)C = A(BC),$$

$$A(B \cup C) = (AB) \cup (AC), \overline{A \cup B} = \overline{A} \cap \overline{B}, \overline{AB} = \overline{A} \cup \overline{B},$$

而且这些性质都可以推广到有限个事件情形.

8.1.2 频率与概率的统计定义

定义 8.1 设随机事件 A 在 n 次试验中发生了 k 次(k 称为**频数**),则称 $\dfrac{k}{n}$ 为随机事件 A 的**频率**,记作 $f_n(A) = \dfrac{k}{n}$.

随机事件的频率具有一定的稳定性,即当试验次数 n 充分大时,事件 A 的频率常在一个确定的数字 $p \in [0,1]$ 附近摆动,此时称 p 为随机事件 A 的**概率**,记作 $P(A) = p$,即随机事件发生的频率的稳定值(如果存在)称作该随机事件的**概率**.

显然有

$$0 \le f_n(A) \le 1, f_n(\Omega) = 1, f_n(\varnothing) = 0,$$

其中 Ω 是基本空间,$\varnothing$ 指不可能事件. 因此,一般地,任何事件 A 的概率都满足

$$P(A) \in [0,1].$$

在第三节中我们将证明大数定律,它表明当试验次数 n 充分大时,随机事件的频率趋近于该随机事件的概率.

8.1.3 古典概型与古典概率

这一小节我们介绍古典概型和古典概率的概念和性质,引入条件概率,研究事件的独立性.

1. 古典型试验与概率的古典定义与性质

定义 8.2 若随机试验可能发生的结果只有有限个,且每一种结果发生的可能性是相等的,这样的试验称为**古典型试验**,古典型试验的概率类型称为**古典概型**.

定义 8.3 设古典型试验的所有基本事件是 n 个,事件 A 含有的基本事件有 k 个,则

定义事件 A 发生的**概率**为

$$P(A) = \frac{k}{n}. \tag{8.1.1}$$

例 8.1 (1) 抛两枚硬币,会出现正、反面,设 $A = \{$两个都是正面$\}$,$B = \{$两个面相同$\}$,$C = \{$有正面$\}$. 这个试验是古典试验,其基本事件是 $A_1 \triangleq \{$正正$\}$,$A_2 \triangleq \{$正反$\}$,$A_3 \triangleq \{$反正$\}$,$A_4 \triangleq \{$反反$\}$,共 4 个可能结果,它们发生的可能性都等于 $\frac{1}{4}$. 而事件 A,B,C 与基本事件之间的关系为 $A = A_1$,$B = A_1 + A_4$,$C = A_1 + A_2 + A_3$,因此它们的概率分别为

$$P(A) = \frac{1}{4},\ P(B) = \frac{2}{4} = \frac{1}{2},\ P(C) = \frac{3}{4}.$$

(2) 一袋中有 4 个白球和 2 个黑球,若从中任取 2 个球,则两球都是白球的概率为

$$\frac{C_4^2}{C_6^2} = \frac{2}{5}.$$

若有放回地抽取两个,每次抽取一个,则两球都是白球的概率为

$$\frac{C_4^1 \cdot C_4^1}{C_6^1 \cdot C_6^1} = \frac{4}{9}.$$

(3) 在大小是 $n \times n$ 的棋盘上,画着由某些正方格组成的随机长方形. 任一长方形由它的两组对边的位置唯一确定,两组对边分别取自 $n \times n$ 的棋盘上的 $n+1$ 条横线中的两条和 $n+1$ 条纵线中的两条,故不同的长方形的总数为 $(C_{n+1}^2)^2 = \frac{1}{4}n^2(n+1)^2$. 长方形是 $k \times k (1 \leqslant k \leqslant n)$ 正方形当且仅当它的两组对边都相距 k 个格,因而每组对边在 $n+1$ 条横线或纵线中,有 $n+1-k$ 种选择方式. 因此不同的正方形总数为 $\sum_{k=1}^{n}(n+1-k)^2 = \frac{1}{6}n(n+1)(2n+1)$. 因此随机长方形是正方形的概率为

$$\frac{\frac{1}{6}n(n+1)(2n+1)}{\frac{1}{4}n^2(n+1)^2} = \frac{2(2n+1)}{3n(n+1)}.$$

由古典概率的定义和随机事件的关系运算,得到古典概率的下述结果.

定理 8.1 设试验是古典型随机试验. 则

(1) 若事件 A,B 互斥,则 $P(A+B) = P(A) + P(B)$. 这可以推广到有限个互斥事件情形,即若 A_1,A_2,$\cdots$,A_n 是两两互斥的事件,则 $P(A_1 + A_2 + \cdots + A_n) = P(A_1) + P(A_2) + \cdots + P(A_n)$;特别地,若 A_1,A_2,$\cdots$,A_n 构成互不相容的完备群,则 $P(A_1) + P(A_2) + \cdots +$

$P(A_n) = 1.$

(2) 对任意事件 A, B, 有

$$P(A + B) = P(A) + P(B) - P(AB).$$

类似于集合论中的容斥原理,对任意事件 $A_1, A_2, \cdots, A_n$ 成立,即

$$P\left(\sum_{i=1}^{n} A_i\right) = \sum_{i=1}^{n} P(A_i) - \sum_{1 \leqslant i < j \leqslant n} P(A_i A_j) + \sum_{1 \leqslant i < j < k \leqslant n} P(A_i A_j A_k)$$
$$+ \cdots + (-1)^{n+1} P(A_1 A_2 \cdots A_n).$$

$$(8.1.2)$$

例 8.2 (1) 一批产品共 50 件,其中 45 件正品,5 件次品,任取 3 件,设事件 $A_i = \{3$ 件中恰有 i 件次品$\}$, $i = 1, 2, 3$,则事件 $B = \{$至少有一件次品$\} = A_1 + A_2 + A_3$, B 的概率为

$$P(B) = P(A_1) + P(A_2) + P(A_3) = \frac{C_5^1 C_{45}^2}{C_{50}^3} + \frac{C_5^2 C_{45}^1}{C_{50}^3} + \frac{C_5^3 C_{45}^0}{C_{50}^3}$$

$$= \frac{5410}{19600} \approx 0.2760.$$

另一方面,若设事件 $A_0 = \{$其中没有次品$\}$,则事件 $B = \overline{A_0}$,也可计算得到 B 的概率为

$$P(B) = P(\overline{A_0}) = 1 - P(A_0) = 1 - \frac{C_5^0 C_{45}^3}{C_{50}^3} = 1 - \frac{14190}{19600} \approx 0.2760.$$

(2) 设袋中有红球、黄球、白球各 1 个,有放回地抽取 3 次,每次抽取 1 个,设 $A = \{3$ 个球中无红球$\}$, $B = \{3$ 个球中无黄球$\}$, A, B 并不互斥,定义事件 $C = \{$取到的 3 个球中无黄球或无红球$\} = A \cup B$,则 $AB = \{3$ 个球中无红球无黄球$\} = \{3$ 个球都是白球$\}$,从而事件 C 的概率为

$$P(C) = P(A \cup B) = P(A) + P(B) - P(AB)$$

$$= \frac{C_2^1 C_2^1 C_2^1}{C_3^1 C_3^1 C_3^1} + \frac{C_2^1 C_2^1 C_2^1}{C_3^1 C_3^1 C_3^1} - \frac{C_1^1 C_1^1 C_1^1}{C_3^1 C_3^1 C_3^1}$$

$$= \frac{8}{27} + \frac{8}{27} - \frac{1}{27} = \frac{5}{9}.$$

2. 条件概率和事件的独立性

为了研究事件之间的独立性,我们先给出条件概率的概念.

定义 8.4 在事件 A 已经发生的情况下,事件 B 发生的概率称为**条件概率**,记为 $P(B|A)$.

由条件概率的意义知,条件概率

$$P(B|A) = \frac{A \text{ 发生下 } B \text{ 包含的基本事件数}}{A \text{ 包含的基本事件总数}} = \frac{AB \text{ 包含的基本事件数}}{A \text{ 中包含的基本事件数}}$$

定理 8.2 （1）（**乘法公式**）
$$P(AB) = P(A)P(B|A) = P(B)P(A|B). \tag{8.1.3}$$

（2）（**全概率公式**）设事件 $A_1, A_2, \cdots, A_n$ 构成互不相容的完备群,则对任意事件 B,有

$$P(B) = \sum_{i=1}^{n} P(BA_i) = \sum_{i=1}^{n} P(A_i)P(B|A_i). \tag{8.1.4}$$

（3）[**逆概率公式**或**贝叶斯(Bayes)公式**]设事件 $A_1, A_2, \cdots, A_n$ 构成互不相容的完备群,则对任意事件 $B, P(B) \neq 0$,有

$$P(A_i|B) = \frac{P(A_i)P(B|A_i)}{\sum_{j=1}^{n} P(A_j)P(B|A_j)}. \tag{8.1.5}$$

例 8.3 设一库房中有一批同样规格的产品,其中有 50%,30%,20% 分别由第一、二、三厂生产,且第一、二、三厂生产该产品的次品率分别为 $\frac{1}{10}, \frac{1}{15}, \frac{1}{20}$. 现从中取一件产品,记 A_1, A_2, A_3 分别表示取到的产品是第一、二、三厂生产的,事件 $B = \{$取到的是正品$\}$,求 B 的概率和条件概率 $P(A_1|B), P(A_2|B), P(A_3|B)$.

解：由题设条件得到

$$P(A_1) = 0.5, P(A_2) = 0.3, P(A_3) = 0.2,$$

$$P(B|A_1) = 1 - \frac{1}{10} = \frac{9}{10}, P(B|A_2) = 1 - \frac{1}{15} = \frac{14}{15}, P(B|A_3) = 1 - \frac{1}{20} = \frac{19}{20},$$

事件 B 的概率为

$$P(B) = \sum_{i=1}^{3} P(A_i)P(B|A_i) = 0.5 \times \frac{9}{10} + 0.3 \times \frac{14}{15} + 0.2 \times \frac{19}{20} = \frac{92}{100} = 0.92.$$

设已经知道取出的是正品,则由乘法公式知,此正品是第一、二、三厂生产的概率分别为

$$P(A_1|B) = \frac{P(A_1)P(B|A_1)}{P(B)} = \frac{0.5 \times \frac{9}{10}}{0.92} = \frac{45}{92} \approx 0.489;$$

$$P(A_2|B) = \frac{P(A_2)P(B|A_2)}{P(B)} = \frac{0.3 \times \frac{14}{15}}{0.92} = \frac{28}{92} \approx 0.304;$$

$$P(A_3|B) = \frac{P(A_3)P(B|A_3)}{P(B)} = \frac{0.2 \times \frac{19}{20}}{0.92} = \frac{19}{92} \approx 0.207.$$

定义 8.5 若事件 A 的发生不影响事件 B 发生的概率,即 $P(B|A) = P(B)$,则称事件 B 对事件 A 是**独立的**,否则称为是**不独立的**.

如果两个事件的任一事件的发生不影响另一事件的概率,则称这两个事件是**相互独立的**.

由事件相互独立的定义及概率的乘法公式,推得事件 A, B 相互独立等价于

$$P(AB) = P(A) \cdot P(B).$$

若事件 A, B 相互独立,则 A 与 $\overline{B}$、$\overline{A}$ 与 B、$\overline{A}$ 与 $\overline{B}$ 也相互独立.

定义 8.6 若事件 A, B, C 满足

$$P(AB) = P(A)P(B), P(BC) = P(B)P(C), P(CA) = P(C)P(A),$$

则称 A, B, C 是**两两相互独立的**;若还满足 $P(ABC) = P(A)P(B)P(C)$,则称 A, B, C 是**(总起来)相互独立的**.

类似地, n 个随机事件 $A_1, A_2, \cdots, A_n$,若满足

$$P(A_{i_1} A_{i_2} \cdots A_{i_k}) = \prod_{j=1}^{k} P(A_{i_j}), \forall 1 \le i_1 < i_2 < \cdots < i_k \le n, 1 \le k \le n,$$

则称事件 $A_1, A_2, \cdots, A_n$ 是**(总起来)相互独立的**.

例 8.4 设加工某产品需经过第 $1, 2, 3$ 共 3 道工序,3 道工序的次品率分别为 2%,$3\%, 5\%$,假定各工序是互不影响的,事件 $A_i(i = 1, 2, 3)$ 表示第 i 道工序出次品. 求事件 $B = \{$加工出来的产品是次品$\}$ 的概率.

解: 由题设条件得到

$$P(A_1) = 2\% = 0.02, P(A_2) = 3\% = 0.03, P(A_3) = 5\% = 0.05,$$
$$P(A_1 A_2) = P(A_1)P(A_2) = 0.02 \times 0.03 = 0.0006,$$
$$P(A_2 A_3) = P(A_2)P(A_3) = 0.03 \times 0.05 = 0.0015,$$
$$P(A_1 A_3) = P(A_1)P(A_3) = 0.02 \times 0.05 = 0.0010,$$
$$P(A_1 A_2 A_3) = P(A_1)P(A_2)P(A_3) = 0.02 \times 0.03 \times 0.05 = 0.00003,$$

而事件 $B = \{$加工出来的产品是次品$\} = A_1 \cup A_2 \cup A_3$ 的概率,即产品的次品率,为

$$
\begin{aligned}
P(B) &= P(A_1 \cup A_2 \cup A_3) \\
&= P(A_1) + P(A_2) + P(A_3) - P(A_1 A_2) - P(A_2 A_3) - P(A_1 A_3) + P(A_1 A_2 A_3) \\
&= 0.02 + 0.03 + 0.05 - 0.0006 - 0.0015 - 0.0010 + 0.00003 \\
&= 0.09693.
\end{aligned}
$$

利用 $B = A_1 \cup A_2 \cup A_3, \overline{B} = \overline{A_1 \cup A_2 \cup A_3} = \overline{A_1} \cap \overline{A_2} \cap \overline{A_3}$,也可得到

$$
\begin{aligned}
P(B) &= 1 - P(\overline{B}) = 1 - P(\overline{A_1} \cap \overline{A_2} \cap \overline{A_3}) = 1 - P(\overline{A_1}) \cdot P(\overline{A_2}) \cdot P(\overline{A_3}) \\
&= 1 - (1 - 0.02)(1 - 0.03)(1 - 0.05) = 1 - 0.98 \times 0.97 \times 0.95 \\
&= 1 - 0.90307 \\
&= 0.09693.
\end{aligned}
$$

8.1.4 伯努利概型与二项概率公式

定义 8.7 在相同条件下进行 n 次试验,若各次试验的结果互不影响,则称这 n 次试验为**独立重复试验**;若在 n 次独立重复试验中,每次试验的结果只有两个 $A, \overline{A}$,则称此试验为**独立试验序列(概型)**,或称为**伯努利(Bernoulli)概型**.

设在独立试验序列中,事件 A 每次发生的概率都是 $p \in (0, 1)$,则在 n 次独立试验序列中事件 A 恰好发生 $k(0 \leqslant k \leqslant n)$ 次的概率为

$$P_n(k) = C_n^k p^k (1 - p)^{n-k}. \tag{8.1.6}$$

由于系数 $C_n^k p^k (1-p)^{n-k}$ 是二项式 $[p + (1 - p)]^n$ 展开式中的一般项,故上述公式称为**二项概率公式**.

例 8.5 设每次射击打中目标的概率为 0.001,若射击 5000 次,利用泊松近似公式(见下一节定理 8.4)得到,事件"恰有 1 次打中"的概率为

$$P_{5000}(1) = C_{5000}^1 (0.001)^1 (1 - 0.001)^{5000-1}$$

$$\approx \frac{(5000 \times 0.001)^1}{1!} \cdot e^{-5000 \times 0.001} = 5e^{-5} \approx 0.0337.$$

8.1.5 几何概型与几何概率

前几小节研究的是具有有限个等可能的基本事件的古典概型. 但很多试验的可能性结果是无限个,即基本事件具有无限个,此时研究基本事件的概率意义不大,因此古典概率的概念不适用于此类试验. 这一节就介绍一种具有无限个可能性结果的概型——几何概型,这种类型的试验的基本空间是直线(或平面、空间)中的区域,事件发生的概率只与构成该事件的区域的长度(或面积、体积)成比例.

定义 8.8 若随机试验可能发生的结果(基本事件)有无限多个,且每一种结果发生的可能性是相等的,试验的样本空间是直线(或平面、空间)中的区域,事件发生的概率只与构成该事件区域的长度(或面积、体积)成比例,这样的试验称为**几何型试验**,几何型试验的概率类型简称为**几何概型**.

设某几何概型的所有基本事件(即基本事件空间)构成了直线(或平面、空间)的长度(或面积、体积)有限的直线段(或有界区域等) Ω,构成事件 A 的所有基本事件组成了 Ω 的子集 $\Omega' \subseteq \Omega$,则定义事件 A 的概率为

$$P(A) = \frac{|\Omega'|}{|\Omega|}, \tag{8.1.7}$$

其中 $|\Omega'|$,$|\Omega|$ 分别表示 Ω',Ω 的长度(或面积、体积).

例 8.6 取一根长度为 3m 的绳子,拉直后在任意位置剪断. 此试验中从每一个位置剪断都是一个基本事件,剪断位置可以是长度为 3m 的绳子上的任一点,即所有的基本事件组成了长度为 3m 的线段. 设事件 A 表示剪下的两段绳子都不短于 1m. 求事件 A 的概率.

解:组成事件 A 的基本事件是剪断位置位于绳子在 $1 \sim 2$m 的中间一段上,即事件 A 的基本事件形成了绳子 $1 \sim 2$m 的中间一段. 因此事件 A 发生的概率为

$$P(A) = \frac{1}{3}.$$

例 8.7 射箭比赛的箭靶涂有 5 个彩色得分环. 从外向内分为白色、黑色、蓝色、红色、金色(靶心,称为"黄心"). 奥运会的比赛靶面直径为 122cm,靶心直径为 12.2cm. 运动员在 70m 外射箭. 假设射箭都能中靶,且射中靶面内任一点都是等可能的. 记"射中黄心"为事件 A. 求事件 A 的概率.

解:由于中靶点随机地落在面积为 $\frac{1}{4}\pi \times 122^2 \mathrm{cm}^2$ 的靶面内,而当中靶点落在面积为 $\frac{1}{4}\pi \times 12.2^2 \mathrm{cm}^2$ 的黄心内时,事件 A 发生,因此事件 A 发生的概率为 $P(A)=$

$$\frac{\frac{1}{4}\pi \times 12.2^2}{\frac{1}{4}\pi \times 122^2} = 0.01.$$

例 8.8 在 500mL 的水中有一只草履虫. 现从中随机取出 2mL 水样放到显微镜下观察. 草履虫在水中的分布可以看作是随机的,总的基本事件个数可以用 500mL 水来刻画,事件 A 表示在 2mL 水样中发现草履虫,求 A 的概率.

解:事件 A 包含的基本事件个数可以用取得 2mL 水来刻画,即用区域体积刻画基本事件. 则事件 A 发生的概率为

$$P(A)=\frac{\text{取出水的体积}}{\text{所有水的体积}}=\frac{2}{500}=0.004.$$

例 8.9 (抛阶砖游戏)"抛阶砖"是国外游乐场的典型游戏之一. 参与者只需将手上的"金币"(设"金币"的半径为 1)抛向离身边若干距离的阶砖平面上,抛出的"金币"若恰好落在任何一个阶砖(边长为 2.1 的正方形)的范围内(不与阶砖相连的线重叠),便可获大奖. 不少人被高额奖金所吸引,纷纷参与此游戏,却很少有人得到奖品,请解释这是为什么.

解:若中奖,金币圆心必位于正方形内中间的一个边长为 0.1 的小正方形区域内. 圆心随机地落在"阶砖"的任何位置,所以这是一个几何概型. 则中奖的概率为

$$\frac{\text{中奖时金币圆心位置形成的小正方形的面积}}{\text{阶砖的面积}}=\frac{(2.1-2\times 1)^2}{2.1^2}\approx 0.0023.$$

因此中奖的概率很低,很少有人得到奖品.

例 8.10 (投针试验)取一根粗细均匀、长为 l 的针,然后在一张大一些的纸上,画一组距离为 $2l$ 的平行线. 将纸放平把针随意地往上抛,针落到纸上可能与这些平行线相交,也可能不相交. 把投针的总次数 n 和针与平行线相交的次数 m 都分别记下来,问 $\frac{n}{m}$ 意味着什么?

解:将投针的中点与离针最近的一条平行线的垂直距离记为 y,把针与此平行线

的夹角记为 φ，则 (y,φ) 就决定了投针的位置，如图 8.1 所示. 为了方便，记 $l = 1$，则 $0 \leqslant y \leqslant 1, 0 \leqslant \varphi < \pi$. 那么针与平行线相交等价于 $y \leqslant \dfrac{\sin\varphi}{2}$.

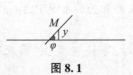

图 8.1

将 $y = \dfrac{\sin\varphi}{2}$ 的图形在 $\{y,\varphi\}$ 坐标系下画出来，如图 8.2 所示，再由 $0 \leqslant y \leqslant 1, 0 \leqslant \varphi < \pi$ 知，针的中点 M 不会超出矩形区域，而 针与直线相交的情形只能是 M 落在阴影部分（这时 $0 \leqslant y \leqslant \dfrac{\sin\varphi}{2}, 0 \leqslant \varphi < \pi$）.

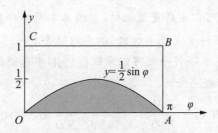

图 8.2

由几何概率知，针与平行线相交，即中点 M 落在阴影部分，的概率是

$$P = \frac{S_{\text{阴影部分}}}{S_{\text{矩形}OABC}} = \frac{\displaystyle\int_0^\pi \frac{\sin\varphi}{2}\mathrm{d}\varphi}{1 \times \pi} = \frac{1}{\pi}.$$

由大数定律（见本章第三节）知，频率 $\dfrac{m}{n}$ 随着 n 增大将越来越接近于概率 $P = \dfrac{1}{\pi}$，即

$$\frac{m}{n} \approx \frac{1}{\pi}, \frac{n}{m} \approx \pi \,(n \text{ 越来越大时}).$$

注 8.1　投针试验也称布丰（Buffon）问题，从例 8.10 中可以看出投针法也可用于计算圆周率. 据载 1850 年沃尔夫（Wolf）曾投针 5000 次，得到 $\pi \approx 3.1596$. 1901 年，拉兹瑞尼（Lazzerini）投了 3408 次，得到 $\pi \approx 3.1415929$，已经精确到小数点后第六位. 这一思想在电子计算机计算上也有广泛的应用，即所谓的**蒙特·卡罗（Monte Carlo）法（统计试验法）**. 由上我们不难设计 $\sqrt{2}, \sqrt{3}, \cdots$ 的投针计算法.

8.1.6　概率的公理化定义

在概率的公理化定义出现之前曾有过概率的统计定义、概率的古典定义、概率的几何定义. 这些定义各适合一类随机现象. 那么适合一切随机现象的概率的最一般定义应如何给出呢? 很多人思索过这个问题. 1900 年数学家希尔伯特(Hilbert)在巴黎第二届国际数学家大会上公开提出要建立概率的公理化体系,即从概率的少数几条特性来刻画概率的概念.

1933 年,苏联数学家柯莫哥洛夫(Kolmogorov)在他的《概率论基本概念》一书中首次提出了概率的公理化定义. 这个定义概括了历史上几种概率定义中的共同特性,又避免了各自的局限性和含混之处,不管什么随机现象,只有满足定义中的三条公理才能说它是概率. 这一公理化体系的出现迅速得到了举世公认,为现代概率论发展打下了坚实基础. 从此数学界才承认概率论是数学的一个分支. 这个公理化体系使得概率理论得到快速发展,它是概率论发展史上的一个里程碑.

寻求更好的定义,要求保持前述几种概率定义的三条基本性质.

定义 8.9 设 Ω 是随机试验 E 的样本空间,由 Ω 的子集(事件)构成一个集合类 $\mathfrak{F}$,若它满足以下条件:

(1) $\Omega \in \mathfrak{F}$;

(2) 若 $A \in \mathfrak{F}$,则 $\overline{A} \in \mathfrak{F}$;

(3) 若 $A_i \in \mathfrak{F}, i = 1, 2, \cdots, n, \cdots$,则 $A_1 + A_2 + \cdots + A_n + \cdots \in \mathfrak{F}$,

则称 $\mathfrak{F}$ 为**事件域**,称 $\mathfrak{F}$ 的每一元素为**事件**.

定义 8.10 设 Ω 是试验 E 的样本空间,$\mathfrak{F}$ 是 Ω 的事件域. 对于 E 的每一个事件 $A \in \mathfrak{F}$,有一个实数 $P(A)$ 与之对应,且 $P(A)$ 满足下列 3 条公理:

(1) (**完备性**) $P(\Omega) = 1$;

(2) (**非负性**) $0 \leqslant P(A) \leqslant 1$;

(3) (**可列可加性**) 设 $A_1, A_2, \cdots, A_n, \cdots$ 是两两互不相容的事件,则

$$P(A_1 + A_2 + \cdots + A_n + \cdots) \tag{8.1.8}$$
$$= P(A_1) + P(A_2) + \cdots + P(A_n) + \cdots.$$

则称 $P(A)$ 为事件 A 发生的**概率**.

显然,前面介绍的古典概率、伯努利二项概率、几何概率的定义都满足概率的公理化定义. 由上述三条公理可以推得下述概率的性质(显然古典概率、伯努利二项概率、几何概率都满足).

定理 8.3 设 Ω 是试验 E 的样本空间,$\mathfrak{F}$ 是 Ω 的事件域. 则有:

(1) 不可能事件的概率为零,即 $P(\varnothing) = 0$;

(2) (**有限可加性**) 设 $A_i (1 \leqslant i \leqslant n)$ 是有限个两两互不相容的事件,则

$$P(A_1 + A_2 + \cdots + A_n) = P(A_1) + P(A_2) + \cdots + P(A_n); \tag{8.1.9}$$

(3) 若 $B \subseteq A$,则 $P(A - B) = P(A) - P(B), P(A) \geqslant P(B)$;

(4) 对任意事件 A, B,有 $P(B - A) = P(B) - P(AB)$,

特别地,取 $B = \Omega$,对任意事件 A,有 $P(\overline{A}) = 1 - P(A)$;

(5) 对任意事件 A,B，有 $P(A+B) = P(A) + P(B) - P(AB)$；

特别地，有 $P(A+B) \leqslant P(A) + P(B)$.

这可以推广到有限个任意事件 $A_1, A_2, \cdots, A_n$，有

$$P\left(\bigcup_{i=1}^{n} A_i\right) = \sum_{i=1}^{n} P(A_i) - \sum_{1 \leqslant i < j \leqslant n} P(A_i A_j) + \sum_{1 \leqslant i < j < k \leqslant n} P(A_i A_j A_k)$$
$$+ \cdots + (-1)^{n+1} P(A_1 A_2 \cdots A_n). \tag{8.1.10}$$

(6)（概率的连续性）若 $A_n \in \mathfrak{F}, A_n \subseteq A_{n+1}, n = 1, 2, \cdots$，记 $A = \lim_{n \to \infty} A_n$（从集合上看，这

也等于 $\bigcup_{n=1}^{\infty} A_n$），则

$$P(A) = P(\lim_{n \to \infty} A_n) = \lim_{n \to \infty} P(A_n);$$

若 $A_n \in \mathfrak{F}, A_n \supseteq A_{n+1}, n = 1, 2, \cdots$，记 $A = \lim_{n \to \infty} A_n$（从集合上看，这也等于 $\bigcap_{n=1}^{\infty} A_n$），则

$$P(A) = P(\lim_{n \to \infty} A_n) = \lim_{n \to \infty} P(A_n).$$

8.2 随机变量及其分布和数字特征

随机事件是随机试验中可能发生也可能不发生的事件，是一种定性的描述，为了深入研究随机试验的结果，揭示统计规律性，还需引入一个重要概念——随机变量. 随机变量主要有离散型和连续型两种，我们需要考虑它们的概率分布，因而引入概率分布函数，分析它们的数字特征——数学期望和方差.

定义 8.11 随机变量是这样一种变量，它的数值是随试验的结果而定的，由于试验的结果是随机的，故它的取值也具有随机性. 当试验结果确定后，它也相应地取得确定的值，而在试验前不能预知取得什么数值.

根据随机变量的可能取值，可以把它们分为两种基本类型，即**离散型随机变量**和**非离散型随机变量**（非离散型随机变量中主要是**连续型随机变量**）.

如果随机变量的全部可能取值是有限个或可数多个，称这类随机变量为**离散型随机变量**；否则称为**非离散型随机变量**.

随机变量记为 ξ，若存在非负可积函数 $\varphi(x)$，$x \in (-\infty, \infty)$，使得

$$P(a < \xi < b) = \int_a^b \varphi(x) \mathrm{d}x,$$

其中 $a, b \in (-\infty, \infty)$ 为任意实数，$a < b$，$P(a < \xi < b)$ 是试验的结果（或随机变量）取值在区间 (a, b) 中的概率，则称随机变量 ξ 为**连续型随机变量**，$\varphi(x)$ 称为 ξ 的**分布密度**（或概率密度）.

几何上看，ξ 落在开区间 (a, b) 中的概率等于 (a, b) 上曲线 $y = \varphi(x)$ 下的曲边梯形的面积.

8.2.1　离散型随机变量的分布

设离散型随机变量 ξ 的所有可能取值为 $x_i(i = 1,2,\cdots)$，ξ 取 x_i 的概率为 p_i，即

$$P(\xi = x_i) = p_i, i = 1,2,\cdots, \tag{8.2.1}$$

p_i 满足

$$0 \leqslant p_i \leqslant 1, i = 1,2,\cdots; \sum_i p_i = 1,$$

称式(8.2.1)为离散型随机变量 ξ 的**概率分布**(或**分布律**)，通常用表格形式来表示.

ξ	x_1	x_2	$\cdots$	x_k	$\cdots$
$P(\xi = x_i)$	p_1	p_2	$\cdots$	p_k	$\cdots$

其中 $p_i \geqslant 0, i = 1,2,\cdots; \sum_i p_i = 1.$

若随机变量 ξ 的概率分布为

$$p_k = P(\xi = k) = C_n^k p^k (1-p)^{n-k}, 0 < p < 1, k = 0,1,2,\cdots,n, \tag{8.2.2}$$

则显然有 $p_k > 0, \sum_{k=1}^n p_k = 1$，称 ξ 服从参数为 n,p 的**二项分布**，记作 $\xi \sim B(n,p)$.

如 8.1.4 节，事件 A 在 n 次独立重复试验(即伯努利概型)中发生的次数就服从二项分布.

在二项分布中，取 $k = 0,1$，即 ξ 只取 0,1 两个值，ξ 的概率分布为

ξ	0	1
$P(\xi = x_i)$	p	$1-p$

时，称 ξ 服从 0 – 1 **分布**.

若随机变量 ξ 的概率分布为

$$P(\xi = k) = \frac{\lambda^k}{k!} \cdot e^{-\lambda}, k = 0,1,2,\cdots, \lambda > 0, \tag{8.2.3}$$

则称 ξ 服从参数为 λ 的**泊松(Poisson)分布**，记作 $\xi \sim P(\lambda)$.

显然有 $P(\xi = k) > 0, \sum_{k=0}^\infty P(\xi = k) = \sum_{k=0}^\infty \frac{\lambda^k}{k!} \cdot e^{-\lambda} = 1.$

二项分布与泊松分布有下述重要的关系.

定理 8.4　(泊松定理)设 $p_n \in (0,1), \lim\limits_{n \to \infty} np_n = \lambda$ 为正常数. 则

$$\lim_{n \to \infty} C_n^k p_n^k (1-p_n)^{n-k} = \frac{\lambda^k}{k!} e^{-\lambda}. \tag{8.2.4}$$

证明：因为 $\lim\limits_{n \to \infty} np_n = \lambda$，因此 $p_n = \frac{\lambda}{n} + o\left(\frac{1}{n}\right)$，此处 $o\left(\frac{1}{n}\right)$ 指比 $\frac{1}{n}$ 更高阶的无穷小数列.

$$\lim_{n \to \infty} C_n^k p_n^k (1 - p_n)^{n-k}$$

$$= \lim_{n \to \infty} \frac{n(n-1)\cdots(n-k+1)}{k!} \left[\frac{\lambda}{n} + o\left(\frac{1}{n}\right) \right]^k \left[1 - \frac{\lambda}{n} + o\left(\frac{1}{n}\right) \right]^{n-k}$$

$$= \frac{\lambda^k}{k!} \lim_{n \to \infty} \frac{n}{n} \cdot \frac{n-1}{n} \cdots \frac{n-k+1}{n} \left[1 - \frac{\lambda}{n} + o\left(\frac{1}{n}\right) \right]^{n-k}$$

$$= \frac{\lambda^k}{k!} \lim_{n \to \infty} 1 \cdot \left(1 - \frac{1}{n} \right) \cdots \left(1 - \frac{k-1}{n} \right) \left[1 - \frac{\lambda}{n} + o\left(\frac{1}{n}\right) \right]^{n-k}$$

$$= \frac{\lambda^k}{k!} \lim_{n \to \infty} \left[1 - \frac{\lambda}{n} + o\left(\frac{1}{n}\right) \right]^{n-k}$$

$$= \frac{\lambda^k}{k!} \lim_{n \to \infty} \left[1 - \frac{\lambda}{n} + o\left(\frac{1}{n}\right) \right]^{\frac{1}{-\frac{\lambda}{n} + o\left(\frac{1}{n}\right)}(n-k)\left(-\frac{\lambda}{n} + o\left(\frac{1}{n}\right)\right)}$$

$$= \frac{\lambda^k}{k!} e^{\lim\limits_{n \to \infty}(n-k)\left(-\frac{\lambda}{n} + o\left(\frac{1}{n}\right)\right)}$$

$$= \frac{\lambda^k}{k!} e^{-\lambda}.$$

$\square$

由泊松定理知,二项分布当 $n \to \infty$ 时的极限分布恰为泊松分布. 所以若事件 A 发生的概率 p 很小,而试验次数 n 很大(即 $n \cdot p$ 适中)时,事件 A 在 n 次独立试验中发生 k 次的概率可用泊松分布 $P(\lambda)$ 来近似计算,其中 $\lambda = n \cdot p$.

一般地,若离散型随机变量 ξ 的概率分布(或分布律)为

ξ	x_1	x_2	$\cdots$	x_k	$\cdots$
$P(\xi = x_i)$	p_1	p_2	$\cdots$	p_k	$\cdots$

其中 $p_i \geq 0, i = 1, 2, \cdots; \sum\limits_i p_i = 1$,当随机变量 $\eta = f(\xi)$ 取值 $y_i = f(x_i)$ 全不相等时,则 η 的概率分布为

$\eta = f(\xi)$	y_1	y_2	$\cdots$	y_k	$\cdots$
$P(\eta = y_i)$	p_1	p_2	$\cdots$	p_k	$\cdots$

若 $y_i = f(x_i)$ 中有相等的,则应把那些相等的值分别合并起来,把相应的概率 p_i 也相加,得到 η 的概率分布.

8.2.2 连续型随机变量的分布

由连续型随机变量 ξ 的定义,存在分布密度函数 $\varphi(x)$,使得 $P(a < \xi < b) = \int_a^b \varphi(x) \mathrm{d}x$. 此时 ξ 取某一特定值 a 时,$P(\xi = a) = P(a \leq \xi \leq a) = \int_a^a \varphi(x) \mathrm{d}x = 0$. 因此

$$P(a \leqslant \xi \leqslant b) = P(a \leqslant \xi < b) = P(a < \xi \leqslant b) = P(a < \xi < b)$$
$$= \int_a^b \varphi(x) \, \mathrm{d}x.$$

又由分布密度函数的定义,得到

$$\varphi(x) \geqslant 0, \int_{-\infty}^{\infty} \varphi(x) \, \mathrm{d}x = 1.$$

可以证明,满足这两个性质的任一函数均可作为某一随机变量的分布密度.

例 8.11 设 ξ 的分布密度为 $\varphi(x) = C \cdot \mathrm{e}^{-|x|}, x \in (-\infty, \infty)$,求常数 C 和概率 $P(0 < \xi < 1)$.

解: 由 $\int_{-\infty}^{\infty} \varphi(x) \, \mathrm{d}x = 1$ 得到 $C = \dfrac{1}{2}$,概率 $P(0 < \xi < 1) = \int_0^1 \dfrac{1}{2} \mathrm{e}^{-|x|} \, \mathrm{d}x = \dfrac{1}{2}(1 - \mathrm{e}^{-1})$.

若随机变量 ξ 在有限区间 $[a,b]$ 内取值,ξ 的分布密度为

$$\varphi(x) = \begin{cases} \dfrac{1}{b-a}, & x \in [a,b], \\ 0, & \text{其他}, \end{cases} \tag{8.2.5}$$

则称 ξ 在区间 $[a,b]$ 上服从**均匀分布**.

若随机变量 ξ 的分布密度为

$$\varphi(x) = \begin{cases} \lambda \cdot \mathrm{e}^{-\lambda x}, & x > 0, \\ 0, & x \leqslant 0, \end{cases} \tag{8.2.6}$$

其中 $\lambda > 0$ 为常数,则称 ξ 服从参数为 λ 的**指数分布**,记为 $\xi \sim E(\lambda)$.

指数分布可以用来表示独立随机事件发生的时间间隔,比如旅客进机场的时间间隔、百度百科新条目出现的时间间隔等. 许多电子产品的寿命分布一般服从指数分布,有的系统的寿命分布也可用指数分布来近似. 它在可靠性研究中是最常用的一种分布形式. 指数分布的一个重要特征是**无记忆性(memoryless property)**,又称**遗失记忆性**,这可由概率密度函数直接如下验证得到

$$P(\xi > s + t \mid \xi > t) = \frac{P(\xi > s + t, \xi > t)}{P(\xi > t)} = \frac{P(\xi > s + t)}{P(\xi > t)}$$

$$= \frac{\displaystyle\int_{s+t}^{\infty} \lambda \cdot \mathrm{e}^{-\lambda x} \mathrm{d}x}{\displaystyle\int_{t}^{\infty} \lambda \cdot \mathrm{e}^{-\lambda x} \mathrm{d}x}$$

$$= \frac{\mathrm{e}^{-\lambda(s+t)}}{\mathrm{e}^{-\lambda t}} = \mathrm{e}^{-\lambda s}$$

$$= \int_{s}^{\infty} \lambda \cdot \mathrm{e}^{-\lambda x} \mathrm{d}x$$

$$= P(\xi > s), \forall s > 0, t > 0.$$

也就是说,如果 ξ 是元器件的寿命,已知元器件已经使用了 t 小时,那它总共使用至少 $s+t$ 小时的条件概率,与从开始使用算起的它至少使用 s 小时的概率相等.

若随机变量 ξ 的分布密度为

$$\varphi(x) = \frac{1}{\sqrt{2\pi}\cdot\sigma}\cdot\exp\left\{-\frac{(x-\mu)^2}{2\sigma^2}\right\}, x\in(-\infty,\infty),\qquad(8.2.7)$$

$\sigma > 0,\mu$ 是常数,则称 ξ 服从参数为 μ,σ 的**正态分布**,记为 $\xi \sim N(\mu,\sigma^2)$.

利用概率积分 $\displaystyle\int_{-\infty}^{\infty} e^{-\frac{t^2}{2}}dt = \sqrt{2\pi}$,易验证 $\displaystyle\int_{-\infty}^{\infty}\varphi(x)dx = 1$.

当 $\mu = 0,\sigma = 1$ 时,称 ξ 服从**标准正态分布**,记作 $\xi\sim N(0,1)$,其分布密度为

$$\varphi(x) = \frac{1}{\sqrt{2\pi}}\cdot e^{-x^2/2}, x\in(-\infty,\infty).\qquad(8.2.8)$$

设 $\xi\sim N(\mu,\sigma^2)$,记拉普拉斯(Laplace)函数 $\displaystyle\Phi(x) = \frac{1}{\sqrt{2\pi}}\int_0^x e^{-t^2/2}dt$,则概率

$$P(x_1 < \xi < x_2) = \frac{1}{\sqrt{2\pi}}\int_{\frac{x_1-\mu}{\sigma}}^{\frac{x_2-\mu}{\sigma}} e^{-t^2/2}dt$$

$$= \Phi\left(\frac{x_2-\mu}{\sigma}\right) - \Phi\left(\frac{x_1-\mu}{\sigma}\right).$$

拉普拉斯函数 $\Phi(x)$ 满足: $\Phi(0) = 0,\Phi(+\infty) = 0.5,\Phi(-x) = -\Phi(x)$.

8.2.3　随机变量的分布函数

定义 8.12　设 ξ 是随机变量,称函数

$$F(x) = P(\xi \leqslant x), x\in\mathbb{R},\qquad(8.2.9)$$

为随机变量 ξ 的**分布函数**.

由概率的性质和分布函数的定义,得到下述分布函数的性质.

定理 8.5　设 $F(x)$ 为随机变量 ξ 的分布函数,则有:

(1) $0 \leqslant F(x) \leqslant 1$;

(2) $P(x_1 < \xi \leqslant x_2) = P(\xi \leqslant x_2) - P(\xi \leqslant x_1) = F(x_2) - F(x_1)$;

(3) $F(x)$ 是 x 的非减函数,即 $\forall x_1 < x_2, F(x_1) \leqslant F(x_2)$;

(4) $F(x)$ 是 x 的右连续函数, $F(x) = F(x+0)$,且 $P(-\infty < x < a) = F(a-0)\left(\overset{\triangle}{=\!=}\lim\limits_{x\to a^-}F(x)\right)$;

(5) $F(+\infty) = \lim\limits_{x\to+\infty}F(x) = 1, F(-\infty) = \lim\limits_{x\to-\infty}F(x) = 0.$

证明:只证明(4),其余可由定义得到.由(1)和(3)知, $F(x)$ 单调不减且有界,由单调有界定理知 $\forall x\in\mathbb{R}$,左右极限 $F(x-0), F(x+0)$ 都存在.

为证明 $F(x)$ 在任意的 $x_0\in\mathbb{R}$ 处右连续,需证明,对任意单调下降数列 $\{x_n\}$,

$\lim_{n\to\infty}x_n = x_0$，有 $\lim_{n\to\infty}F(x_n) = F(x_0)$ 成立. 由概率的连续性(定理 8.3)得到

$$F(x_0) = P(x \leqslant x_0) = P\Big(\bigcap_{n=1}^{\infty}(x \leqslant x_n)\Big)$$

$$= P(\lim_{n\to\infty}(x \leqslant x_n)) = \lim_{n\to\infty}P(x \leqslant x_n) = \lim_{n\to\infty}F(x_n).$$

$P(-\infty < x < a) = F(a - 0)$ 可由概率的连续性类似得到.　　　　□

若 ξ 为离散型随机变量，ξ 的所有可能取值为 $x_i, i = 1, 2, \cdots$，则 ξ 的分布函数为

$$F(x) = P(\xi \leqslant x) = \sum_{x_i \leqslant x}P(\xi = x_i). \tag{8.2.10}$$

例 8.12　设袋中有 6 个球，依次标有数字 $-1, 2, 2, 2, 3, 3$. 先从中取一球，则取得的球上标有的数字 ξ 是一随机变量，ξ 的概率分布为

ξ	-1	2	3
$P(\xi = x_i)$	$\dfrac{1}{6}$	$\dfrac{1}{2}$	$\dfrac{1}{3}$

因此由分布函数的定义得到 ξ 的分布函数为

$$F(x) = \begin{cases} 0, & -\infty < x < -1, \\ \dfrac{1}{6}, & -1 \leqslant x < 2, \\ \dfrac{2}{3}, & 2 \leqslant x < 3, \\ 1, & x \geqslant 3. \end{cases}$$

若 ξ 为连续型随机变量，ξ 的分布密度为 $\varphi(x)$，则 ξ 的分布函数为

$$F(x) = P(\xi \leqslant x) = P(-\infty < \xi \leqslant x) = \int_{-\infty}^{x}\varphi(t)\,\mathrm{d}t. \tag{8.2.11}$$

例 8.13　(1) 设 ξ 服从均匀分布，分布密度为 $\varphi(x) = \begin{cases} \dfrac{1}{b-a}, & a \leqslant x \leqslant b, \\ 0, & \text{其他,} \end{cases}$ 利用分段函数的积分，求得 ξ 的分布函数为 $F(x) = \begin{cases} 0, & x \leqslant a, \\ \dfrac{x-a}{b-a}, & a < x \leqslant b, \\ 1, & x > b. \end{cases}$

(2) ξ 服从指数分布，分布密度为 $\varphi(x) = \begin{cases} \lambda \cdot \mathrm{e}^{-\lambda x}, & x > 0 (\lambda > 0), \\ 0, & x \leqslant 0, \end{cases}$ 求得 ξ 的分布函数为 $F(x) = \begin{cases} 0, & x \leqslant 0, \\ 1 - \mathrm{e}^{-\lambda x}, & x > 0. \end{cases}$

例 8.14 设 ξ 的概率分布为

ξ	0	1	2	3	4	5
$P(\xi = x_i)$	$\dfrac{1}{12}$	$\dfrac{1}{6}$	$\dfrac{1}{3}$	$\dfrac{1}{12}$	$\dfrac{2}{9}$	$\dfrac{1}{9}$

.

(1) 求 $\eta = 2\xi + 1$ 的分布函数；

(2) 求 $\zeta = (\xi - 2)^2$ 的分布函数.

解： (1) 可求得 $\eta = 2\xi + 1$ 的概率分布为

$\eta = 2\xi + 1$	1	3	5	7	9	11
概率 P	$\dfrac{1}{12}$	$\dfrac{1}{6}$	$\dfrac{1}{3}$	$\dfrac{1}{12}$	$\dfrac{2}{9}$	$\dfrac{1}{9}$

,

其分布函数为 $F(x) = \begin{cases} 0, & x < 1, \\[2mm] \dfrac{1}{12}, & 1 \leqslant x < 3, \\[2mm] \dfrac{1}{4}, & 3 \leqslant x < 5, \\[2mm] \dfrac{7}{12}, & 5 \leqslant x < 7, \\[2mm] \dfrac{2}{3}, & 7 \leqslant x < 9, \\[2mm] \dfrac{8}{9}, & 9 \leqslant x < 11, \\[2mm] 1, & x \geqslant 11; \end{cases}$

(2) 求得 $\zeta = (\xi - 2)^2$ 的概率分布为

$\zeta = (\xi - 2)^2$	0	1	4	9
概率 P	$\dfrac{1}{3}$	$\dfrac{1}{6} + \dfrac{1}{12} = \dfrac{1}{4}$	$\dfrac{1}{12} + \dfrac{2}{9} = \dfrac{11}{36}$	$\dfrac{1}{9}$

,

其分布函数为 $F(x) = \begin{cases} 0, & x < 0, \\[2mm] \dfrac{1}{3}, & 0 \leqslant x < 1, \\[2mm] \dfrac{7}{12}, & 1 \leqslant x < 4, \\[2mm] \dfrac{8}{9}, & 4 \leqslant x < 9, \\[2mm] 1, & x \geqslant 9. \end{cases}$

例 8.15 (1) 设 $\xi \sim N(\mu, \sigma^2)$, 随机变量 $\eta = \dfrac{\xi - \mu}{\sigma}$ 的分布函数为

$$F_\eta(y) = P(\eta \leqslant y) = P\left(\frac{\xi - \mu}{\sigma} \leqslant y\right) = P(\xi \leqslant \mu + \sigma y)$$

$$= \int_{-\infty}^{\mu + \sigma y} \frac{1}{\sqrt{2\pi} \cdot \sigma} \cdot \mathrm{e}^{-\frac{(x-\mu)^2}{2\sigma^2}} \mathrm{d}x = \frac{1}{\sqrt{2\pi}} \int_{-\infty}^{y} \mathrm{e}^{-\frac{t^2}{2}} \mathrm{d}t.$$

因此 η 的分布密度函数为

$$\varphi_\eta(y) = (F_\eta(y))' = \frac{1}{\sqrt{2\pi}} \left(\int_{-\infty}^{y} \mathrm{e}^{-\frac{t^2}{2}} \mathrm{d}t\right)' = \frac{1}{\sqrt{2\pi}} \mathrm{e}^{-\frac{y^2}{2}},$$

即 $\eta \sim N(0,1)$.

(2) 设 $\xi \sim N(0,1)$, 则随机变量 $\zeta = \xi^2$ 的分布函数为

$y < 0$ 时, $F_\zeta(y) = P(\zeta \leqslant y) = P(\xi^2 \leqslant y) = 0$ ($\xi^2 \leqslant y < 0$ 是不可能事件);

$y \geqslant 0$ 时, $F_\zeta(y) = P(\zeta \leqslant y) = P(\xi^2 \leqslant y) = P(-\sqrt{y} \leqslant \xi \leqslant \sqrt{y})$

$$= \int_{-\sqrt{y}}^{\sqrt{y}} \frac{1}{\sqrt{2\pi}} \cdot \mathrm{e}^{-\frac{x^2}{2}} \mathrm{d}x = \frac{2}{\sqrt{2\pi}} \int_{0}^{\sqrt{y}} \mathrm{e}^{-\frac{x^2}{2}} \mathrm{d}x.$$

因此 η 的分布密度为

$$y < 0 \text{ 时}, \varphi_\eta(y) = (F_\eta(y))' = 0;$$

$$y > 0 \text{ 时}, \varphi_\eta(y) = (F_\eta(y))' = \frac{1}{\sqrt{2\pi}} \mathrm{e}^{-\frac{y}{2}} \cdot y^{-\frac{1}{2}},$$

即 η 的分布函数和分布密度分别为

$$F_\zeta(y) = \begin{cases} 0, & y < 0, \\ \dfrac{2}{\sqrt{2\pi}} \displaystyle\int_{0}^{\sqrt{y}} \mathrm{e}^{-\frac{x^2}{2}} \mathrm{d}x, & y \geqslant 0, \end{cases}$$

$$\varphi_\eta(y) = \begin{cases} 0, & y \leqslant 0, \\ \dfrac{1}{\sqrt{2\pi}} \mathrm{e}^{-\frac{y}{2}} \cdot y^{-\frac{1}{2}}, & y > 0. \end{cases}$$

一般地, 若已知连续型随机变量 ξ 的分布密度函数为 $\varphi_\xi(x)$, 则随机变量 $\eta = f(\xi)$ 的分布密度函数 $\varphi_\eta(y)$ 可通过上例中的**分布函数法**求出.

$$F_\eta(y) = P(\eta \leqslant y) = P(f(\xi) \leqslant y) = P(\xi \in f^{-1}(-\infty, y])$$

$$= \int_{\{x \mid f(x) \in (-\infty, y]\}} \varphi_\xi(x) \mathrm{d}x,$$

特别地, 若函数 $y = f(x)$ 处处可导且 $f'(x) \neq 0$, 则由 $\left|\dfrac{\mathrm{d}x}{\mathrm{d}y}\right| = \dfrac{1}{|f'(f^{-1}(y))|}$ 和定积分的换元积分公式得到

$$F_\eta(y) = \int_{-\infty}^{y} \varphi_\xi(f^{-1}(y)) \left| \frac{dx}{dy} \right| dy$$

$$= \int_{-\infty}^{y} \varphi_\xi(f^{-1}(y)) \frac{1}{|f'(f^{-1}(y))|} dy,$$

得到随机变量 $\eta = f(\xi)$ 的分布密度函数为

$$\varphi_\eta(y) = \frac{\varphi_\xi(g(y))}{|f'(g(y))|}, f'(g(y)) \neq 0, \tag{8.2.12}$$

其中 $x = g(y) = f^{-1}(y)$ 表示 $y = f(x)$ 的反函数.

8.2.4 随机变量的数字特征——数学期望和方差

定义 8.13 设离散型随机变量 ξ 的概率分布为

ξ	x_1	x_2	$\cdots$	x_k	$\cdots$
$P(\xi = x_i)$	p_1	p_2	$\cdots$	p_k	$\cdots$

则称和数 $\sum_k x_k p_k$ 为 ξ 的**数学期望**(简称为**期望**),记作 $E\xi$,即

$$E\xi = \sum_k x_k p_k. \tag{8.2.13}$$

定义 $\eta = f(\xi)$ 的**数学期望**为

$$E\eta = Ef(\xi) = \sum_k f(x_k) \cdot p_k, \tag{8.2.14}$$

其中假定 $\eta = f(\xi)$ 的数学期望存在,即和数 $\sum_k f(x_k) \cdot p_k$ 为有限实数(ξ 有可列个可能取值时,指无穷级数收敛于一有限实数).

设连续型随机变量 ξ 的分布函数为 $\varphi(x)$,称无穷积分 $\int_{-\infty}^{+\infty} x \cdot \varphi(x) dx$ 为 ξ 的**数学期望**(简称为**期望**),记作 $E\xi$,即

$$E\xi = \int_{-\infty}^{+\infty} x\varphi(x) dx. \tag{8.2.15}$$

定义 $\eta = f(\xi)$ 的**数学期望**为

$$E\eta = Ef(\xi) = \int_{-\infty}^{+\infty} f(x) \cdot \varphi(x) dx, \tag{8.2.16}$$

其中假定 $\eta = f(\xi)$ 的数学期望存在,即无穷积分 $\int_{-\infty}^{+\infty} f(x) \cdot \varphi(x) dx$ 收敛于一有限实数.

若离散型随机变量只取有限个值,则其数学期望是随机变量的值的以相应概率为权的**加权均值**,因此随机变量的数学期望可看作**算术平均**的推广.

注 8.2 若离散型随机变量 ξ 可取可列个值,那么在数学期望 $E\xi$ 的定义式 (8.2.13) 中,由于随机变量 ξ 的所能取到的可能值 $x_k(1 \leqslant k < +\infty)$,出现的无序性,因此级数 $\sum_{k=1}^{\infty} x_k p_k$ 的收敛值应该与 $x_k p_k (1 \leqslant k < +\infty)$,的求和顺序无关,即任意调整通项 $x_k p_k$ 的次序,不改变级数的敛散性,且收敛时极限值必须相等. 为了保证这一点,通常要求数学期望 $E\xi$ 存在的前提条件是绝对值级数

$$E \mid \xi \mid = \sum_{k=1}^{\infty} \mid x_k \mid \cdot p_k$$

收敛,即要求 $|\xi|$ 的数学期望 $E|\xi|$ 存在. 当然由于绝对收敛的级数本身收敛,因此这条件也是充分的(参见定理6.11).

对连续型随机变量 ξ,根据定义,反常积分 $\int_{-\infty}^{\infty} x\varphi(x)\mathrm{d}x$ 收敛,意味着两反常积分 $\int_{-\infty}^{0} x\varphi(x)\mathrm{d}x$ 和 $\int_{0}^{\infty} x\varphi(x)\mathrm{d}x$ 都收敛且成立

$$\int_{-\infty}^{\infty} x\varphi(x)\mathrm{d}x = \int_{-\infty}^{0} x\varphi(x)\mathrm{d}x + \int_{0}^{\infty} x\varphi(x)\mathrm{d}x,$$

由于概率分布密度函数 $\varphi(x)$ 非负,这也蕴含着反常积分的绝对可积性,即

$$E \mid \xi \mid = \int_{-\infty}^{\infty} \mid x\varphi(x) \mid \mathrm{d}x = -\int_{-\infty}^{0} x\varphi(x)\mathrm{d}x + \int_{0}^{\infty} x\varphi(x)\mathrm{d}x$$

收敛.

将常数 C 看作只能取一个结果 C,概率为 1 的离散型随机变量,分别对 ξ 为离散型随机变量和连续型随机变量讨论得到期望的如下性质.

定理 8.6 设 k,C 为实常数,ξ 为离散型随机变量或连续型随机变量,则:

(1) $EC = C$;

(2) $E(k\xi + C) = kE\xi + C$.

例 8.16 (1) 设 ξ 的概率分布为

ξ	-1	0	2	3
P	$\dfrac{1}{8}$	$\dfrac{1}{4}$	$\dfrac{3}{8}$	$\dfrac{1}{4}$

,计算得到

$$E\xi = (-1) \times \frac{1}{8} + 0 \times \frac{1}{4} + 2 \times \frac{3}{8} + 3 \times \frac{1}{4} = \frac{11}{8},$$

$$E(\xi^2) = (-1)^2 \times \frac{1}{8} + 0^2 \times \frac{1}{4} + 2^2 \times \frac{3}{8} + 3^2 \times \frac{1}{4} = \frac{31}{8},$$

$$E(-2\xi + 1) = 3 \times \frac{1}{8} + 1 \times \frac{1}{4} + (-3) \times \frac{3}{8} + (-5) \times \frac{1}{4} = -\frac{14}{8} = -\frac{7}{4}.$$

(2) 设连续型随机变量 ξ 服从指数分布 $\varphi(x) = \begin{cases} \lambda \cdot \mathrm{e}^{-\lambda x}, & x > 0(\lambda > 0), \\ 0, & x \leqslant 0, \end{cases}$ 则计算得到

$$E\xi = \int_{-\infty}^{\infty} x \cdot \varphi(x)\mathrm{d}x = \int_{0}^{\infty} \lambda x \cdot \mathrm{e}^{-\lambda x}\mathrm{d}x = \int_{0}^{\infty} x \cdot \mathrm{d}(-\mathrm{e}^{-\lambda x})$$

$$= -x \cdot \mathrm{e}^{-\lambda x}\Big|_{0}^{\infty} + \int_{0}^{\infty} \mathrm{e}^{-\lambda x}\mathrm{d}x = \int_{0}^{\infty} \mathrm{e}^{-\lambda x}\mathrm{d}x = \frac{1}{\lambda};$$

$$E(\sin \xi) = \int_{-\infty}^{\infty} \sin x \cdot \varphi(x)\mathrm{d}x = \lambda \int_{0}^{\infty} \sin x \cdot \mathrm{e}^{-\lambda x}\mathrm{d}x$$

$$= \int_{0}^{\infty} \sin x \cdot \mathrm{d}(-\mathrm{e}^{-\lambda x}) = -\sin x \cdot \mathrm{e}^{-\lambda x}\Big|_{0}^{\infty} + \int_{0}^{\infty} \mathrm{e}^{-\lambda x}\cos x\mathrm{d}x$$

$$= -\frac{1}{\lambda}\int_{0}^{\infty} \cos x\mathrm{d}(\mathrm{e}^{-\lambda x}) = \frac{1}{\lambda} - \frac{1}{\lambda}\int_{0}^{\infty} \sin x \cdot \mathrm{e}^{-\lambda x}\mathrm{d}x$$

$$= \frac{\lambda}{1 + \lambda^2}.$$

定义 8.14 随机变量 ξ 的**方差** $D\xi$(也记为 $\mathrm{Var}\xi$)定义为

$$D\xi = \mathrm{Var}\xi = E(\xi - E\xi)^2. \tag{8.2.17}$$

定理 8.7 (方差的计算公式)设 ξ 为离散型随机变量或连续型随机变量,则

$$D\xi = \mathrm{Var}\xi = E(\xi^2) - (E\xi)^2. \tag{8.2.18}$$

证明: 当 ξ 为离散型随机变量时,

$$D\xi = \sum_{i} (x_i - E\xi)^2 p_i = \sum_{i} [x_i^2 - 2E\xi \cdot x_i + (E\xi)^2] p_i$$

$$= \sum_{i} x_i^2 p_i - 2(E\xi)\sum_{i} x_i p_i + (E\xi)^2\sum_{i} p_i$$

$$= E(\xi^2) - 2(E\xi)^2 + (E\xi)^2 = E(\xi^2) - (E\xi)^2.$$

当 ξ 为连续型随机变量时,记 ξ 的分布密度为 $\varphi(x)$,则

$$D\xi = E(\xi - E\xi)^2 = \int_{-\infty}^{\infty} (x - E\xi)^2\varphi(x)\mathrm{d}x$$

$$= \int_{-\infty}^{\infty} [x^2 - 2(E\xi)x + (E\xi)^2]\varphi(x)\mathrm{d}x$$

$$= \int_{-\infty}^{\infty} x^2\varphi(x)\mathrm{d}x - 2(E\xi)\int_{-\infty}^{\infty} x\varphi(x)\mathrm{d}x + (E\xi)^2\int_{-\infty}^{\infty} \varphi(x)\mathrm{d}x$$

$$= E(\xi^2) - 2(E\xi)^2 + (E\xi)^2 = E(\xi^2) - (E\xi)^2. \qquad \square$$

注 8.3 由方差 $D\xi$ 的定义和计算公式知,$D\xi$ 存在(即为一个有限实数),等价于 $E\xi, E(\xi^2)$ 都存在.

分别对离散型随机变量和连续型随机变量进行讨论,很容易得到方差的下述性质.

定理 8.8 设 k,C 是实常数,ξ 为离散型随机变量或连续型随机变量,则

(1) $DC = 0$;

(2) $D(k\xi + C) = k^2 D\xi$.

实际应用中,常采用方差的平方根,即定义

$$\sigma_\xi = \sqrt{D\xi}\ (D\xi = \sigma_\xi^2) \tag{8.2.19}$$

为随机变量 ξ 的**标准差**(或**均方差**).

例 8.17 (1) 若 ξ 服从 $0-1$ 分布,$P(\xi = 1) = p$,则直接计算得到

$$E\xi = p, E(\xi^2) = p, D\xi = p(1 - p), \sigma_\xi = \sqrt{p(1 - p)}.$$

(2) 若 ξ 服从二项分布,$\xi \sim B(n,p)$,即 ξ 的概率分布为

$$P(\xi = k) = C_n^k p^k (1 - p)^{n-k}, 0 < p < 1, k = 0, 1, \cdots, n.$$

利用组合数的性质计算得到

$$E\xi = np, E(\xi^2) = n(n - 1)p^2 + np, D\xi = np(1 - p), \sigma_\xi = \sqrt{np(1 - p)}.$$

(3) 若 ξ 服从泊松分布,$\xi \sim P(\lambda)$,即 ξ 的概率分布为

$$P(\xi = k) = \frac{\lambda^k}{k!} e^{-\lambda}, \lambda > 0, k = 0, 1, 2, \cdots,$$

利用 e^x 的麦克劳林 (Maclaurin) 级数展开式,计算得到

$$E\xi = \lambda, E(\xi^2) = \lambda^2 + \lambda, D\xi = \lambda, \sigma_\xi = \sqrt{\lambda}.$$

例 8.18 (1) 设 ξ 服从 $[a,b]$ 上的均匀分布,即 ξ 的分布密度为

$$\varphi(x) = \begin{cases} \dfrac{1}{b - a}, & a \leqslant x \leqslant b, \\ 0, & \text{其他}, \end{cases}$$

直接计算得到

$$E\xi = \frac{a + b}{2}, E(\xi^2) = \frac{1}{3}(a^2 + ab + b^2), D\xi = \frac{1}{12}(b - a)^2, \sigma_\xi = \frac{\sqrt{3}}{6}(b - a).$$

(2) 若 ξ 服从参数为 λ 的指数分布,利用分部积分直接计算得到

$$E\xi = \frac{1}{\lambda}, E(\xi^2) = \frac{2}{\lambda^2}, D\xi = \frac{1}{\lambda^2}, \sigma_\xi = \frac{1}{\lambda}.$$

(3) 设 ξ 服从正态分布,即 $\xi \sim N(\mu, \sigma^2)$,则由积分 $\int_{-\infty}^{+\infty} e^{-x^2} dx = \sqrt{\pi}$,并利用换元积分法和分部积分法计算得到

$$E\xi = \mu, D\xi = \sigma^2, \sigma_\xi = \sigma.$$

8.2.5 随机变量的独立性、协方差与相关系数

这一节围绕二维随机变量,介绍随机变量之间的独立性与相关性,引入随机变量

的协方差和相关系数的概念来刻画它们的相关性.

1. 随机变量的独立性

利用两事件的独立性可以定义两随机变量的独立性.

定义 8.15 设 (ξ, η) 为二维随机变量,下述事件的概率

$$F(x,y) = P(\xi \leqslant x, \eta \leqslant y), F_\xi(x) = P(\xi \leqslant x), F_\eta(y) = P(\eta \leqslant y)$$

分别称为 (ξ, η) 的**分布函数**,关于 ξ 和 η 的**边缘分布函数**.

如果对于任意的实数 x, y,均有

$$P(\xi \leqslant x, \eta \leqslant y) = P(\xi \leqslant x) \cdot P(\eta \leqslant y),$$

即

$$F(x,y) = F_\xi(x) F_\eta(y), \tag{8.2.20}$$

则称随机变量 ξ 与 η 是**相互独立的**.

若 (ξ, η) 是离散型随机变量,其分布律为

$$P(\xi = x_i, \eta = y_j) = p_{ij}, 1 \leqslant i, j < +\infty,$$

则可得到其边缘分布律为

$$P(\xi = x_i) \stackrel{\triangle}{=\!=} p_i^{(1)} = \sum_{j=1}^\infty p_{ij}, P(\eta = y_j) \stackrel{\triangle}{=\!=} p_j^{(2)} = \sum_{i=1}^\infty p_{ij}.$$

因此

$$\xi, \eta \text{ 相互独立} \Leftrightarrow p_{ij} = p_i^{(1)} p_j^{(2)}, \forall i, j. \tag{8.2.21}$$

对连续型随机变量 (ξ, η),其概率密度为 $f(x,y)$,即

$$F(x,y) = \int_{-\infty}^x \int_{-\infty}^y f(x,y) \, \mathrm{d}x\mathrm{d}y.$$

记其边缘分布密度函数分别为 $f_\xi(x), f_\eta(y)$,因此其边缘分布函数分别为

$$F_\xi(x) = \int_{-\infty}^x f_\xi(x) \, \mathrm{d}x = \lim_{y \to \infty} F(x,y) = \int_{-\infty}^x \left[\int_{-\infty}^\infty f(u,v) \, \mathrm{d}v \right] \mathrm{d}u,$$

$$F_\eta(y) = \int_{-\infty}^y f_\eta(y) \, \mathrm{d}y = \lim_{x \to \infty} F(x,y) = \int_{-\infty}^y \left[\int_{-\infty}^\infty f(u,v) \, \mathrm{d}u \right] \mathrm{d}v.$$

此时条件 ξ, η 是互相独立的,等价于

$$\int_{-\infty}^x \int_{-\infty}^y f(x,y) \, \mathrm{d}x\mathrm{d}y = \int_{-\infty}^x f_\xi(x) \, \mathrm{d}x \cdot \int_{-\infty}^y f_\eta(y) \, \mathrm{d}y, \forall x, y \in \mathbb{R}, \tag{8.2.22}$$

这等价于

$$f(x,y) = f_\xi(x) f_\eta(y), \text{ 几乎所有的 } (x,y) \in \mathbb{R}^2. \tag{8.2.23}$$

总之,联合分布可确定边缘分布,反之不然,但当 ξ 与 η 相互独立时,边缘分布也可确定联合分布. 一般要判定 ξ 与 η 的独立性,可先求边缘分布,再依据上述条件之一判定.

上述概念和结果都可以推广到高维随机变量情形.

例 8.19 （1）已知 (ξ,η) 的分布律为

(ξ,η)	$(1,1)$	$(1,2)$	$(1,3)$	$(2,1)$	$(2,2)$	$(2,3)$
p_{ij}	$\dfrac{1}{6}$	$\dfrac{1}{9}$	$\dfrac{1}{18}$	$\dfrac{1}{3}$	α	β

若 ξ,η 相互独立,求 α,β.

（2）设随机变量 ξ,η 相互独立,且 ξ 服从 $(0,1)$ 上的均匀分布,η 的概率密度为

$$f_\eta(y)=\begin{cases}\dfrac{1}{2}\mathrm{e}^{-\frac{y}{2}},&y>0,\\[2mm]0,&y\le 0,\end{cases}\quad \text{求关于 } t \text{ 的二次方程 } t^2+2\xi t+\eta=0 \text{ 有实根的概率.}$$

解:（1）计算得到

$$P(\xi=1)=\frac{1}{6}+\frac{1}{9}+\frac{1}{18}=\frac{1}{3},P(\xi=2)=\frac{1}{3}+\alpha+\beta;$$

$$P(\eta=1)=\frac{1}{6}+\frac{1}{3}=\frac{1}{2},P(\eta=2)=\frac{1}{9}+\alpha,P(\eta=3)=\frac{1}{18}+\beta.$$

由概率的完备性,得到 $\alpha+\beta=\dfrac{1}{3}$.

若 ξ,η 互相独立,则验算独立的等价条件 $p_{ij}=p_i^{(1)}p_j^{(2)}$,如 $p_{12}=p_1^{(1)}p_2^{(2)}$ 得到 $\dfrac{1}{9}=\dfrac{1}{3}\left(\dfrac{1}{9}+\alpha\right)$,从而 $\alpha=\dfrac{2}{9}$. 代入 $\alpha+\beta=\dfrac{1}{3}$ 得到 $\beta=\dfrac{1}{9}$. 所以 ξ,η 相互独立时 $\alpha=\dfrac{2}{9}$,$\beta=\dfrac{1}{9}$.

（2）ξ,η 互相独立,且有边缘概率密度函数为

$$f_\xi(x)=\begin{cases}1,&0<x<1,\\0,&\text{其他},\end{cases}\quad f_\eta(y)=\begin{cases}\dfrac{1}{2}\mathrm{e}^{-\frac{y}{2}},&y>0,\\[2mm]0,&\text{其他},\end{cases}$$

则 (ξ,η) 的（联合）概率密度函数为

$$f(x,y)=f_\xi(x)f_\eta(y)=\begin{cases}\dfrac{1}{2}\mathrm{e}^{-\frac{y}{2}},&0<x<1,y>0,\\[2mm]0,&\text{其他}.\end{cases}$$

关于 t 的二次方程 $t^2+2\xi t+\eta=0$ 有实根等价于其判别式 $\Delta=4\xi^2-4\eta=4(\xi^2-\eta)\ge 0$,故所求二次方程有实根的概率为

$$P(\xi^2-\eta\ge 0)=\iint_{x^2-y\ge 0}f(x,y)\mathrm{d}x\mathrm{d}y=\iint_{y\le x^2}f(x,y)\mathrm{d}x\mathrm{d}y$$

$$=\iint_{0<x<1,0<y\le x^2}f(x,y)\mathrm{d}x\mathrm{d}y=\int_0^1\mathrm{d}x\int_0^{x^2}\frac{1}{2}\mathrm{e}^{-\frac{y}{2}}\mathrm{d}y$$

$$= \int_0^1 (1 - e^{-\frac{x^2}{2}}) \, dx = 1 - \sqrt{2\pi} \cdot \frac{1}{\sqrt{2\pi}} \int_0^1 e^{-\frac{x^2}{2}} \, dx$$

$$= 1 - \sqrt{2\pi}(\Phi(1) - \Phi(0))$$

$$\approx 1 - 2.5066 \cdot (0.8413 - 0.5) = 0.1445.$$

相互独立的随机变量的期望和方差具有下述性质.

定理 8.9 (1) 若随机变量 $\xi_1, \xi_2, \cdots, \xi_n$ 相互独立,则

① $E(\xi_1\xi_2\cdots\xi_n) = E\xi_1 E\xi_2 \cdots E\xi_n = \prod_{k=1}^{n} E\xi_k$; $\qquad\qquad$ (8.2.24)

② $D(\xi_1 + \xi_2 + \cdots + \xi_n) = D\xi_1 + D\xi_2 + \cdots + D\xi_n = \sum_{k=1}^{n} D\xi_k.$ $\qquad$ (8.2.25)

(2) 若随机变量 ξ, η 相互独立,则

① $D(\xi\eta) = D\xi \cdot D\eta + D\xi \cdot (E\eta)^2 + D\eta \cdot (E\xi)^2 \geqslant D\xi \cdot D\eta$; $\qquad$ (8.2.26)

② $D((\xi - E\xi) \cdot (\eta - E\eta)) = D(\xi - E\xi) \cdot D(\eta - E\eta) = D\xi \cdot D\eta.$ $\qquad$ (8.2.27)

证明: 我们只对连续型随机变量证明,对离散型随机变量证明类似.

(1) 只需对 $n = 2$ 证明,一般情形用数学归纳法很容易得到.

由于 ξ_1, ξ_2 相互独立,因此它们的概率密度函数满足 $f(x,y) = f_{\xi_1}(x) \cdot f_{\xi_2}(y)$. 因此

$$E(\xi_1\xi_2) = \int_{-\infty}^{\infty} \int_{-\infty}^{\infty} xyf(x,y) \, dxdy = \int_{-\infty}^{\infty} \int_{-\infty}^{\infty} xyf_{\xi_1}(x)f_{\xi_2}(y) \, dxdy$$

$$= \int_{-\infty}^{\infty} xf_{\xi_1}(x) \, dx \cdot \int_{-\infty}^{\infty} yf_{\xi_2}(y) \, dy = E\xi_1 \cdot E\xi_2;$$

$$\begin{aligned} D(\xi_1 + \xi_2) &= E[(\xi_1 + \xi_2)^2] - [E\xi_1 + E\xi_2]^2 \\ &= E\xi_1^2 + E\xi_2^2 + 2E(\xi_1\xi_2) - (E\xi_1)^2 - (E\xi_2)^2 - 2E\xi_1 \cdot E\xi_2 \\ &= D\xi_1 + D\xi_2 + 2[E(\xi_1\xi_2) - E\xi_1 \cdot E\xi_2] \\ &= D\xi_1 + D\xi_2. \end{aligned}$$

(2) 若 ξ, η 相互独立,则易知 ξ^2, η^2 也相互独立. 利用(1),得到

$$\begin{aligned} D(\xi\eta) &= E[(\xi\eta)^2] - [E(\xi\eta)]^2 \\ &= E(\xi^2\eta^2) - (E\xi)^2(E\eta)^2 \\ &= E\xi^2 \cdot E\eta^2 - (E\xi)^2(E\eta)^2 \\ &= (D\xi + (E\xi)^2) \cdot (D\eta + (E\eta)^2) - (E\xi)^2(E\eta)^2 \\ &= D\xi \cdot D\eta + D\xi \cdot (E\eta)^2 + D\eta \cdot (E\xi)^2 \\ &\geqslant D\xi \cdot D\eta. \end{aligned}$$

因此①成立,②由①立即得到. $\qquad\qquad\qquad\qquad\qquad\qquad$ $\square$

2. 协方差与相关系数

在概率论和统计学中,协方差用于衡量两个变量的总体误差. 而方差可看作是协

方差的当两个变量相同的一种特殊情况.

定义 8.16 设 (ξ,η) 是二维随机变量,若期望 $E(\xi-E\xi)(\eta-E\eta)<\infty$,则称 $E(\xi-E\xi)$ $(\eta-E\eta)$ 为 (ξ,η) 的**协方差**,记为 $\mathrm{cov}(\xi,\eta)$,即

$$\mathrm{cov}(\xi,\eta)=E(\xi-E\xi)(\eta-E\eta)(=E(\xi\cdot\eta)-E\xi E\eta)(<\infty).\quad(8.2.28)$$

而称

$$\rho_{\xi\eta}=\frac{\mathrm{cov}(\xi,\eta)}{\sqrt{D\xi}\cdot\sqrt{D\eta}}\left(=E\left(\frac{\xi-E\xi}{\sqrt{D\xi}}\cdot\frac{\eta-E\eta}{\sqrt{D\eta}}\right)\right)(D\xi,D\eta>0)\quad(8.2.29)$$

为两个随机变量 ξ 与 η 的**相关系数**.

直观上来看,协方差表示的是两个变量总体的误差,这与只表示一个变量误差的方差不同. 如果两个变量的变化趋势一致,即两个变量同时大于(或小于)各自的期望值,那么两个变量之间的协方差就是正值;如果两个变量的变化趋势相反,即其中一个大于自身的期望值,另外一个却小于自身的期望值,那么两个变量之间的协方差就是负值.

由协方差的定义和期望方差的性质,能得到下述协方差的性质.

定理 8.10 (1) 设 ξ 与 η 是实数随机变量,a,b 是实常数,则

$$\mathrm{cov}(\xi,\xi)=D\xi,\mathrm{cov}(\xi,\eta)=\mathrm{cov}(\eta,\xi),\mathrm{cov}(a\xi,b\eta)=ab\mathrm{cov}(\xi,\eta).$$

(2) 设 $\xi_1,\xi_2,\cdots,\xi_m$ 与 $\eta_1,\eta_2,\cdots,\eta_n$ 是实随机变量序列,则

$$\mathrm{cov}\left(\sum_{i=1}^m\xi_i,\sum_{j=1}^n\eta_j\right)=\sum_{i=1}^m\sum_{j=1}^n\mathrm{cov}(\xi_i,\eta_j).$$

(3) 设 $\xi_1,\xi_2,\cdots,\xi_m$ 是实随机变量序列,则

$$D\left(\sum_{i=1}^m\xi_i\right)=\sum_{i=1}^m D\xi_i+2\sum_{1\le i<j\le m}\mathrm{cov}(\xi_i,\xi_j).$$

协方差 $\mathrm{cov}(\xi,\eta)$ 是一个衡量线性独立的无量纲的数,有时也称之为两个随机变量之间"线性独立性"的度量. 协方差为零的两个随机变量称为是**不相关的**.

如果 ξ 与 η 是相互独立的,那么二者之间的协方差就是零,即相互独立必不相关. 但是反过来并不成立,即如果 ξ 与 η 的协方差为零,二者并不一定是相互独立的.

当相关系数 $\rho_{\xi\eta}$ 的绝对值 $|\rho_{\xi\eta}|$ 较大时,表明 ξ 与 η 的线性关系较密切;当 $|\rho_{\xi\eta}|$ 较小时表明 ξ 与 η 的线性相关的程度较差. 由定义,当 ξ 与 η 不相关时,$\rho_{\xi\eta}=0$,反之亦然.

例 8.20 设 (ξ,η) 服从二维正态分布 $N(\mu_1,\mu_2,\sigma_1^2,\sigma_2^2)$,其概率密度函数为

$$f(x,y)=\frac{1}{2\pi\sigma_1\sigma_2\sqrt{1-\rho^2}}\exp\left\{-\frac{1}{2(1-\rho^2)}\left[\left(\frac{x-\mu_1}{\sigma_1}\right)^2-\right.\right.$$

$$\left.\left.\frac{2\rho(x-\mu_1)(y-\mu_2)}{\sigma_1\sigma_2}+\left(\frac{y-\mu_2}{\sigma_2}\right)^2\right]\right\},$$

其中 $\rho, \mu_1, \mu_2, \sigma_1^2, \sigma_2^2$ 为常数, $\sigma_1 > 0, \sigma_2 > 0, -1 < \rho < 1$. 证明: ξ, η 相互独立等价于它们不相关, 即相关系数 $\rho = 0$.

证明: (1) 首先证明 $f(x,y)$ 是概率密度函数. 容易看到 $f(x,y) > 0$. 令

$$u = \frac{1}{\sqrt{1-\rho^2}} \cdot \left(\frac{x-\mu_1}{\sigma_1}\right), v = \frac{1}{\sqrt{1-\rho^2}} \cdot \left(\frac{y-\mu_2}{\sigma_2}\right),$$

则

$$\int_{-\infty}^{\infty} \int_{-\infty}^{\infty} f(x,y)\,\mathrm{d}x\mathrm{d}y = \frac{1}{2\pi}\sqrt{1-\rho^2} \int_{-\infty}^{\infty} \int_{-\infty}^{\infty} \exp\left[-\frac{1}{2}(u^2 - 2\rho uv + v^2)\right]\mathrm{d}u\mathrm{d}v.$$

再作变量代换 $t_1 = u - \rho v, t_2 = \sqrt{1-\rho^2}\,v$, 注意到 $u^2 - 2\rho uv + v^2 = (u-\rho v)^2 + (1-\rho^2)v^2 = t_1^2 + t_2^2$, 因此

$$\int_{-\infty}^{\infty} \int_{-\infty}^{\infty} f(x,y)\,\mathrm{d}x\mathrm{d}y = \frac{1}{2\pi}\int_{-\infty}^{\infty} \int_{-\infty}^{\infty} \exp\left[-\frac{1}{2}(t_1^2 + t_2^2)\right]\mathrm{d}t_1\mathrm{d}t_2$$

$$= \frac{1}{2\pi}\left[\int_{-\infty}^{\infty} \exp\left(-\frac{1}{2}t^2\right)\mathrm{d}t\right]^2 = \frac{1}{2\pi}\left(\sqrt{2\pi}\right)^2 = 1.$$

因此函数 $f(x,y)$ 满足概率密度函数的非负和在平面上的积分为 1 的条件, 它是某二维随机变量的概率密度函数.

(2) 令 $t = \frac{1}{\sqrt{1-\rho^2}} \cdot \left(\frac{y-\mu_2}{\sigma_2} - \rho \frac{x-\mu_1}{\sigma_1}\right)$, 则得到 ξ 的(边缘)概率密度函数为

$$f_\xi(x) = \int_{-\infty}^{\infty} f(x,y)\,\mathrm{d}y$$

$$= \frac{\exp\left\{-\dfrac{(x-\mu_1)^2}{2\sigma_1^2}\right\}}{2\pi\sigma_1\sigma_2\sqrt{1-\rho^2}} \cdot \int_{-\infty}^{\infty} \exp\left\{-\frac{\left(\dfrac{y-\mu_2}{\sigma_2} - \rho\dfrac{x-\mu_1}{\sigma_1}\right)^2}{2(1-\rho^2)}\right\}\mathrm{d}y$$

$$= \frac{1}{2\pi\sigma_1}\exp\left\{-\frac{(x-\mu_1)^2}{2\sigma_1^2}\right\}\int_{-\infty}^{\infty} \mathrm{e}^{-\frac{t^2}{2}}\mathrm{d}t$$

$$= \frac{1}{\sqrt{2\pi}\,\sigma_1}\exp\left\{-\frac{(x-\mu_1)^2}{2\sigma_1^2}\right\}, \quad -\infty < x < \infty;$$

类似得到 η 的(边缘)概率密度函数为

$$f_\eta(y) = \int_{-\infty}^{\infty} f(x,y)\,\mathrm{d}x = \frac{1}{\sqrt{2\pi}\,\sigma_2}\exp\left\{-\frac{(y-\mu_2)^2}{2\sigma_2^2}\right\}, \quad -\infty < y < \infty.$$

ξ 和 η 的数学期望和方差分别为 $E\xi = \mu_1, E\eta = \mu_2, D\xi = \sigma_1, D\eta = \sigma_2$. ξ, η 的协方差和相关系数分别为

$$\operatorname{cov}(\xi,\eta) = \int_{-\infty}^{\infty}\int_{-\infty}^{\infty}(x-\mu_1)(y-\mu_2)f(x,y)\mathrm{d}x\mathrm{d}y$$

$$= \frac{1}{2\pi}\int_{-\infty}^{\infty}\int_{-\infty}^{\infty}(\sigma_1\sigma_2\sqrt{1-\rho^2}tu+\rho\sigma_1\sigma_2 u^2)\mathrm{e}^{-\frac{u^2}{2}-\frac{t^2}{2}}\mathrm{d}t\mathrm{d}u$$

$$\left(t=\frac{1}{\sqrt{1-\rho^2}}\left(\frac{y-\mu_2}{\sigma_2}-\rho\frac{x-\mu_1}{\sigma_1}\right),u=\frac{x-\mu_1}{\sigma_1}\right)$$

$$= \frac{\rho\sigma_1\sigma_2}{2\pi}\left(\int_{-\infty}^{\infty}u^2\mathrm{e}^{-\frac{u^2}{2}}\mathrm{d}u\right)\left(\int_{-\infty}^{\infty}\mathrm{e}^{-\frac{t^2}{2}}\mathrm{d}t\right)$$

$$+ \frac{\sigma_1\sigma_2\sqrt{1-\rho^2}}{2\pi}\left(\int_{-\infty}^{\infty}u\mathrm{e}^{-\frac{u^2}{2}}\mathrm{d}u\right)\left(\int_{-\infty}^{\infty}t\mathrm{e}^{-\frac{t^2}{2}}\mathrm{d}t\right)$$

$$= \rho\sigma_1\sigma_2;$$

$$\rho_{\xi\eta} = \frac{\operatorname{cov}(\xi,\eta)}{\sqrt{D\xi}\sqrt{D\eta}} = \frac{\rho\sigma_1\sigma_2}{\sigma_1\sigma_2} = \rho.$$

二维正态分布密度函数中的参数 ρ 代表了 ξ 与 η 的相关系数;由前面得到的联合概率密度和边缘概率密度的表达式,容易看出,二维正态随机变量 ξ 与 η 的相关系数 ρ 为零等价于 $f(x,y)=f_\xi(x)\cdot f_\eta(y)$,也等价于 ξ 与 η 相互独立. □

8.2.6 常见的随机变量的概率分布(族)

将前面已经介绍的一些常用的概率分布列出如下,这些分布能被有限个参数唯一确定,称为**参数分布族**,族的参数就是概率分布中的参数.

- ξ 服从 **0 - 1 分布族**:分布列 $p_k=p^k(1-p)^{1-k},0<p<1,k=0,1$;
$$E\xi=p,D\xi=p(1-p);$$

- ξ 服从**二项分布族** $B(n;p)$:分布列 $p_k=\mathrm{C}_n^k p^k(1-p)^{n-k},0<p<1$,
$$k=0,1,\cdots,n;E\xi=np,D\xi=np(1-p);$$

- ξ 服从**泊松分布族** $P(\lambda)(\lambda>0)$:分布列 $p_k=\dfrac{\lambda^k}{k!}\mathrm{e}^{-\lambda},\lambda>0,k\in\mathbb{N}$,
$$E\xi=\lambda,D\xi=\lambda;$$

- ξ 服从**均匀分布族** $U(a,b)(-\infty<a<b<\infty)$:分布密度
$$\varphi(x)=\begin{cases}\dfrac{1}{b-a}, & x\in(a,b),\\ 0, & \text{其他},\end{cases} E\xi=\frac{a+b}{2},D\xi=\frac{(b-a)^2}{12};$$

- ξ 服从**指数分布族** $E(\lambda)(\lambda>0)$:分布密度
$$\varphi(x)=\begin{cases}\lambda\mathrm{e}^{-\lambda x}, & x\geqslant 0,\\ 0, & x<0,\end{cases} E\xi=\frac{1}{\lambda},D\xi=\frac{1}{\lambda^2};$$

• ξ 服从**正态分布族** $N(\mu, \sigma^2)$：分布密度 $\varphi(x) = \dfrac{1}{\sqrt{2\pi}\,\sigma} e^{-\frac{(x-\mu)^2}{2\sigma^2}}$,

$$E\xi = \mu, D\xi = \sigma^2 (\sigma > 0);$$

特别地,$\mu = 0, \sigma = 1$ 时,称 ξ 服从**标准正态分布** $N(0,1)$,分布密度 $\varphi(x) = \dfrac{1}{\sqrt{2\pi}} \exp^{-\frac{x^2}{2}}$,
$E\xi = 0, D\xi = 1$.

下面再介绍一些常用的参数分布(族).

1. 几何分布

几何分布是离散型概率分布的一种,所描述的是 n 重伯努利试验成功的概率. 所谓的**伯努利试验**是指在一次试验中只考虑两种结果：事件 A 发生和 A 不发生. 在相同条件下将伯努利试验重复 n 次,每次试验 A 发生的概率都相同,称这样的一系列试验为 n **重伯努利试验**. 在 n 重伯努利试验中,前 $n-1$ 次皆失败,第 n 次才成功的概率就叫作**几何分布**. 独立重复试验中,试验首次成功所需的试验次数就服从几何分布,记为 $\xi \sim Ge(p)$,其中随机变量 $\xi = k$ 指在 k 次伯努利试验中,前 $k-1$ 次皆失败,第 k 次才成功.

设伯努利试验中,事件 A(试验成功)发生的概率为 $p \in (0,1)$,则在第 k 次成功而前 $k-1$ 次不成功的概率,即几何分布的概率分布列为

$$P(\xi = k) = p_k = (1-p)^{k-1} p, k = 1, 2, \cdots, \tag{8.2.30}$$

计算得到随机变量 $\xi \sim Ge(p)$ 的期望、方差为

$$E\xi = \frac{1}{p}, D\xi = \frac{1-p}{p^2}, \tag{8.2.31}$$

相应概率为

$$P(\xi > m) = \sum_{k=m+1}^{\infty} p_k = (1-p)^m. \tag{8.2.32}$$

例 8.21 某射手射击的命中率为 0.75,现对一目标独立地连续射击. 令 ξ 表示第一次命中目标时的射击次数,则 ξ 服从参数为 0.75 的几何分布 $\xi \sim Ge(0.75)$,ξ 的分布律为

$$P(\xi = k) = 0.75 \times (1 - 0.75)^{k-1} = 0.75 \times 0.25^{k-1} = \frac{3}{4^k}, k = 1, 2, \cdots,$$

此射手第 10 次后才能命中的概率为 $P(\xi > 10) = (1 - 0.75)^{10} = \dfrac{1}{4^{10}}$.

几何分布和指数分布一样,也具有无记忆性.

定理 8.11 取正整数值的随机变量 ξ 服从几何分布的充要条件是 ξ **具有无记忆性**,即
$$P(\xi > m + n \mid \xi > m) = P(\xi > n), \forall m, n \in \mathbb{N}^* (正整数集).$$

证明：先证明必要性. 设 ξ 服从几何分布 $Ge(p)$,则对任意的正整数 m, n,有

$$P(\xi > m + n \mid \xi > m) = \frac{P(\xi > m + n, \xi > m)}{P(\xi > m)} = \frac{P(\xi > m + n)}{P(\xi > m)}$$

$$= \frac{(1-p)^{m+n}}{(1-p)^m} = (1-p)^n = P(\xi > n).$$

再证明充分性. 记 $g(n) = P\{\xi > n\}$, 则由无记忆性条件得到

$$g(m + n) = g(m)g(n), \forall m, n \in \mathbb{N}^*.$$

因此 $g(n) = g(1)^n, \forall n \in \mathbb{N}^*$. 容易判断 $g(1) \in (0,1)$, 记 $p = 1 - g(1)$, 则

$$P(\xi = k) = P(\xi > k - 1) - P(\xi > k) = (1-p)^{k-1} - (1-p)^k = (1-p)^{k-1}p.$$

因此随机变量 ξ 服从几何分布 $\mathrm{Ge}(p)$. □

几何分布的无记忆性的直观含义是, 在做了 m 次试验事件 A 未发生的条件下, 再做 n 次试验事件 A 仍未发生的概率等于从一开始算起做 $m + n$ 次试验事件 A 未发生的概率. 即前 m 次试验对事件 A 的发生是没有影响的, 这是由试验的独立性造成的.

2. 超几何分布

若 N 件产品中有 M 件次品, 抽检 n 件时所得次品数 ξ, 则称随机变量 ξ 服从**超几何分布 (hypergeometric distribution)**, 记作 $\xi \sim h(n, N, M)$.

超几何分布是统计学上一种离散概率分布. 它描述了由有限个物件中抽出 (不归还) n 个物件, 成功抽出指定种类的物件的次数. 一般地, 在产品质量的不放回抽检中, 设有 N 件产品, 其中有 $M(M \leqslant N)$ 件次品. 从中任取 $n(n \leqslant N)$ 件产品, 用 ξ 表示取出的 n 件产品中次品的件数, 那么次品数为 k 的概率, 即 $\xi \sim h(n, N, M)$ 的概率分布列, 为

$$P(\xi = k) = \frac{\mathrm{C}_M^k \mathrm{C}_{N-M}^{n-k}}{\mathrm{C}_N^n}, k = 0, 1, 2, \cdots, r, r \overset{\triangle}{=\!=} \min\{M, n\}. \tag{8.2.33}$$

如随机变量 ξ 的分布列由上式确定, 则称随机变量 ξ 服从参数为 n, N, M 的**超几何分布 (hypergeometric distribution)**, 记作 $\xi \sim h(n, N, M)$, 其中 n, N, M 为正整数, $N > M$. 超几何分布的期望和方差为

$$E\xi = \frac{nM}{N}, D\xi = \frac{nM(N-M)(N-n)}{N^2(N-1)}. \tag{8.2.34}$$

3. 负二项分布

在独立重复试验序列中, 设事件 A 发生的概率为 $P(A) = p(0 < p < 1)$. 设 ξ 是直到事件 A 第 r 次发生为止所需要的试验次数.

要使得 $\xi = k$, 即第 k 次试验时, 事件 A 恰好是第 r 次发生, 必须在前 $k - 1$ 次试验中, 事件 A 发生恰好 $r - 1$ 次, 并且事件 A 在第 k 次发生, 因此 $\xi = k$ 的概率, 即 ξ 的概率分布列, 为

$$P(\xi = k) = \mathrm{C}_{k-1}^{r-1}(1-p)^{k-r}p^{r-1} \cdot p = \mathrm{C}_{k-1}^{r-1}(1-p)^{k-r}p^r, k \geqslant r. \tag{8.2.35}$$

如果一个随机变量 ξ 的分布列由上式确定, 则称随机变量 ξ 服从**帕斯卡 (Pascal) 分布**, 也称为**负二项分布**, 记为 $\xi \sim Nb(r, p)$. 计算可得负二项分布的期望和方差为

$$E\xi = \frac{r}{p}, D\xi = \frac{r(1-p)}{p^2}, 0 < p < 1. \tag{8.2.36}$$

4. Γ 分布(特例: χ^2 分布)

若随机变量 ξ 的密度函数为

$$p(x) = \begin{cases} \dfrac{\lambda^{\alpha}}{\Gamma(\alpha)} x^{\alpha-1} e^{-\lambda x}, & x \geqslant 0, \\ 0, & x < 0, \end{cases} \tag{8.2.37}$$

其中 $\Gamma(\alpha) = \int_0^{+\infty} x^{\alpha-1} e^{-x} dx$ 为 Γ 函数,记作 $\xi \sim \mathrm{Ga}(\alpha, \lambda)$,其中 $\alpha > 0$ 为形状参数,$\lambda > 0$ 为尺度参数,Γ 分布族记为 $\{\mathrm{Ga}(\alpha, \lambda); \alpha > 0, \lambda > 0\}$,称 ξ 服从 Γ 分布 $\mathrm{Ga}(\alpha, \lambda)$. 随机变量 ξ 的期望和方差为

$$E\xi = \frac{\alpha}{\lambda}, D\xi = \frac{\alpha}{\lambda^2}. \tag{8.2.38}$$

Γ 分布有两个特例. $\alpha = 1$ 时,Γ 分布就是指数分布,即 $\mathrm{Ga}(1, \lambda) = E(\lambda)$;$\alpha = \dfrac{n}{2}$,$\lambda = \dfrac{1}{2}$ 时的 Γ 分布称为**自由度为 n 的 χ^2 分布**,记为 $\xi \sim \mathrm{Ga}\left(\dfrac{n}{2}, \dfrac{1}{2}\right) = \chi^2(n)$. 当 n 为正整数时,$\chi^2(n)$ 可解释为 n 个相互独立的标准正态随机变量的平方和,其期望和方差为

$$E[\chi^2(n)] = n, D[\chi^2(n)] = 2n. \tag{8.2.39}$$

根据随机变量的独立性,计算分布函数得到密度函数,可证明下述定理.

定理 8.12 (1) 设 $\xi \sim \mathrm{Ga}(\alpha, \lambda), k \neq 0$,则

$$k\xi \sim \mathrm{Ga}(\alpha, \lambda/k).$$

(2) 设 $\xi_1 \sim \mathrm{Ga}(\alpha_1, \lambda), \xi_2 \sim \mathrm{Ga}(\alpha_2, \lambda)$,且 ξ_1, ξ_2 独立,则

$$\xi_1 + \xi_2 \sim \mathrm{Ga}(\alpha_1 + \alpha_2, \lambda).$$

特别地,若 $\xi_1 \sim \chi^2(n_1), \xi_2 \sim \chi^2(n_2)$,且 ξ_1, ξ_2 相互独立,则

$$\xi_1 + \xi_2 \sim \chi^2(n_1 + n_2).$$

(3) 设 $\xi_1, \xi_2, \cdots, \xi_n$ 相互独立且都服从正态分布 $N(0, \sigma^2)$,则

$$\sum_{i=1}^{n} \frac{\xi_i^2}{\sigma^2} \sim \chi^2(n).$$

应用中,一般给出 χ^2 分布的概率表格,对一些 n 和 $\alpha \in (0,1)$,表中会给出 $P(\xi \geqslant \chi_\alpha^2(n)) = \alpha$ 的临界值 $\chi_\alpha^2(n)$ 的值.

5. Beta 分布

若随机变量 ξ 的密度函数为

$$p(x) = \begin{cases} \dfrac{\Gamma(a+b)}{\Gamma(a)\Gamma(b)} x^{a-1} (1-x)^{b-1}, & 0 < x < 1, \\ 0, & \text{其他}, \end{cases} \tag{8.2.40}$$

则称 ξ 服从贝塔(**Beta**)分布,记作 $\xi \sim \mathrm{Be}(a, b)$,其中 $a > 0, b > 0$ 都是形状参数.

因为服从贝塔分布 Be(a,b) 的随机变量仅在区间$(0,1)$取值,所以不合格率、机器的维修率、市场的占有率、射击的命中率等各种比率选用贝塔分布作为它们的概率分布是可能的,只要选择合适的参数 a 和 b 即可.

由贝塔函数 $B(a,b) = \int_0^1 x^{a-1}(1-x)^{b-1}dx$ 的性质,$B(a,b) = \dfrac{\Gamma(a)\Gamma(b)}{\Gamma(a+b)}$,计算得到服从贝塔分布 Be$(a,b)$ 的随机变量 ξ 的期望和方差分别为

$$E\xi = \frac{a}{a+b}, D\xi = \frac{ab}{(a+b)^2(a+b+1)}. \tag{8.2.41}$$

6. t 分布

设随机变量 ξ,η 相互独立,且 $\xi \sim N(0,1),\eta \sim \chi^2(n)(n>0)$,则

$$T = \frac{\xi}{\sqrt{\eta/n}} \tag{8.2.42}$$

所服从的分布称为**自由度为 n 的 t 分布**,记为 $T \sim t(n)$,它的分布密度函数为

$$\varphi_t(x) = \frac{\Gamma\left(\dfrac{n+1}{2}\right)}{\sqrt{n\pi}\,\Gamma\left(\dfrac{n}{2}\right)}\left(1 + \frac{x^2}{n}\right)^{-\frac{n+1}{2}}, \quad -\infty < x < \infty. \tag{8.2.43}$$

计算得到它的期望和方差分别为

$$ET = 0(n>1), DT = \frac{n}{n-2}(n>2). \tag{8.2.44}$$

从 t 分布和标准正态分布 $N(0,1)$ 的分布密度函数知,当 $n \to +\infty$ 时,$t(n)$ 分布的极限为 $N(0,1)$ 分布. 在实际应用中,当 $n > 30$ 时,就可以把 t 分布近似为 $N(0,1)$ 分布. 应用中一般会给出 t 分布的概率表格,对一些 n 和 $\alpha \in (0,1)$,表中给出 $P(T \geqslant t_\alpha(n)) = \alpha$ 的临界值 $t_\alpha(n)$ 的数值.

7. F 分布

设随机变量 ξ,η 相互独立,且 $\xi \sim \chi^2(n_1),\eta \sim \chi^2(n_2)(n_1,n_2>0)$,则随机变量

$$F = \frac{\dfrac{\xi}{n_1}}{\dfrac{\eta}{n_2}} = \frac{n_2}{n_1} \cdot \frac{\xi}{\eta} \tag{8.2.45}$$

服从的分布称为**第一自由度为 n_1,第二自由度为 n_2 的 F 分布**,记为 $F \sim F(n_1,n_2)$,它的分布密度函数为

$$\varphi_F(x) = \begin{cases} \dfrac{\Gamma[(n_1+n_2)/2]}{\Gamma\left(\dfrac{n_1}{2}\right)\Gamma\left(\dfrac{n_2}{2}\right)}n_1^{\frac{n_1}{2}} \cdot n_2^{\frac{n_2}{2}} \cdot \dfrac{x^{\frac{n_1}{2}-1}}{(n_1x+n_2)^{\frac{n_1+n_2}{2}}}, & x > 0, \\ 0, & x \leqslant 0. \end{cases} \tag{8.2.46}$$

计算可得到 F 分布 $F \sim F(n_1, n_2)$ 的数学期望与方差为

$$EF = \frac{n_2}{n_2 - 2}, n_2 > 2; DF = \frac{2n_2^2(n_1 + n_2 - 2)}{n_1(n_2 - 2)^2(n_2 - 4)}, n_2 > 4. \tag{8.2.47}$$

对某些 n_1, n_2 和 $\alpha \in (0,1)$，应用中一般会给出 F 分布的概率表格，表中会给出 $P(F \geqslant F_\alpha(n_1, n_2)) = \alpha$ 的临界值 $F_\alpha(n_1, n_2)$ 的数值，其中 $F \sim F(n_1, n_2)$. 临界值 $F_\alpha(n_1, n_2)$ 具有以下性质，即

$$F_{1-\alpha}(n_1, n_2) = \frac{1}{F_\alpha(n_1, n_2)}, \alpha \in (0,1). \tag{8.2.48}$$

8.3 大数定律与中心极限定理

在第一节曾提到过随机事件发生的频率具有稳定性，即随着试验次数的增多，事件发生的频率逐渐稳定于某个常数. 实践中人们也发现大量测量值的算术平均值也具有稳定性. 这种稳定性就是本节要介绍的大数定律的客观背景. 为了叙述大数定律，首先介绍一个在理论上和应用上都很重要的不等式——切比雪夫（Chebyshev）不等式，然后介绍大数定律和中心极限定理.

8.3.1 切比雪夫不等式

定理 8.13 （切比雪夫不等式）设随机变量 ξ 的数学期望 $E\xi$ 和方差 $D\xi$ 都存在，则成立

$$P(|\xi - E\xi| \geqslant \varepsilon)(= 1 - P(|\xi - E\xi| < \varepsilon)) \leqslant \frac{D\xi}{\varepsilon^2}, \forall \varepsilon > 0.$$

证明：若 ξ 是离散型随机变量，其概率分布为 $P(\xi = x_i) = p_i, i = 1, 2, \cdots$，则

$$P(|\xi - E\xi| \geqslant \varepsilon) = \sum_{|x_i - E\xi| \geqslant \varepsilon} p_i \leqslant \sum_{|x_i - E\xi| \geqslant \varepsilon} \frac{(x_i - E\xi)^2}{\varepsilon^2} \cdot p_i$$

$$= \frac{1}{\varepsilon^2} \sum_{|x_i - E\xi| \geqslant \varepsilon} (x_i - E\xi)^2 \cdot p_i$$

$$\leqslant \frac{1}{\varepsilon^2} \sum_i (x_i - E\xi)^2 \cdot p_i = \frac{D\xi}{\varepsilon^2}.$$

若 ξ 是连续型随机变量，其分布密度为 $\varphi(x), x \in (-\infty, \infty)$，则

$$P(|\xi - E\xi| \geqslant \varepsilon) = \int_{|\xi - E\xi| \geqslant \varepsilon} \varphi(x) \mathrm{d}x \leqslant \int_{|\xi - E\xi| \geqslant \varepsilon} \frac{(x - E\xi)^2}{\varepsilon^2} \varphi(x) \mathrm{d}x$$

$$= \frac{1}{\varepsilon^2} \int_{|\xi - E\xi| \geqslant \varepsilon} (x - E\xi)^2 \varphi(x) \mathrm{d}x$$

$$\leqslant \frac{1}{\varepsilon^2} \int_{-\infty}^{\infty} (x - E\xi)^2 \varphi(x) \mathrm{d}x = \frac{D\xi}{\varepsilon^2}. \qquad \square$$

8.3.2 大数定律

由切比雪夫不等式,容易得到下述切比雪夫大数定律.

定理 8.14 (切比雪夫大数定律)设随机变量 ξ_n, $n \in \mathbb{N}^*$,两两不相关,且方差一致有界,即 $D\xi_n \leqslant C < \infty$,则

$$\lim_{n \to \infty} P\left(\left| \frac{1}{n} \sum_{k=1}^{n} \xi_k - \frac{1}{n} \sum_{k=1}^{n} E\xi_k \right| < \varepsilon \right) = 1, \forall \varepsilon > 0.$$

苏联数学家辛钦(Khintchine,1894—1959)是现代概率论的奠基者之一. 辛钦大数定律就揭示了均值和数学期望的关系,它很容易由切比雪夫大数定律得到.

定理 8.15 (辛钦大数定律)设随机变量 ξ_n, $n \in \mathbb{N}^*$,两两独立且来自同一分布(简称为"独立同分布"), $E\xi_n = \mu$,则

$$\lim_{n \to \infty} P\left(\left| \frac{1}{n} \sum_{k=1}^{n} \xi_k - \mu \right| < \varepsilon \right) = 1, \forall \varepsilon > 0.$$

在伯努利独立试验中,记 n 次试验中某随机事件 A 出现的次数为 ξ_n,则 $\dfrac{\xi_n}{n}$ 就是事件 A 出现的频率. 频率的稳定性就是指频率 $\dfrac{\xi_n}{n}$ 趋近于某个常数 p,这个常数 p 就是事件 A 在试验中发生的概率.

历史上,数学家伯努利第一个研究了它,在 1713 年发表的论文(概率论的第一篇论文)中,他建立了**伯努利大数定律**,是大数定律中的第一个.

定理 8.16 (伯努利大数定律)设在 n 次独立试验序列中,事件 A 出现的次数为 ξ_n,而在每次试验中 A 发生的概率为 $p \in [0,1]$,则

$$\lim_{n \to \infty} P\left(\left| \frac{\xi_n}{n} - p \right| \geqslant \varepsilon \right) = 0, \forall \varepsilon > 0.$$

易知,伯努利大数定律是辛钦大数定律的推论.

此定理说明,当试验在相同条件下重复进行很多次时,随机事件出现的频率在它的概率附近摆动. 若事件的概率很小,伯努利定理指出事件的频率也很小,即事件很少发生. 在实际问题中,条件允许时人们常忽略了那些概率很小的随机事件发生的可能性,此原理称为**小概率原理**,它在社会经济中有着广泛的应用. 但精度要求较高时,一般就不能忽视而要重视此类事件.

8.3.3 中心极限定理

在随机变量的各种分布中,正态分布占有特别重要的地位. 人们在实际问题中也发现许多随机变量,如测量的误差、射击着弹点的横坐标等都近似服从正态分布. 概率论中

有关论证随机变量和的极限分布是正态分布的那些定理统称为**中心极限定理**.

下面不加证明地叙述常用的列维(Levy) - 林德伯格(Lindburg)中心极限定理.

定理 8.17 (独立同分布的中心极限定理——列维 - 林德伯格定理)若随机变量 ξ_1,$\xi_2,\cdots,\xi_n,\cdots$ 独立且服从相同的分布,且数学期望和方差 $E\xi_i = \mu, D\xi_i = \sigma^2, i = 1,2,\cdots,n$,则当 $n \to \infty$ 时,标准化的随机变量 $\eta_n \overset{\triangle}{=\!=} \dfrac{\sum\limits_{i=1}^{n} \xi_i - n\mu}{\sqrt{n} \cdot \sigma}$ 近似服从标准正态分布,即

$$\lim_{n \to \infty} P(x_1 < \eta_n \leq x_2) = \int_{x_1}^{x_2} \frac{1}{\sqrt{2\pi}} e^{-\frac{t^2}{2}} dt = \Phi(x_2) - \Phi(x_1),$$

其中 $\Phi(x) = \dfrac{1}{\sqrt{2\pi}} \displaystyle\int_0^x e^{-\frac{t^2}{2}} dt$ 为拉普拉斯函数.

列维 - 林德伯格中心极限定理中的 3 个条件,即"独立、同分布、期望与方差都存在"缺一不可. 另外,若 ξ_n 满足定理中的条件,则当 n 充分大时,独立同分布的随机变量的和 $\sum\limits_{k=1}^{n} \xi_k$ 近似服从正态分布 $N(n\mu, n\sigma^2)$. 因此当 n 适当大时,有

$$P\left(a < \sum_{k=1}^{n} \xi_k \leq b\right) \approx \Phi\left(\frac{b - n\mu}{\sqrt{n}\,\sigma}\right) - \Phi\left(\frac{a - n\mu}{\sqrt{n}\,\sigma}\right).$$

下面介绍棣莫弗(De Moivre) - 拉普拉斯(Laplace)中心极限定理.

定理 8.18 (棣莫弗 - 拉普拉斯中心极限定理)假设随机变量序列 $Y_n \sim B(n,p)$,其中 $0 < p < 1, n \in \mathbb{N}^*, B(n,p)$ 为二项分布,则标准化的随机变量 $\eta_n \overset{\triangle}{=\!=} \dfrac{Y_n - np}{\sqrt{np(1-p)}}$ 近似服从标准正态分布,即

$$\lim_{n \to \infty} P(x_1 < \eta_n \leq x_2) = \int_{x_1}^{x_2} \frac{1}{\sqrt{2\pi}} e^{-\frac{t^2}{2}} dt = \Phi(x_2) - \Phi(x_1),$$

其中 $\Phi(x) = \dfrac{1}{\sqrt{2\pi}} \displaystyle\int_0^x e^{-\frac{t^2}{2}} dt$ 为拉普拉斯函数.

证明:如果设 $\xi_k \sim B(1,p)(0 < p < 1), k \in \mathbb{N}^*$,即 $\xi_k, k \in \mathbb{N}^*$,服从 0 - 1 分布,且假设它们相互独立,则

$$Y_n \overset{\triangle}{=\!=} \sum_{k=1}^{n} \xi_k \sim B(n,p),$$

因此由列维 - 林德伯格中心极限定理立即得到棣莫弗 - 拉普拉斯中心极限定理. □

由泊松定理(定理 8.4)和棣莫弗 - 拉普拉斯中心极限定理,可以得到二项分布 $\xi \sim B(n,p)$ 的概率计算的三种方法.

(1) 当 n 不太大($n \leqslant 10$)时,直接计算,即
$$P(\xi = k) = C_n^k p^k (1 - p)^{n-k}, k = 0, 1, \cdots, n;$$

(2) 当 n 较大且 p 较小($n > 10, p < 0.1$),而期望 $\lambda = np$ 适中时,根据泊松定理,有近似公式,即
$$P(\xi = k) = C_n^k p^k (1 - p)^{n-k} \approx \frac{\lambda^k}{k!} \cdot e^{-\lambda}, k = 0, 1, \cdots, n;$$

(3) 当 n 较大而 p 不太大($p < 0.1, np \geqslant 10$)时,根据棣莫弗 - 拉普拉斯中心极限定理,有近似公式,即
$$P(a < \xi \leqslant b) \approx \Phi\left(\frac{b - np}{\sqrt{np(1 - p)}}\right) - \Phi\left(\frac{a - np}{\sqrt{np(1 - p)}}\right).$$

习 题 八

1. 若函数 $f(x) = \ln(x^2 + 1)$ 的值域为 $\{0, 1, 2\}$,从满足条件的所有定义域中选出 2 个集合,则取出的 2 个集合中各有 3 个元素的概率.

2. 为拉动经济增长,某市决定新建一批重点工程,分别为基础设施工程、民生工程和产业建设工程 3 类,这 3 类工程所含项目的个数分别占总数的 $\frac{1}{2}, \frac{1}{3}, \frac{1}{6}$. 现有 3 名工人独立地从中任选一个项目参与建设. 求:
   (1) 他们选择的项目所属类别互不相同的概率;
   (2) 至少有 1 人选择的项目属于民生工程的概率.

3. 袋中装有大小相同的 2 个白球和 3 个黑球.
   (1) 采取放回抽样方式,从中依次摸出两个球,求两球颜色不同的概率;
   (2) 采取不放回抽样,从中依次摸出两个球,求两球颜色不同的概率.

4. 某项选拔共有 4 轮考核,每轮设有一个问题,能正确回答者进入下一轮考核,否则即被淘汰. 已知某选手能正确回答第一、二、三、四轮问题的概率依次为 $\frac{4}{5}, \frac{3}{5}, \frac{2}{5}$, $\frac{1}{5}$,且各轮问题能否正确回答互不影响. 求:
   (1) 该选手进入第四轮才被淘汰的概率;
   (2) 该选手至多进入第三轮考核的概率.

5. 某游戏棋盘上标有第 $0, 1, 2, \cdots, 100$ 站,棋子开始位于第 0 站,选手抛掷均匀骰子进行游戏(骰子为立方体,它的 6 个面上分别刻有 1, 2, 3, 4, 5, 6 共 6 个数字). 若掷出骰子向上的点数不大于 4,则棋子向前跳出一站;否则棋子向前跳出两站,直到跳到第 99 站或第 100 站时,游戏结束. 设游戏过程中棋子出现在第 n 站的概率为 P_n.

(1) 当游戏开始时,若抛掷均匀骰子 3 次后,求棋子所走站数之和 X 的分布列与数学期望;

(2) 证明: $P_{n+1} + \dfrac{1}{3}P_n = P_n + \dfrac{1}{3}P_{n-1}, 1 \le n \le 98$;

(3) 若最终棋子落在第 99 站,则记选手落败;若最终棋子落在第 100 站,则记选手获胜. 请分析这个游戏是否公平.

6. 设有两箱同种零件. 第一箱内装 50 件,其中 10 件一等品;第二箱内装有 30 件,其中 18 件一等品. 现从两箱中随机挑出一箱,然后从该箱中先后随机取出两个零件(取出的零件均不放回). 试求:

(1) 先取出的零件是一等品的概率 p;

(2) 在先取出的零件是一等品的条件下,第二次取出的零件仍然是一等品的条件概率 q.

7. 玻璃杯成箱出售,每箱 20 只,假设各箱含 0,1,2 只残次品的概率分别是 0.8,0.1, 0.1. 一顾客欲购买一箱玻璃杯,在购买时,售货员随意取一箱,而顾客开箱随机观察 4 只,若无残次品,则买下该箱玻璃杯,否则退回. 试求:

(1) 顾客买下该箱的概率 α;

(2) 在顾客买下的一箱中,确实没有残次品的概率 β.

8. 假设随机变量 X 在区间 $(1,2)$ 上服从均匀分布. 试求随机变量 $Y = e^{2X}$ 的概率密度 $f_Y(y)$.

9. 设随机变量 X 的概率密度函数为 $f_X(x) = \dfrac{1}{\pi(1+x^2)}$,求随机变量 $Y = 1 - \sqrt[3]{X}$ 的概率密度函数 $f_Y(y)$.

10. 随机变量 X 的概率分布为 $P(X=1) = 0.2, P(X=2) = 0.3, P(X=3) = 0.5$,求 X 的分布函数 $F(x)$、期望和方差.

11. 假设有 10 只同种电器元件,其中有 2 只废品. 装配仪器时,从这批元件中任取一只,若是废品,则扔掉,重新任取一只;若仍是废品,则扔掉再取一只. 试求在取到正品之前,已取出的废品只数的分布、数学期望和方差.

12. 甲、乙两人独立地各进行两次射击. 甲的命中率为 0.2,乙的为 0.5,以 X 和 Y 分别表示甲和乙的命中次数. 试求 X 和 Y 的联合概率分布.

13. 设随机变量 X,Y 相互独立,其概率分布密度函数分别为 $f_X(x) = \begin{cases} 1, 0 \le x \le 1, \\ 0, 其他, \end{cases}$

$f_Y(y) = \begin{cases} e^{-y}, y > 0, \\ 0, \quad y \le 0, \end{cases}$ 求随机变量 $Z = 2X + Y$ 的概率密度函数 $f_Z(z)$.

14. 设二维变量 (X,Y) 在区域 $D: 0 < x < 1, |y| < x$ 内服从均匀分布,求关于 X 的边缘概率密度函数及随机变量 $Z = 2X + 1$ 的方差 DZ.

15. 设随机变量 X,Y 相互独立,且 X 的概率分布为 $P(X=0) = P(X=2) = \dfrac{1}{2}$,$Y$ 的

概率密度为 $f(y) = \begin{cases} 2y, 0 < y < 1, \\ 0, \quad 其他. \end{cases}$

(1) 求 $P\{Y \le EY\}$；(2) 求 $Z = X + Y$ 的概率密度.

16. 设随机变量 X 的概率密度为 $f(x) = \begin{cases} 2^{-x}\ln 2, & x > 0, \\ 0, & x \le 0. \end{cases}$ 对 X 进行独立重复的观察, 直到两个大于 3 的观察值出现时停止. 记 Y 为观察次数.

(1) 求 Y 的概率分布；(2) 求期望 EY.

17. 电子仪器由两个部件构成, 以 X 和 Y 分别表示两个部件的寿命(单位: 千小时). X 和 Y 的联合分布函数为

$$F(x,y) = \begin{cases} 1 - e^{-0.5x} - e^{-0.5y} + e^{-0.5(x+y)}, & x \ge 0, y \ge 0, \\ 0, & 其他. \end{cases}$$

(1) 判断 X 和 Y 是否独立；

(2) 求两个部件的寿命都超过 100 小时的概率 α.

18. 设随机变量 X 的概率分布为 $P(X = 1) = P(X = 2) = 0.5$. 在给定 $X = i$ 的条件下, 随机变量 Y 服从均匀分布 $U(0, i)$, $i = 1, 2$.

(1) 求 Y 的分布函数 $F_Y(y)$；(2) 求 EY.

19. 设随机变量 X, Y 的概率分布相同, X 的概率分布为 $P(X = 0) = \frac{1}{3}, P(X = 1) = \frac{2}{3}$. 且 X 与 Y 的相关系数为 $\rho_{XY} = \frac{1}{2}$.

(1) 求 (X, Y) 的概率分布；(2) 求 $P\{X + Y \le 1\}$.

20. 设二维随机变量 (X, Y) 在 $D = \{(x, y) | 0 < x < 1, x^2 < y < \sqrt{x}\}$ 上服从均匀分布. 令 $U = \begin{cases} 1, X \le Y, \\ 0, X > Y. \end{cases}$

(1) 求 (X, Y) 的概率密度；

(2) 判断 U 与 X 是否独立, 并说明理由；

(3) 求 $Z = U + X$ 的分布函数.

21. 设 X 的概率密度为

$f(x) = \begin{cases} \frac{1}{9}x^2, 0 < x < 3, \\ 0, \quad 其他, \end{cases}$ 令随机变量 $Y = \begin{cases} 2, & X \le 1, \\ X, & 1 < X < 2, \\ 1, & X \ge 2. \end{cases}$

(1) 求 Y 的分布函数；(2) 求概率 $P\{X \le Y\}$.

22. 设 (X, Y) 是二维随机变量, X 的边缘概率密度为 $f_X(x) = \begin{cases} 3x^2, 0 < x < 1, \\ 0, \end{cases}$ 在给定

$X = x (0 < x < 1)$ 的条件下, Y 的条件概率密度为 $f_{Y|X}(y|x) = \begin{cases} \dfrac{3y^2}{x^3}, 0 < y < x, \\ 0, \quad 其他. \end{cases}$

（1）求(X,Y)的概率密度$f(x,y)$；

（2）求Y的边缘概率密度$f_Y(y)$；

（3）求概率$P\{X > 2Y\}$.

23. 设二维离散型随机变量(X,Y)的概率分布如下：

X＼Y	0	1	2
0	$\frac{1}{4}$	0	$\frac{1}{4}$
1	0	$\frac{1}{3}$	0
2	$\frac{1}{12}$	0	$\frac{1}{12}$

（1）求$P\{X = 2Y\}$；（2）求$\text{cov}(X - Y, Y)$.

24. 设X与Y相互独立，且都服从参数为1的指数分布，记
$$U = \max\{X, Y\}, V = \min\{X, Y\}.$$
（1）求V的概率密度$F_V(v)$；（2）求期望$E(U + V)$.

25. 设随机变量X与Y的概率分布分别为

X	0	1
P	$\frac{1}{3}$	$\frac{2}{3}$

Y	-1	0	1
P	$\frac{1}{3}$	$\frac{1}{3}$	$\frac{1}{3}$

且$P\{X^2 = Y^2\} = 1$.

（1）求二维随机变量(X,Y)的概率分布；

（2）求$Z = XY$的概率分布；

（3）求X与Y的相关系数ρ_{XY}.

26. 设二维随机变量(X,Y)服从区域D上的均匀分布，其中D是由3条直线，即l_1：$x - y = 0, l_2$：$x + y = 2, l_3$：$y = 0$所围成的三角形区域.

（1）求X的概率密度$f_X(x)$；（2）求条件概率密度$f_{X|Y}(x|y)$.

第九章　数理统计

在概率论中,对于许多问题,通常是在已知或假设已知随机变量的概率分布(或分布密度)的基础上,研究它的性质. 但在实际问题中,人们事先并不知道随机变量的概率分布或其他特征,需要对它们进行估计或推断,这就产生了数理统计问题.

数理统计学主要包含**描述统计学**和**推断统计学**两方面内容. 描述统计学指从研究对象的全体元素中,随机地抽取一小部分(有限个)对随机现象进行观测、试验,以取得有代表性的观测值,即如何科学地抽取研究对象、安排试验,才能最经济、最有效、最准确地取得统计推断所需要的数据资料和其他信息,主要有抽样方法和实验设计两个分支. 推断统计学指对已取得的观测值进行整理、分析,作出估计、推断、决策,从而找出所研究的对象的规律性. 推断统计学主要有参数估计、假设检验、方差分析、回归分析等内容和方法.

本章首先介绍抽样方法、统计量及其抽样分布,9.2 中介绍从样本估计总体特征的图表法,在 9.3 和 9.4 中分别讲述统计推断的参数估计和假设检验. 由于篇幅限制,数理统计学中的实验设计、方差分析等不作介绍.

9.1　抽样方法、统计量与抽样分布

这一节我们首先介绍抽样方法,主要是简单随机抽样、系统抽样和分层抽样这三种方法,然后引入一些常见的统计量,如样本均值、样本方差、样本标准差、样本矩、次序统计量等,给出它们的概率分布,即抽样分布.

9.1.1　总体、样本和抽样方法

定义 9.1　研究对象的全体称为**总体**,组成总体的每个基本元素称为**个体**. 若总体中的个体是有限个,称为**有限总体**,否则称为**无限总体**.

在实际问题中,总体是客观存在的人群或物类,每个人或物都有很多侧面需要研究;如果撇开实际背景,那么总体就是一堆数,在这堆数中有的出现机会大一些,有的出现的机会小一些,因此可以用一个概率分布来描述这个总体. 从此意义上讲,总体就是一个分布,其数量指标 ξ 就是服从这个分布的随机变量. 尽管总体 ξ 的概率分布尚不知道,但它是一定存在的.

如上所述，总体可以看成是一个随机变量，某项数量指标取值的全体就是此随机变量的全体取值，其中每个取值(数量指标的每个值)就是个体.总体可以看成是一个随机变量，在数理统计中，我们直接把随机变量叫作总体.

总体指随机变量 ξ，样本就是 n 个相互独立且与总体 ξ 具有相同概率分布(或分布密度)的随机变量 $X_1,X_2,\cdots,X_n(n$ 是样本容量)，记作 $(X_1,X_2,\cdots,X_n)$，而每一次具体抽样的数据，也就是样本的一个观察值(**样本值**)，记为$(x_1,x_2,\cdots,x_n)$.有时为了方便，不区分大小写，即样本及其观察值都用小写字母$(x_1,x_2,\cdots,x_n)$表示，需要区分时会加以说明或根据上下文识别.

研究总体及其数字特征有两种方法.**(1)普查**，即全数检查，如对总体中每个个体都进行检查或观察.因检查费用高、时间长不常使用，破坏性检查(如检查灯泡的使用寿命)更不会使用.只有在少数重要场合才会使用普查，如我国规定的十年一次的人口普查，而在此期间的九年中每年进行一次人口抽查.**(2)抽样**，即从总体中抽取若干个个体进行检查或观察，用所获得的数据对总体进行统计推断.由于抽样费用低、时间短，实际使用频繁.抽样主要有**简单随机抽样**、**系统抽样**和**分层抽样**等方法.本章就是在简单随机抽样的基础上研究各种合理的统计推断方法，这是统计学的基本内容.

定义 9.2 从总体中抽取具有代表性的局部个体进行研究，这种过程称为**抽样**，抽取到的局部个体称为**样本**，样本中个体的数目称为**样本容量**.

定义 9.3 当抽取的样本满足条件：

(1)独立性，即样本的抽取是随机的，总体中任何个体被观察抽取的机会是均等的，这样的个体是相互独立的；

(2)代表性，抽取的样本能代表总体的特征，

则称此样本为**简单随机样本**，这种从总体中逐个地(不放回)独立抽取个体的方法称为**简单随机抽样**.

简单随机抽样要求被抽取的样本的总体的个数是有限的，以便于对抽取的个体进行概率分析；它是从总体中不放回逐个地进行抽取，以便于实际操作中分析和计算.它是一种等概率抽样，不仅每次从总体中抽取个体时每个个体被抽取的概率相等，而且在整个抽样过程中每个个体被抽取的概率相等.这样保证了这种抽样方法的公平性.

若用随机抽样方法从个体数为 N 的总体中抽取容量为 n 的样本，则每次抽取一个个体时每个个体被抽到的概率都是 $\dfrac{1}{N}$，而在整个抽样过程中，每个个体被抽到的概率都是 $\dfrac{n}{N}$.

最常用的简单随机抽样方法有**随机数法**和**抽签法**两种.

随机数表中的十个数字是用计算机生成的随机数，它们在每个位置上等概率地出

现. 用随机数表进行抽样的步骤是：①将总体中的个体编号；②选定开始的数字；③获取样本号码.

抽签法(抓阄法)就是在总体中个体数不多时, 将总体中的 N 个个体编号, 把号码写在号签上, 再将号签放在一个容器中搅拌均匀后, 每次从中(不放回地)抽取一个号签, 连续抽取 n 次, 就得到一个容量为 n 的样本.

定义 9.4 当总体中个体数目很大时, 可将总体分成均衡的若干部分, 然后按照预先制定的规则, 从每一部分抽取一个个体得到所需要的样本, 这样的抽样方法叫作**系统抽样**.

系统抽样在起始部分抽样时采用简单随机抽样, 将总体均分成均衡的几部分, 即分成几部分时每个个体进入哪个部分是随机的、等概率的, 而且分成的几个部分的样本容量相等. 然后再按事先确定的规则在各部分抽取.

定义 9.5 一般地, 在抽样时, 将总体分成互不交叉的层, 然后按照一定的比例, 从各层中独立地抽取一定数量的个体, 将各层抽取的个体合在一起作为样本, 这种抽样方法称为**分层抽样**.

分层抽样主要应用于总体是由差异明显的几个部分组成的情形, 在各层抽样时采用简单随机或系统抽样. 分层抽样的关键是根据样本特征的差异进行分层, 实质是等比例抽样, 有

$$抽样比 = \frac{样本容量}{总体容量} = \frac{各层所抽取的个体数}{各层个体数}.$$

简单随机抽样、系统抽样和分层抽样的共同特点是抽样过程中每个个体被抽取的概率相等, 而且三种抽样方法都是不放回抽样, 即某个个体被抽取后, 则不再放回去, 后面只在剩下的个体中抽取.

例 9.1 采用简单随机抽样从含有 6 个个体的总体中抽取一个容量为 3 的样本, 则个体 a 前两次未被抽到而第三次被抽到的概率为 $\frac{1}{6}$; 每次抽取一个个体时, 任意一个个体被抽到的概率为 $\frac{1}{6}$; 在整个抽样过程中每个个体被抽到的概率为 $\frac{3}{6} = \frac{1}{2}$.

例 9.2 (1) 1000 名学生参加数学竞赛, 欲从中抽取容量为 50 的样本, 请设计抽样方案.

(2) 如果学生的人数为 1003, 抽样方案应该如何选取?

解: (1) 1000 名学生中抽取容量为 50 的样本, 可采取下述 3 种抽样方法:

① 简单随机抽样, 从 1000 名学生中不放回地随机取出 50 名学生;

② 系统抽样, 将 1000 名学生随机分成 50 组, 每组都是 $1000 \div 50 = 20$ 人, 再从中按照某些事先制定的规则, 每一组中选取 1 名学生(这一组中的选取整体不是随机的, 而是在这组中满足这些规则的所有学生中进行随机选取), 这样的 50 名学生组成

③ 分层抽样,将1000名学生分成k层$(k \geqslant 2)$,每层人数依次为$n_1, n_2, \cdots, n_k$,然后在每一层中分别简单随机抽取$m_1, m_2, \cdots, m_k$人.按照分层抽样的要求,下述方程组必须有正整数解:

$$n_1 + n_2 + \cdots + n_k = 1000, m_1 + m_2 + \cdots + m_k = 50,$$

$$\frac{m_1}{n_1} = \frac{m_2}{n_2} = \cdots = \frac{m_k}{n_k} = \frac{50}{1000}.$$

这个方程组等价于

$$m_1 + m_2 + \cdots + m_k = 50, n_i = 20 m_i, i = 1, 2, \cdots, k.$$

它显然有正整数解,如$k = 3, m_1 = 10, m_2 = 20, m_3 = 20, n_1 = 200, n_2 = 400, n_3 = 400$.每一组正整数解$(k \geqslant 2)$对应一个分层抽样方案.

(2) 如果学生的人数为1003,显然简单随机抽样方法仍然可行.

由于系统抽样要求分成的n部分是均衡的(n是样本容量),即每部分人数相同,总样本数必须是样本容量的正整数倍,但是样本总数1003不是样本容量50的整数倍,因此此时不能采用系统抽样的方法抽取所需样本.

对于分层抽样方法,下述方程组需要有正整数解:

$$n_1 + n_2 + \cdots + n_k = 1003, m_1 + m_2 + \cdots + m_k = 50,$$

$$\frac{m_1}{n_1} = \frac{m_2}{n_2} = \cdots = \frac{m_k}{n_k} = \frac{50}{1003}.$$

解出$m_i = \frac{50}{1003} n_i, i = 1, 2, \cdots, k$,必须是正整数.由素因数分解$1003 = 17 \times 59$,要使得$\frac{50}{17 \times 59} n_i$是正整数,必须$n_i$是$17 \times 59 = 1003$的正整数倍.但是样本分层的层数$k \geqslant 2$,因此$1 \leqslant n_i < 1003$.因此$\frac{50}{1003} n_i$不可能是正整数.故也不能采用分层抽样的方法.

例 9.3 某校高一、高二、高三3个年级的学生分别为1500人、1200人、1000人,现采用按年级分层抽样法了解学生的视力状况.已知在高一年级抽查了75人,那么利用分层抽样时3个层中抽取样本数占整个层中样本的数目的比例相同,都是$\frac{75}{1500}$,得到这次调查中3个年级共抽查的人数为$\frac{75}{1500}(1500 + 1200 + 1000) = 185$.

例 9.4 经问卷调查,某班对摄影执"喜欢""不喜欢""一般"三种态度,其中执"一般"态度的比执"不喜欢"摄影态度的学生多12人.按照分层抽样方法分别抽到了5位执"喜欢"摄影态度的同学,1位"不喜欢"摄影态度的学生和3位执"一般"态度的学生,那么全班执"喜欢"摄影态度的学生有多少人?全班学生有多少人?

解:设全班对摄影执"喜欢""不喜欢""一般"三种态度的学生分别有x, y, z人.

则据题意得到

$$z - y = 12, \frac{5}{x} = \frac{1}{y} = \frac{3}{z},$$

解得 $x = 30, y = 6, z = 18$. 故全班共有 $30 + 6 + 18 = 54$ 人,执"喜欢"摄影态度的学生有 30 人.

9.1.2 统计量

对样本进行整理加工的一种方法是构造样本函数 $f = f(x_1, x_2, \cdots, x_n)$,它可以将分散在样本中的总体信息按照需要(某种统计思想)集中在一个函数上,使得该函数值能反映总体某方面的信息. 这样的样本函数在统计学中称为**统计量**.

定义 9.6 不含任何未知参数的样本函数 $f = f(x_1, x_2, \cdots, x_n)$ 称为**统计量**.

前面已经指出,样本 $(X_1, X_2, \cdots, X_n)$ 是 n 维随机变量,因此作为样本函数(一般是样本的连续函数)的统计量也是随机变量. 这里"不含任何未知参数"指样本函数中除样本外不含未知成分,有了样本观察值后,立即可算得统计量的值.

在对总体分布作出假定的情况下,从样本对总体的某些特征做出一些推理,这称为**统计推断**. 费希尔(R. A. Fisher)把统计推断归为如下三类:

- 抽样分布(精确的与近似的);
- 参数估计(点估计与区间估计);
- 假设检验(参数检验与非参数检验).

为了进行这些统计推断,不仅需要一些概率论基础知识,而且需要构造富含统计思想的各种各样的统计量. 在统计学中三个常用的统计量如下:

- 样本均值:$\bar{x} = \frac{1}{n} \sum\limits_{i=1}^{n} x_i$;
- 样本方差:$s^2 = \frac{1}{n-1} \sum\limits_{i=1}^{n} (x_i - \bar{x})^2$;
- 样本标准差:$s = \sqrt{s^2}$;

其中 $x_1, x_2, \cdots, x_n$ 是来自某个总体的一个样本. 这三个统计量在统计推断中都是重要且常用的. 譬如,在点估计中,它们分别是总体均值 μ、总体方差 σ^2 和总体标准差 σ 的很好的估计.

更一般地,我们有矩统计量的概念.

定义 9.7 设 $x_1, x_2, \cdots, x_n$ 是来自某个总体的一个样本,我们分别称

$$a_k = \frac{1}{n} \sum\limits_{i=1}^{n} x_i^k, b_k = \frac{1}{n} \sum\limits_{i=1}^{n} (x_i - \bar{x})^k \ (k = 1, 2, \cdots)$$

为**样本的 k 阶原点矩**和**样本的 k 阶中心矩**,统称为**矩统计量**,其中 $a_1 = \bar{x}, b_2 = \frac{n-1}{n} s^2$.

还有一类统计量称为次序统计量. 具体定义如下.

定义 9.8 设 $X_1, X_2, \cdots, X_n$ 是取自总体 ξ 的一个样本, $X_{(k)}$ 称为该样本的**第 k 个次序统计量**, 假如每当获得样本观察值后将其从小到大排序可得如下的**有序样本**, 即

$$x_{(1)} \leqslant x_{(2)} \leqslant \cdots \leqslant x_{(n)},$$

其中第 k 个观察值 $x_{(k)}$ 就是 $X_{(k)}$ 的取值, 并称 $X_{(1)}, X_{(2)}, \cdots, X_{(n)}$ 为该样本的**次序统计量**, 其中 $X_{(1)} = \min\{X_1, X_2, \cdots, X_n\}$ 称为该样本的**最小次序统计量**, $X_{(n)} = \max\{X_1, X_2, \cdots, X_n\}$ 称为该样本的**最大次序统计量**, 而 $R \equiv X_{(n)} - X_{(1)}$ 称为**样本极差**, 简称**极差**.

定义 9.9 设总体 ξ 的分布函数为 $F(x)$, 从中抽取样本容量为 n 的简单随机样本, 对其观察值 $(x_1, x_2, \cdots, x_n)$, 偏爱哪一个都没有理由, 故可将这 n 个值看作某个离散随机变量 ξ' 的等可能取的值, 就得到如下离散分布

ξ'	x_1	x_2	$\cdots$	x_n
$P(\xi' = x_k)$	$\dfrac{1}{n}$	$\dfrac{1}{n}$	$\cdots$	$\dfrac{1}{n}$

,

这个离散分布的分布函数称为**样本的经验分布函数**.

将观察值 $(x_1, x_2, \cdots, x_n)$ 从小到大排序重新编号为 $x_{(1)} \leqslant x_{(2)} \leqslant \cdots \leqslant x_{(n)}$, 又称为**有序样本**. 此样本的经验分布函数为

$$F_n(x) = \begin{cases} 0, & x < x_{(1)}, \\ \dfrac{k}{n}, & x_{(k)} \leqslant x < x_{(k+1)}, k = 1, 2, \cdots, n-1, \\ 1, & x \geqslant x_{(n)}. \end{cases}$$

对同一总体, 若样本量 n 固定, 而样本观察值不同, 其经验分布函数也有差异, 不是很稳定. 但从大数定律知, 只要样本容量 n 增大, 经验分布函数 $F_n(x)$ 将呈现某种稳定趋势, 即 $F_n(x)$ 将在概率意义下越来越接近总体分布函数 $F(x)$.

定理 9.1 [格里汶科(**Glivenko**)定理] 设总体 ξ 的分布函数为 $F(x)$, 从中抽取样本容量为 n 的简单随机样本, 其观察值 $(x_1, x_2, \cdots, x_n)$, $F_n(x)$ 是其经验分布函数, 记 $D_n = \sup_{-\infty < x < \infty} |F_n(x) - F(x)|$, 则

$$P\{\lim_{n \to \infty} D_n = 0\} = 1.$$

此定理中的 D_n 衡量的是 $F(x)$, $F_n(x)$ 的最大距离, 由于经验分布函数 $F_n(x)$ 是样本函数, 故 D_n 也是样本函数. 对不同的样本观察值, D_n 间也是有差别的. 格里汶科定理表明: 几乎对一切可能的样本可使 D_n 随着 n 的增大而趋于零, 而达不到此要求的样本几乎不可能发生. 所以当样本量足够大时, $F_n(x)$ 会很接近总体分布函数 $F(x)$, 从而 $F_n(x)$ (样本) 的各阶矩也会很接近总体分布 $F(x)$ 的各阶矩.

9.1.3 抽样分布

定义 9.10 统计量的概率分布称为**抽样分布**.

在已知总体分布的情况下,抽样分布就是寻求特定样本函数的分布,又称为诱导分布. 评价点估计的优劣、构造置信区间、寻求检验问题的拒绝域和计算概率的值,都离不开各种各样的抽样分布. 至今已对许多统计量导出一批抽样分布,它们可以分为以下三类:

(1) 精确(抽样)分布. 若已知总体 X 的分布, $\forall n \in \mathbb{N}^*$,统计量 $T(X_1, X_2, \cdots, X_n)$ 的分布都有显式表达式,这样的抽样分布称为**精确抽样分布**. 它对样本量 n 较小的统计推断问题(**小样本问题**)特别有用. 目前的精确抽样分布大多是在正态总体下得到的,如 χ^2 分布, t 分布, F 分布等.

(2) 渐近(抽样)分布. 若精确抽样分布不容易得出,或者过于复杂而难以应用,这时就寻求在样本容量 n 无限大时的统计量 $T(X_1, X_2, \cdots, X_n)$ 的极限分布,这种分布称为**渐近分布**. 当 n 较大时可用此极限分布作为抽样分布的一种近似,它在样本量 n 较大时的统计推断问题(**大样本问题**)中使用. 很多渐近分布是用正态分布 $N(\mu, \sigma^2)$, χ^2 分布 $\chi^2(n)$ 等表示的.

(3) 近似(抽样)分布. 在精确分布和渐近分布都难以使用或难以导出时,人们用各种方法去获得统计量 $T(X_1, X_2, \cdots, X_n)$ 的近似分布,使用时要注意获得近似分布的条件. 如用统计量的前二阶矩作为正态分布的前二阶矩而获得正态分布,又如随机模拟法获得统计量 T 的近似分布等.

实际上,这三种抽样分布给出了三种寻求抽样分布的途径.

在已知总体分布的情况下,根据样本的独立性和期望、方差的性质可以得到下述统计量的精确抽样分布(参考定理 8.9).

定理 9.2 设 $(X_1, X_2, \cdots, X_n)$ 是取自总体 ξ 的(简单随机)样本, $E\xi = \mu$, $D\xi = \sigma^2$,则

(1) $X_i^k (i = 1, 2, \cdots, n)(k \in \mathbb{N}^*)$ 相互独立,且与 ξ^k 有相同的分布;

(2) $E\left(\dfrac{1}{n} \sum\limits_{i=1}^{n} X_i\right) = \dfrac{1}{n} \sum\limits_{i=1}^{n} EX_i = \mu$;

(3) $E(X_1 X_2 \cdots X_n) = \prod\limits_{i=1}^{n} EX_i = \mu^n$;

(4) $D(X_1 + X_2 + \cdots + X_n) = DX_1 + DX_2 + \cdots + DX_n = n\sigma^2$;

(5) $D\left(\dfrac{1}{n} \sum\limits_{i=1}^{n} X_i\right) = \dfrac{1}{n^2} \sum\limits_{i=1}^{n} DX_i = \dfrac{1}{n}\sigma^2$.

利用此定理可以得到下述统计量的分布情况.

定理 9.3 设 $(X_1, X_2, \cdots, X_n)$ 是取自正态总体 $N(\mu, \sigma^2)$ 的样本, 样本均值为 $\overline{X}$,样本方差为 S^2,则

(1) $U = \dfrac{\overline{X} - \mu}{\sigma / \sqrt{n}} \sim N(0,1)$；

(2) $\chi^2 = \dfrac{(n-1)S^2}{\sigma^2} \sim \chi^2(n-1)$；

(3) $T = \dfrac{\overline{X} - \mu}{S / \sqrt{n}} \sim t(n-1)$；

(4) $\overline{X}$ 与 S^2 相互独立.

定理 9.4 设 $(X_1, X_2, \cdots, X_n)$ 是取自正态总体 $N(\mu_1, \sigma_1^2)$ 的样本, 样本均值、样本方差分别为 $\overline{X}$ 和 S_1^2, $(Y_1, Y_2, \cdots, Y_n)$ 是取自正态总体 $N(\mu_2, \sigma_2^2)$ 的样本, 样本均值、样本方差分别为 $\overline{Y}$ 和 S_2^2, 则有:

(1) 当 $\sigma_1^2 = \sigma_2^2$ 时, 有

$$T = \sqrt{\frac{n_1 \cdot n_2 (n_1 + n_2 - 2)}{n_1 + n_2}} \cdot \frac{(\overline{X} - \overline{Y}) - (\mu_1 - \mu_2)}{\sqrt{(n_1 - 1)S_1^2 + (n_2 - 1)S_2^2}}$$

$$\sim t(n_1 + n_2 - 2);$$

(2) $F = \dfrac{S_1^2 / \sigma_1^2}{S_2^2 / \sigma_2^2} \sim F(n_1 - 1, n_2 - 1)$.

由于次序统计量最常在连续总体中用到, 下面对总体 ξ 有连续分布时讨论第 k 个次序统计量的抽样分布.

定理 9.5 设 $(x_1, x_2, \cdots, x_n)$ 为取自总体 ξ 的样本, ξ 的密度函数为 $\varphi(x)$, 分布函数为 $F(x) = \displaystyle\int_{-\infty}^{x} \varphi(t)\,\mathrm{d}t$. 则第 k 个次序统计量 $X_{(k)}$ 的密度函数为

$$\varphi_k(x) = \frac{n!}{(k-1)!(n-k)!} [F(x)]^{k-1} [1 - F(x)]^{n-k} \varphi(x).$$

证明: 固定 $x \in \mathbb{R}$, 考虑事件 $X_{(k)}$ 的观察值 $x_{(k)} \in (x, x + \Delta x]$, 它等价于"容量为 n 的样本中有 1 个观察值落在 $(x, x + \Delta x]$ 内, 而有 $k-1$ 个观察值小于等于 x, 有 $n-k$ 个观察值大于 $x + \Delta x$". 样本的每一个分量小于等于 x 的概率为 $F(x)$, 落在 $(x, x + \Delta x]$ 内的概率为 $F(x + \Delta x) - F(x)$, 大于 $x + \Delta x$ 的概率为 $1 - F(x + \Delta x)$, 而将 n 个分量分成这样的 3 组, 总的分法有 $\dfrac{n!}{(k-1)!1!(n-k)!}$ 种. 则由多项分布可得

$$F_k(x + \Delta x) - F_k(x) \approx \frac{n!}{(k-1)!1!(n-k)!} [F(x)]^{k-1} [1 - F(x + \Delta x)]^{n-k} \cdot$$

$$[F(x + \Delta x) - F(x)],$$

其中 $F_k(x)$ 记 $x_{(k)}$ 的分布函数. 两边除以 Δx, 并令 $\Delta x \to 0$, 即有

$$\varphi_k(x) = \lim_{\Delta x \to 0} \frac{F(x + \Delta x) - F(x)}{\Delta x}$$

$$= \frac{n!}{(k-1)!(n-k)!}[F(x)]^{k-1}[1-F(x)]^{n-k}\varphi(x),$$

其中$\varphi_k(x)$的非零区间与总体的非零区间相同. □

取$k=1$得到样本最小次序统计量$X_{(1)}$的概率密度函数为$\varphi_1(x) = n\varphi(x)[1-F(x)]^{n-1}$,求得分布函数为$F_1(x) = 1-[1-F(x)]^n$;

取$k=n$得到样本最大次序统计量$X_{(n)}$的概率密度函数为$\varphi_n(x) = n\varphi(x)[F(x)]^{n-1}$,求得分布函数为$F_n(x) = [F(x)]^n$.

类似地,可以得到任意两个次序统计量和n个次序统计量的联合分布.

定理 9.6 在定理9.5中的记号下,次序统计量$(x_{(i)}, x_{(j)})(i < j)$的联合分布密度函数为

$$\varphi_{ij}(x,y) = \frac{n!}{(i-1)!(j-i-1)!(n-j)!}[F(x)]^{i-1}[F(y)-F(x)]^{j-i-1} \cdot$$
$$[1-F(y)]^{n-j}\varphi(x)\varphi(y), x \leq y.$$

n个次序统计量的联合分布密度函数为

$$\varphi(y_1, y_2, \cdots, y_n) = \begin{cases} n! \prod_{i=1}^{n} \varphi(y_i), & y_1 < y_2 < \cdots < y_n, \\ 0, & \text{其他}. \end{cases}$$

9.2 从样本估计总体——图表法

中学学习过多种形式的统计图,如条形图、扇形图、折线图、频数频率分布直方图等. 不同的统计图在表示数据上具有不同的特点,如扇形图主要描述各类数据占总数的比例,条形图和直方图主要用于直观描述不同类别或分组数据的频数和频率,折线图主要用于描述数据随时间的变化趋势. 不同的统计图适用于数据的类型也不同,如条形图适用于描述离散型数据,直方图适用描述连续型数据等. 因此在解决问题的过程中,要根据实际问题的特点,选择适当的统计图对数据进行可视化描述,以使我们能通过统计图直观地发现数据的分布情况,进而估计总体的分布规律.

用样本估计总体的图表法一般有两种,一种是用样本的频率分布估计总体的分布,作出样本数据的频数频率分布表、频数频率分布直方图和频率分布折线图来估计总体密度曲线;另一种是作出茎叶图或箱线图,求出百分位数等,用样本的数字特征(主要是平均数、标准差等)估计总体的数字特征. 这一节将介绍几种常用的图表法,如频数频率分布表、频数频率分布直方图、频率分布折线、总体密度曲线、茎叶图、箱线图等.

9.2.1 频数频率分布表

当样本量n较大时,把样本整理为分组样本可得到**频数频率分布表**,它可按照观

察值的大小显示出样本中数据的分布情况. 具体操作步骤如下:

(1) 找出这组数据的最大值 $x_{\max}$ 与最小值 $x_{\min}$, 计算其差 $R \equiv x_{\max} - x_{\min}$, 此差值称为**极差**或**全距**, 它表明了这组数据所在的范围;

(2) 根据样本量 n 确定组数 k, 经验表明, 组数不宜过多, 一般以 5 ~ 20 组较为适宜;

(3) 确定各组端点 $a_0 < a_1 < \cdots < a_k$, 通常 $a_0 < x_{\min}$, $a_k > x_{\max}$, 分组可以等间隔, 也可以不等间隔, 但等间隔用得较多, 在等间隔分组时, 间隔的长度 (称为**组距**) $d \approx \dfrac{R}{k}$;

(4) 用唱票法统计这组数据落在每个区间 $(a_{i-1}, a_i]$ (或 $[a_{i-1}, a_i)$) ($i = 1, 2, \cdots, k$) 中数据的个数, 即频数 n_i, 与频率 $f_i = \dfrac{n_i}{n}$. 把它们按序归在一张表上就得到了频数频率分布表. 注意, 第一个或最后一个小区间可以是闭区间, 其他所有区间可以是左开右闭区间, 也可以是左闭右开区间, 但是它们要统一, 所有区间互不相交.

9.2.2　频数频率分布直方图

为了使样本的信息更直观地表示出来, 可在作好频数频率分布表的基础上, 画出频率分布直方图. 它的构造方法如下:

(1) 在横坐标轴上标出小区间端点 $a_0, a_1, \cdots, a_k$, 以小区间 $(a_{i-1}, a_i]$ 为底画一个高为频数 n_i 的矩形. 对 $i = 1, 2, \cdots, k$ 都如此处理, 就形成若干矩形连在一起的**频数分布直方图**.

(2) 若将 (1) 中纵轴由频数 (n_i) 改为 $\dfrac{频率}{组距} \left(= \dfrac{f_i}{d} = \dfrac{n_i}{nd} \right)$, 即得**频率分布直方图**.

在各小区间长度相等时, 频数分布直方图和频率分布直方图完全一样, 区别在纵坐标的刻度上. 也可以在直方图另一侧再设置一个纵坐标, 这样两张图就合二为一了.

频率分布直方图的特征如下:

(1) 频率分布直方图中的每个小长方形的面积为组距 $\times \dfrac{频率}{组距} =$ 频率, 频率分布直方图上各矩形面积之和为 1;

(2) 样本数据的**众数**指一组数据中出现次数最多的数据, 众数可以有一个或多个, 频率分布直方图中, 样本数据的众数的估计值是直方图中最高矩形的底边中点的横坐标;

(3) 样本数据的**中位数**指样本中所有数据按照从小到大排列后位于中间位置的数. 如果样本容量 n 为奇数, 则中位数指排序后第 $\dfrac{n+1}{2}$ 个数据, 如果 n 为偶数, 则中位数指排序后第 $\dfrac{n}{2}$ 和第 $\dfrac{n}{2} + 1$ 个数的平均值, 频率分布直方图中, 样本数据的中位数的估计值

是将直方图划分为左右两个面积相等的部分的分界线与 x 轴交点的横坐标;

（4）样本数据的**平均数**指所有样本数据的平均值,即所有数据的和与样本容量的商,频率分布直方图中,样本数据的平均数的估计值等于直方图中每个小矩形的面积乘矩形底边中点横坐标之和.

样本数据的平均数、中位数和众数都反映数据的一般水平,都从不同的角度描述了一组数据的集中趋势,但它们也有所不同.平均数与每一个数据都有关,常用来代表数据的总体"平均水平";中位数与数据的排列位置有关,像一条分界线,将数据分成比它小的一部分和比它大的一部分,用来代表数据的"中等水平";众数反映了出现次数最多的数据,用来代表一组数据的"多数水平".

样本数据的平均数是统计中最常用的数据代表值,与每一个数据都有关,因此比较可靠和稳定,反映数据的信息最充分,在生活中应用最广泛;中位数只利用了部分数据,因此可靠性比较差;众数也只利用了部分数据,可靠性也比较差.

频数频率分布直方图是在频数频率分布表的基础上画出的,它的优点是不仅能很容易地表示大量数据,而且能非常直观地表明分布的形状,使我们能够看到在分布表中看不清的数据模式,在样本量大时,直方图常是总体分布的影子.如今,直方图已广为人知,各种统计软件都有画直方图的功能.直方图的缺点,一是不能保留所有原始数据的信息,二是不稳定,它依赖于分组,不同的分组可能会得出不同的直方图.所以从直方图可得到总体分布的直观印象,而认定总体分布还需用其他统计方法.

9.2.3 频率分布折线和总体密度曲线

虽然分组方式相同,但是样本抽取是随机的,这也就导致了频数分布表(直方图)和频率分布表(直方图)的随机性.尽管根据样本绘制的两个频率分布表和频率分布直方图有差异,但它们都可以体现总体的分布态势.频率分布直方图有两个特点:

（1）随机性,频率分布表和频率分布直方图是由样本决定的,因此会随样本的改变而改变;

（2）规律性,若固定分组数,随着样本容量的增加,频率分布表中的各频率会稳定在某个定值附近,从而频率分布直方图中各矩形的高度也是稳定在某一稳定值上.

定义 9.11 用线段连接频率分布直方图中各小长方形上端的中点,就得到**频率分布折线**.随着样本容量 n 的增加,作图时所分组数 k 增加,组距 d 减小,相应的频率分布折线会越来越接近于一条光滑曲线,统计中称这条光滑曲线为**总体密度曲线**（图9.1）.

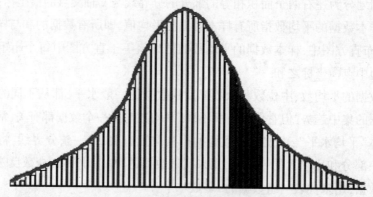

图 9.1　频率分布折线与总体密度曲线

总体密度曲线反映了总体在各个范围内取值的百分比,精确地反映了总体的分布规律,是研究总体分布的工具.用样本分布折线图去估计相应的总体分布时,一般样本容量越大,频率分布折线就会无限接近总体密度曲线,就越精确地反映了总体的分布规律,即越精确地反映了总体在各个范围内取值百分比.

例 9.5 为了了解某校 12 岁男孩的身高情况,从该校 500 名 12 岁男孩中用随机抽样得出了 120 人的身高(单位:cm)(由于篇幅限制,具体数据略).

(1)将这 120 个身高数据从小到大排列,找出中位数(即第 60,61 个数据的平均值)、最小值、最大值,确定组数和分组,列出如下频数分布表:

区间界限	[122,126)	[126,130)	[130,134)	[134,138)	[138,142)
频数	5	8	10	22	33
区间界限	[142,146)	[146,150)	[150,154)	[154,158)	
频数	20	11	6	5	

(2)计算列出样本频率分布表如下:

区间	[122,126)	[126,130)	[130,134)	[134,138)	[138,142)
频率	$\frac{5}{120}\approx0.04$	$\frac{8}{120}\approx0.07$	$\frac{10}{120}\approx0.08$	$\frac{22}{120}\approx0.18$	$\frac{33}{120}=0.275$
区间	[142,146)	[146,150)	[150,154)	[154,158)	
频率	$\frac{20}{120}\approx0.17$	$\frac{11}{120}\approx0.09$	$\frac{6}{120}=0.05$	$\frac{5}{120}\approx0.04$	

(3)画出频数分布直方图和频率分布直方图 (画在一张图中,左边的纵轴表示频

数,右边的纵轴表示$\dfrac{\text{频率}}{\text{组距}}$),如图9.2所示.

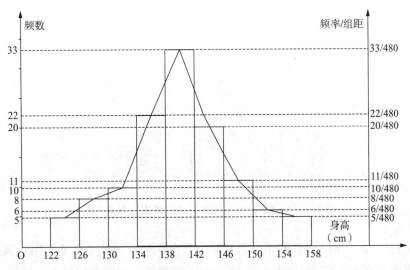

图9.2　频数分布直方图与频率分布直方图

（4）在频率分布直方图中，取每个小矩形顶端线段的中点依次连接成折线段，得到频率分布折线（图9.2），如用光滑曲线连接这些中点，就近似得到总体密度曲线.

（5）从频率分布直方图中看出，其最高矩形的底边是$[138,142)$，故众数的估计值为此底边中点的横坐标140.

横坐标为$138 + 4 \times \dfrac{15}{33} = 139\dfrac{9}{11}$的直线将频率直方图分成两个面积相等的部分，

故中间数的估计值为$139\dfrac{9}{11} \approx 139.82$.

样本数据的平均数的估计值等于频率分布直方图中每个小矩形的面积乘矩形底边中点横坐标之和，即每个小组的频率与底边中点横坐标的积之和，计算得到其为

$$\dfrac{5}{120} \times 124 + \dfrac{8}{120} \times 128 + \dfrac{10}{120} \times 132 + \dfrac{22}{120} \times 136 + \dfrac{33}{120} \times 140$$

$$+ \dfrac{20}{120} \times 144 + \dfrac{11}{120} \times 148 + \dfrac{6}{120} \times 152 + \dfrac{5}{120} \times 156 = 139.8.$$

例9.6　某公司为了解用户对其产品的满意度，从A，B两地区分别随机调查了40个用户，根据用户对产品的满意度评分，得到A地区用户满意度评分的频率分布直方图（图9.3）和B地区用户满意度评分的频数分布表：

评分区间	$[50,60)$	$[60,70)$	$[70,80)$	$[80,90)$	$[90,100]$
频数	2	8	14	10	6
频率	$\dfrac{2}{40} = 0.05$	$\dfrac{8}{40} = 0.2$	$\dfrac{14}{40} = 0.35$	$\dfrac{10}{40} = 0.25$	$\dfrac{6}{40} = 0.15$

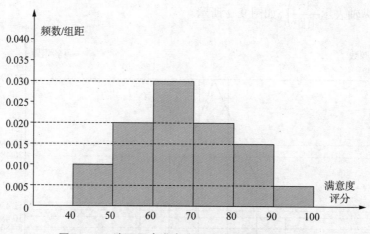

图9.3 A地区用户满意度评分的频率分布直方图

（1）由 A 地区用户满意度评分的频率分布直方图得到下述 A 地区用户满意度评分的频率频数分布表(频率等于小矩形的面积,频数等于频率乘以样本容量的积)：

评分区间	[40,50)	[50,60)	[60,70)
频率	0.01 × 10 = 0.1	0.02 × 10 = 0.2	0.03 × 10 = 0.3
频数	0.1 × 40 = 4	0.2 × 40 = 8	0.3 × 40 = 12
评分区间	[70,80)	[80,90)	[90,100]
频率	0.02 × 10 = 0.2	0.015 × 10 = 0.15	0.005 × 10 = 0.05
频数	0.2 × 40 = 8	0.15 × 40 = 6	0.05 × 40 = 2

（2）根据 B 地区用户满意度评分的频数频率分布表画出 B 地区用户满意度评分的频率分布直方图(图9.4)：

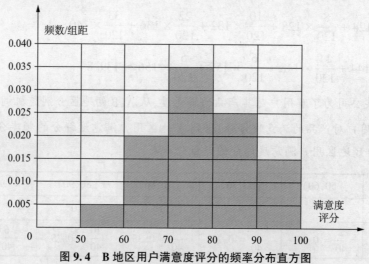

图9.4 B地区用户满意度评分的频率分布直方图

（3）利用 A，B 地区用户满意度评分的频率分布直方图得到：

A 地区用户满意度评分的众数的估计值为频率直方图中最高矩形的底边 $[60，70)$ 的中点的横坐标 65；

横坐标为 $60 + 10 \times \dfrac{8}{12} = 66\dfrac{2}{3}$ 的直线将 A 地区用户满意度评分的频率分布直方图划分为左右两个面积相等的部分，因此 A 地区用户满意度评分的中间数的估计值为 $66\dfrac{2}{3} \approx 66.67$；

A 地区用户满意度评分的平均值的估计值（等于频率分布直方图中每个小矩形的面积乘矩形底边中点横坐标之和）为

$$(0.01 \times 10) \times 45 + (0.02 \times 10) \times 55 + (0.03 \times 10) \times 65$$
$$+ (0.02 \times 10) \times 75 + (0.015 \times 10) \times 85 + (0.005 \times 10) \times 95 = 67.5.$$

B 地区用户满意度评分的众数的估计值为频率直方图中最高矩形的底边 $[70，80)$ 的中点的横坐标 75；

横坐标为 $70 + 10 \times \dfrac{10}{14} = 77\dfrac{1}{7}$ 的直线将 B 地区用户满意度评分的频率分布直方图划分为左右两个面积相等的部分，因此 B 地区用户满意度评分的中间数的估计值为 $77\dfrac{1}{7} \approx 77.14$；

B 地区满意度评分的平均值的估计值（每个小组的频率与底边中点横坐标的积之和）为

$$\dfrac{2}{40} \times 55 + \dfrac{8}{40} \times 65 + \dfrac{14}{40} \times 75 + \dfrac{10}{40} \times 85 + \dfrac{6}{40} \times 95 = 77.5.$$

所以估计得出，B 地区用户满意度评分的平均值高于 A 地区用户满意度评分的平均值.

（4）从 A，B 地区用户满意度评分的频率分布直方图也可以看出 B 地区用户满意度评分比较集中，而 A 地区用户满意度评分比较分散.

（5）设低于 70 分的评分的满意度等级为"不满意". 由大数定律，当独立重复试验次数充分大时，（概率意义下）频率趋近于概率，因此频率是概率的近似值（后面的统计量估计中也会证明）. 记 C_A 表示事件"A 地区用户的满意度等级为不满意"，C_B 表示事件"B 地区用户的满意度等级为不满意". 由直方图得到概率 $P(C_A)$ 的估计值为 $(0.01 + 0.02 + 0.03) \times 10 = 0.6$，概率 $P(C_B)$ 的估计值为 $(0.005 + 0.02) \times 10 = 0.25$. 所以 A 地区用户的满意度等级为不满意的概率大.

9.2.4 茎叶图

统计中还有一种被用来表示数据的图叫作**茎叶图**，茎是指中间的一列数，叶是从茎的旁边生长出来的数.

初中统计部分曾学过平均数、众数和中位数反映总体的集中水平,用方差考察稳定程度. 我们还有一种简易方法,就是将这些数据有条理地列出来,从中观察得分的分布情况. 这种方法就是画出茎叶图. 以下例题说明了茎叶图的制作方法.

例 9.7　某篮球运动员在某赛季各场比赛的得分情况如下:

$$12,15,24,25,31,31,36,36,37,39,44,49,50.$$

如何有条理地列出这些数据,分析该运动员的整体水平及发挥的稳定程度?

解:将所有两位数的十位数字作为"茎",个位数字作为"叶",茎相同者共用一个茎,茎按从小到大的顺序从上向下列出,共茎的叶一般按从大到小(或从小到大)的顺序同行列出. 这样就得到该运动员得分的茎叶图,如图 9.5 所示.

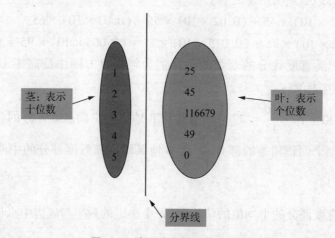

图 9.5　该运动员得分的茎叶图

图 9.5 中,第一行分界线左侧的数字"1"表示十位数字,右侧的数字"2""5"表示个位数字,这一行表示运动员的得分为 12,15;同理可知,第二行表示得分是 24,25,第三行说明得分是 31,31,36,36,37,39,依此类推.

从这张图可以直观地看出,该运动员的平均得分、中位数、众数都在 20 至 40 之间,且分布较对称,集中程度高,说明该运动员发挥比较稳定.

例 9.8　甲、乙两篮球运动员上个赛季每场比赛的得分如下:

甲:12,15,24,25,31,31,36,36,37,39,44,49,59;

乙:8,13,14,16,23,26,28,33,38,39,51.

试比较这两位运动员的得分水平.

解:画出两人得分的茎叶图,如图 9.6 所示,为便于对比分析,可将茎放在中间共用,叶分左右两侧. 左侧的叶按从大到小的顺序排列,右侧的叶按从小到大的顺序排列,相同的得分要重复记录,不能遗漏. 比如第二行表示甲的得分为 12,15,乙的得分为 13,14,16,其他行类似. 从茎叶图可以看出,甲运动员的得分大致对称,平均得分、众数及中位分都是 30 多分;乙运动员的得分除了 51 分外,也大致对称,平均得分、众数及中位分都是 20 多分. 甲运动员发挥比较稳定,总体得分情况比乙好.

运动员甲		运动员乙
	0	8
5 2	1	3 4 6
5 4	2	3 6 8
9 7 6 6 1 1	3	3 8 9
9 4	4	
9	5	1

图 9.6　两位运动员得分的茎叶图

从例 9.7 和例 9.8 中可以看出,茎叶图可以分析单组数据,也可以比较分析两组数据.

茎叶图的优缺点及制作茎叶图时的注意事项如下.

(1) 用茎叶图表示数据的优点:①所有数据信息都可以从茎叶图中得到;②茎叶图中的数据可以随时记录、随时添加,方便记录与表示.

(2) 用茎叶图表示数据的不足之处:①茎叶图分析只是粗略的、对差异不大的两组数据较易分析;②茎叶图只便于表示两位(或一位)有效数字的数据,对位数多的数据不太容易操作;③茎叶图只方便记录两组的数据,更多组数据虽然能够记录,但是没有两组数据的记录那么直观清晰.

(3) 茎叶图对重复出现的数据要重复记录,不能遗漏.

例 9.9 某公司为了解用户对其产品的满意度,从 A,B 两地区分别随机调查了 20 个用户,得到用户对产品的满意度评分如下:

A 地区:62,73,81,92,95,85,74,64,53,76,78,86,95,66,97,78,88,82,76,89;

B 地区:73,83,62,51,91,46,53,73,64,82,93,48,65,81,74,56,54,76,65,79.

(1) 根据两组数据完成两地区用户满意度评分的茎叶图,并通过茎叶图比较两地区满意度评分的平均值及分散程度.

(2) 根据用户满意度评分,将用户的满意度从低到高分为 3 个等级:

满意度评分	低于 70 分	70 分到 89 分	不低于 90 分
满意度等级	不满意	满意	非常满意

记事件 C 为"A 地区用户的满意度等级高于 B 地区用户的满意度等级".假设两地区用户的评价结果相互独立,根据所给数据,以事件发生的频率作为相应事件发生的概率的估计,求 C 的概率.

解:(1) 两地区用户满意度评分的茎叶图如图 9.7 所示.

A地区		B地区
	4	6 8
3	5	1 3 4 6
6 4 2	6	2 4 5 5
8 8 6 6 4 3	7	3 3 4 6 9
9 8 6 5 2 1	8	1 2 3
7 5 5 2	9	1 3

图 9.7　A,B 两地区用户满意度评分的茎叶图

通过茎叶图可以看出,A 地区用户满意度评分的平均值高于 B 地区用户满意度评分的平均值;A 地区用户满意度评分比较集中, B 地区用户满意度评分比较分散.

直接计算验证:A, B 两地区用户满意度评分的平均值分别为

$$\bar{x}_A = [53 + 62 + 64 + 66 + \cdots + 92 + 95 + 95 + 97] \div 20$$
$$= [(50 \times 1 + 60 \times 3 + \cdots + 90 \times 4)$$
$$+ (3 + 2 + 4 + 6 + \cdots + 2 + 5 + 5 + 7)] \div 20$$
$$= 1590 \div 20 = 79.5,$$
$$\bar{x}_B = [46 + 48 + 51 + 53 + 54 + 56 + \cdots + 91 + 93] \div 20$$
$$= [(40 \times 2 + 50 \times 4 + \cdots + 90 \times 2)$$
$$+ (6 + 8 + 1 + 3 + 4 + 6 + \cdots + 1 + 3)] \div 20$$
$$= 1369 \div 20 = 68.45;$$

样本方差分别为

$$s_A^2 = [(53 - 79.5)^2 + (62 - 79.5)^2 + \cdots + (97 - 79.5)^2] \div 19$$
$$= 2719 \div 19 \approx 143.11,$$
$$s_B^2 = [(46 - 68.45)^2 + (48 - 68.45)^2 + \cdots + (93 - 68.45)^2] \div 19$$
$$= 3818.95 \div 19 \approx 200.997,$$

因此,$\bar{x}_A > \bar{x}_B$,$s_A^2 < s_B^2$. 因此前述结论得证.

(2) 记 C_{A1} 为"A 地区用户的满意度等级为满意或非常满意";C_{A2} 为事件"A 地区用户的满意度等级为非常满意";C_{B1} 表示事件"B 地区用户的满意度等级为不满意";C_{B2} 表示事件"B 地区用户的满意度等级为满意",则 C_{A1} 与 C_{B1} 独立,C_{A2} 与 C_{B2} 独立,C_{B1} 与 C_{B2} 互斥,且

$$C = C_{B1}C_{A1} + C_{B2}C_{A2}.$$

从茎叶图得到概率(的估计值—频率)为

$$P(C_{A1}) = \frac{16}{20}, P(C_{A2}) = \frac{4}{20}, P(C_{B1}) = \frac{10}{20}, P(C_{B2}) = \frac{8}{20}.$$

因此事件 C 的概率(的估计值—频率)为

$$P(C) = P(C_{B1}C_{A1} + C_{B2}C_{A2})$$
$$= P(C_{B1})P(C_{A1}) + P(C_{B2})P(C_{A2})$$
$$= \frac{10}{20} \times \frac{16}{20} + \frac{8}{20} \times \frac{4}{20} = \frac{192}{400} = 0.48.$$

9.2.5 p 分位数与箱线图

样本中位数是总体中位数的影子,常用来估计总体中位数,且样本量越大,效果越好.

定义 9.12 容量为 n 的样本 $(x_1, x_2, \cdots, x_n)$ 的**中位数**定义为

$$m_d = \begin{cases} x_{\left(\frac{n+1}{2}\right)}, & n \text{ 为奇数}, \\ \frac{1}{2}\left[x_{\left(\frac{n}{2}\right)} + x_{\left(\frac{n}{2}+1\right)}\right], & n \text{ 为偶数}, \end{cases}$$

其中 $x_{(1)} \leqslant x_{(2)} \leqslant \cdots x_{(n)}$ 为样本按照从小到大的排列.

样本中位数 m_d 表示在样本中有一半数据小于等于 m_d,另一半数据大于等于 m_d. 当样本中出现异常值(是指样本中的个别值,它明显偏离其余观察值)时,样本中位数比样本均值更具有抗击异常值干扰的能力. 样本中位数的这种抗干扰性在统计学中称为**稳健性**.

比样本中位数更一般的概念是样本 p 分位数,它的定义如下.

定义 9.13 对给定的 $p \in (0,1)$,称

$$m_p = \begin{cases} \frac{1}{2}\left[x_{([np])} + x_{([np]+1)}\right], & np \text{ 是整数}, \\ x_{([np]+1)}, & np \text{ 不是整数} \end{cases}$$

为该样本的**样本 p 分位数**,其中 $[np]$ 为 np 的整数部分. 显然,中位数 $m_d = m_{0.5}$.

样本 p 分位数 m_p 是总体 p 分位数 x_p(即分布函数方程 $F(x_p) = p$ 的解)的估计量.

例 9.10 轴承的寿命特征常用 10% 分位数表示,记为 L_{10},称为基本额定寿命. L_{10} 可用样本的 0.1 分位数 $m_{0.1}$ 去估计它. 如 $n = 20$,从一批轴承中随机抽取 20 只作寿命试验,$np = 20 \times 0.1 = 2$ 是整数,由定义可用样本中从小到大排列的第 2 个与第 3 个的值的平均去估计它,即 $\widehat{L}_{10} = \frac{1}{2}(x_{(2)} + x_{(3)})$. 如在寿命试验中最早损坏的三个轴承的时间(单位:小时)为 705、1079、1873,则其基本额定寿命 L_{10} 的估计为 $\widehat{L}_{10} = \frac{1}{2}(1079 + 1873) = 1476$.

若将样本观察值从小到大排列为 $x_{(1)} \leqslant x_{(2)} \leqslant \cdots \leqslant x_{(n)}$,将全部观察值分为四段,每段观察值个数大致相等,约为 $\frac{n}{4}$,则可用如下五个统计量表示:

$$x_{(1)}, Q_1, m_d, Q_2, x_{(n)},$$

其中 $Q_1 = m_{0.25}, Q_2 = m_{0.75}$ 分别称为样本的第一和第三**四分位数**，m_d 为中位数.

从这五个数在数轴上的位置大致可看出样本观察值的分布状态，也反映出总体分布的一些信息，特别是样本容量 n 比较大时，反映的信息更可信. 对不同的样本，这五个数所概括出的信息也有些差别. 这一过程称为**五数概括**，其图形称为**箱线图**. 该图由一个箱子和两个线段组成.

例 9.11 现有某厂 160 名销售人员某月的销售量数据(略)，排序后，为了画出其箱线图，需从其中读出五个关键数据，其中 $x_{(1)} = 45, x_{(160)} = 319$，可从 $0.25n = 40, 0.5n = 80, 0.75n = 120$，得出另三个数据为

$$Q_1 = m_{0.25} = \frac{1}{2}(x_{(40)} + x_{(41)}) = \frac{1}{2}(143 + 145) = 144,$$

$$m_d = m_{0.5} = \frac{1}{2}(x_{(80)} + x_{(81)}) = \frac{1}{2}(181 + 181) = 181,$$

$$Q_3 = m_{0.75} = \frac{1}{2}(x_{(120)} + x_{(121)}) = \frac{1}{2}(210 + 214) = 212.$$

该样本的箱线图如图 9.8 所示，具体做法如下：

(1) 画一个箱子，其两侧恰为第一四分位数和第三四分位数，在中位数位置上画一条竖线，它在箱子内，这个箱子包含了样本中 50% 的数据；

(2) 在箱子左右两侧各引出一条水平线，分别至最小值和最大值为止. 每条线段包含了 25% 的数据.

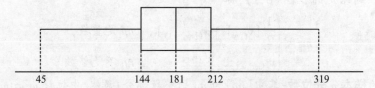

图 9.8　某厂 160 名销售人员某月的销售量数据的箱线图

箱线图可对总体的分布形状进行大致判断. 如对多批数据进行比较，则可在一张纸上同时画出每批数据的箱线图. 图 9.9 所示为根据某厂 20 天生产的某产品的直径数据画出的箱线图，从图中可看出第 18 天的产品出现了异常.

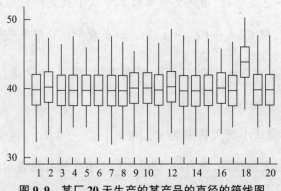

图 9.9　某厂 20 天生产的某产品的直径的箱线图

9.3 参数估计

本节主要介绍随机变量的分布中的未知参数或分布中的数字特征等的估计. 首先介绍评价参数的估计值的优劣的无偏性、有效性、一致性和渐近正态性等标准,然后介绍参数点估计的矩估计法、最大似然估计法和贝叶斯(Bayes)估计,最后介绍参数的正态总体和非正态总体的区间估计、大样本的区间估计和贝叶斯区间估计.

9.3.1 估计量

定义 9.14 用于估计未知参数的统计量称为**点估计(量)**,或简称为**估计(量)**. 参数 θ 的估计量常用 $\hat{\theta} = \hat{\theta}(x_1, x_2, \cdots, x_n)$ 表示.

参数 θ 的可能取值范围称为**参数空间**,记为 $\Theta = \{\theta\}$.

这里参数常指以下几种:
- 分布中所含的未知参数;
- 分布中的期望、方差、标准差、分位数等特征数;
- 某事件的概率等.

一个参数的估计量可能不止一个,如何评价其优劣性呢? 常用的评价标准主要有无偏性、有效性、一致性(相合性)、渐近正态性等.

1. 无偏性
若直观地希望,样本估计量的数值总是在参数的真实值附近摆动,而无系统误差,就有无偏性的要求.

定义 9.15 若参数 θ 的估计量 $\hat{\theta}$ 的数学期望 $E\hat{\theta} = \theta$(等价于 $E(\hat{\theta} - \theta) = 0$),则称 $\hat{\theta}$ 为 θ 的**无偏估计**;否则称为 θ 的**有偏估计**.

若估计量 $\hat{\theta} = \hat{\theta}_n$ 的数学期望 $E(\hat{\theta}_n)$ 随着样本容量 n 的增加而逐渐趋于其真实值 θ,即

$$\lim_{n \to \infty} E(\hat{\theta}_n) = \theta,$$

则称 $\hat{\theta}_n$ 是 θ 的**渐近无偏估计**.

在这里,期望 $E\hat{\theta}$(或 $E(\hat{\theta}_n)$)是对 $\hat{\theta}$ 的分布而求的. 而估计均值 $E\hat{\theta}$ 与真实值 θ 的距离 $|E\hat{\theta}_n - \theta|$ 就称为估计量 $\hat{\theta}_n$ 对真实值 θ 的**系统误差**. 由于样本的随机性,使用估计量 $\hat{\theta}_n$ 估计 θ 时,偏差 $\hat{\theta}_n - \theta$ 总是存在的,而且时大时小,时正时负,将这些偏差平均起来其值为 θ,就是无偏估计的要求,所以无偏指无系统误差.

无偏估计一定是渐近无偏估计,反之不然. 渐近无偏估计是指系统误差会随着样本容量 n 的增大而逐渐减小,最后趋于零,所以大样本时,渐近无偏估计可以近似当作无偏估计使用.

例9.12 从总体 ξ 中取一样本 $(X_1, X_2, \cdots, X_n)$，$E\xi = \mu$，$D\xi = \sigma^2$. 证明：样本均值 $\overline{X}$ 与样本方差 S^2 分别为 μ, σ^2 的无偏估计.

证明：利用定理 9.2 以及期望和方差的性质知

$$E\overline{X} = E\left(\frac{1}{n}\sum_{i=1}^{n} X_i\right) = \frac{1}{n}\sum_{i=1}^{n} EX_i = \mu,$$

所以 $\overline{X}$ 是 μ 的无偏估计.

$$ES^2 = E\left[\frac{1}{n-1}\sum_{i=1}^{n}(X_i - \overline{X})^2\right] = \frac{1}{n-1}E\left(\sum_{i=1}^{n}X_i^2 - n\overline{X}^2\right)$$

$$= \frac{1}{n-1}\sum_{i=1}^{n}EX_i^2 - \frac{n}{n-1}E\left(\frac{1}{n}\sum_{i=1}^{n}X_i\right)^2$$

$$= \frac{1}{n-1}\sum_{i=1}^{n}\left[(EX_i)^2 + DX_i\right] - \frac{1}{n(n-1)}\left[D\left(\sum_{i=1}^{n}X_i\right) + \left(\sum_{i=1}^{n}EX_i\right)^2\right]$$

$$= \frac{1}{n-1}(n\mu^2 + n\sigma^2) - \frac{1}{n(n-1)}(n\sigma^2 + n^2\mu^2)$$

$$= \sigma^2,$$

所以样本方差 S^2 是总体方差 σ^2 的无偏估计.

2. 有效性

在实际应用中，由于条件限制或经济效益等，并不都能大量重复抽样. 这样在估计量 $\hat{\theta}$ 为 θ 的无偏估计的情况下，为保证 $\hat{\theta}$ 的取值尽可能集中在 θ 的附近，自然要求 $\hat{\theta}$ 的方差越小越好.

定义9.16 设 $\hat{\theta}_1 = \hat{\theta}_1(X_1, X_2, \cdots, X_n)$，$\hat{\theta}_2 = \hat{\theta}_2(X_1, X_2, \cdots, X_n)$ 都是 θ 的无偏估计，若 $D\hat{\theta}_2 < D\hat{\theta}_1$，则称估计量 $\hat{\theta}_2$ 比 $\hat{\theta}_1$ **有效**. 如果对于给定的 n，$D\hat{\theta}$ 的值最小，则称 $\hat{\theta}$ 为 θ 的**有效估计值**.

例9.13 若取 μ 的无偏估计 $\overline{X} = \frac{1}{n}\sum_{i=1}^{n}X_i$，$X' = \sum_{i=1}^{n}C_i X_i$，其中 C_i 为常数，$\sum_{i=1}^{n}C_i = 1$，比较 $\overline{X}, X'$ 的有效性.

解：显然，$\overline{X}, X'$ 都是 μ 的无偏估计.

$$D\overline{X} = D\left(\frac{1}{n}\sum_{i=1}^{n}X_i\right) = \frac{1}{n^2}\sum_{i=1}^{n}DX_i = \frac{1}{n}\sigma^2.$$

$$DX' = \sum_{i=1}^{n}C_i^2 DX_i = \left(\sum_{i=1}^{n}C_i^2\right)\sigma^2 \geqslant \frac{1}{n}\left(\sum_{i=1}^{n}C_i\right)^2\sigma^2 = \frac{1}{n}\sigma^2 = D\overline{X},$$

其中利用了不等式 $1 = \left(\sum_{i=1}^{n}C_i\right)^2 \leqslant \left(\sum_{i=1}^{n}C_i^2\right)\cdot\sum_{i=1}^{n}1^2 = n\cdot\sum_{i=1}^{n}C_i^2$. 所以 $\overline{X}$ 比 X' 有效，即在样本的一切线性组合中，样本均值 $\overline{X}$ 是总体期望值 μ 的无偏估计中最有效的估计量.

实际上可以证明，**样本均值 $\overline{X}$ 是 μ 的有效估计值**.

3. 一致性(相合性)

一般地,估计量 $\hat{\theta}(X_1,X_2,\cdots,X_n)$ 与样本量 n 有关,为了明确起见,记为 $\hat{\theta}_n$. 很自然地希望,n 越来越大时,对 θ 的估计越精确. 于是引进点估计的第三个标准——一致性(也称相合性).

定义 9.17 若当 $n\to\infty$ 时,$\hat{\theta}_n$ 依概率收敛于 θ,即对于任一正数 $\varepsilon>0$,有

$$\lim_{n\to\infty}P(|\hat{\theta}_n-\theta|<\varepsilon)=1,$$

则称 $\hat{\theta}_n$ 是 θ 的**一致估计(量)**或相合估计(量).

一致性是对极限性质而言的,它只有在 n 很大时起作用. 如由切比雪夫不等式知,$\overline{X}$ 是 μ 的一致估计;同样可以证明,样本方差 S^2 也是总体方差 σ^2 的一致估计值.

4. 渐近正态性

渐近正态性与一致性(相合性)都是某些估计量的大样本性质,但它们之间是有区别的. 一致性是对估计的一种较低要求,它只要求估计序列 $\hat{\theta}_n$ 将随样本量 n 的增加以越来越大的概率接近被估计参数 θ,但对相当大的 n,误差 $\hat{\theta}_n-\theta$ 将以什么速度(如 $\dfrac{1}{n},\dfrac{1}{\sqrt{n}},\dfrac{1}{\ln n}$ 等)收敛于标准正态分布 $N(0,1)$ 没有说明,而渐近正态性就是在一致性的基础上讨论收敛速度问题.

定义 9.18 设 $\hat{\theta}_n=\hat{\theta}(X_1,X_2,\cdots,X_n)$ 是 θ 的一致估计序列. 若存在一个趋于零的正数列 $\sigma_n(\theta)$,即 $\lim\limits_{n\to\infty}\sigma_n(\theta)=0$,使得规范变量 $y_n=\dfrac{\hat{\theta}_n-\theta}{\sigma_n(\theta)}$ 的分布函数 $F_n(y)$ 收敛于标准正态分布函数 $\Phi(y)$,即

$$F_n(y)=P\left(\frac{\hat{\theta}_n-\theta}{\sigma_n(\theta)}\leqslant y\right)\to\Phi(y),n\to\infty,$$

或记为(其中 L 为依分布收敛符号)

$$\frac{\hat{\theta}_n-\theta}{\sigma_n(\theta)}\xrightarrow{L}N(0,1),n\to\infty,$$

则称 $\hat{\theta}_n$ 是 θ 的**渐近正态估计**,或称 $\hat{\theta}_n$ 具有**渐近正态性**(asymptotic normality),记作

$$\hat{\theta}_n\sim AN(\theta,\sigma_n^2(\theta)),$$

其中 $\sigma_n^2(\theta)$ 称为 $\hat{\theta}_n$ 的**渐近方差**.

定义中的数列 $\sigma_n^2(\theta)$ 表示 $\hat{\theta}_n$ 依概率收敛于 θ 的速度,$\sigma_n^2(\theta)$ 越小(大)收敛速度越快(慢),故把 $\sigma_n^2(\theta)$ 称为 $\hat{\theta}_n$ 的渐近方差是适当的.

定义中数列 $\sigma_n^2(\theta)$ 并不唯一. 若另一个正数列 $\tau_n(\theta)$,使得 $\lim\limits_{n\to\infty}\dfrac{\tau_n(\theta)}{\sigma_n(\theta)}=1$,则由依

概率收敛性质可知,必有 $\dfrac{\hat{\theta}_n - \theta}{\tau_n(\theta)} \xrightarrow{L} N(0,1)$,$n \to \infty$,此时 $\tau_n^2(\theta)$ 也是 $\hat{\theta}_n$ 的**渐近方差**.

例 9.14 (1) 设 $(X_1, X_2, \cdots, X_n)$ 是某总体的一个样本,该总体的均值(期望)μ、方差 σ^2 都存在,则由前知,样本均值 $\overline{X}$ 是 μ 的无偏估计和一致估计.按照中心极限定理(定理 8.17),有

$$\frac{\overline{X} - \mu}{\sigma/\sqrt{n}} \xrightarrow{L} N(0,1), n \to \infty, \qquad \qquad ①$$

即 $\overline{X}$ 还是 μ 的渐近正态估计,$\overline{X}$ 依概率收敛于 μ 的速度为 $\dfrac{1}{\sqrt{n}}$,渐近方差为 $\dfrac{\sigma^2}{n}$. ①式常记为

$$\sqrt{n}(\overline{X} - \mu) \xrightarrow{L} N(0,\sigma^2), n \to \infty \text{ 或 } \overline{X} \sim AN\left(\mu, \frac{\sigma^2}{n}\right).$$

大多数渐近正态估计都是以 $\dfrac{1}{\sqrt{n}}$ 的速度收敛于被估计参数的.

(2) 设 $(X_1, X_2, \cdots, X_n)$ 是某正态总体 $N(\mu, \sigma^2)$ 的一个样本,由前知 $s^2 = \dfrac{1}{n-1}\sum_{i=1}^{n}(X_i - \overline{X})^2$ 是正态方差 σ^2 的无偏、一致估计.

由定理 9.3 知,$\dfrac{(n-1)s^2}{\sigma^2} \sim \chi^2(n-1)$,而 $\chi^2(n-1)$ 又由 $n-1$ 个独立同分布的标准正态变量 $u_1, u_2, \cdots, u_{n-1}$ 的平方和产生,故 $\dfrac{(n-1)s^2}{\sigma^2}$ 与 $\sum_{i=1}^{n-1} u_i^2$ 服从同一分布 $\chi^2(n-1)$,因此 $(n-1)s^2$ 与 $\sigma^2 \sum_{i=1}^{n-1} u_i^2$ 同分布.

$E(\sigma^2 u_i^2) = \sigma^2$,$D(\sigma^2 u_i^2) = 2\sigma^4$,故由中心极限定理(定理 8.17)知,

$$\frac{(n-1)(s^2 - \sigma^2)}{\sqrt{n-1} \cdot \sqrt{2\sigma^4}} \xrightarrow{L} N(0,1), \text{即} \sqrt{n-1}(s^2 - \sigma^2) \xrightarrow{L} N(0, 2\sigma^4);$$

$$\sqrt{n}(s^2 - \sigma^2) = \sqrt{\frac{n}{n-1}} \sqrt{n-1}(s^2 - \sigma^2) \xrightarrow{L} N(0, 2\sigma^4).$$

所以 s^2 是 σ^2 的渐近正态估计,其渐近方差为 $\dfrac{2\sigma^4}{n}$,即

$$s^2 \sim AN\left(\sigma^2, \frac{2\sigma^4}{n}\right).$$

9.3.2 参数点估计的两种方法

参数点估计的方法主要有矩估计法和最大似然估计法.

1. 矩估计法

定义 9.19 设随机变量 ξ,$E\xi = \mu$,则称 $\alpha_k = E\xi^k$ 为 ξ 的 k 阶原点矩,$E(\xi - \mu)^k$ 为 ξ 的

k 阶中心矩.

设 $(X_1, X_2, \cdots, X_n)$ 是总体 ξ 的一个样本,称 $a_k = \dfrac{1}{n} \sum\limits_{i=1}^{n} X_i^k$ 为此**样本的 k 阶原点矩**.

定理 9.7 设 $(X_1, X_2, \cdots, X_n)$ 是取自总体 ξ 的一个样本,则样本矩 $a_k = \dfrac{1}{n} \sum\limits_{i=1}^{n} X_i^k$ 为 $\alpha_k \equiv E\xi^k$ 的无偏估计和一致估计,其中 k 是正整数.

证明: 由于样本是简单随机样本,所以 $X_1^k, X_2^k, \cdots, X_n^k$ 相互独立,且与 ξ^k 有相同分布,有 $EX_i^k = E\xi^k, DX_i^k = D\xi^k, i = 1, 2, \cdots, n.$

(1) $Ea_k = E\left(\dfrac{1}{n} \sum\limits_{i=1}^{n} X_i^k\right) = \dfrac{1}{n} \cdot \sum\limits_{i=1}^{n} EX_i^k = E\xi^k = \alpha_k$,因此 a_k 是 α_k 的无偏估计.

(2) $Da_k = D\left(\dfrac{1}{n} \sum\limits_{i=1}^{n} X_i^k\right) = \dfrac{1}{n^2} \sum\limits_{i=1}^{n} DX_i^k = \dfrac{1}{n} D\xi^k.$ 由切比雪夫不等式知,$\forall \varepsilon > 0$,

$$1 \geqslant P\{|a_k - \alpha_k| < \varepsilon\} = P\{|a_k - Ea_k| < \varepsilon\} \geqslant 1 - \dfrac{Da_k}{\varepsilon^2} = 1 - \dfrac{D\xi^k}{n\varepsilon^2}.$$

故 $\lim\limits_{n \to \infty} P\{|a_k - \alpha_k| < \varepsilon\} = 1$,即 $n \to \infty$ 时,a_k 依概率收敛于 α_k,a_k 是 α_k 的一致估计. □

例 9.15 求总体的期望 $\mu = E\xi$ 和方差 $\sigma^2 = D\xi$ 的矩估计.

解: 由上述定理得到

$$\begin{cases} \alpha_1 = E\xi = \mu, \\ \alpha_2 = E\xi^2 = D\xi + (E\xi)^2 = \sigma^2 + \mu^2. \end{cases}$$

解得 $\mu = \alpha_1, \sigma^2 = \alpha_2 - \alpha_1^2$,于是 μ, σ^2 的矩估计为

$$\begin{cases} \hat{\mu} = a_1 = \dfrac{1}{n} \sum\limits_{i=1}^{n} X_i, \\ \hat{\sigma}^2 = a_2 - a_1^2 = \dfrac{1}{n} \sum\limits_{i=1}^{n} X_i^2 - \overline{X}^2 = \dfrac{n-1}{n} S^2. \end{cases}$$

矩估计法比较直观,求估计量也比较直接,产生的估计虽是无偏估计,却比较粗糙,不够理想.

2. 最大似然估计法

最大似然估计法的直观想法是:要选取估计量 $\hat{\theta} = \hat{\theta}(X_1, X_2, \cdots, X_n)$,它作为 θ 的估计量时,使观察值(即样本值)出现的可能性最大.

设 ξ 是离散型随机变量,概率分布为 $P(\xi = x) = p(x; \theta)$,这里 x 取离散的值,θ 是未知参数,它可以是一个数值,也可以是一个向量. 样本 $(X_1, X_2, \cdots, X_n)$ 的分布律为 $\prod\limits_{i=1}^{n} p(x_i; \theta)$,它在 $(x_1, x_2, \cdots, x_n)$ 处的值越大,则样本 $(X_1, X_2, \cdots, X_n)$ 在 $(x_1, x_2, \cdots, x_n)$ 附近取值的概率就越大. 称

$$L(\theta) = \prod\limits_{i=1}^{n} p(x_i; \theta)$$

样本的**似然函数**. 最大似然估计法的目的就是求 $\hat{\theta}$, 使它在 $\theta = \hat{\theta}$ 处取得最大值.

若 ξ 是连续型随机变量, 它的**似然函数**定义为样本 $(X_1, X_2, \cdots, X_n)$ 的概率密度, 即

$$L(\theta) = \prod_{i=1}^{n} \varphi(x_i; \theta),$$

其中 $\varphi(x; \theta)$ 为 ξ 的分布密度函数.

定义 9.20 若似然函数 $L(\theta)$ 在 $\theta = \hat{\theta}(X_1, X_2, \cdots, X_n)$ 处取得最大值, 则称 $\hat{\theta}$ 是 θ 的**最大似然估计**.

由于 $\ln L$ 与 L 同时取得最大值, 故只需求 $\ln L$ 的最大值即可, 这样在计算中常常带来很大方便. 求 $\ln L$ 的最大值通常采用微积分学中求极值的方法, 即从方程组

$$\frac{\partial \ln L}{\partial \theta_j} = 0 (j = 1, 2, \cdots, m), \theta = (\theta_1, \theta_2, \cdots, \theta_m) \tag{9.3.1}$$

中求得 $\ln L$ 的驻点, 然后从这些驻点中找到使 L 最大的驻点. 这些方程组称为**似然方程(组)**.

例 9.16 设样本 $(X_1, X_2, \cdots, X_n)$ 的样本观察值为 $(x_1, x_2, \cdots, x_n)$.

(1) 若总体分布为 $0-1$ 分布 $B(1, \theta)$, 其中 $x_i = 0$ 或 $1, \theta \in [0, 1]$ 是成功概率, 该样本的联合分布为

$$L(\theta) = L(\theta; x) \stackrel{\triangle}{=} p(x; \theta) = \prod_{i=1}^{n} [\theta^{x_i} (1-\theta)^{1-x_i}] = \theta^t (1-\theta)^{n-t}, t \stackrel{\triangle}{=} \sum_{i=1}^{n} x_i.$$

对数似然函数为

$$\ln L(\theta) = t \ln \theta + (n-t) \ln(1-\theta).$$

对 θ 求导, 并令导函数为零, 得到对数似然方程

$$\frac{d \ln L(\theta)}{d\theta} = \frac{t}{\theta} - \frac{n-t}{1-\theta} = 0.$$

求得 $\hat{\theta} = \dfrac{t}{n} = \dfrac{1}{n} \sum_{i=1}^{n} x_i = \bar{x}$. 计算两阶导数值 $\dfrac{d^2 \ln L(\theta)}{d\theta^2}\Big|_{\theta = \hat{\theta}} < 0$, 因此 $\theta = \hat{\theta}$ 使得 $L(\theta)$ 取得最大值, $\hat{\theta} = \bar{x}$ 为 θ 的最大似然估计.

(2) 若总体分布为泊松分布 $P(\lambda)$, 其中 λ 为未知参数. 则可求得 λ 的最大似然估计值为 $\hat{\lambda} = \dfrac{1}{n} \sum_{i=1}^{n} x_i = \bar{x}$.

例 9.17 (1) 若总体 ξ 服从指数分布, 分布密度为

$$\varphi(x; \theta) = \begin{cases} \theta e^{-\theta x}, & x \geq 0 (\theta > 0), \\ 0, & x < 0, \end{cases}$$

则未知参数 θ 的最大似然估计值为 $\hat{\lambda} = \dfrac{1}{\dfrac{1}{n} \sum_{i=1}^{n} x_i} = \dfrac{1}{\bar{x}}$.

（2）若总体概率密度为 $\varphi(x;\theta)=\begin{cases}\theta x^{\theta-1}, & x\geqslant 0(\theta>0),\\ 0, & x<0,\end{cases}$ 其中 θ 为未知参数,则

θ 的最大似然估计值为 $\hat{\lambda}=-\dfrac{n}{\sum\limits_{i=1}^{n}\ln(x_i)}$.

（3）若总体为双参数指数分布 $\exp(\mu,\sigma)$,其分布密度函数为

$$\phi(x;\mu,\sigma)=\begin{cases}\dfrac{1}{\sigma}\exp\left\{-\dfrac{x-\mu}{\sigma}\right\}, & x\geqslant\mu,\\ 0, & x<\mu,\end{cases}$$

其中 $\mu\in\mathbb{R}$ 称为位置参数,$\sigma>0$ 称为尺度参数.

在非零区域上,似然函数为

$$L(\mu,\sigma)=\dfrac{1}{\sigma^n}\exp\left\{-\dfrac{1}{\sigma}\sum_{i=1}^{n}(x_i-\mu)\right\},\mu\leqslant x_{(1)}=\min\{x_i\mid 1\leqslant i\leqslant n\}.$$

$L(\mu,\sigma)$ 的非零区域依赖于 μ,且是 μ 的增函数,故要 $L(\mu,\sigma)$ 达到最大,就要使 μ 尽可能大,故 $\sigma>0$ 为任意值时,μ 的最大似然估计为 $\hat{\mu}=x_{(1)}$（最小次序统计量）.

进一步地,将 $\hat{\mu}=x_{(1)}$ 代入似然函数得到新的似然函数 $L(x_{(1)},\sigma)$. 对对数似然函数 $\ln L(x_{(1)},\sigma)$ 求导,利用微分法得到 σ 的最大似然估计为 $\hat{\sigma}=\bar{x}-x_{(1)}$.

此时有

$$L(\hat{\mu},\hat{\sigma})\geqslant L(\hat{\mu},\sigma)\geqslant L(\mu,\sigma),\forall\mu\in\mathbb{R},\sigma>0.$$

（4）若总体为正态总体 $N(\mu,\sigma^2)$,则可求出未知参数 μ,σ^2 最大似然估计为

$$\hat{\mu}=\dfrac{1}{n}\sum_{i=1}^{n}x_i=\bar{x},\widehat{\sigma^2}=\dfrac{n-1}{n}s^2.$$

设 $\hat{\theta}$ 是某个分布 $p(x,\theta)$ 的最大似然估计. 若 $g(\theta)$ 是定义在参数空间 $\Theta=\{\theta\}$ 上的一个函数. 如果 $g(\theta)$ 是严格单调增加（或下降）函数时,容易知道 $g(\hat{\theta})$ 是 $g(\theta)$ 的最大似然估计. 在一般场合,答案也是肯定的,下面不加证明地给出下述定理.

定理 9.8 （最大似然估计的不变原理） 设 $X\sim\varphi(x;\theta),\theta\in\Theta$,若 θ 的最大似然估计为 $\hat{\theta}$,则对任意函数 $\gamma=g(\theta)$,γ 的最大似然估计为 $\hat{\gamma}=g(\hat{\theta})$.

在一定条件下,最大似然估计具有渐近正态性,其渐近正态分布在大样本场合对构造置信区间和寻找检验统计量的拒绝域都有帮助.

注 9.1 本书中样本方差定义为 $s^2=\dfrac{1}{n-1}\sum_{i=1}^{n}(x_i-\bar{x})^2$,而有的教材中样本方差

定义为 $s_1^2=\dfrac{1}{n}\sum_{i=1}^{n}(x_i-\bar{x})^2$. 下面解释一下这两种定义的意义.

假设样本 $(X_1,X_2,\cdots,X_n)$ 来自期望、方差分别为 μ,σ^2 的总体 ξ.

（1）当 μ 已知时,计算得到数学期望为

$$E\left(\frac{1}{n}\sum_{i=1}^{n}(x_i-\mu)^2\right)=\sigma^2,$$

即 $\dfrac{1}{n}\sum\limits_{i=1}^{n}(x_i-\mu)^2$ 是 σ^2 的无偏估计.

（2）当 μ 未知时，样本均值 $\overline{X}$ 是数学期望 μ 的一致、有效、无偏估计，因此在 $\dfrac{1}{n}\sum\limits_{i=1}^{n}(x_i-\mu)^2$ 中用 $\overline{X}$ 代替期望 μ 得到 s_1^2. 计算得到 s_1^2 的期望为

$$E(s_1^2)=\frac{n-1}{n}\sigma^2.$$

另外，有

$$s_1^2=\frac{1}{n}\sum_{i=1}^{n}(x_i-\bar{x})^2=\frac{1}{n}\sum_{i=1}^{n}(x_i-\mu)^2-(\mu-\bar{x})^2,$$

因此除非 $\mu=\bar{x}$，否则 s_1^2 会低估了方差.

而容易计算得到

$$E(s^2)=\sigma^2,$$

即 s^2 是 σ^2 的无偏估计.

实际上，s^2 是 σ^2 的无偏、一致、渐近正态估计，而 s_1^2 是 σ^2 的一致、有偏估计，且为总体 ξ 服从正态总体时的方差 σ^2 的最大似然估计. 但是 s_1^2 是 σ^2 的比 s^2 更有效的估计. 无偏估计（unbiased estimation）比有偏估计（biased estimation）更好，是符合直觉的，当然有的统计学家认为让均方误差（mean square error）最小，即更有效，才更有意义. s_1^2, s^2 都是 σ^2 的一致估计，当样本容量 n 适当大时，两者差别很小.

9.3.3 贝叶斯估计

这一小节介绍贝叶斯统计学派的观点和贝叶斯估计的思想、方法、公式.

1. 贝叶斯统计学派的观点

统计学中有频率学派（又称经典学派）和贝叶斯学派两个主要学派. 为了说明它们之间的异同点，我们从统计推断中使用的三种信息说起.

（1）总体信息，即总体分布或总体所属分布族给我们的信息. 如"总体是正态分布"这句话就带来很多信息，如它的密度函数是一条钟形曲线、一切阶矩都存在、有许多成熟的基于正态分布的统计推断方法等. 总体信息是很重要的信息，为了获取此种信息往往耗资巨大，如我国为确认国产轴承寿命分布为韦伯（Weibull）分布前后花了五年时间.

（2）样本信息，即样本提供的信息，这是最"新鲜"的信息，并且越多越好，我们希望通过样本对总体分布或总体的某些特征作出较精确的统计推断. 没有样本，就没有统计学可言.

基于以上两种信息进行统计推断的统计学就称为**经典统计学**. 前述的矩估计、最大似然估计、最小方差无偏估计(即有效估计)等都属于经典统计学范畴. 然而还存在第三种信息——先验信息,它也可用于统计推断.

(3) 先验信息,即在抽样之前有关统计问题的一些信息. 一般来说,先验信息来源于经验和历史资料. 先验信息在日常生活和工作中是很重要的,人们自觉或不自觉地在使用它.

基于上述三种信息进行统计推断的统计学称为**贝叶斯统计学**. 贝叶斯统计学与经典统计学的差别就在于是否利用先验信息. 贝叶斯统计在重视使用总体信息和样本信息的同时,还注意先验信息的收集、挖掘和加工,使它数量化,形成先验分布,参加到统计推断中来,以提高统计推断的质量. 忽视先验信息的利用,有时是一种浪费,有时还会导出不合理的结论.

贝叶斯统计起源于英国学者贝叶斯(Bayes T. R.)死后发表的一篇论文《论有关机遇问题的求解》. 他在此文中提出了著名的贝叶斯公式和一种归纳推理的方法,被一些统计学家发展成一种系统的统计推断方法. 在 20 世纪 30 年代已形成贝叶斯学派,到五六十年代发展成一个有影响的统计学派,其影响还在日益扩大,打破了经典统计学一统天下的局面.

贝叶斯学派最基本的观点是:任一未知量都可看作随机变量,可用一个概率分布去描述,这个分布称为**先验分布**. 因为任一未知量都有不确定性,而在表述不确定性的程度时,概率与概率分布是最好的语言.

如今经典学派已经不反对未知量都可看作随机变量的观点,他们与贝叶斯学派的争论焦点是:如何利用各种先验信息合理地确定先验分布. 这在有些场合是容易解决的,但在很多场合是相当困难的. 这时应加强研究,发展贝叶斯统计.

2. 贝叶斯公式的密度函数形式

事件形式的贝叶斯公式在第八章第一节已有叙述,即公式(8.1.5). 这里用随机变量的密度函数再一次叙述贝叶斯公式,并从中介绍贝叶斯学派的一些具体想法.

(1) 依赖于参数的密度函数在经典统计中记为 $p(x;\theta)$,它表示参数空间 Θ 中不同的 θ 对应不同的分布. 在贝叶斯统计中应记为 $p(x|\theta)$,它表示在随机变量 θ 给定某个值时 ξ 的条件密度函数.

(2) 根据参数的先验信息确定先验分布 $\pi(\theta)$.

(3) 从贝叶斯观点看,样本 $x = (x_1, x_2, \cdots, x_n)$ 的产生要分两步进行. 首先设想从先验分布 $\pi(\theta)$ 产生一个样本 θ';然后从 $p(x|\theta')$ 中产生一个样本 $x = (x_1, x_2, \cdots, x_n)$,这时样本 x 的联合条件密度函数为

$$p(x|\theta') = p(x_1, x_2, \cdots, x_n|\theta') = \prod_{i=1}^{n} p(x_i|\theta'),$$

这个联合分布综合了总体信息和样本信息,又称为**似然函数**. 它与最大似然估计中的似然函数没有什么不同.

（4）由于 θ' 是设想出来的，仍然是未知的，它是按先验分布 $\pi(\theta)$ 产生的. 为把先验信息综合进去，不能只考虑 θ'，对 θ 的其他值发生的可能性也要加以考虑，故要用 $\pi(\theta)$ 进行综合. 这样样本 x 和参数 θ 的联合分布为

$$h(x,\theta) = p(x|\theta) \cdot \pi(\theta),$$

这个联合分布把三种可用信息都综合进去了.

（5）我们的任务是要对未知参数 θ 作统计推断. 在没有样本信息时，只能依据先验分布 $\pi(\theta)$ 对 θ 作出判断. 在有了样本观察值 $x = (x_1, x_2, \cdots, x_n)$ 之后，我们应依据 $h(x,\theta)$ 对 θ 作出推断. 若把 $h(x,\theta)$ 作如下分解，即

$$h(x,\theta) = \pi(\theta|x)m(x),$$

其中 $m(x)$ 是 X 的边际密度函数

$$m(x) = \int_{\Theta} h(x,\theta)\mathrm{d}\theta = \int_{\Theta} p(x|\theta)\pi(\theta)\mathrm{d}\theta,$$

它与 θ 无关，或者说 $m(x)$ 中不含 θ 的任何信息，其中 Θ 是参数 θ 所在的参数空间. 因此能用来对 θ 作出推断的仅是条件分布 $\pi(\theta|x)$，它的计算公式是

$$\pi(\theta|x) = \frac{h(x,\theta)}{m(x)} = \frac{p(x|\theta)\pi(\theta)}{\int_{\Theta} p(x|\theta)\pi(\theta)\mathrm{d}\theta}, \qquad (9.3.2)$$

这就是**贝叶斯公式的密度函数形式**. 这个条件分布称为 θ **的后验分布**，它集中了总体、样本和先验中有关 θ 的一切信息. 它也是用总体和样本对先验分布 $\pi(\theta)$ 作调整的结果，它要比 $\pi(\theta)$ 更接近 θ 的实际情况，从而使基于 $\pi(\theta|x)$ 对 θ 的推断可以得到改进.

式（9.3.2）是在 x 和 θ 都是连续随机变量场合下的贝叶斯公式. 其他场合下的贝叶斯公式也容易写出，譬如在 x 是离散随机变量和 θ 是连续随机变量时的贝叶斯公式如式（9.3.3）所示，而当 θ 为离散随机变量时的贝叶斯公式. 如式（9.3.4）和式（9.3.5）所示.

$$\pi(\theta|x_j) = \frac{p(x_j|\theta)\pi(\theta)}{\int_{\Theta} p(x_j|\theta)\pi(\theta)\mathrm{d}\theta}, \qquad (9.3.3)$$

$$\pi(\theta_i|x) = \frac{p(x|\theta_i)\pi(\theta_i)}{\sum_{k=1}^{n} p(x|\theta_k)\pi(\theta_k)}, \qquad (9.3.4)$$

$$\pi(\theta_i|x_j) = \frac{p(x_j|\theta_i)\pi(\theta_i)}{\sum_{k=1}^{n} p(x_j|\theta_k)\pi(\theta_k)}. \qquad (9.3.5)$$

3. 共轭先验分布

先验分布的确定在贝叶斯统计推断中是关键的一步，它会影响最后的贝叶斯统计推断结果. 先验分布的确定要根据先验信息（经验和历史资料），而且要在数学上处理方便. 在具体操作时，人们可首先假定先验分布来自数学上易于处理的一个分布族，然后再依据已有的先验信息从该分布族中挑选一个作为未知参数的先验分布. 先验分布

的确定现已有一些较为成熟的方法,具体有共轭先验分布、无信息先验分布、多层先验分布等.这里将详细介绍共轭先验分布.其他方法可参阅其他文献.

定义 9.21 设 θ 是某分布中的一个参数,$\pi(\theta)$ 是其先验分布.假如由抽样信息算得的后验分布 $\pi(\theta|x)$ 与 $\pi(\theta)$ 同属于一个分布族,则称 $\pi(\theta)$ 是 θ 的**共轭先验分布**.

从这个定义可以看出,共轭先验分布是对某一分布中的参数而言的,离开指定参数及其所在的分布谈论共轭先验分布是没有意义的.常用的共轭先验分布见表 9.1 中.

表 9.1 常用的共轭先验分布

总体分布	参数	共轭先验分布
二项分布	成功概率	β 分布
泊松分布	均值	Γ 分布
指数分布	均值倒数	Γ 分布
正态分布(方差已知)	均值	正态分布
正态分布(均值已知)	方差	倒 Γ 分布

注 9.2 若 $X \sim \mathrm{Ga}(\alpha,\lambda)$($\Gamma$ 分布),则 $\dfrac{1}{X}$ 的分布称为**倒伽马分布**.

共轭先验分布中常含有未知参数,先验分布中的未知参数称为**超参数**.在先验分布类型已定,但其中还含有超参数时,确定先验分布的问题就转化为估计超参数的问题.

4. 贝叶斯估计

后验分布 $\pi(\theta|x)$ 综合了总体分布 $p(x|\theta)$、样本 x 和先验分布 $\pi(\theta)$ 中有关 θ 的信息,要求 θ 的估计 $\hat{\theta}$,只需从 $\pi(\theta|x)$ 中合理提取信息即可.提取信息的常用方法是**后验均方误差准则**,即选择统计量

$$\hat{\theta} = \hat{\theta}(x_1, x_2, \cdots, x_n)$$

使得后验均方误差达到最小,即

$$\mathrm{MSE}(\hat{\theta}|x) \overset{\triangle}{=} E^{\theta|x}(\hat{\theta} - \theta)^2 = \min, \tag{9.3.6}$$

此估计 $\hat{\theta}$ 称为 θ 的**贝叶斯估计**,有时也记为 $\hat{\theta}_B$,其中 $E^{\theta|x}$ 表示用后验分布 $\pi(\theta|x)$ 求期望.

求解上式并不困难,由于

$$E^{\theta|x}(\hat{\theta} - \theta)^2$$
$$= \int_\Theta (\hat{\theta} - \theta)^2 \pi(\theta|x) \mathrm{d}\theta = \hat{\theta}^2 - 2\hat{\theta}\int_\Theta \theta\pi(\theta|x)\mathrm{d}\theta + \int_\Theta \theta^2 \pi(\theta|x)\mathrm{d}\theta$$
$$= \left(\hat{\theta} - \int_\Theta \theta\pi(\theta|x)\mathrm{d}\theta\right)^2 + \int_\Theta \theta^2\pi(\theta|x)\mathrm{d}\theta - \left(\int_\Theta \theta\pi(\theta|x)\mathrm{d}\theta\right)^2,$$

因此它取得最小值时，θ 的贝叶斯估计 $\hat{\theta}$ 为

$$\hat{\theta} = \int_{\Theta} \theta \pi(\theta \mid x) \, d\theta = E(\theta \mid x). \tag{9.3.7}$$

因此在均方误差准则下，θ 的贝叶斯估计 $\hat{\theta}$ 就是 θ 的后验期望 $E(\theta|x)$，此时最小后验均方误差就是后验方差 $\mathrm{var}(\theta|x)$，即

$$\mathrm{MSE}(\hat{\theta} \mid x) = \int_{\Theta} \theta^2 \pi(\theta \mid x) \, d\theta - \left(\int_{\Theta} \theta \pi(\theta \mid x) \, d\theta \right)^2 = \mathrm{var}(\theta \mid x).$$

根据后验均方误差的含义，这个后验方差可度量贝叶斯估计的误差大小。

类似可证，在已知后验分布为 $\pi(\theta|x)$ 时，参数函数 $g(\theta)$ 在均方误差下的贝叶斯估计为

$$\hat{g(\theta)} = E[g(\theta) \mid x]. \tag{9.3.8}$$

例 9.18 设 $(x_1, x_2, \cdots, x_n)$ 是正态总体 $N(\theta, \sigma^2)$ 的一个样本，其中 σ^2 已知，θ 为未知参数。

(1) 证明：均值 θ 的共轭先验分布是正态分布，并求 θ 的后验分布；

(2) 假如 θ 的先验分布为 $N(\mu, \tau^2)$（μ, τ^2 已知），试求 θ 的贝叶斯估计。

解：(1) 样本 x 的联合密度函数为

$$p(x \mid \theta) = \left(\frac{1}{\sqrt{2\pi}\sigma} \right)^n \exp\left\{ -\frac{1}{2\sigma^2} \sum_{i=1}^{n} (x_i - \theta)^2 \right\}, \quad x_1, x_2, \cdots, x_n \in \mathbb{R}.$$

再取另一正态分布 $N(\mu, \tau^2)$ 作为 θ 的先验分布，其中 μ, τ^2 已知，即

$$\pi(\theta) = \frac{1}{\sqrt{2\pi}\tau} \exp\left\{ -\frac{(\theta - \mu)^2}{2\tau^2} \right\}, \quad -\infty < \theta < \infty,$$

因此样本 x 和参数 θ 的联合密度函数为

$$h(x, \theta) = p(x \mid \theta) \pi(\theta)$$

$$= k_1 \exp\left\{ -\left[\frac{n\theta^2 - 2n\theta\bar{x} + \sum\limits_{i=1}^{n} x_i^2}{2\sigma^2} + \frac{\theta^2 - 2\mu\theta + \mu^2}{2\tau^2} \right] \right\}$$

$$= k_1 \exp\left\{ -\frac{(\theta - B/A)^2}{2/A} - \frac{1}{2}\left(C - \frac{B^2}{A} \right) \right\}, \qquad \text{①}$$

其中

$$k_1 = (2\pi)^{-\frac{n+1}{2}} \tau^{-1} \sigma^{-n}, \quad \bar{x} = \frac{1}{n} \sum_{i=1}^{n} x_i,$$

$$A = \frac{n}{\sigma^2} + \frac{1}{\tau^2}, \quad B = \frac{n}{\sigma^2}\bar{x} + \frac{1}{\tau^2}\mu, \quad C = \frac{\sum\limits_{i=1}^{n} x_i^2}{\sigma^2} + \frac{\mu^2}{\tau^2}.$$

求得 x 的边际分布为

$$m(x) = \int_{-\infty}^{\infty} h(x, \theta) \, d\theta = k_1 \cdot \exp\left\{ -\frac{1}{2}\left(C - \frac{B^2}{A} \right) \right\} \cdot \left(\frac{2\pi}{A} \right)^{\frac{1}{2}}. \qquad \text{②}$$

① ②两式相除即得 θ 的后验分布为

$$\pi(\theta|x) = \frac{h(x,\theta)}{m(x)} = \left(\frac{2\pi}{A}\right)^{-\frac{1}{2}} \cdot \exp\left\{-\frac{(\theta - B/A)^2}{2/A}\right\}.$$

这是正态分布,它的期望和方差分别为

$$E(\theta|x) \overset{\triangle}{=\!=} \mu_1 = \frac{B}{A} = \frac{n\sigma^{-2}\bar{x} + \tau^{-2}\mu}{n\sigma^{-2} + \tau^{-2}}, \qquad ③$$

$$D(\theta|x) \overset{\triangle}{=\!=} \sigma_1^2 = \frac{1}{A} = (n\sigma^{-2} + \tau^{-2})^{-1}. \qquad ④$$

(2) 假设正态分布 $N(\mu, \tau^2)$ 是正态均值 θ 的共轭先验分布. 给定样本 $x = (x_1, x_2, \cdots, x_n)$ 时, θ 的后验分布为 $N(\mu_1, \sigma_1^2)$, 其中 μ_1, σ_1^2 如③④两式所示, μ_1 为后验分布的期望, 故 θ 的贝叶斯估计为

$$\hat{\theta} = E(\theta|x) = \mu_1 = \frac{n\sigma^{-2}\bar{x} + \tau^{-2}\mu}{n\sigma^{-2} + \tau^{-2}}.$$

若记 $r_n = \dfrac{n\sigma^{-2}}{n\sigma^{-2} + \tau^{-2}}$, 则上述贝叶斯估计可改写为如下加权平均, 即

$$\hat{\theta} = r_n\bar{x} + (1 - r_n)\mu.$$

9.3.4 参数的区间估计

用点估计来估计总体参数, 估计值一般不是参数的真实值, 点估计不能明确估计的精度和可靠度, 但这些问题在样本容量较小时显得尤为重要, 这就是参数的区间估计要解决的问题. 它的具体做法是找两个统计量, 即

$$\hat{\theta}_1 = \hat{\theta}_1(X_1, X_2, \cdots, X_n), \hat{\theta}_2 = \hat{\theta}_2(X_1, X_2, \cdots, X_n),$$

使得对给定的 $\alpha \in (0, 1)$, 有

$$P\left(\theta \in (\hat{\theta}_1, \hat{\theta}_2)\right) = 1 - \alpha,$$

其中区间 $(\hat{\theta}_1, \hat{\theta}_2)$ 称为**置信区间**, $\hat{\theta}_1, \hat{\theta}_2$ 称为**置信下限**和**置信上限**, $1 - \alpha$ 称为 置信度. α 根据具体情况确定, 常取 $\alpha = 0.1, 0.05, 0.01$ 等. 由于 θ 是一个完全确定的数(但未知), 而 $(\hat{\theta}_1, \hat{\theta}_2)$ 是随机区间, 故上式的含义是: 随机区间 $(\hat{\theta}_1, \hat{\theta}_2)$ 包含 θ 的概率为 $1 - \alpha$.

1. 单个正态总体参数的区间估计

设 $(X_1, X_2, \cdots, X_n)$ 是取自正态总体 $N(\mu, \sigma^2)$ 的样本, 样本均值为 $\bar{X}$, 样本方差为 S^2. 考虑下述 3 种情形下的问题:

(1) σ^2 已知时, 求 μ 的置信区间.

由抽样分布知, 有

$$U = \frac{\bar{X} - \mu}{\sigma/\sqrt{n}} \sim N(0, 1).$$

对给定的 $\alpha \in (0, 1)$, 因为

$$F(x) = \int_{-\infty}^{x} \frac{1}{\sqrt{2\pi}} e^{\frac{-t^2}{2}} dt = \int_{-\infty}^{0} \frac{1}{\sqrt{2\pi}} e^{\frac{-t^2}{2}} dt + \int_{0}^{x} \frac{1}{\sqrt{2\pi}} e^{\frac{-t^2}{2}} dt$$

$$= 0.5 + \Phi(x) = 1 - \alpha,$$

$$\Phi(x) = 1 - 0.5 - \alpha = 0.5 - \alpha.$$

查标准正态分布概率分布表,可得到值 $u_{\frac{\alpha}{2}}$,使得 $\Phi(u_{\frac{\alpha}{2}}) = 0.5 - \frac{\alpha}{2}$. 因此

$$P(-u_{\frac{\alpha}{2}} < U < u_{\frac{\alpha}{2}}) = 1 - \alpha,$$

$$P\left(\overline{X} - \frac{\sigma}{\sqrt{n}} u_{\frac{\alpha}{2}} < \mu < \overline{X} + \frac{\sigma}{\sqrt{n}} u_{\frac{\alpha}{2}}\right) = 1 - \alpha,$$

所以 μ 的置信区间为 $\left(\overline{X} - \frac{\sigma}{\sqrt{n}} u_{\frac{\alpha}{2}}, \overline{X} + \frac{\sigma}{\sqrt{n}} u_{\frac{\alpha}{2}}\right)$.

(2) σ^2 未知时,求 μ 的置信区间.

由抽样分布知,有

$$T = \frac{\overline{X} - \mu}{S/\sqrt{n}} \sim t(n-1).$$

对给定的 $\alpha \in (0,1)$,查 t 分布表格,得到值 $t_{\frac{\alpha}{2}}(n-1)$,使得

$$P\left(-t_{\frac{\alpha}{2}}(n-1) < T = \frac{\overline{X} - \mu}{S/\sqrt{n}} < t_{\frac{\alpha}{2}}(n-1)\right) = 1 - \alpha,$$

即得到 μ 的置信区间为 $\left(\overline{X} - \frac{S}{\sqrt{n}} t_{\frac{\alpha}{2}}(n-1), \overline{X} + \frac{S}{\sqrt{n}} t_{\frac{\alpha}{2}}(n-1)\right)$.

(3) 求 σ^2 的置信区间.

由抽样分布知,有

$$\chi^2 = \frac{(n-1)S^2}{\sigma^2} \sim \chi^2(n-1).$$

给定 $\alpha \in (0,1)$,查 χ^2 分布表格,得到值 $\chi^2_{1-\frac{\alpha}{2}}(n-1)$ 与 $\chi^2_{\frac{\alpha}{2}}(n-1)$,使得

$$P(\chi^2 > \chi^2_{1-\frac{\alpha}{2}}(n-1)) = 1 - \frac{\alpha}{2}, P(\chi^2 > \chi^2_{\frac{\alpha}{2}}(n-1)) = \frac{\alpha}{2}.$$

从而 $P\left(\chi^2_{1-\frac{\alpha}{2}}(n-1) < \chi^2 = \frac{(n-1)S^2}{\sigma^2} < \chi^2_{\frac{\alpha}{2}}(n-1)\right) = 1 - \alpha.$ 求得 σ^2 的置信区

间为 $\left(\dfrac{(n-1)S^2}{\chi^2_{\frac{\alpha}{2}}(n-1)}, \dfrac{(n-1)S^2}{\chi^2_{1-\frac{\alpha}{2}}(n-1)}\right)$.

2. 两个正态总体参数的区间估计

样本 $(X_1, X_2, \cdots, X_n)$ 和 $(Y_1, Y_2, \cdots, Y_n)$ 分别取自正态总体 $N(\mu_1, \sigma_1^2), N(\mu_2, \sigma_2^2)$,
样本均值分别为 $\overline{x}, \overline{y}$,样本方差分别为 s_1^2, s_2^2. 考虑下述两种情形下的区间估计问题.

（1）已知 $\sigma_1^2 = \sigma_2^2 \overset{\triangle}{=\!=} \sigma^2$，求 $\mu_1 - \mu_2$ 的置信区间．

由抽样分布知，有

$$T = \sqrt{\frac{n_1 \cdot n_2(n_1 + n_2 - 2)}{n_1 + n_2}} \cdot \frac{(\bar{x} - \bar{y}) - (\mu_1 - \mu_2)}{\sqrt{(n_1 - 1)s_1^2 + (n_2 - 1)s_2^2}} \sim t(n_1 + n_2 - 2),$$

对给定的 $\alpha \in (0,1)$，查 t 分布表格，得到值 $t_{\frac{\alpha}{2}}(n_1 + n_2 - 2)$，使得

$$P(|T| < t_{\frac{\alpha}{2}}(n_1 + n_2 - 2)) = 1 - \alpha.$$

得到 $\mu_1 - \mu_2$ 的置信区间为

$$(\bar{x} - \bar{y} - t_{\frac{\alpha}{2}}(n_1 + n_2 - 2)s_w, \bar{x} - \bar{y} + t_{\frac{\alpha}{2}}(n_1 + n_2 - 2)s_w),$$

其中 $s_w = \sqrt{\dfrac{n_1 + n_2}{n_1 \cdot n_2(n_1 + n_2 - 2)}} \cdot \sqrt{(n_1 - 1)s_1^2 + (n_2 - 1)s_2^2}$．

（2）求 σ_1^2 / σ_2^2 的置信区间．

由抽样分布知，$F = \dfrac{s_1^2 \cdot \sigma_2^2}{s_2^2 \cdot \sigma_1^2} \sim F(n_1 - 1, n_2 - 1)$．对给定的 $\alpha \in (0,1)$，查 F 分布表格，得到值 $F_{\frac{\alpha}{2}}(n_1 - 1, n_2 - 1)$，$F_{\frac{\alpha}{2}}(n_2 - 1, n_1 - 1)$，再由 F 分布的性质得到

$$F_{1 - \frac{\alpha}{2}}(n_1 - 1, n_2 - 1) = \frac{1}{F_{\frac{\alpha}{2}}(n_2 - 1, n_1 - 1)},$$ 使得

$$P(F_{1 - \frac{\alpha}{2}}(n_1 - 1, n_2 - 1) < F < F_{\frac{\alpha}{2}}(n_1 - 1, n_2 - 1)) = 1 - \alpha,$$

所以得到 $\dfrac{\sigma_1^2}{\sigma_2^2}$ 的置信区间为

$$\left(\frac{s_1^2}{s_2^2} \cdot \frac{1}{F_{\frac{\alpha}{2}}(n_1 - 1, n_2 - 1)}, \frac{s_1^2}{s_2^2} \cdot \frac{1}{F_{1 - \frac{\alpha}{2}}(n_1 - 1, n_2 - 1)}\right)$$

$$= \left(\frac{s_1^2}{s_2^2} \cdot \frac{1}{F_{\frac{\alpha}{2}}(n_1 - 1, n_2 - 1)}, \frac{s_1^2}{s_2^2} \cdot F_{\frac{\alpha}{2}}(n_2 - 1, n_1 - 1)\right).$$

3. 大样本区间估计

对于非正态分布，精确的抽样分布通常很难找到．

对未知参数进行估计，可利用中心极限定理来处理．如李雅普诺夫(Lyapunov)中心极限定理表明，在较宽的条件下，不是正态分布的一般总体 $\xi(E\xi = \mu, D\xi = \sigma^2)$，当样本容量 n 很大时，样本均值 $\bar{x} = \dfrac{1}{n}\sum_{i=1}^{n} x_i$ 渐近地服从正态分布 $N(\mu, \sigma^2/n)$，且 n 越大近似性越好．实际问题中，$n > 30$ 即可．因此当 n 充分大时，近似地 $\bar{x} \sim N(\mu, \sigma^2/n)$，$U = \dfrac{\bar{x} - \mu}{\sigma / \sqrt{n}} \sim N(0,1)$．对给定的 $\alpha \in (0,1)$，查标准正态分布表格，得到值 $u_{\frac{\alpha}{2}}$，使得 $P(|U| < u_{\frac{\alpha}{2}}) \approx 1 - \alpha$，得到 μ 的置信区间为 $\left(\bar{x} - \dfrac{\sigma}{\sqrt{n}}u_{\frac{\alpha}{2}}, \bar{x} + \dfrac{\sigma}{\sqrt{n}}u_{\frac{\alpha}{2}}\right)$，置信度近似为 $1 - \alpha$．

如果标准差 σ 未知,可用样本标准差 s 代替总体方差 σ,类似得到 μ 的置信区间为 $\left(\overline{x} - \dfrac{s}{\sqrt{n}} u_{\frac{\alpha}{2}}, \overline{x} + \dfrac{s}{\sqrt{n}} u_{\frac{\alpha}{2}} \right)$,置信度近似为 $1 - \alpha$.

对未知参数进行估计,也可利用最大似然估计. 在最大似然估计场合,密度函数 $\varphi(x;\theta)$ 中的参数 θ 常有一系列估计量 $\widehat{\theta}_n = \widehat{\theta}_n(x_1, x_2, \cdots, x_n)$,并有渐近正态分布 $N(\theta, \sigma_n^2(\theta))$,其中 $\sigma_n^2(\theta)$ 是 n, θ 的函数. 在很一般的条件下,$\widehat{\theta}_n$ 的渐近方差可用总体分布的费希尔信息量 $I(\theta)$ 算得,即

$$\sigma_n^2(\theta) = \left[nI(\theta) \right]^{-1}, I(\theta) = E_\theta \left(\frac{\partial}{\partial \theta} \ln \varphi(x;\theta) \right)^2 = -E_\theta \left(\frac{\partial^2}{\partial \theta^2} \ln \varphi(x;\theta) \right).$$

由此得到

$$\frac{\widehat{\theta}_n - \theta}{\sigma_n(\theta)} \xrightarrow{L} N(0,1), n \to \infty.$$

在一般场合,由于最大似然估计 $\widehat{\theta}_n$ 还是 θ 的一致估计,若用最大似然估计 $\widehat{\theta}_n$ 代替 $\sigma_n(\theta)$ 中的 θ,上式仍然成立,即

$$\frac{\widehat{\theta}_n - \theta}{\sigma_n(\widehat{\theta}_n)} \xrightarrow{L} N(0,1), n \to \infty.$$

对给定的置信水平 $1 - \alpha (\alpha \in (0,1))$,查标准正态分布表,有

$$P \left(-u_{\frac{\alpha}{2}} < \frac{\widehat{\theta}_n - \theta}{\sigma_n(\widehat{\theta}_n)} < u_{\frac{\alpha}{2}} \right) = 1 - \alpha,$$

得到 θ 的(近似)置信区间是 $\left(\widehat{\theta}_n - u_{\frac{\alpha}{2}} \sigma_n(\widehat{\theta}_n), \widehat{\theta}_n + u_{\frac{\alpha}{2}} \sigma_n(\widehat{\theta}_n) \right)$,置信度近似为 $1 - \alpha$.

4. 贝叶斯区间估计

若 θ 为连续随机变量,在得到参数 θ 的后验分布 $\pi(\theta|x)$ 后,给定置信水平 $1 - \alpha$,立即可找到区间 $[a, b]$,使得

$$P(a \leqslant \theta \leqslant b | x) = 1 - \alpha.$$

区间 $[a, b]$ 就是 θ 的 **贝叶斯置信区间**.

若 θ 为离散型随机变量,对给定的概率水平 $1 - \alpha$,满足 $P(a \leqslant \theta \leqslant b | x) = 1 - \alpha$ 的区间 $[a, b]$ 不一定存在,因此放大左端的概率,即寻找区间

$$P(a \leqslant \theta \leqslant b | x) > 1 - \alpha.$$

区间 $[a, b]$ 也称为 θ 的 **贝叶斯置信区间**.

对给定的置信水平 $1 - \alpha$,从参数 θ 的后验分布 $\pi(\theta|x)$ 获得的置信区间不是唯一的. 通常使用等尾置信区间,即 $P\{\theta < a\} = P\{\theta > b\} = \dfrac{\alpha}{2}$(或 $P\{\theta < a\} = P\{\theta > b\} < \dfrac{\alpha}{2}$). 但等尾置信区间也不是最理想的,最理想的置信区间应该是区间长度为最短的,

这只需要将具有最大后验密度的点都包含在区间内,而使区间外的点上的后验密度函数值不超过区间内的后验密度函数值,这样的区间称为最大后验密度置信区间.它的一般定义如下.

定义 9.22 设参数 θ 的后验分布 $\pi(\theta|x)$,对给定的概率 $1 - \alpha (\alpha \in (0,1))$,若在 θ 的直线上存在子集 C,满足:

(1) $P(C|x) = 1 - \alpha$;

(2) 对任给的 $\theta_1 \in C, \theta_2 \notin C$,总有 $\pi(\theta_1|x) \geqslant \pi(\theta_2|x)$,

则称集合 C 为 θ 的(置信水平为)$1 - \alpha$ **最大后验密度置信集**.若 C 是区间,则称 C 为 $1 - \alpha$ **最大后验密度置信区间**.

定义只对后验密度函数而言,当 θ 为离散型随机变量时,最大后验密度置信集很难实现.

9.4 假设检验

这一节我们首先介绍假设检验的基本思想,然后介绍正态总体的参数的假设检验,最后介绍抽样分布的假设检验,如正态性检验、连续分布的科莫哥洛夫(Kolmogorov)检验、二维列联表的 χ^2 独立性检验、线性相关的一元回归分析和相关性检验等.

9.4.1 假设检验的基本思想

在现实问题中,总体的分布类型一般很难事先知道,需要根据样本来推断总体的有关信息.方法是:先对总体的分布类型或总体分布中的某些参数作出某些假设,然后根据样本(观察值),在一定的可靠度下作出拒绝或接受所作假设的结论.把所作的假设用 H_0 表示,称为**原假设**或**零假设**.这个过程称为**假设检验**.

若总体类型已知,仅仅涉及总体分布中的未知参数的统计假设,称为**参数假设**;若总体分布类型未知,对总体分布类型或其他的某些特性提出统计假设,称为**非参数假设**.

假设检验的基本思想是以**小概率原理**作为拒绝假设 H_0 的依据.小概率原理是说:若事件 A 发生的概率 $p \in (0,1)$ 很小,根据大数定律,在大量重复独立试验中,事件 A 发生的频率也很小.因此在一次试验中 A 实际上不大可能发生,这样的事件称为**实际不可能事件**.概率统计中,人们规定一个界限 $\alpha \in (0,1)$,把概率不超过 α 的事件认为是实际不可能事件.检验假设 H_0 的方法就是:先假设 H_0 是正确的,然后构造一个与 H_0 有关,概率不超过 α 的小概率事件 A.若经过一次试验(抽样),事件 A 发生了,自然就怀疑 H_0 的准确性,因而拒绝(否定)H_0;否则就不能拒绝(否定)H_0.此时一般就要接受 H_0,除非进一步研究表明应该拒绝它.其中的 α 称为**显著性水平**(或**检验标准**),它一般很小,为了查表的方便,常常选取 $\alpha = 0.10, 0.05, 0.01$ 等.

对于假设检验问题,由于样本抽取的随机性,拒绝 H_0 或接受 H_0 都不会绝对正确,有可能有"弃真"和"取误"两种错误.一般地,当样本容量固定时,建立犯两种错误的概率都很小的检验方法是不存在的.通常先固定犯"弃真"错误的概率,然后再考虑如何减少犯"取误"错误的概率.这是**最优势检验问题**,限于篇幅本书不予以介绍.

9.4.2 正态总体参数的假设检验

本节只详细介绍单个正态总体数学期望的假设检验问题.其他的假设检验问题仅将结果罗列出来.

设$(X_1,X_2,\cdots,X_n)$是取自正态总体$N(\mu,\sigma^2)$的样本,样本均值为$\bar{x}$,样本方差为s^2,μ_0,σ_0为已知常数,$\sigma>0$.

已知$\sigma^2=\sigma_0^2$,**检验假设**$H_0:\mu=\mu_0$:假设H_0成立时,由抽样分布知统计量$U=\dfrac{\bar{x}-\mu_0}{\sigma_0/\sqrt{n}}\sim N(0,1)$.对给定的显著性水平$\alpha\in(0,1)$,查标准正态分布的概率分布表格,

得到$u_{\frac{\alpha}{2}}$,使得$P(U<u_{\frac{\alpha}{2}})=1-\dfrac{\alpha}{2}$,即得$P(|U|\geqslant u_{\frac{\alpha}{2}})=\alpha$.这说明事件$A=(|U|\geqslant u_{\frac{\alpha}{2}})$是小概率事件.将样本值代入,算出$U$值.如果$|U|\geqslant u_{\frac{\alpha}{2}}$,这说明在一次试验中,小概率事件$A$发生了,由小概率原理,拒绝假设$H_0$;否则接受$H_0$.这种方法称为$U$**检验法**.

下面列出各种情形的假设检验问题的讨论结果.

情形1 $\xi\sim N(\mu,\sigma^2),\sigma^2=\sigma_0^2$ **已知**.由抽样分布知,$U=\dfrac{\bar{x}-\mu_0}{\sigma_0/\sqrt{n}}\sim N(0,1)$,用$U$检验法,得到下述结果:

假设H_0	$\mu=\mu_0$	$\mu\leqslant\mu_0$	$\mu\geqslant\mu_0$
拒绝域	$\|U\|\geqslant u_{\frac{\alpha}{2}}$	$U\geqslant u_\alpha$	$U\leqslant-u_\alpha$

情形2 $\xi\sim N(\mu,\sigma^2),\sigma^2$ **未知**.由抽样分布知,$T=\dfrac{\bar{x}-\mu_0}{s/\sqrt{n}}\sim t(n-1)$,用$T$检验法,得到下述结果:

假设H_0	$\mu=\mu_0$	$\mu\leqslant\mu_0$	$\mu\geqslant\mu_0$
拒绝域	$\|T\|\geqslant t_{\frac{\alpha}{2}}(n-1)$	$T\geqslant t_\alpha(n-1)$	$T\leqslant-t_\alpha(n-1)$

情形3 $\xi\sim N(\mu,\sigma^2),\mu$ **未知**.由抽样分布知$\chi^2=\dfrac{(n-1)s^2}{\sigma_0^2}\sim\chi^2(n-1)$,用$\chi^2$检验法,得到下述结果:

假设H_0	$\sigma^2=\sigma_0^2$	$\sigma^2\leqslant\sigma_0^2$	$\sigma^2\geqslant\sigma_0^2$
拒绝域	$\chi^2\leqslant\chi^2_{1-\frac{\alpha}{2}}(n-1)$ 或 $\chi^2\geqslant\chi^2_{\frac{\alpha}{2}}(n-1)$	$\chi^2\geqslant\chi^2_\alpha(n-1)$	$\chi^2\leqslant\chi^2_{1-\alpha}(n-1)$

情形 4　$\xi \sim N(\mu_1, \sigma_1^2), \eta \sim N(\mu_2, \sigma_2^2), \sigma_1^2 = \sigma_2^2 = \sigma^2$ **未知.** 由抽样分布知, $T = \dfrac{\overline{X} - \overline{Y}}{S_w} \sim$

$t(n_1 + n_2 - 2)$, 其中 $S_w = \sqrt{\dfrac{n_1 + n_2}{n_1 \cdot n_2(n_1 + n_2 - 2)}} \cdot \sqrt{(n_1 - 1)s_1^2 + (n_2 - 1)s_2^2}$, 用 T 检验

法, 得到下述结果:

假设H_0	$\mu_1 = \mu_2$	$\mu_1 \leqslant \mu_2$	$\mu_1 \geqslant \mu_2$
拒绝域	$\lvert T \rvert \geqslant t_{\frac{\alpha}{2}}(n_1 + n_2 - 2)$	$T \geqslant t_\alpha(n_1 + n_2 - 2)$	$T \leqslant -t_\alpha(n_1 + n_2 - 2)$

情形 5　$\xi \sim N(\mu_1, \sigma_1^2), \eta \sim N(\mu_2, \sigma_2^2), \mu_1, \mu_2$ **未知.** 由抽样分布知, $F = \dfrac{s_1^2}{s_2^2} \sim$

$F(n_1 - 1, n_2 - 1)$, 用 F 检验法, 得到下述结果:

假设H_0	$\sigma_1^2 = \sigma_2^2$
拒绝域	$F \leqslant F_{1-\frac{\alpha}{2}}(n_1 - 1, n_2 - 1)$ 或 $F \geqslant F_{\frac{\alpha}{2}}(n_1 - 1, n_2 - 1)$
假设H_0	$\sigma_1^2 \leqslant \sigma_2^2$
拒绝域	$F \geqslant F_\alpha(n_1 - 1, n_2 - 1)$
假设H_0	$\sigma_1^2 \geqslant \sigma_2^2$
拒绝域	$F \leqslant F_{1-\alpha}(n_1 - 1, n_2 - 1)$

9.4.3　抽样分布的假设检验

设 $(X_1, X_2, \cdots, X_n)$ 是来自总体 ξ 的样本, 可对总体 ξ 的分布提出如下假设, 即

$$H_0: X \text{ 的分布为 } F(x) = F_0(x),$$

其中 $F_0(x)$ 可以是一个完全已知的分布, 也可以是含有若干未知参数的已知分布, 这类检验问题统称为**分布的检验问题**. 这类问题很重要, 是统计推断的基础性工作. 明确了总体分布或其类型就可进一步做深入的统计推断.

分布的检验问题一般只给出原假设 H_0, 因为它涉及的备选假设很多, 如 $F_0(x)$ 是正态分布, 那么一切非正态分布都可以作为备择假设.

这一节将先介绍正态分布的检验问题, 然后介绍一般分布的检验问题.

1. 正态性检验

对一个样本是否来自正态分布的检验称为**正态性检验**, 即原假设为

$$H_0: \text{样本来自正态分布},$$

检验观察值是否偏离正态性.

经过国内外许多人多次用随机模拟法对很多统计学家提出的几十种正态性检验的定量方法进行比较,筛选出如下两种正态性检验:

- 夏皮洛 – 威尔克(Shapiro-Wilk)检验($8 \leqslant n \leqslant 50$);
- 爱泼斯 – 普利(Epps-Pully)检验($n \geqslant 8$).

这两个检验方法对检验各种非正态分布偏离正态性较为有效,已被国际标准化组织(ISO)认可,形成国际标准.注意这两种方法在样本容量 $n < 8$ 时都是无效的.

(1) 夏皮洛 – 威尔克检验(简称 W 检验)

设原假设为

$$H_0 : \xi \sim N(\mu, \sigma^2).$$

假设 H_0 为真时,样本($x_1, x_2, \cdots, x_n$)的次序统计量为 $x_{(1)} \leqslant x_{(2)} \leqslant \cdots \leqslant x_{(n)}$,记 $u_{(i)} = \dfrac{x_{(i)} - \mu}{\sigma}$,则($u_{(1)}, u_{(2)}, \cdots, u_{(n)}$)为来自标准正态分布 $N(0,1)$ 的次序统计量.有如下关系,即

$$x_{(i)} = \mu + \sigma \cdot u_{(i)}, i = 1, 2, \cdots, n.$$

若把 $u_{(i)}$ 用期望 $m_i = E(u_{(i)})$ 代替,会引起误差,误差记为 ε_i,则上式可改为

$$x_{(i)} = \mu + \sigma \cdot m_{(i)} + \varepsilon_i, i = 1, 2, \cdots, n,$$

这是一元线性回归模型.

期望 $m_i = E(u_{(i)})$,则 m_i 满足

$$m_i = -m_{n+1-i}, i = 1, 2, \cdots, n, \overline{m} = \frac{1}{n} \sum_{i=1}^{n} m_i = 0.$$

只考察 $x_{(i)}, m_i$ 间的线性相关性,线性相关程度可用其样本相关系数 r 的平方来度量,即

$$r^2 = \frac{\left[\sum\limits_{i=1}^{n} (x_{(i)} - \overline{x})(m_i - \overline{m}) \right]^2}{\sum\limits_{i=1}^{n} (x_{(i)} - \overline{x})^2 \cdot \sum\limits_{i=1}^{n} (m_i - \overline{m})^2},$$

若 r^2 越接近 1,$x = (x_{(1)}, x_{(2)}, \cdots, x_{(n)})^{\mathrm{T}}$ 与 $m = (m_1, m_2, \cdots, m_n)^{\mathrm{T}}$ 间的线性关系越密切.所以此方法的统计量定为

$$W = \frac{\left[\sum\limits_{i=1}^{n} (x_{(i)} - \overline{x})(a_i - \overline{a}) \right]^2}{\sum\limits_{i=1}^{n} (x_{(i)} - \overline{x})^2 \sum\limits_{i=1}^{n} (a_i - \overline{a})^2} = \frac{\left[\sum\limits_{i=1}^{n} a_i x_{(i)} \right]^2}{\sum\limits_{i=1}^{n} (x_{(i)} - \overline{x})^2},$$

其中 $\overline{a} = \dfrac{1}{n} \sum\limits_{i=1}^{n} a_i$,系数 $a' = (a_1, a_2, \cdots, a_n)$ 满足

$$a_i = -a_{n+1-i}, i = 1, 2, \cdots, n, a_1 + a_2 + \cdots + a_n = 0, a'a = 1.$$

W 实际是 n 个数对(x_1, a_1),(x_2, a_2),$\cdots$,(x_n, a_n)间的相关系数的平方,故取值在 $[0,1]$ 上.

假设 H_0 为真时,x 与 m 呈正相关,研究表明,m 与 a 亦呈正相关,从而 x 与 a 也呈正相关,且 W 越小越倾向于拒绝正态分布假设. 在给定显著性水平 $\alpha \in (0,1)$ 下,W 检验的拒绝域为

$$\{W \leqslant W_\alpha\},$$

其中 $P(W \leqslant W_\alpha) = \alpha$,$W_\alpha$ 称为 W 分布的 α – 分位数,可查表得到.

由 $a_i = -a_{n+1-i}$,检验统计量 W 的计算还可简化为

$$W = \frac{\left[\sum\limits_{i=1}^{[n/2]} a_i(x_{(n+1-i)} - x_{(i)})\right]^2}{\sum\limits_{i=1}^{n}(x_{(i)} - \bar{x})^2},$$

其中系数表 $a_1, a_2, \cdots, a_{[n/2]}(n \leqslant 50)$ 的数值已用随机模拟法编织成表.

(2) 爱泼斯 – 普利检验(简称 EP 检验)

此检验法对 $n \geqslant 8$ 都可使用,它是利用样本的特征函数与正态分布特征函数之差的模的平方产生的一个加权积分形成的. 原假设为

$$H_0:\text{总体是正态分布}.$$

设样本的观察值为 $(x_1, x_2, \cdots, x_n)$,样本均值为 $\bar{x}$,记 $m_2 = \dfrac{1}{n}\sum\limits_{i=1}^{n}(x_i - \bar{x})^2$,则检验统计量为

$$T_{EP} = 1 + \frac{n}{\sqrt{3}} + \frac{2}{n}\sum_{k=2}^{n}\sum_{j=1}^{k-1}\exp\left\{-\frac{(x_j - x_k)^2}{2m_2}\right\} - \sqrt{2}\sum_{j=1}^{n}\exp\left\{-\frac{(x_j - \bar{x})^2}{4m_2}\right\}.$$

对给定显著性水平 $\alpha \in (0,1)$,EP 检验的拒绝域为

$$W = \{T_{EP} \geqslant T_{EP,1-\alpha}(n)\},$$

临界值 $T_{EP,1-\alpha}(n)$ 满足 $P(T_{EP} \geqslant T_{EP,1-\alpha}(n)) = \alpha$,可以查表得到,由于 $n = 200$ 时,T_{EP} 的分位数已非常接近 $n = \infty$ 的分位数,故 $n > 200$ 时,T_{EP} 的分位数可以用 200 时的分位数代替. 此统计量的计算较为复杂,在大样本时可以通过编写程序来完成.

2. 连续分布的科莫哥洛夫检验

设 $(X_1, X_2, \cdots, X_n)$ 是来自某连续总体 ξ(分布函数为 $F(x)$)的样本,要检验的原假设为

$$H_0:X \text{ 的分布函数为 } F(x) = F_0(x),$$

其中 $F_0(x)$ 是一个已知的特定连续分布函数,且不含任何未知参数.

总体分布函数 $F(x)$ 与经验分布函数 $F_n(x)$(见 9.1.2 节)的最大距离定义为统计量

$$D_n = \sup_{-\infty < x < \infty} |F(x) - F_n(x)|.$$

格里汶科定理(定理 9.1)表明,D_n 几乎处处以概率 1 趋于零. 苏联数学家科莫哥洛夫(Kolmogorov)在 1933 年进一步得到了 D_n 的精确分布和渐近分布.

定理 9.9 (科莫哥洛夫定理)设理论分布 $F_0(x)$ 是连续分布函数,且不含任何未知参数,则在原假设 H_0 为真时,有

$$P\left\{D_n \leqslant \lambda + \frac{1}{2n}\right\}$$

$$= \begin{cases} 0, & \lambda \in (-\infty, 0], \\ \int_{\frac{1}{2n}-\lambda}^{\frac{1}{2n}+\lambda} \int_{\frac{3}{2n}-\lambda}^{\frac{3}{2n}+\lambda} \cdots \int_{\frac{2n-1}{2n}-\lambda}^{\frac{2n-1}{2n}+\lambda} f(y_1, \cdots, y_n) \mathrm{d}y_1 \cdots \mathrm{d}y_n, & \lambda \in \left(0, \frac{2n-1}{2n}\right], \\ 1, & \lambda \in \left(\frac{2n-1}{2n}, \infty\right), \end{cases}$$

其中

$$f(y_1, \cdots, y_n) = \begin{cases} n!, & 0 < y_1 < \cdots < y_n < 1, \\ 0, & \text{其他.} \end{cases}$$

该定理只要求 $F_0(x)$ 是连续分布函数,定理中给出的 D_n 的精确分布与 $F_0(x)$ 的具体形式无关,只与样本容量 n 有关. 对给定的显著性水平 $\alpha \in (0,1)$,用定理中给出的精确分布定出 D_n 分布的上侧分位数 $D_{n,\alpha}$,使得

$$P(D_n \geqslant D_{n,\alpha}) = \alpha,$$

即 $P(D_n < D_{n,\alpha}) = 1 - \alpha$,

对 $n \leqslant 100, D_{n,\alpha}$ 可编制成表. 对原假设 H_0 作检验时的拒绝域为

$$W = \{D_n \geqslant D_{n,\alpha}\}.$$

当 $n > 100$ 时,D_n 的分位数 $D_{n,\alpha}$ 的计算已经非常烦琐,这时可用科莫哥洛夫对 D_n 给出的渐近分布算得 H_0 的拒绝域.

定理 9.10 (科莫哥洛夫定理) 设理论分布 $F_0(x)$ 是连续分布函数,且不含任何未知参数,则在原假设 H_0 为真,且 n 趋于无穷时,

$$P(\sqrt{n} \cdot D_n < \lambda) \to K(\lambda) = \begin{cases} \sum_{j=-\infty}^{\infty} (-1)^j \cdot \exp(-2j^2\lambda^2), & \lambda > 0, \\ 0, & \lambda < 0. \end{cases}$$

这个定理给出最大距离 D_n 的渐近分布函数 $K(\lambda)$,其中 $F_n(x)$ 是样本的经验分布函数. 对 $\lambda = 0.2 \sim 2.49$ 对应的 $K(\lambda)$ 的值可由相应的表格查到. 对给定的显著性水平 $\alpha \in (0,1)$,用上述 $K(\lambda)$ 的表达式定出 D_n 的上侧分位数 $D'_{n,\alpha}$,使得

$$P\{D_n \geqslant D'_{n,\alpha}\} = \alpha,$$

即 $P\{D_n < D'_{n,\alpha}\} = 1 - \alpha$,其中 $D'_{n,\alpha} = \frac{\lambda}{\sqrt{n}}$,$n$ 为样本量,λ 可由 $1 - \alpha$ 在表中查出. 对原假设 H_0 作检验时的拒绝域为

$$\left\{D_n \geqslant D'_{n,\alpha} = \frac{\lambda}{\sqrt{n}}\right\}.$$

实际上,当 $n \geqslant 30$ 时,D_n 的精确分布定出的临界值 $D_{n,\alpha}$ 与 D_n 的渐近分布定出的临界值 $D'_{n,\alpha}$ 很接近.

在许多实际应用中,经常要求比较两个总体的真实分布是否相同,斯米尔诺夫 (Smirnov)借助于比较两个经验分布函数的差异给出了类似于科莫哥洛夫检验的检验统计量.这就是通常所说的**两样本 $K - S$ 检验**.

科莫哥洛夫检验(用精确分布或渐近分布)所适用的原假设 H_0 只含有一个任一特定的连续分布,但此连续分布不能含有未知参数.当原假设是复杂假设时,科莫哥洛夫检验不适用,这时常转而使用 χ^2 拟合优度检验.

3. 二维列联表的 χ^2 独立性检验

χ^2 拟合优度检验(简称 χ^2 检验)是英国统计学家老皮尔逊(K. Pearson)于 1900 年结合检验分类数据的需要提出来的,然后又用于分布的拟合检验与列联表的独立性检验.限于篇幅,这里只介绍列联表的独立性检验.

n 个样品按两种方式分类,即对每个样品考察两个特性 X_1,X_2,其中 X_1 有 r 个类别 A_1, $A_2,\cdots,A_r$,X_2 有 s 个类别 $B_1,B_2,\cdots,B_s$.这样就将 n 个样品按其属性分成 rs 个类.类(A_i,B_j) 的样品数 O_{ij},称为**观察频数**.把所有 O_{ij} 列成 $r \times s$ 二维表,称为**(二维)列联表**.

$r \times s$ 二维观察频数表(二维列联表)

特征	特征 类别	X_2				行和
		B_1	B_2	$\cdots$	B_s	
X_1	A_1	O_{11}	O_{12}	$\cdots$	O_{1s}	$O_1.$
	A_2	O_{21}	O_{22}	$\cdots$	O_{2s}	$O_2.$
	$\vdots$	$\vdots$	$\vdots$		$\vdots$	$\vdots$
	A_r	O_{r1}	O_{r2}	$\cdots$	O_{rs}	$O_r.$
	列和	$O._1$	$O._2$	$\cdots$	$O._s$	n

其中 $O_{i\cdot} = \sum\limits_{j=1}^{s} O_{ij}, O_{\cdot j} = \sum\limits_{i=1}^{r} O_{ij}$ 分别是第 i 行和和第 j 列和,满足

$$\sum_{i=1}^{r} O_{i\cdot} = \sum_{i=1}^{r} \sum_{j=1}^{s} O_{ij} = \sum_{j=1}^{s} \sum_{i=1}^{r} O_{ij} = \sum_{j=1}^{s} O_{\cdot j} = n.$$

在二维列联表中,人们关心的问题是 X_1 与 X_2 是否独立,称这类问题为**列联表中的独立性检验问题**.为此需要给出概率模型,这里涉及二维离散型随机变量(X_1,X_2),设概率$(1 \le i \le r, 1 \le j \le s)$

$$P\{(X_1,X_2) \in A_i \cap B_j\} = P\{X_1 \in A_i, X_2 \in B_j\} = p_{ij},$$

并记

$$p_{i\cdot} = P\{X_1 \in A_i\} = \sum_{j=1}^{s} p_{ij}, p_{\cdot j} = P\{X_2 \in B_j\} = \sum_{i=1}^{r} p_{ij},$$

则有 $\sum\limits_{i=1}^{r} p_{i\cdot} = \sum\limits_{j=1}^{s} p_{\cdot j} = 1$. 当 X_1 与 X_2 两个特性独立时, 有

$$p_{ij} = p_{i\cdot} \cdot p_{\cdot j}, \forall i, j.$$

因此我们要检验的假设为

$$H_0: p_{ij} = p_{i\cdot} \cdot p_{\cdot j}, i = 1, 2, \cdots, r, j = 1, 2, \cdots, s;$$

$$H_1：至少存在一对(i,j)，使p_{ij} \neq p_i \cdot p_{\cdot j}.$$

这样就把二维列联表的独立性检验问题转化为分类数据(共分 rs 类)的 χ^2 检验问题,其中 rs 个观察频数 O_{ij} 如上表所示,二维期望频数 E_{ij} 如下表所示.

$r \times s$ 二维期望频数表

特征	特征	X_2			
	类别	B_1	B_2	$\cdots$	B_s
X_1	A_1	E_{11}	E_{12}	$\cdots$	E_{1s}
	A_2	E_{21}	E_{22}	$\cdots$	E_{2s}
	$\vdots$	$\vdots$	$\vdots$	$\vdots$	$\vdots$
	A_r	E_{r1}	E_{r2}	$\cdots$	E_{rs}

表中期望频数在原假设 H_0 成立时,有

$$E_{ij} = np_{ij} = np_i \cdot p_{\cdot j}.$$

$p_i \cdot , p_{\cdot j}$ 的最大似然估计为

$$\widehat{p_{i \cdot}} = \frac{O_{i \cdot}}{n}, \quad \widehat{p_{\cdot j}} = \frac{O_{\cdot j}}{n}, 1 \leqslant i \leqslant r, 1 \leqslant j \leqslant s.$$

用 $\widehat{p_{i \cdot}}, \widehat{p_{\cdot j}}$ 分别代替 $\widehat{p_{i \cdot}}, \widehat{p_{\cdot j}}$,期望频数为

$$E_{ij} = n\widehat{p_{i \cdot}} \cdot \widehat{p_{\cdot j}} = \frac{1}{n}O_{i \cdot} O_{\cdot j},$$

而检验假设 H_0, H_1 的 χ^2 统计量为

$$\chi^2 = \sum_{i=1}^{r} \sum_{j=1}^{s} \frac{(O_{ij} - E_{ij})^2}{E_{ij}} \sim \chi^2((r-1)(s-1)).$$

给定显著性水平 $\alpha \in (0,1)$ 后,查 χ^2 分布表得到 $\chi^2_{1-\alpha}((r-1)(s-1))$,使得

$$P\left(\chi^2 \geqslant \chi^2_{1-\alpha}((r-1)(s-1))\right) = \alpha,$$

则 H_0 的拒绝域(即 H_1 的接受域)为

$$W = \{\chi^2 \geqslant \chi^2_{1-\alpha}((r-1)(s-1))\}.$$

这里要求诸 $E_{ij} \geqslant 5$,否则可合并相邻类,这时 χ^2 的自由度相应减少.

例 9.19 设按有无特征 A 与 B 将 n 个样品分成 4 类,组成 2×2 列联表,如下表所示:

	B	$\overline{B}$	行和
A	a	b	$a+b$
$\overline{A}$	c	d	$c+d$
列和	$a+c$	$b+d$	n

其中 $n = a+b+c+d$,试证明:此时列联表独立性检验的 χ^2 的统计量可以表示为

$$\chi^2 = \frac{n(ad - bc)^2}{(a+b)(c+d)(a+c)(b+d)}.$$

证明: 由二维列联表知,参数 $r = s = 2, O_{11} = a, O_{12} = b, O_{21} = c, O_{22} = d.$ 计算得到

$$O_{1.} = a + b, O_{2.} = c + d, O_{.1} = a + c, O_{.2} = b + d,$$

期望频数

$$E_{11} = \frac{1}{n}O_{1.}O_{.1} = \frac{(a+b)(a+c)}{n}, E_{12} = \frac{1}{n}O_{1.}O_{.2} = \frac{(a+b)(b+d)}{n},$$

$$E_{21} = \frac{1}{n}O_{2.}O_{.1} = \frac{(c+d)(a+c)}{n}, E_{22} = \frac{1}{n}O_{2.}O_{.2} = \frac{(c+d)(b+d)}{n}.$$

注意到 $n = a + b + c + d$,因此 χ^2 统计量

$$\chi^2 = \sum_{i=1}^{2}\sum_{j=1}^{2}\frac{(O_{ij} - E_{ij})^2}{E_{ij}}$$

$$= \frac{[a - (a+b)(a+c)/n]^2}{(a+b)(a+c)/n} + \frac{[b - (a+b)(b+d)/n]^2}{(a+b)(b+d)/n}$$

$$+ \frac{[c - (c+d)(a+c)/n]^2}{(c+d)(a+c)/n} + \frac{[d - (c+d)(b+d)/n]^2}{(c+d)(b+d)/n}$$

$$= \frac{[a(n-a-b-c) - bc]^2}{n(a+b)(a+c)} + \frac{[b(n-a-b-d) - ad]^2}{n(a+b)(b+d)}$$

$$+ \frac{[c(n-a-c-d) - ad]^2}{n(c+d)(a+c)} + \frac{[d(n-b-c-d) - bc]^2}{n(c+d)(b+d)}$$

$$= \frac{(ad-bc)^2}{n(a+b)(a+c)} + \frac{(bc-ad)^2}{n(a+b)(b+d)} + \frac{(cb-ad)^2}{n(c+d)(a+c)} + \frac{(da-bc)^2}{n(c+d)(b+d)}$$

$$= \frac{(ad-bc)^2}{n}\left[\frac{1}{(a+b)(a+c)} + \frac{1}{(a+b)(b+d)} + \frac{1}{(c+d)(a+c)} + \frac{1}{(c+d)(b+d)}\right]$$

$$= \frac{(ad-bc)^2}{n(a+b)(c+d)(a+c)(b+d)} \cdot [(b+d)(c+d) + (a+c)(c+d) + (a+b)(b+d) + (a+b)(a+c)]$$

$$= \frac{(ad-bc)^2}{n(a+b)(c+d)(a+c)(b+d)} \cdot [(bc+d(n-a)) + (ad+c(n-b)) + (ad+b(n-c)) + (bc+a(n-d))]$$

$$= \frac{(ad-bc)^2}{n(a+b)(c+d)(a+c)(b+d)} \cdot n(a+b+c+d)$$

$$= \frac{n(ad-bc)^2}{(a+b)(c+d)(a+c)(b+d)}.$$

□

4. 线性相关的一元回归分析与相关性检验

常见的两变量之间的关系有:函数关系和相关关系两类. 与函数关系不同,相关关系是一种非确定性关系.

设两个随机变量 ξ, η 的样本数据为

$$(x_1, y_1), (x_2, y_2), \cdots, (x_n, y_n),$$

其中 $x_i(i = 1, 2, \cdots, n)$ 指 ξ 的 n 个样本观察值, $y_i(i = 1, 2, \cdots, n)$ 是 η 的 n 个样本观察值. 将两个变量的样本数据在平面直角坐标系中分别作为横坐标和纵坐标用点表示出来得到**散点图**. 在散点图中, 若点散布在从左下角到右上角的区域内, 两个变量的这种相关关系称为**正相关**; 如果点散布在从左上角到右下角的区域内, 两个变量的相关关系称为**负相关**.

散点图的**中心**指点 $(\bar{x}, \bar{y})$, 其中 $\bar{x} = \dfrac{1}{n} \sum\limits_{i=1}^{n} x_i, \bar{y} = \dfrac{1}{n} \sum\limits_{i=1}^{n} y_i$. 从散点图上看, 如果这些点从整体上看大致分布在通过散点图中心的一条直线附近, 称两个变量之间**具有线性相关关系**, 这条直线叫作**回归直线**.

假设 ξ, η 间的线性相关关系的直线方程为

$$y = ax + b,$$

其中 ξ, η 分别用 x, y 表示, 此直线称为**回归直线**.

一元线性回归分析是对具有相关关系的两个变量进行统计分析的一种常用方法. 在线性回归模型中

$$y = ax + b + e$$

中, 因变量 y 的值由自变量 x 和随机误差 e 共同确定, 即自变量 x 只能解释 y 的部分变化. 在统计中, 我们把自变量 x 称为**解释变量**, 因变量 y 称为**预报变量**.

通常使用**最小二乘法**求回归直线. 通过求使得样本数据的点到回归直线的距离的平方和

$$Q = \sum_{i=1}^{n} (y_i - ax_i - b)^2$$

达到最小值时的 a 和 b 的值而得到回归直线的方法, 叫作**最小二乘法**.

利用微分法求 Q 的最小值点 $(\widehat{a}, \widehat{b})$. Q 取到极值时偏导数为

$$\frac{\partial Q}{\partial a} = 2 \sum_{i=1}^{n} x_i (ax_i + b - y_i) = 0, \frac{\partial Q}{\partial b} = 2 \sum_{i=1}^{n} (ax_i + b - y_i) = 0,$$

整理得到关于 a, b 的线性方程组

$$a \sum_{i=1}^{n} x_i^2 + b \sum_{i=1}^{n} x_i = \sum_{i=1}^{n} x_i y_i, a \sum_{i=1}^{n} x_i + bn = \sum_{i=1}^{n} y_i.$$

求此线性方程组的解, 得到 Q 的稳定点 $(\widehat{a}, \widehat{b})$ 为

$$\begin{cases} \widehat{a} = \dfrac{n \sum\limits_{i=1}^{n} x_i y_i - \left(\sum\limits_{i=1}^{n} x_i \right) \left(\sum\limits_{i=1}^{n} y_i \right)}{n \sum\limits_{i=1}^{n} x_i^2 - \left(\sum\limits_{i=1}^{n} x_i \right)^2} = \dfrac{\sum\limits_{i=1}^{n} (x_i - \bar{x})(y_i - \bar{y})}{\sum\limits_{i=1}^{n} (x_i - \bar{x})^2}, \\[3em] \widehat{b} = \dfrac{\left(\sum\limits_{i=1}^{n} x_i^2 \right) \left(\sum\limits_{i=1}^{n} y_i \right) - \left(\sum\limits_{i=1}^{n} x_i y_i \right) \left(\sum\limits_{i=1}^{n} x_i \right)}{n \sum\limits_{i=1}^{n} x_i^2 - \left(\sum\limits_{i=1}^{n} x_i \right)^2} = \bar{y} - \widehat{a} \cdot \bar{x}, \end{cases}$$

其中 $x_1, x_2, \cdots, x_n$ 不全相等时,数学归纳法证得,$n \sum\limits_{i=1}^{n} x_i^2 - \left(\sum\limits_{i=1}^{n} x_i \right)^2 > 0$,因此对给定的数据$(x_i, y_i)$,$1 \le i \le n$,要求

$$x_1, x_2, \cdots, x_n \text{ 不全相等}.$$

进一步计算得到 Q 在稳定点$(\hat{a}, \hat{b})$处的黑塞(Hesse)矩阵

$$H \triangleq \begin{pmatrix} \dfrac{\partial^2 Q}{\partial^2 a} & \dfrac{\partial^2 Q}{\partial a \partial b} \\ \dfrac{\partial^2 Q}{\partial b \partial a} & \dfrac{\partial^2 Q}{\partial^2 b} \end{pmatrix} = \begin{pmatrix} 2 \sum\limits_{i=1}^{n} x_i^2 & 2 \sum\limits_{i=1}^{n} x_i \\ 2 \sum\limits_{i=1}^{n} x_i & 2n \end{pmatrix}$$

是正定的,故 $Q(a, b)$ 在$(\hat{a}, \hat{b})$处取得最小值.

函数 Q 的最小值点$(\hat{a}, \hat{b})$也可以利用配方法得到.

$$
\begin{aligned}
Q &= \sum_{i=1}^{n} (y_i - a x_i - b)^2 \\
&= \sum_{i=1}^{n} [y_i - a x_i - b - (\bar{y} - a\bar{x}) + (\bar{y} - a\bar{x})]^2 \\
&= \sum_{i=1}^{n} [(y_i - \bar{y}) - a(x_i - \bar{x}) + (\bar{y} - a\bar{x} - b)]^2 \\
&= \sum_{i=1}^{n} [(y_i - \bar{y}) - a(x_i - \bar{x})]^2 + n(\bar{y} - a\bar{x} - b)^2 + 2\sum_{i=1}^{n} [(y_i - \bar{y}) - a(x_i - \bar{x})] \\
&\quad \times (\bar{y} - a\bar{x} - b) \\
&= \sum_{i=1}^{n} [(y_i - \bar{y}) - a(x_i - \bar{x})]^2 + n(\bar{y} - a\bar{x} - b)^2, \\
&\left(\because \sum_{i=1}^{n} [(y_i - \bar{y}) - a(x_i - \bar{x})] = \sum_{i=1}^{n} (y_i - \bar{y}) - a \sum_{i=1}^{n} (x_i - \bar{x}) = 0 \right)
\end{aligned}
$$

因此 Q 表示为一些完全平方的和,而只有最后一个完全平方与 b 有关,因此可取

$$b = \bar{y} - \overline{ax},$$

使得最后一个完全平方为零,从而此时得到

$$
\begin{aligned}
Q &= \sum_{i=1}^{n} \left[(y_i - \bar{y}) - a(x_i - \bar{x}) \right]^2 \\
&= a^2 \sum_{i=1}^{n} (x_i - \bar{x})^2 - 2a \sum_{i=1}^{n} (x_i - \bar{x})(y_i - \bar{y}) + \sum_{i=1}^{n} (y_i - \bar{y})^2,
\end{aligned}
$$

上式中,Q 是 a 的二次多项式,要使得 Q 取最小值,必须 a 的取值为

$$\hat{a} = \frac{\sum\limits_{i=1}^{n} (x_i - \bar{x})(y_i - \bar{y})}{\sum\limits_{i=1}^{n} (x_i - \bar{x})^2} = \frac{n \sum\limits_{i=1}^{n} x_i y_i - \left(\sum\limits_{i=1}^{n} x_i \right) \left(\sum\limits_{i=1}^{n} y_i \right)}{n \sum\limits_{i=1}^{n} x_i^2 - \left(\sum\limits_{i=1}^{n} x_i \right)^2},$$

从而进一步得到 b 的取值为

$$\widehat{b} = \overline{y} - \widehat{a} \cdot \overline{x} = \dfrac{\left(\sum\limits_{i=1}^{n} x_i^2 \right) \left(\sum\limits_{i=1}^{n} y_i \right) - \left(\sum\limits_{i=1}^{n} x_i y_i \right) \left(\sum\limits_{i=1}^{n} x_i \right)}{n \sum\limits_{i=1}^{n} x_i^2 - \left(\sum\limits_{i=1}^{n} x_i \right)^2}.$$

因此利用微分法或配方法得到的回归直线为

$$y = \widehat{a}x + \widehat{b}.$$

对得到的回归直线进行进一步的精确度分析,计算样本数据的相关系数

$$r = \dfrac{\sum\limits_{i=1}^{n} \left(x_i - \overline{x} \right) \left(y_i - \overline{y} \right)}{\sqrt{\sum\limits_{i=1}^{n} \left(x_i - \overline{x} \right)^2 \cdot \sum\limits_{i=1}^{n} \left(y_i - \overline{y} \right)^2}}.$$

当 $r > 0$ 时,表明两个变量正相关,当 $r < 0$ 时,表明它们负相关. r 的绝对值 $|r|$ 越接近 1,表明两个变量的线性相关性越强;$|r|$ 越接近于 0,表明它们之间几乎不存在线性相关关系. 当 r 的绝对值 $|r| \geqslant 0.75$ 时,通常认为两个变量有很强的线性相关关系.

习 题 九

1. 每年 5 月到 7 月芒果的成熟季节. 某学校校内种植了很多食用芒果树. 据该校后勤处负责人介绍,他们校内的芒果种植过程中没有使用过农药,也没有路边那种绿化芒的污染,可以放心食用. 2018 年该校的芒果也迎来了大丰收. 6 月 25 日,该校南北校区集中采摘芒果,并将采摘到的芒果派送给学校师生. 现从一些芒果树上摘下 100 个芒果,其质量分布为(单位:克)

$[100,150)$,$[150,200)$,$[200,250)$,$[250,300)$,$[300,350)$,$[350,400)$.

经统计得频率分布直方图,如图 9.10 所示.

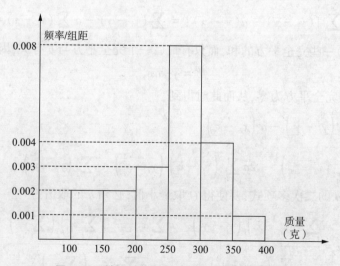

图 9.10　某校采摘芒果的质量的频率分布直方图

(1) 现按分层抽样从质量在 $[250,300)$，$[300,350)$ 内的芒果中随机抽取 9 个，再从这 9 个中随机抽取 3 个，记随机变量 X 表示质量在 $[300,350)$ 内的芒果个数，求 X 的分布列及其数学期望；

(2) 以各组数据的中间数代表这组数据的平均值，将频率视为概率，假如你是经销商去收购芒果，该校当时还未摘下的芒果大约还有 10000 个，现提供如下两种方案：

A：所有芒果以 10 元/千克收购；

B：对质量低于 250 克的芒果以 2 元/个收购，高于或等于 250 克的以 3 元/个收购.

通过计算确定你会选择哪种方案使得收购费用较低？

2. 某水果批发商经销某种水果. 购入价为每袋 300 元，售出价为每袋 360 元，若前 8 小时内所购进的水果没有售完，则批发商将以每袋 220 元低价处理完毕（根据经验，2 小时内完全能够把水果处理完，且当天不再购进）. 根据往年的销售，统计了 100 天水果在每天的前 8 小时的销售量，制成频数分布直方图如图 9.11 所示.

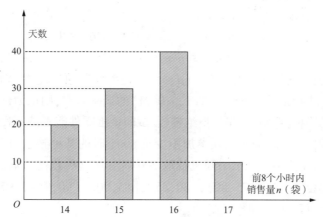

图 9.11　100 天内每天前 8 小时销售量的天数的频数分布直方图

现以记录的 100 天的水果在每天的前 8 小时内的销售量的频率为水果在一天的前 8 小时内的销售量的概率，记 X 表示水果在一天的前 8 小时内的销售量，n 表示水果批发商一天批发水果的袋数.

(1) 求 X 的分布列；

(2) 以日利润的期望为决策依据，在 $n = 15$ 与 $n = 16$ 中选其一，应选用哪一个？

3. 某公司采购了一批零件，为了检测这批零件是否合格，从中随机抽测 120 个零件的长度（单位：分米），按数据分成 6 组，即

$[1.2,1.3]$，$(1.3,1.4]$，$(1.4,1.5]$，$(1.5,1.6]$，$(1.6,1.7]$，$(1.7,1.8]$.

频率分布直方图如图 9.12 所示，其中长度大于或等于 1.59 分米的零件有 20 个，其长度分别为：1.59，1.59，1.61，1.61，1.62，1.63，1.63，1.64，1.65，1.65，1.65，1.65，1.66，1.67，1.68，1.69，1.69，1.71，1.72，1.74，以这 120 个零件在各组的长度的频率估计整批零件在各组长度的概率.

(1) 求这批零件的长度大于 1.60 分米的频率，并求频率分布直方图中 m, n, t 的值；

(2) 若从这批零件中随机选取 3 个,记 X 为抽取的零件长度在$(1.4, 1.6]$中的个数,求 X 的分布列和数学期望;

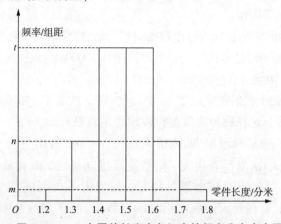

图 9.12　120 个零件长度在各组中的频率分布直方图

(3) 若变量 S 满足

$$\left|P(\mu - \sigma < S \leqslant \mu + \sigma) - 0.6826\right| \leqslant 0.05,$$

$$\left|P(\mu - 2\sigma < S \leqslant \mu + 2\sigma) - 0.9544\right| \leqslant 0.05,$$

则称变量 S 满足近似于正态分布 $N(\mu, \sigma^2)$ 的概率分布. 如果这批零件的长度 Y(单位:分米)满足近似于正态分布 $N(1.5, 0.01)$ 的概率分布,则认为这批零件是合格的,将顺利被签收;否则,公司将拒绝签收. 试问该批零件能否被签收?

4. 某新建公司规定,招聘的职工须参加不少于 80 小时的某种技能培训才能上班. 公司的人事部门在招聘的职工中随机抽取 200 名参加这种技能培训的职工的数据,按时间段(单位:小时)$[75,80), [80,85), [85,90), [90,95), [95,100]$ 进行统计,其频率分布直方图如图 9.13 所示:

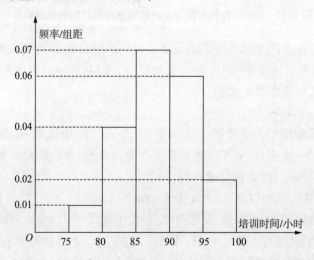

图 9.13　职工参加培训时间在时间段内的频率分布直方图

(1) 求抽取的 200 名职工中,参加这种技能培训时间不少于 90 小时的人数,并估

计从招聘职工中任选一人,其参加这种技能培训时间不少于 90 小时的概率;

(2) 从招聘职工(人数很多)中任意选取 3 人,记 X 为这 3 名职工中参加这种技能培训时间不少于 90 小时的人数,试求 X 的分布列、数学期望 $E(X)$ 和方差 $D(X)$.

5. 某保险公司多年的统计资料表明,在索赔户中被盗索赔户占 20%,以 X 表示在随意抽查的 100 个索赔户中因被盗向保险公司索赔的户数.

(1) 写出 X 的概率分布;

(2) 利用棣莫弗—拉普拉斯定理,求出索赔户不少于 14 户且不多于 30 户的概率的近似值.

6. 设总体 X 的分布函数(其中 $\theta > 0$ 是未知参数)为 $F(x;\theta) = \begin{cases} 1 - e^{-\frac{x^2}{\theta}}, & x \geq 0, \\ 0, & x < 0, \end{cases}$ 其中

$X_1, X_2, \cdots, X_n$ 为来自总体 X 的简单随机样本.

(1) 求 EX 与 $E(X^2)$;

(2) 求 θ 的最大似然估计量 $\widehat{\theta}_n$;

(3) 是否存在实数 a,使得对任何 $\varepsilon > 0$,都有 $\lim\limits_{n \to \infty} P(|\widehat{\theta}_n - a| \geq \varepsilon) = 0$?

7. 某工程师为了解一台天平的精度,用该天平对一物体的质量做 n 次测量,该物体的质量 μ 是已知的. 设 n 次测量结果 $X_1, X_2, \cdots, X_n$ 相互独立且均服从正态分布 $N(\mu, \sigma^2)$. 该工程师记录的是 n 次测量的绝对误差 $Z_i = |X_i - \mu| (i = 1, 2, \cdots, n)$,利用 $Z_1, Z_2, \cdots, Z_n$ 估计 σ.

(1) 求 Z_i 的概率密度;

(2) 利用一阶矩求 σ 的矩估计量;

(3) 求 σ 的最大似然估计量.

8. 设总体 X 的概率密度为 $f(x, \theta) = \begin{cases} \dfrac{3x^2}{\theta^3}, & 0 < x < \theta, \\ 0, & \text{其他}, \end{cases}$ 其中 $\theta \in (0, \infty)$ 为未知参数 $X_1,$ X_2, X_3 为总体 X 的简单随机样本,令 $T = \max\{X_1, X_2, X_3\}$.

(1) 求 T 的概率密度;

(2) 求实数 a,使得 aT 为 θ 的无偏估计.

9. 设总体 X 的概率密度为 $f(x, \theta) = \begin{cases} \dfrac{1}{1 - \theta}, & \theta \leq x \leq 1, \\ 0, & \text{其他}, \end{cases}$ 其中 θ 为未知参数 $X_1, X_2, \cdots,$ X_n 为来自总体 X 的简单随机样本.

(1) 求 θ 的矩估计量;

(2) 求 θ 的最大似然估计量.

10. 某地抽样调查结果(见下表)表明,考生的外语成绩(百分制)近似服从正态分布,平均成绩为 72 分,96 分以上的占考生总数的 2.3%,试求考生的外语成绩在

60 分至 84 分之间的概率.

x	0	0.5	1	1.5	2	2.5	3
$\varPhi(x)$	0.500	0.692	0.841	0.933	0.977	0.994	0.999

注：表中 $\varPhi(x)$ 是标准正态分布函数(Laplace 函数).

11. 设总体 X 的概率密度为 $f(x,\theta)=\begin{cases}\dfrac{\theta^2}{x^3}e^{-\frac{\theta}{x}}, & x>0,\\[2mm] 0, & \text{其他},\end{cases}$ 未知参数 $\theta>0$. 设 $X_1,X_2,\cdots,X_n$ 为来自总体 X 的简单随机样本.

(1) 求 θ 的矩估计量；

(2) 求 θ 的最大似然估计量.

12. 设 X 与 Y 相互独立, X 服从正态分布 $N(\mu,\sigma^2)$, Y 服从正态分布 $N(\mu,2\sigma^2)$, 其中 $\sigma>0$ 是未知参数, 记 $Z=X-Y$.

(1) 求随机变量 Z 的概率密度 $f(z;\sigma^2)$；

(2) 设 $Z_1,Z_2,\cdots,Z_n$ 为来自总体 Z 的简单随机样本, 求 σ^2 的最大似然估计量 $\widehat{\sigma^2}$；

(3) 证明 $\widehat{\sigma^2}$ 是 σ^2 的无偏估计.

13. 设 $X_1,X_2,\cdots,X_n$ 为正态总体 $N(\mu_0,\sigma^2)$ 的简单随机样本, 其中 μ_0 已知, σ^2 未知. $\overline{X}$ 和 S^2 分别表示样本均值和样本方差.

(1) 求参数 σ^2 的最大似然估计 $\widehat{\sigma^2}$；

(2) 计算 $E\widehat{\sigma^2}$ 和 $D\widehat{\sigma^2}$.

14. 某工厂 A,B 两条生产线生产同款产品, 若产品按照一、二、三等级分类, 则每件可分别获利 10 元、8 元、6 元, 现从 A,B 生产线生产的产品中各随机抽取 100 件进行检测, 结果统计如图 9.14 所示.

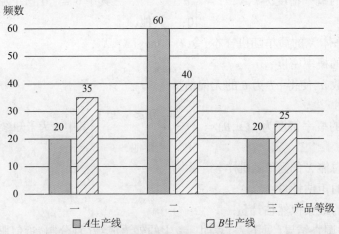

图 9.14 A,B 两条生产线各等级产品的频数分布直方图

（1）根据已知数据,判断是否有99%的把握认为一等级产品与生产线有关;

（2）分别计算两条生产线抽样产品获利的方差,以此作为判断依据,说明哪条生产线的获利更便宜;

（3）估计该厂产量为2000件产品时的利润以及一等级产品的利润.

附：$\chi^2 = \dfrac{n(ad-bc)^2}{(a+b)(c+d)(a+c)(b+d)}, n = a+b+c+d.$

α	0.100	0.050	0.025	0.010	0.005	0.001
$\chi^2_{1-\alpha}$	2.706	3.841	5.024	6.635	7.879	10.828

表中 $\chi_{1-\alpha}$ 满足 $P(\chi^2 \geqslant \chi_{1-\alpha}) = \alpha$.

15. 图9.15所示为我国2008年至2014年生活垃圾无害化处理量 y（单位：亿吨）与年份代码 t 的折线图（年份代码 1 ~ 7 分别对应年份 2008 ~ 2014）.

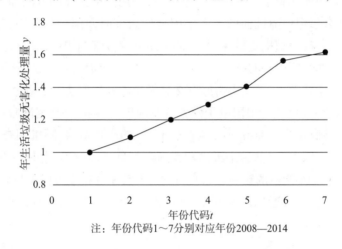

注：年份代码1~7分别对应年份2008—2014

图9.15 垃圾处理量 y 与年份代码 t 的折线图

（1）由折线图看出,可用线性回归模型拟合 y 与 t 的关系,请用相关系数加以说明;

（2）建立 y 与 t 的回归模型（系数精确到0.01）,预测2016年我国生活垃圾无害化处理量.

附参考数据：

$$\sum_{i=1}^{7} y_i = 9.32, \quad \sum_{i=1}^{7} t_i y_i = 40.17, \quad \sqrt{\sum_{i=1}^{7}(y_i - \bar{y})^2} = 0.55, \quad \sqrt{7} \approx 2.646.$$

16. 为研究高中学生的身体素质与课外体育锻炼时间的关系,对该市某校200名高中学生平均每天的课外体育锻炼时间（单位：分钟）进行了调查,数据如下表,并将日均课外体育锻炼时间在 [40,60] 内的学生评价为"课外体育达标".

锻炼时间	$[0,10)$	$[10,20)$	$[20,30)$	$[30,40)$	$[40,50)$	$[50,60]$
人数	20	36	44	50	40	10

(1) 请根据上述表格中的统计数据填写下面 2×2 列联表,并通过计算判断是否能在犯错误的概率不超过 0.01 的前提下认为"课外体育达标"与性别有关;

	课外体育不达标	课外体育达标	合计
男			
女		20	110
合计			

(2) 从上述课外体育不达标的学生中,按性别用分层抽样的方法抽取 10 名学生,再从这 10 名学生中随机抽取 3 人了解他们锻炼时间偏少的原因,记所抽取的 3 人中男生的人数为随机变量 X,求 X 的分布列和数学期望;

(3) 将上述调查所得到的频率视为概率来估计全市的情况,现在从该市所有高中学生中抽取 4 名学生,求其中恰好有 2 名学生课外体育达标的概率.

17. 近年来"双十一"已成为中国电子商务行业的年度盛事,并且逐渐影响到国际电子商务行业. 某商家为了准备 2018 年"双十一"的广告策略,随机调查了 1000 名客户在 2017 年"双十一"前后十天内网购所花时间 T(单位:小时),并将调查结果绘制成如图 9.16 所示的频率分布直方图. 由频率分布直方图可以认为,这 10 天网购所花的时间 T 近似服从正态分布 $N(\mu, \sigma^2)$,其中 μ 由样本平均值代替,$\sigma^2 = 0.24$.

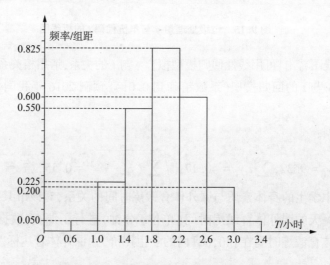

图 9.16 网购花费时间的频率分布直方图

(1) 计算 μ,并利用该正态分布求 $P(1.51 < T < 2.49)$;

(2) 利用由样本统计获得的正态分布估计整体,将这 10 天网购所花的时间在 $(2, 2.98)$ 小时内的人定义为目标客户,对目标客户发送广告提醒. 现若随机抽取 10000 名客户,记 X 为这 10000 人中目标客户的人数.

(1) 求 EX;

(2) 问 10000 人中目标客户的人数 X 为何值时的概率最大?

附:若随机变量 Z 服从正态分布 $N(\mu, \sigma^2)$,则

$$P(\mu - \sigma < Z < \mu + \sigma) = 0.6827, P(\mu - 2\sigma < Z < \mu + 2\sigma) = 0.9545,$$

$$P(\mu - 3\sigma < Z < \mu + 3\sigma) = 0.9973, \sqrt{0.24} \approx 0.49.$$

18. 为了解甲、乙两种离子在小鼠体内的残留程度,进行如下试验:将 200 只小鼠随机分成 A, B 两组,每组 100 只,其中 A 组小鼠给服甲离子溶液,B 组小鼠给服乙离子溶液. 每只小鼠给服的溶液体积相同、摩尔浓度相同. 经过一段时间后用某种科学方法测算出残留在小鼠体内离子的百分比. 根据实验数据分别得到如图 9.17 和图 9.18 所示直方图. 事件 C 为"乙离子残留在体内的百分比不低于 5.5",根据直方图得到 $P(C)$ 的估计值为 0.70.

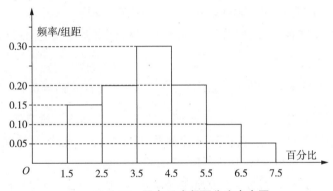

图 9.17 甲离子残留百分比直方图

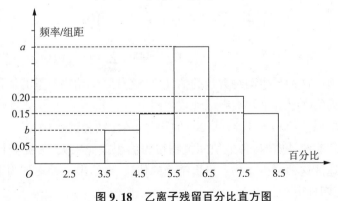

图 9.18 乙离子残留百分比直方图

(1) 求乙离子残留百分比直方图中 a, b 的值;

(2) 分别估计甲、乙离子残留百分比的平均值(同一组中的数据用该组区间中的中点值为代表).

19. 据某市地产数据研究显示,2019 年该市新建住宅销售均价走势如图所示,3 月至 7 月房价上涨过快,为了抑制房价过快上涨,政府从 8 月开始采用宏观调控措施,10 月份开始房价得到很好的控制.

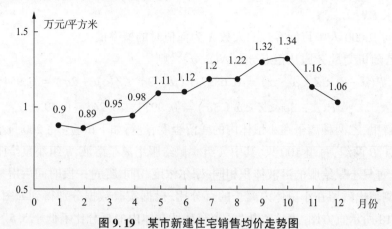

图 9.19　某市新建住宅销售均价走势图

(1) 地产数据研究发现,3 月至 7 月的各月均价 y(万元/平方米)与月份 x 之间具有较强的线性相关关系,试建立 y 关于 x 的回归方程;

(2) 若政府不调控,依此相关关系预测 12 月份该市新建住宅销售均价.

附:参考数据

$$\bar{x} = \frac{1}{5}\sum_{i=1}^{5} x_i = 5, \bar{y} = \frac{1}{5}\sum_{i=1}^{5} y_i = 1.072, \sum_{i=1}^{5}(x_i - \bar{x})(y_i - \bar{y}) = 0.64.$$

20. 某沙漠地区经过治理,生态系统得到很大改善,野生动物数量有所增加. 为调查该地区某种野生动物的数量,将其分成面积相近的 200 个地块,从这些地块中用简单随机抽样的方法抽取 20 个作为样区,调查得到样本数据 $(x_i, y_i)(i = 1,2,\cdots,20)$,其中 x_i 和 y_i 分别表示第 i 个样区的植物覆盖面积(单位:公顷)和这种野生动物的数量,并计算得到: $\bar{x} = \frac{1}{20}\sum_{i=1}^{20} x_i = 3, \bar{y} = \frac{1}{20}\sum_{i=1}^{20} y_i = 60,$

$$\sum_{i=1}^{20}(x_i - \bar{x})^2 = 80, \sum_{i=1}^{20}(y_i - \bar{y})^2 = 9000, \sum_{i=1}^{20}(x_i - \bar{x})(y_i - \bar{y}) = 800.$$

(1) 求该地区这种野生动物数量的估计值(这种野生动物数量的估计值等于样区这种野生动物数量的平均数乘以地块数);

(2) 求样本 $(x_i, y_i)(i = 1,2,\cdots,20)$ 的相关系数(精确到 0.01);

(3) 根据现有统计资料,各地块间植物覆盖面积差异很大. 为提高样本的代表性以获得该地区这种野生动物数量更精确的估计,请给出一种你认为更合理的抽样方法,并说明理由.

附:样本的相关系数 $\rho = \dfrac{\sum_{i=1}^{n}(x_i - \bar{x})(y_i - \bar{y})}{\sqrt{\sum_{i=1}^{n}(x_i - \bar{x})^2 \cdot \sum_{i=1}^{n}(y_i - \bar{y})^2}}$, $\sqrt{2} \approx 1.414$.

21. 下面给出了根据我国 2012 ～ 2018 年水果人均占有量 y(单位: kg)和年代代码 x 绘制的散点图(如图 9.20 所示)和线性回归方程的残差图(如图 9.21 所示)(2012 ～ 2018 年的年份代码 x 分别为 1 ～ 7).

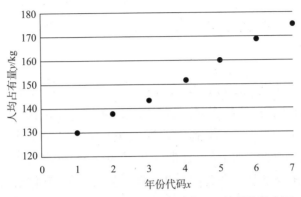

图 9.20 水果人均占有量 y 和年份代码 x 绘制的散点图

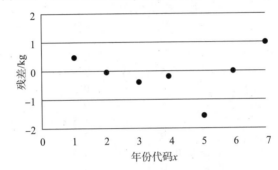

图 9.21 y 和 x 的线性回归方程的残差图

(1) 根据散点图分析 y 与 x 之间的相关关系;

(2) 根据散点图相应数据计算得 $\sum_{i=1}^{7} y_i = 1074$, $\sum_{i=1}^{7} x_i y_i = 4517$, 求 y 关于 x 的线性回归方程(精确到 0.01);

(3) 根据线性回归方程的残差图, 分析线性回归方程的拟合效果.

22. 随着生产力和国家经济实力的提升, 网购成为人们心中首选的购物方式. 方便快捷、价格实惠、商品丰富成为吸引消费者进行网购的主要因素. 据统计, 全国约有 55% 的居民进行网购, 而其中年龄在 40 岁及以下的约占 $\dfrac{8}{11}$.

(1) 如果采用分层抽样的方式从"网购"及"非网购"居民中随机抽取 40 人, 其中"网购"居民中年龄在 40 岁及以下的有 16 人, "非网购"居民中年龄在 40 岁及以下的有 5 人, 试问是否有 99.5% 的把握认为是否网购与年龄有关?

(2) "双十一"期间各大电商平台积极宣传促销, 全网销售额达到 2674 亿元, 其中天猫占比高达 60%, 若从网购居民中随机抽取 3 人, 用 ξ 表示所选 3 人中在天猫购买商品的人数, 求 ξ 的分布列和数学期望.

附：$\chi^2 = \dfrac{n(ad-bc)^2}{(a+b)(c+d)(a+c)(b+d)}, n = a+b+c+d.$

α	0.100	0.050	0.025	0.010	0.005	0.001
$\chi^2_{1-\alpha}$	2.706	3.841	5.024	6.635	7.879	10.828

表中 $\chi_{1-\alpha}$ 满足 $P\{\chi^2 \geqslant \chi_{1-\alpha}\} = \alpha$.

23. 在中国,不仅是购物,而且从共享单车到医院挂号再到公共缴费,日常生活中几乎全部领域都支持了手机支付.出门不带现金的人数正在迅速增加.中国人民大学和法国调查公司益普索合作,调查了腾讯服务的 6000 名用户,从中随机抽取了 60 名,统计他们出门随身携带现金(单位:元)情况制成茎叶图,如图 9.22所示.规定:随身携带的现金在 100 元以下的为"手机支付族",其他为"非手机支付族".

男性		女性
0	3	5
7	4	0 8
8 8 5	5	3 5
2 0	6	0 5
8	7	0
3	8	5 5 8
0	9	5
8 5 0 0 0	1 0	0 0
9 8 2 2 0	1 1	5
5 0 0 0	1 2	0 8
5 5 4 2 0	1 3	0
6 6 1 0	1 4	5
5 4 3 2 0	1 5	6
5 0	1 6	

图 9.22 随身携带现金情况茎叶图

(1) 根据茎叶图中样本数据,将 2×2 列联表补充完整,并判断有多大的把握认为"手机支付族"与"性别"有关;

	男性	女性	合计
手机支付族			
非手机支付族			
合计			

(2) 用样本估计总体,若从腾讯服务的用户中随机抽取 3 位女性用户,这 3 位女性用户中"手机支付族"的人数为 ξ,求随机变量 ξ 的期望;

(3) 某商场为了推广手机支付,特推出两种优惠方案,方案一:手机支付消费每满 1000 元可直减 100 元;方案二:手机支付每满 1000 元可抽奖 2 次,每次中奖的概率都为 $\frac{1}{2}$,且每次抽奖互不影响,中奖一次打 9 折,中奖两次打 8.5 折.如果你打算用手机支付购买某样价值 1200 元的商品,请从实际付款金额的数学期望的角度分析,选择哪种优惠方案更划算.

24. 某工厂为提高生产效率,开展技术创新活动,提出了完成某项生产任务的两种新的生产方式.为比较两种生产方式的效率,选取 40 名工人,将他们随机分成两组,每组 20 人,第一组工人用第一种生产方式,第二组工人用第二种生产方式.根据工人完成生产任务的工作时间(单位:分钟)绘制了如下茎叶图,如图 9.23 所示.

第一种生产方式		第二种生产方式
8	6	5 5 6 8 9
9 7 6 2	7	0 1 2 2 3 4 5 6 6 8
9 8 7 7 6 5 4 3 3 2	8	1 4 4 5
2 1 1 0 0	9	0

图 9.23 工作时间茎叶图

(1) 根据茎叶图判断哪种生产方式的效率更高,并说明理由;

(2) 求 40 名工人完成生产方式所需时间的中位数 m,并将完成生产任务所需时间超过 m 和不超过 m 的工人数填入下面的列联表.

	超过 m	不超过 m
第一种生产方式		
第二种生产方式		

(3) 根据(2)中的列联表,能否有 99% 的把握认为两种生产方式的效率有差异?

第十章　数学建模

　　《普通高中数学课程标准》(2017 年版 2020 年修订)将数学建模作为数学学科核心素养之一. 数学建模是沟通数学与应用的桥梁. 数学要想在各个领域、各个层次应用中发挥重要作用,必须在数学与应用中建立一座桥梁. 首先将一个应用问题转化成一个数学问题,然后对这个数学问题进行分析和求解,最后将所求的解答回归到实际,看看能不能很好地解决原先的实际问题;如果不能,从开始进行必要的调整,得到新的数学问题,重复上述过程,直到达到满意的结果结束,这个全过程就是数学建模.

　　本章通过自由落体问题、铅球投掷问题及人口增长问题的学习,领会数学建模的过程. 有意识地用数学语言表达世界,培养发现问题、提出问题、分析问题和解决问题的能力,感悟数学与现实之间的联系,积累实践经验,提升实践能力,培养创新、批判等科学精神.

10.1　自由落体问题

　　本节主要考虑如何建立自由落体运动的数学模型,并对模型用统计学方法进行分析.

【问题提出】

　　古希腊思想家亚里士多德(Aristotle)曾经断言:物体从高空落下的快慢与物体的重量成正比,重者下落快,轻者下落慢. 实际生活中也存在这样一个现象,从同一高度同时扔下石头和羽毛,石头比羽毛先落地. 因此,在过去很长一段时间里,人们都对这个论断深信不疑. 16 世纪 80 年代,伽利略(Galileo)对自由落体运动非常感兴趣,他通过对实际问题的反复观察,发现自由落体与物体的轻重无关. 伽利略在比萨斜塔上做了"两个铁球同时落地"的实验,得出了重量不同的两个铁球同时下落的结论,从此推翻了亚里士多德"物体下落速度和重量成比例"的学说,纠正了这个持续了 1900 多年的错误结论,这就产生了下述几个问题.

　　1. 如何证明"不考虑空气阻力的影响,自由落体运动与物体的轻重无关"这一结论?

　　2. 物体下落距离、速度、时间之间的关系又如何?

【模型假设】

　　1. 假设物体除重力外不受任何其他外力.

2. 拴物体的绳子的重量对结果的影响忽略不计.

【模型建立】

1. 如何证实"自由落体运动与物体的轻重无关"这一结论?

下面用反证法来证明物体自由下落时速度与质量无关的结论.

假设"物体自由下落时重的比轻的下落得快些"这一论断(亚里士多德提出)是真的,现有物体 A 和物体 B,假设物体 A 的质量为 a,物体 B 的质量为 b,不妨设 A 比 B 重,即 $a > b$,则 B 比 A 下落慢些.现在用轻细绳把 A 与 B 拴在一起(记为 $a + b$),若将两物体隔离地看,因为 B 比 A 下落慢些,所以 B 把 A + B 的下落速度拖慢,而 A 把 A + B 的下落速度加快,即 A + B 比单独 A 下落慢些而比单独 B 下落快些.若将两物体整体地看,由假设可知,A + B 应该比单独 A 下落快些,这是矛盾的.由此可证明"自由落体运动与物体的轻重无关".

2. 物体下落距离、速度、时间之间的关系又如何?

否定了旧的落体定律之后,伽利略进一步研究自由落体的运动规律.他猜想落体运动应该是一种简单的变速运动,物体的速度应该是均匀变化的.但自由落体下落的时间太短,用实验直接验证自由落体是匀加速运动仍有困难.因此,伽利略采用了间接验证的方法,他让一个铜球从阻力很小的斜面上滚下,铜球在斜面上运动的加速度要比竖直下落时的加速度小很多,所以时间比较容易测量.

结果表明,光滑斜面的倾角保持不变,从不同位置让小铜球滚下,小球通过的位移跟所用时间的平方之比是不变的,即位移与时间的平方成正比.换用不同质量的小球重复上述实验,位移与所用时间的平方比值仍不变,这说明不同质量的小球沿同一倾角的光滑斜面向下的运动都是匀变速直线运动.不断增大斜面的倾角,重复实验,得出的位移与所用时间的平方比值随斜面倾角的增大而增大,这说明小球做匀变速运动的加速度随斜面倾角的增大而增大.伽利略将上述结果做了合理的外推,把结论外推到斜面倾角增大到 90° 的情况,这时小球将自由下落,伽利略认为,这时小球仍会保持匀变速运动的性质.

伽利略在《两种新科学的对话》中记录了他对这个实验的具体操作过程:他使用的是直而光滑的斜槽,光滑且非常圆的黄铜球以及自制的"水钟"来计时.

现在,我们通过物理中经典的实验用具——打点计时器来进行研究.根据实验要求安装好装置,接通电源,进行多次实验,并记录好数据(由于此实验在物理中已经学习过,这里不再详细列出实验步骤),各点与零点之间的时间(s)与位移(m)见表 10.1.

表 10.1

计数点	1	2	3	4	5	6	7	8
时间/s	0.04	0.08	0.12	0.16	0.2	0.24	0.28	0.32
位移/m	0.0075	0.032	0.0705	0.124	0.194	0.28	0.381	0.497

利用上表的数据,在 Excel 坐标系中作出 s 与时间 t 的散点图,并用光滑的曲线把它们连接起来,如图 10.1 所示.

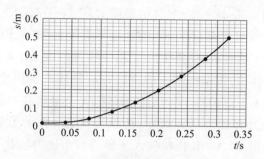

图 10.1　下落距离与时间的关系图

从图像中大致推得自由落体运动的下落距离 s 与时间 t 的关系 $s \propto t^2$($\propto$ 代表正比).

再根据表 10.1 中下落距离 s 与时间 t 的平方,在 Excel 坐标系中作出散点图,在"图表元素"选项中添加趋势线进行线性拟合,并在"更多选项"中勾选"显示公式"和"显示 R 的平方值",从而得到下落距离与时间平方的关系图如图 10.2 所示. R 平方值是趋势线拟合程度的指标,它的数值大小可以反映趋势线的估计值与对应的实际数据之间的拟合程度,拟合程度越高,趋势线的可靠性就越高. R 平方值是取值范围在 0 ~ 1 之间的数值,当趋势线的 R 平方值等于 1 或接近 1 时,其可靠性最高,反之则可靠性较低. R 平方值也称为决定系数. 图 10.2 中 $R^2 = 1$,说明这组数据的拟合程度很高,所有预测与真实结果完美匹配. 图 10.2 中,公式中的纵坐标 s 的值代表下落距离,横坐标 t 的值就代表时间的平方. 进一步得到了下落距离与时间的平方的关系式

$$s = 4.8535t^2 + 0.0002.$$

在实验允许的误差范围之内可以认为 $s = 4.8535t^2$,测得重力加速度的值

$$g = 4.8535 \times 2 = 9.707(\text{m/s}^2).$$

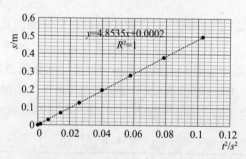

图 10.2　下落距离与时间平方的关系图

由此我们可以看到,下落距离 s 与时间 t 的平方的比值确实是一个定值. 通过数据模拟,可得到函数关系式,即

$$s(t) = \frac{1}{2}gt^2.$$

由于重力加速度 g 在数值上等于单位时间内速度的变化量,所以 gt 就是 $[0,t]$ 时间内速度的变化量,也就是初速度为 0 的落体在 t 时刻的瞬时速度,即

$$v(t) = gt.$$

这个数学模型反映了自由落体运动的本质规律.

10.2 铅球投掷问题

20 世纪 70 年代,掀起了用数学方法研究体育运动的潮流,其中包括美国应用数学家开勒(Keller)提出的赛跑理论和计算机专家艾斯特(Esther)借助计算机并运用数学和力学研究的一系列运动训练理论.这些在体育训练中的数学研究真正运用到了运动员的训练中,而且取得了优异的成绩.值得一提的是当时的铁饼投掷世界冠军在艾斯特根据运动理论改进后的投掷技术的训练下,在短期内迅速地将成绩提高了 4 米.这些都说明了在体育训练中数学发挥着越来越明显的作用.目前,数学在体育运动中的应用方面的研究主要包括:台球击球方向、跳高的起跳点、赛跑理论、足球场上的射门与守门、投掷技术(铅球、篮球、标枪等)、比赛程序的安排等.

本节研究铅球投掷问题,在一定的假设下,给出数学模型,用微积分的知识和统计学方法分析此模型.

【问题提出】

投掷距离是铅球投掷训练中的核心问题,影响这一距离的两个主要因素是投掷初速度和角度.这两个因素哪个更为重要呢?

【问题分析】

铅球投掷训练涉及的变量不止速度和角度两个,为简化问题,我们在建立模型的过程中,仅考虑这两个因素带来的影响.

【模型假设】

1. 忽略空气阻力在铅球运行过程中产生的影响;

2. 投掷角度与投掷初速度是相互独立、互不影响的两个量;

3. 将铅球视为一个质点;

4. 不考虑铅球运动员身体的转动.

【模型建立】

建立如图 10.3 所示的直角坐标系.

我们都知道,铅球运动的起始位置是在运动员的手里高度 h 处,铅球以初速度 v 和角度 θ 投掷出的情形,如图 10.3 所示,铅球在点 P 处落地.

设铅球在时刻 t 的动点坐标为 (x,y),得运动方程,即

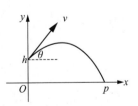

图 10.3 铅球运动轨迹图

$$\begin{cases} x = v\cos\theta \cdot t, \\ y = v\sin\theta \cdot t - \dfrac{1}{2}gt^2 + h, \end{cases}$$

消去 t,得到

$$y = -\frac{g}{2v^2\cos^2\theta}x^2 + \tan\theta \cdot x + h.$$

令 $y = 0$,得方程

$$-\frac{g}{2v^2\cos^2\theta}x^2 + \tan\theta \cdot x + h = 0.$$

解之得

$$x_{1,2} = \frac{v^2\sin 2\theta}{2g} \pm \sqrt{\left(\frac{v^2\sin 2\theta}{2g}\right)^2 + \frac{2v^2h\cos^2\theta}{g}}.$$

舍去负根,得到点 P 的横坐标为

$$x = \frac{v^2\sin 2\theta}{2g} + \sqrt{\left(\frac{v^2\sin 2\theta}{2g}\right)^2 + \frac{2v^2h\cos^2\theta}{g}}. \qquad (10.\,2.\,1)$$

即铅球的投掷距离为 $\dfrac{v^2\sin 2\theta}{2g} + \sqrt{\left(\dfrac{v^2\sin 2\theta}{2g}\right)^2 + \dfrac{2v^2h\cos^2\theta}{g}}.$

【模型求解】

由 $(10.\,2.\,1)$ 可以看出,当一个人的投掷能力(即初速度)一定时,所投掷的距离 x 只与投掷的角度有关. 所以要求投掷距离 x 的最大值就要求 x 关于 θ 的函数的最大值. 我们对该函数求导得

$$\frac{\mathrm{d}x}{\mathrm{d}\theta} = \frac{1}{2} \cdot \frac{\dfrac{2hv^2}{g} \cdot 2\cos\theta(-\sin\theta) + \dfrac{v^2}{g}\sin 2\theta \cdot \dfrac{v^2\cos 2\theta}{g}}{\sqrt{\left(\dfrac{v^2\sin 2\theta}{2g}\right)^2 + \dfrac{2hv^2\cos^2\theta}{g}}} + \frac{v^2\cos 2\theta}{g}$$

$$= \frac{v^2\left(v^2\sin 2\theta\cos 2\theta - 2gh\sin 2\theta + \cos 2\theta \cdot \sqrt{8ghv^2\cos^2\theta + v^4\sin^2 2\theta}\right)}{g\sqrt{8ghv^2\cos^2\theta + v^4\sin^2 2\theta}}.$$

令 $\dfrac{\mathrm{d}x}{\mathrm{d}\theta} = 0$,即求

$$v^2\sin 2\theta\cos 2\theta - 2gh\sin 2\theta + \cos 2\theta \cdot \sqrt{8ghv^2\cos^2\theta + v^4\sin^2 2\theta} = 0.$$

即

$$(2gh\tan 2\theta - v^2\sin 2\theta)^2 = 8ghv^2\cos^2\theta + v^4\sin^2 2\theta,$$

得到

$$\cos 2\theta = \frac{gh}{gh + v^2},$$

当 $\theta = \dfrac{1}{2}\arccos\dfrac{gh}{gh + v^2} = \dfrac{1}{2}\arccos\dfrac{g}{g + \dfrac{v^2}{h}}$ 时,投掷距离最远. 当投掷距离 x 取最大时,

角度 θ 和速度 v 的函数图像如图 10.4 所示(图中角度的单位是弧度).

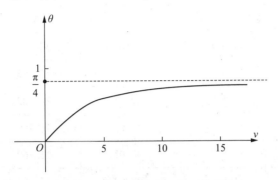

图 10.4 角度 θ 和速度 v 的函数图像

由图 10.4 可知,当重力加速度 g 与投掷高度 h 一定时,最佳的投掷角度随着投掷速度的增大而增大,而当投掷速度大于 10m/s 时,可以观察到图中曲线逐渐平稳,速度的变化量引起角度的变化量极小,故投掷角度与投掷速度两个量之间的影响极小,符合假设 2:投掷角度与投掷初速度是相互独立、互不影响的两个量.

取重力加速度 $g = 10\text{m/s}^2$, $h = 1.6\text{m}$. 先将速度 v 固定为 11.5m/s,代入式 (10.2.1),有

$$x = \frac{11.5^2 \sin 2\theta}{20} + \sqrt{\left(\frac{11.5^2 \sin 2\theta}{20}\right)^2 + \frac{2 \times 11.5^2 \times 1.6 \cos^2 \theta}{10}}.$$

利用数学软件画出函数图像,如图 10.5 所示(图中角度的单位是弧度).

其次将角度固定为 41.6°,函数表达式就变为

$$x = \frac{v^2 \sin 83.2°}{20} + \sqrt{\left(\frac{v^2 \sin 83.2°}{20}\right)^2 + \frac{3.2 v^2 \cos^2 41.6°}{10}}.$$

将角度转化为弧度后,作出函数图像,如图 10.6 所示.

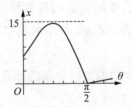

图 10.5 速度不变,角度变化

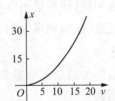

图 10.6 角度不变,速度变化

观察两幅图像可以看到,当速度不变,角度变化时,投掷的最远距离在 15m 左右;而在角度不变,速度变化时,投掷的速度与距离呈正相关,并且速度越大,速度的改变量引起的距离的改变量越大.因此,我们推测速度的影响更大.

下面我们再通过计算速度与角度的偏差百分率来进行验证,列表给出速度与角度的变化数据对应的投掷距离,见表 10.2.

表 10.2　速度与角度对投掷距离的影响

速度 v（m/s）	角度 θ	距离 $x/$m
11.5	47.5°	14.929
11.5	45°	15.103
11.5	42.5°	15.182
11.5	41.6°	15.189
11.5	40.0°	15.169
11.5	38.0°	15.092
11.5	36.0°	14.960
11.0	41.6°	14.032
12.0	41.6°	16.395

从表 10.2 可以看出，当 $v = 11.5$m/s，角度为 41.6°时投掷距离最远. 当角度为 41.6°不变时，速度为 12m/s 时距离较远. 当角度在 36°到 47.5°间变化时，产生的距离差是 0.26m，角度 $\frac{47.5 - 36}{36} \approx 32\%$ 的偏差引起距离 $\frac{0.26}{14.929} \approx 1.7\%$ 的偏差. 速度从 11m/s 变到 12m/s，引起了距离从 14.032m 到 16.395m 的偏差，也就是说，速度 9% 的增加导致了距离 16.8% 的增加.

以上结果表明，教练在训练运动员时，选取适当的角度 θ 后应集中精力增加投掷的初始速度以提高运动员的成绩.

【反思与拓展】

本模型比较粗糙，还有诸多因素没有考虑到，如运动员的身体转动、铅球的质量、投掷者的手臂长度、肌肉的爆发力等. 加上以上诸因素后，得出的模型会更加精确，但处理起来会复杂得多.

模型求解最后的总结部分是关于速度和角度的偏差百分率的计算，是否可以比较还值得进一步商榷.

下面通过数据分析中常用的 SPSS 软件来对表格 10.2 的数据做进一步分析.

在数据分析之前，先来了解**标准化回归系数**. 它是指消除了因变量 y 和自变量 x_1，$x_2,\cdots,x_n$ 所取单位的影响之后的回归系数，其绝对值的大小直接反映了 x_i 对 y 的影响程度. 通俗地说，就是在相同的条件下，哪一个因素更有效.

首先，我们把两组变量及所对应的因变量分别输入，见表 10.3，再分别对这两组数据进行回归分析，得到标准化回归系数，即 Beta 系数，表 10.4 和表 10.5.

表 10.3 两组变量及所对应的因变量

角度	距离 1	速度	距离 2
47.50	14.929	11.00	14.032
45.00	15.103	11.50	15.189
42.50	15.182	12.00	16.395
41.60	15.189		
40.00	15.169		
38.00	15.092		
36.00	14.960		

从两个回归系数表中可以看到,当角度为自变量时,标准化回归系数的绝对值是 0.091;当速度为自变量时,标准化回归系数的绝对值是 1,远大于 0.091,故速度的变化对投掷距离的影响较大.这与模型求解部分用速度与角度的偏差百分率来计算得到的结论是一致的.

此分析也存在着一定的局限性,这里给出的数据样本过少,所以导致得出的结果可靠程度不高.但是在分析的过程中采用的方法是否可以运用到其他方面,值得读者进一步思考和学习.

表 10.4 标准化回归系数(数据 1)

		系数*		
	未标准化系数		标准化系数 Beta	
模型	B	标准误差		t	显著性
(常量)	15.190	0.497		30.543	0.000
角度	− 0.002	0.012	− 0.091	− 0.204	0.846

* 因变量:距离 1.

表 10.5 标准化回归系数(数据 2)

		系数*		
	未标准化系数		标准化系数 Beta	
模型	B	标准误差		t	显著性
(常量)	− 11.969	0.326		− 36.767	0.017
速度	2.363	0.028	1.000	83.527	0.008

* 因变量:距离 2.

10.3　人口增长问题

本节研究人们非常关注的人口增长问题,从微分方程的角度建立数学模型,通过马尔萨斯(Malthus)人口模型的建立与分析、马尔萨斯模型的修订,领会数学建模是一个不断修正、迭代的过程.

【问题提出】

人口增长问题是随着社会经济发展而提出来的.一个国家人口的数量直接影响经济、社会的发展及资源的利用.因此,人口的变化是一个国家需要重点关注和研究的.国家是根据什么来预测人口增长的? 其数学依据是什么? 本节尝试建立人口增长的数学模型.

【问题分析】

人口问题一直是人们所关注的一个课题.关于人口增长问题已经有多方面的研究,如马尔萨斯指数增长模型、Logistic 人口阻滞增长模型、Lislie 模型、偏微分方程模型等.由于人口变化所需要考虑的因素太多,现存的一些模型只能进行短期预测,而真正的人口数量还与经济政治社会现状、人口迁移、自然因素等方面都有关联.本节从微分方程的角度建立数学模型,以出生率、死亡率、年龄为主要考虑因素.

【模型假设】

1. 不考虑环境因素、社会政治经济因素对人口增长的影响;
2. 不考虑人口迁移对人口的影响;
3. 将人口数量看作连续可微变量.

注 10.1　若人口数量为离散的,模型的详细情况见[9].

【模型建立】

首先建立马尔萨斯的人口增长指数模型.设在时刻 t 的人口总量为 $p(t)$ (连续可微函数), 在时段 $[t, t + dt]$ 中的人口增长量为

$$p(t + dt) - p(t) = \frac{dp(t)}{dt} \cdot dt. \tag{10.3.1}$$

注 10.2　此处及后续的论述中都将高阶无穷小量略去不计,这样做不会影响最后的结论且可以使叙述更加简明.

人口增长量等于此时段中的出生数减去死亡数.设 b 为出生率, d 为死亡率,假设出生数及死亡数与 $p(t)$ 及 $d(t)$ 均成正比,则在时段 $[t, t + dt]$ 中的出生数为 $bp(t) dt$,死亡数为 $dp(t) dt$, 我们得到

$$\frac{dp(t)}{dt} = bp(t) - dp(t) = ap(t),$$

其中 $a = b - d$ 为人口的净增长率.

于是 $p(t)$ 满足常微方程

$$\frac{\mathrm{d}p(t)}{\mathrm{d}t} = ap(t). \tag{10.3.2}$$

又设已知初始时刻 $t = t_0$ 时的人口总数为 p_0，就有初始条件

$$t = t_0 : p = p_0. \tag{10.3.3}$$

求解常微分方程的柯西问题(10.3.2) – (10.3.3)得

$$p(t) = p_0 e^{a(t-t_0)}.$$

人口总数按指数增长，这就是**马尔萨斯(Malthus)人口模型**.

【问题验证】

查得近 60 年的世界人口总数统计见表 10.6(每隔五年给出).

表 10.6　近 60 年的世界人口总数统计

年份	1960	1965	1970	1975	1980	1985
总人数(单位：亿)	30.31	33.23	36.83	40.63	44.33	48.39

1990	1995	2000	2005	2010	2015	2019
52.8	57.07	61.14	65.12	69.22	73.39	76.74

在上面建立的模型中，p_0 及 a 可以容易地根据人口统计数据来确定，p_0 就是某一年统计的人口总数，a 就是每年人口的净增长率. 根据统计数字，取 1960 年为 t_0，$p_0 = 30.31$ 亿，而 1960 年至 1970 年十年中每年的人口净增长率 $a = 0.02$，就有

$$p(t) = 3.031 \times 10^9 \times e^{0.02(t-1960)}.$$

将这个公式用于推算 1970 年至 2019 年间的人口，和实际情况是符合较好的，在这段时间内地球上的人口约每 35 年增加一倍；而由上述方程，容易证明人口每 34.7 年增加一倍，过程如下.

设人口增加一倍需要 x 年，则

$$2p(t) = p(t+x),$$
$$2 \times 3.031 \times 10^9 \times e^{0.02(t-1960)} = 3.031 \times 10^9 \times e^{0.02(t+x-1960)},$$
$$2 = e^{0.02x},$$
$$x \approx 34.7.$$

所以此模型表明约每 34.7 年，世界人口增长一倍. 但是，把这个模型放在一个相当长的时间里使用，就会出现很不合理的情况. 如到 2510 年，世界人口将达到 2×10^{14}，即地球上海洋的面积全部变为陆地，人均也只有 2 平方米的活动范围；到了 2670 年，人口达到 4.5×10^{15}，就需要人与人之间不留空隙叠成两排才能在地球上放下. 因此，这个马尔萨斯模型是不完善的，须加以修改.

【模型改进】

上述模型中 a 作为常数来看待，从而人口方程是线性常微分方程. 这个方程实际

上只是在人口总数不太大时才合理,当人口总数比较大时,由于生存空间、自然资源等有限,各成员间就要进行生存竞争.因此,当总数增大到一定程度,不仅有自然的线性增长项 $ap(t)$,还有一个竞争项来部分抵消这个增长,此竞争项可取为 $-\bar{a}p^2$,相当于还存在一个与 p 成正比例的死亡率 $\bar{d} = \bar{a}p$,这样满足的微分方程及初始条件就变为

$$\begin{cases} \dfrac{\mathrm{d}p(t)}{\mathrm{d}t} = ap - \bar{a}p^2, \\ t = t_0 : p = p_0. \end{cases} \tag{10.3.4}$$

通常 $\bar{a}$ 比 a 要小得多,因此当 p 不太大时,可以略去竞争项而回到马尔萨斯模型.一个国家越发达,$\bar{a}$ 的值越小.

利用分离变量法来求解柯西问题(10.3.4),为

$$\int_{p_0}^{p} \frac{\mathrm{d}p}{ap - \bar{a}p^2} = t - t_0.$$

从而可以算得

$$a(t - t_0) = \ln\left(\frac{p}{p_0}\left|\frac{a - \bar{a}p_0}{a - \bar{a}p}\right|\right).$$

解得

$$p(t) = \frac{ap_0}{\bar{a}p_0 + (a - \bar{a}p_0)\mathrm{e}^{-a(t-t_0)}}. \tag{10.3.5}$$

当 $p_0 < \dfrac{a}{\bar{a}}$,$t \to +\infty$ 时,由(10.3.5),$p(t)$ 单调递增趋于 $\dfrac{a}{\bar{a}}$,$\dfrac{\mathrm{d}p(t)}{\mathrm{d}t} > 0$,称 $\dfrac{a}{\bar{a}}$ 为**饱和值**,有

$$\frac{\mathrm{d}^2 p(t)}{\mathrm{d}t^2} = a\frac{\mathrm{d}p(t)}{\mathrm{d}t} - 2\bar{a}p\frac{\mathrm{d}p(t)}{\mathrm{d}t} = (a - 2\bar{a}p)\frac{\mathrm{d}p(t)}{\mathrm{d}t}. \tag{10.3.6}$$

因此 p 在增长的过程中,当 $p < \dfrac{a}{2\bar{a}}$(饱和值的一半)时,$\dfrac{\mathrm{d}^2 p(t)}{\mathrm{d}t^2} > 0$;当 $p > \dfrac{a}{2\bar{a}}$ 时,$\dfrac{\mathrm{d}^2 p(t)}{\mathrm{d}t^2} < 0$.

函数 $p = p(t)$ 的图像为如图 10.7 所示的 S 形.这说明人口总数达到饱和值的一半之前,是加速增长时期;之后为减速增长时期.

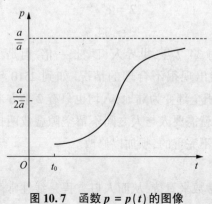

图 10.7 函数 $p = p(t)$ 的图像

为了利用这个模型预测世界上的人口,必须确定 $\bar{a}$ 与 a 的值,据一些生态学家估计, a 可取为 0.029,又由前面的统计数字,在 $p = 30.31$ 亿时,人口净增长率为 0.02,代入方程 $\dfrac{\mathrm{d}p(t)}{\mathrm{d}t} = ap - \bar{a}p^2$,即可得到 $\bar{a} = 2.94 \times 10^{-12}$.

故人口的饱和值应为 $\dfrac{a}{\bar{a}} = 9.86 \times 10^9$,将近 100 亿!而目前人口已将近 80 亿,超过了上述值的一半,已经处于减速增长的阶段.

【模型评价及拓展】

上述模型都是常微分方程模型,它们将群体中的每一个成员都视为同等地位,这原则上只能适用于低等动物,而对于人群来说,必须考虑个体间的差别,特别是年龄因素的影响,出生率、死亡率等都明显地应和年龄有关.若考虑年龄的变化影响(看作是连续变化的),需要使用偏微分方程来描述模型.

设人口数量与时间 t 和年龄 x 有关,以函数 $p(t,x)$ 来描述人口在任意时刻 t 按年龄 x 的分布密度,其意义为:在时刻 t,年龄在 $[x, x + \mathrm{d}x]$ 中的人口数为 $p(t,x)\,\mathrm{d}x$. 因此,在 t 时刻的人口总数为

$$p(t) = \int_0^\infty p(t,x)\,\mathrm{d}x,$$

这里的 $p(t)$ 就是前面常微分方程中的 $p(t)$,而这里的积分上限实际上只取人的最大年龄.

了解了函数 $p(t,x)$,就了解了在任一时刻人口按年龄分布状况,也知道了人口随时间 t 的发展规律.如何推导 $p(t,x)$ 所满足的偏微分方程,感兴趣的读者可以尝试解决.

附　录

习题提示与答案

习　题　一

1. 数系扩展的原则参见课本 1.1 节,数系扩展的方式:添加元素法、构造法.

2. 利用反证法,结合三角函数相关性质可证.

3. 利用反证法,结合微积分相关性质可证.

4. 利用整除相关性质.

5. 存在性和唯一性都利用反证法.

6. 利用整除相关性质.

7. 当 $z = -1$ 时, u 取最大值 3; 当 $z = \dfrac{1}{2} \pm \dfrac{\sqrt{3}}{2}i$ 时, u 取最小值 0.

8. z^4 是纯虚数的充要条件是 $(x^2 - y^2)^2 - 4x^2 y^2 = 0, (x^2 - y^2)xy \neq 0,$ 即 $x = (\pm 1 \pm \sqrt{2})y, y \neq 0.$

9. 不难证明 $(x, y) = (x_1 - x_2, y_1 - y_2)$ 满足结论.

10. 分当 $\beta > 0, \beta = 0, \beta < 0$ 三种情况讨论.

11. 利用第 9 题结论即可.

12. 利用数学归纳法.

13. 对 m 作数学归纳法.

14. 利用反证法.

15. 分存在性和唯一性两方面证明.

16. 数学归纳法.

17. 利用有限个奇数的乘积仍是奇数,奇数个奇数的和也是奇数,可证 $p + q \mid (p^p + q^q)$.

习　题　二

1. 轮换对称多项式. 不难分析得 $(a - b)(b - c)(c - a) = -a^2 b - b^2 c - c^2 a + ab^2 + bc^2 + ca^2.$

2. 除式是二次多项式,所以余式最多是一次二项式.利用待定系数法可得所求的余式为
$$\frac{f(a) - f(b)}{a - b}x + \frac{bf(a) - af(b)}{b - a}.$$

3. 设多项式 $f(x) = g(x) - 2$ 即可. $g(x) = 3x^3 - 18x^2 + 33x - 16.$

4. $(x + y)(y + z)(z + x) + xyz$ 除以 $x + y + z$ 的商是 $xy + yz + zx.$

5. 利用公式 $x^5 + y^5 = (x + y)(x^4 - x^3 y + x^2 y^2 - xy^3 + y^4).$

6. 对于多项式 $s(s-2a)(s-2b)+s(s-2b)(s-2c)+s(s-2c)(s-2a)-8abc$,利用字母轮换可得原式 $=(s-2a)(s-2b)(s-2c)$.

7. 利用 $\delta_1=x_1+x_2+x_3,\delta_2=x_1x_2+x_1x_3+x_2x_3,\delta_3=3x_1x_2x_3$.

8. 将 $(x+1)(x+2)(x+3)(x+4)+1$ 重新分组,即可得到原式 $=(x^2+5x+5)^2$.

9. 类似上题分组,有 $x^{5n}+x^n+1=(x^{2n}+x^n+1)(x^{3n}-x^{2n}+1)$.

10. 利用二次函数的性质,有 $6x^2+xy-12y^2+x+10y-2=(2x+3y-1)(3x-4y+2)$.

11. $x^2+3xy+2y^2+4x+5y+3=(x+2y+3)(x+y+1)$.

12. 利用二次函数和轮换对称多项式的性质,原式可分解为 $5(x-y)(y-z)(z-x)(x^2+y^2+z^2-xy-yz-zx)$.

13. 利用恒等变形.

14. 换元 $x-3=y$ 即可. $\dfrac{x^3-6x^2+4x+8}{(x-3)^4}=\dfrac{(x-2)(x^2-4x-4)}{(x-3)^4}$.

15. 可将 $\dfrac{x^2}{x^4+x^2+1}$ 取倒数. $\dfrac{x^2}{x^4+x^2+1}=\dfrac{a^2}{1-2a}$.

16. $x+\dfrac{1}{y}=y+\dfrac{1}{z}\Rightarrow yz(x-y)=(y-z)$,类似处理其余两个等式.

17. 考虑将 $a+b\sqrt{c}$ 转化为完全平方形式,原式 $=4+\sqrt{2}$.

18. 首先类似上面 17 题,将 M 化为 $M=\sqrt{10}+\sqrt{2}$,再利用平方分析可得 $A=4,B=\sqrt{10}+\sqrt{2}-4$.

19. 设 $f(x)=x^4-6x^3+9x^2+5,g(x)=x^2-3x+1$,由 x 的值得 $g(x)=0$,从而得到 $f(x)=6$.

20. 先将 $\dfrac{\sqrt{1+\sqrt{x}}+\sqrt{1-\sqrt{x}}}{\sqrt{1+\sqrt{x}}-\sqrt{1-\sqrt{x}}}$ 化简,可得原式 $=2+\sqrt{6}-\sqrt{3}-\sqrt{2}$.

21. 利用求根公式求得 a^{3x} 的值,从而得到 $a^x=2+\sqrt{3}$ 或 $2-\sqrt{3}$.

22. 将 $\dfrac{a^{3x}+a^{-3x}}{a^x+a^{-x}}=1$ 化简,得到 $a^{2x}=1$.

23. 先求 a^x 的值,再求值,原式等于 $\dfrac{21}{4}$.

24. $(e^x-a)^2+(e^{-x}-a)^2=4u^2-4au+2a^2-2$.

25. $f(x+y)=\dfrac{f(x)+f(y)}{1+f(x)f(y)}$.

26. $(x+y)^{\frac{2}{3}}+(x-y)^{\frac{2}{3}}=8$.

27. 利用指数幂的性质.

28. 利用指数幂的性质及对数换底公式等. (1)1;(2)3;(3)$\dfrac{3}{2}$;(4)$\dfrac{1}{3}$.

29. 法1 利用指数与对数的关系.

   法2 通过换底,可证.

30. 利用对数换底公式和等比定理可得.

31. 利用指数与对数之间的关系.

32. 利用对数换底公式.

33. 利用立方和公式.

34. 利用乘法公式.

35. 利用三角函数公式.

36. 利用三角函数、乘法公式.

37. 利用和差化积公式等.

38. 利用三角函数、反函数相关性质证明.

39. 利用和差化积公式等.

习 题 三

1. 存在.根据等式的性质,不难求出反函数为 $y = \dfrac{b - \mathrm{d}x}{cx - a}$. 需要注意的是题目所给的条件是为了保证反函数的存在.

2. 利用奇偶函数性质. $f(ab) = -\dfrac{3}{2}$.

3. (1) 利用配方法;(2) $0 \leqslant a \leqslant 2$.

4. 利用导数定义.

5. 根据拐点的定义可知点 $\left(-\dfrac{1}{2}, 20\dfrac{1}{2}\right)$ 为曲线 $y = 2x^3 + 3x^2 - 12x + 14$ 的拐点.

6. (1) 幂指函数,通过取对数求值. $\lim\limits_{x \to 0}(1 - x)^{\frac{1}{x}} = e^{-1}$;(2) 先分子有理化可求得极限为 $\dfrac{1}{2}$;(3) 比较分子分母的最高次幂可求得极限为2;(4) 利用等价无穷小可求得极限为1.

7. 利用夹逼定理.

8. 导数定义变形即可.

9. 利用左右极限和连续定义,有 $a = b = 2$.

10. (1) 利用没有公共点,得到两个相关判别式都小于零;

    (2) 配方后讨论.

11. 先利用特殊值观察奇偶性,计算出 a 的值,再证明存在实数 $a = \dfrac{1}{2}$,使 $f(x)$ 是偶函数,但不存在实数 a,使函数 $f(x)$ 为奇函数.

12. 根据题意先构造函数 $f(x)$,再分情况讨论.

13. 利用题目条件得到 $f(x)$ 是周期为 4 的函数,解得 $a \in (e, e^3)$.

14. 分别求 $f(x)$ 的一阶与二阶导数,通过单调性可证明结论.

15. 通过单调、凸凹、渐近线等可画出.

习 题 四

1. $x_{1,2} = -1 \pm \dfrac{\sqrt{17 + \sqrt{271}}}{3}, x_{3,4} = -1 \pm \dfrac{\sqrt{17 - \sqrt{271}}}{3}$.

2. $x = \sqrt[3]{\dfrac{\sqrt{93} - 9}{18}} - \sqrt[3]{\dfrac{\sqrt{93} + 9}{18}} - 2$.

3. 原方程有实根的充要条件是 $0 \leqslant p \leqslant \dfrac{4}{3}$,且有唯一实根 $x = \dfrac{4 - p}{\sqrt{16 - 8p}}$.

4. $x = 14$. 提示:构造以 $AB = x (x \geqslant 11)$ 为直径,以 O 为圆心的圆,在 AB 两侧的圆弧上分别取点 C, D,使 $BC = 2, BD = 11$,连接 AC, BC, AD, BD, CD. 由托勒密定理求 AB.

5. $(x, y) = (1, 1), (-1, -1), (1, -1), (-1, 1), (0, -1), (-1, 0)$.

6. $(x, y, z) = (0, 0, 0), (1, 1, -1), (1, -1, 1), (-1, 1, 1), (2, 4, -2), (-2, 2, 4)$,
   $(4, -2, 2), (-1, -1, -1)$.

7. 当 $a > 0 (a \neq 1), b > 0$ 时,$x = 0.5 \left(\log_a \dfrac{b}{a^3 - a + 1} + 3 \right)$;当 $a = b = 1$ 时,x 是任意实数;当 $a = 1, b \neq 1$ 和 $b \leqslant 0$ 时,方程无解.

8. $x = 81$. 提示:设 $\dfrac{1}{2} \log_9 x = t$.

9. $a \leqslant 1$ 时,方程无解;$1 < a \leqslant 3$ 时,方程有一个解 $x = \dfrac{5 - \sqrt{13 - 4a}}{2}$;$3 < a < \dfrac{13}{4}$ 时,方程有两个解 $x = \dfrac{5 \pm \sqrt{13 - 4a}}{2}$;当 $a = \dfrac{13}{4}$ 时,方程有一个解 $x = \dfrac{5}{2}$;$a > \dfrac{13}{4}$ 方程无解.

10. 当 $a = \dfrac{1}{3}$ 时,$x = (2n + 1)\pi, x = 2\arctan 0.5 + 2n\pi, n \in \mathbb{Z}$;当 $-1 \leqslant a \leqslant 1 \left(a \neq \dfrac{1}{3} \right)$ 时,
    $x = 2\arctan \dfrac{a + 1 \pm \sqrt{2(1 - a^2)}}{3a - 1} + 2n\pi, n \in \mathbb{Z}$;当 $|a| > 1$ 时,方程无解.

11. $x = 2k\pi, x = \dfrac{\pi}{2} + k\pi (k = 0, \pm 1, \pm 2, \cdots)$.

12. $x = n\pi$ 或 $x = n\pi - \dfrac{\pi}{4}, n \in \mathbb{Z}$.

13. $x = \dfrac{a + b}{1 - ab}$.

14. x 为满足 $-1 \leqslant x \leqslant 1$ 的任何实数.

15. 当 $k = -1$ 且 $d \leqslant 0$ 或 $d > 2$ 时,方程组无实数解.

16. $(a,b,c,d) = \left(-2, \dfrac{4}{3}, 4, \dfrac{5}{3}\right)$.

17. $(a,b,c,d) = \left(\dfrac{\sqrt{6}}{6}, \dfrac{\sqrt{6}}{6}, \dfrac{\sqrt{6}}{6}, \dfrac{\sqrt{6}}{6}\right)$.

18. $(x,y,z) = \left(\dfrac{2}{5}, \dfrac{2}{5}, \dfrac{2}{5}\right)$.

19. $\begin{cases} x = \dfrac{\sqrt{2}}{4} \cdot \sqrt{\pi}, \\ y = \dfrac{\sqrt{14}}{4} \cdot \sqrt{\pi}, \end{cases}$ 或 $\begin{cases} x = \dfrac{\sqrt{2}}{2} \cdot \sqrt{\pi}, \\ y = \dfrac{\sqrt{2}}{2} \cdot \sqrt{\pi}. \end{cases}$

20. $(x,y) = \left(\dfrac{3}{2}, \dfrac{1}{2}\right)$.

21. $\begin{cases} x_1 = 2(k+p)\pi \pm \dfrac{\pi}{3}, \\ y_1 = 2(k-p)\pi \mp \dfrac{\pi}{3}; \end{cases}$ $\begin{cases} x_2 = 2(k+p)\pi \pm \dfrac{\pi}{3}, \\ y_2 = 2(k-p)\pi \pm \dfrac{\pi}{3}; \end{cases}$ $\begin{cases} x_3 = (2k+2p+1)\pi \pm \dfrac{2\pi}{3}, \\ y_3 = (2k-2p-1)\pi \mp \dfrac{2\pi}{3}; \end{cases}$

$\begin{cases} x_4 = (2k+2p+1)\pi \pm \dfrac{2\pi}{3}, \\ y_4 = (2k-2p-1)\pi \pm \dfrac{2\pi}{3}, \end{cases}$ $(k,p \in \mathbb{Z})$.

22. $\begin{cases} x = \dfrac{a - b\sqrt{1-a^2} + a\sqrt{a^2 - b^2}}{2a}, \\ y = \dfrac{a - b\sqrt{1-a^2} - a\sqrt{a^2 - b^2}}{2a}. \end{cases}$

习 题 五

1. 如果 $|a| > 1$,解集为 $\left\{x \mid x > \dfrac{8a}{a^2 - 1}\right\}$;如果 $|a| < 1$,解集为 $\left\{x \mid x < \dfrac{8a}{a^2 - 1}\right\}$;如果 $a = 1$,解集为 $\varnothing$;如果 $a = -1$,解集为 $\mathbb{R}$.

2. 若 $a > 0$,则解集为 $\left\{x \mid -\dfrac{a}{7} < x < \dfrac{a}{8}\right\}$;若 $a < 0$,则解集为 $\left\{x \mid \dfrac{a}{8} < x < -\dfrac{a}{7}\right\}$;若 $a = 0$,则解集为 $\varnothing$.

3. $\{x \mid x \leqslant -5\} \cup \{x \mid -2 < x < -1\} \cup \{x \mid 0 \leqslant x \leqslant 1\}$.

4. $\left\{x \mid x < \dfrac{5}{3}\right\}$.

5. $\{x \mid -2 < x < 2\}$.

6. $\{x \mid x > 25\}$.

7. $\{x \mid x > 2\}$.

8. 提示：用三角不等式.

9. $x = \dfrac{\sqrt{3}}{2}$.

10. 提示：作差或者作商.

11. 提示：$\dfrac{a_i}{(a_1 + a_2 + \cdots + a_i)^2} \leqslant \dfrac{a_i}{(a_1 + a_2 + \cdots + a_{i-1})(a_1 + a_2 + \cdots + a_i)}$.

12. 提示：$a^2 + \sin^2 \alpha \geqslant 2a \sin \alpha$.

13. 提示：反证法.

14. 提示：令 $x = \dfrac{1}{2} + t, y = \dfrac{1}{2} - t \left(-\dfrac{1}{2} < t < \dfrac{1}{2} \right)$.

15. 提示：作辅助函数 $f(x) = (b + c)x + bc + 1$.

16. 提示：作 $\angle A = 120°$，在 $\angle A$ 的两边及角平分线上分别取点 B, D 及 C，令 $AB = x$，$AC = y, AD = z$.

17. 提示：数学归纳法.

18. 提示：用柯西不等式.

19. 最小值 1，最大值 2. 提示：用柯西不等式.

20. 最小值 18. 提示：用柯西不等式.

21. 提示：用排序不等式.

22. 提示：用排序不等式.

23. 提示：用排序不等式.

24. 不正确，$4\sqrt{2}$ 取不到.

25. 提示：令 $a = 4\cos A, b = 4\cos B, c = 4\cos C, A, B, C \in \left[0, \dfrac{\pi}{2} \right]$ 且 $A + B + C = \pi$，用琴生不等式.

26. $a < 0$ 时，解集为 $\left\{ x \mid x > 1 \text{ 或 } x < \dfrac{1}{a} \right\}$；$a = 0$ 时，解集为 $\{x \mid x > 1\}$；$0 < a < 1$ 时，解集为 $\left\{ x \mid 1 < x < \dfrac{1}{a} \right\}$；$a = 1$ 时，解集为 $\varnothing$. $a > 1$ 时，解集为 $\left\{ x \mid \dfrac{1}{a} < x < 1 \right\}$.

27. 提示：用柯西不等式和赫尔德不等式.

习 题 六

1. $\dfrac{13}{16}\pi^2$. 提示：$10x - \left(\sqrt{2} + \sqrt{2 + \sqrt{2}} + 1 \right) \cos x - 5\pi = 0$ 有唯一实根 $\dfrac{\pi}{2}$.

2. $S_{100} = 5050$.

3. $q = \dfrac{3}{2}$.

4. （1）正确；（2）错误；（3）正确；（4）正确.

5. $S_{60} = 1830$. 提示：$a_{4n+1} + a_{4n+2} + a_{4n+3} + a_{4n+4}$ 为等差数列.

6. （1）提示：可求得 $\left\{\dfrac{b_n^2}{a_n^2}\right\}$ 的公差为 1. （2）$a_n = b_n = a_1 = b_1 = \sqrt{2}$，$\forall n \in \mathbb{N}^*$.

7. （1）$d = 3$ 时，$a_n = 3n - 7$；$d = -3$ 时，$a_n = -3n + 5$.

　　（2）$a_n = 3n - 7$，$S_n = \dfrac{3}{2}n^2 - \dfrac{11}{2}n$.

8. （1）a_1, a_2 分别为 $0, 0$，或 $1 - \sqrt{2}, 2 - \sqrt{2}$，或 $1 + \sqrt{2}, a_2 = 2 + \sqrt{2}$.

　　（2）$n = 7$ 时，T_n 取得最大值 $T_7 = 7 - \dfrac{21}{2}\lg 2$.

9. $a_n = -\dfrac{2}{(2n-1)(2n-3)}$，$n \geqslant 2$，$a_1 = 1$.

10. $S_n = \begin{cases} 6k^2 - 5k + \dfrac{16}{15}(16^k - 1), & n = 2k \text{ 为偶数时,} \\ 6k^2 - 5k + \dfrac{1}{15}16^k - \dfrac{16}{15}, & n = 2k - 1 \text{ 为奇数时.} \end{cases}$

11. $k_1 + k_2 + \cdots + k_n = 2(1 + 3 + 3^2 + \cdots + 3^{n-1}) - n = 3^n - (n+1)$.

12. $a_n = 6\left(\dfrac{1}{2}\right)^{n+1} - 6\left(\dfrac{1}{3}\right)^{n+1}$，

　　$b_n = \left(\dfrac{1}{3}\right)^{n+1}$.

13. $-2\left(1 - \dfrac{1}{n+1}\right)$.

14. $S_n = \dfrac{\tan(n+3) - \tan 3}{\tan 1} - n$.

15. $\dfrac{1}{a_n} = \dfrac{2}{3^n - 1} < \dfrac{2}{3^n - 3^{n-1}} = \dfrac{1}{3^{n-1}}$，相加得 $\displaystyle\sum_{k=1}^{n} \dfrac{1}{a_k} \leqslant \sum_{k=1}^{n} \dfrac{1}{3^{k-1}} < \dfrac{3}{2}$.

16. $S_1 + S_2 + \cdots + S_{100} = -\dfrac{1}{3}(1 - 2^{-100})$.

17. 略.

18. 略.

19. $a \geqslant 3$.

20. $t < \dfrac{1}{2}$ 且 $t \neq 0$.

21. （1）$a > 1$，$\displaystyle\lim_{n \to +\infty} \dfrac{S_n}{b_n} = \dfrac{a}{a-1}$. （2）$0 < a < 1$ 或 $1 < a < 2$.

22. （1）$-22 \leqslant a \leqslant -18$.

(2) $-16 \leqslant a \leqslant -14$ 时, $f(n)$ 在 $n = 4$ 时取得最小值 $\frac{5}{2}a + 13\frac{1}{8}$.

23. $\lim\limits_{n \to +\infty} \frac{1}{n} \cdot \left(\frac{1}{a_1} + \frac{1}{a_2} + \frac{1}{a_3} + \cdots + \frac{1}{a_n} \right) = 1$.

24. $\lim\limits_{n \to \infty} \frac{a_n + 2^{2n+1}}{3^n a_n - 4^n} = -2$.

25. (1) 3. 提示：数学归纳法证明, $a_n = n(2n-1)$, $\forall n \geqslant 1$; (2) $-\frac{4}{9}$.

26. $a_{51} = 3658$. 提示： a_n 是 n 的二次三项式.

27. $a_n = 2^n - n + 4$. 提示： $\{a_n\}$ 的一阶差分数列为 $\{2^n - 1\}$.

28. $\sum\limits_{k=1}^{n} k = \frac{1}{2}n(n+1)$, $\sum\limits_{k=1}^{n} k^2 = \frac{1}{6}n(n+1)(2n+1)$,

$\sum\limits_{k=1}^{n} k^3 = \frac{1}{4}n^2(n+1)^2$, $\sum\limits_{k=1}^{n} k^4 = \frac{1}{30}n(n+1)(6n^3 + 9n^2 + n - 1)$.

习 题 七

1. 略. 提示：利用 $P_n^m = n(n-1)\cdots(n-m+1) = (n-m+1)P_n^{m-1}$.

2. 略. 提示：利用 $C_n^m = \frac{P_n^m}{m!}$.

3. (1) 略. 提示：若 $0 < a < b, m > 0$, 则有 $\frac{b}{a} < \frac{a+m}{b+m}$.

   (2) 略. 提示： $f(x) = \frac{\lg(1+x)}{x} > 0, x > 0, f(x)$ 是严格单调下降函数.

4. $H_9^3 + C_9^1 = C_{11}^3 + 9 = 174$ (个). 提示：考虑 $x_1 = 0$ 和 $x_1 = 1$ 两种情况.

5. 367 个. 提示：利用包含容斥原理.

6. 略. 提示：分 $r \leqslant \left[\frac{n+1}{2}\right] - 3, r \geqslant \left[\frac{n}{2}\right]$ 和 $\left[\frac{n+1}{2}\right] - 3 < r < \left[\frac{n}{2}\right]$ 共三种情形讨论.

7. 对一切正整数 n, 有 $\sum\limits_{k=1}^{n} k^2 C_n^k = 2^{n-2} n(n+1)$.

8. (1) $\sum\limits_{j=0}^{k} (100 - j) = 100(k+1) - \frac{1}{2}k(k+1)$.

   (2) $\left[\sum\limits_{j=0}^{99} (100 - j)\right] - (100 - k) = 4950 + k$.

9. $\frac{8}{35}n = 2^{\alpha+3} 3^\beta 5^{\gamma-1} 7^{\delta-1}$. 提示：利用包含容斥原理.

10. $H_{20}^4 = C_{4+20-1}^{20} = 1771$; $C_{19}^3 = 969$; 217 (提示：利用包含容斥原理).

11. $(C_{24}^4)^5 - 5(C_{23}^3)^5 + 10(C_{22}^2)^5 - 10(C_{21}^1)^5 + 5(C_{20}^0)^5$.

12. 略. 提示： $w_1 + w_2 + \cdots + w_n = l_1 + l_2 + \cdots + l_n$.

13. 略. 提示：把元素分为两类：$a_1, a_2, \cdots, a_k$ 和 $b_1, b_2, \cdots, b_k (n = 2k)$；或 $a_1, a_2, \cdots,$ a_{k+1} 和 $b_1, b_2, \cdots, b_k (n = 2k + 1)$.

14. 略. 提示：数学归纳法证明命题的前半部分,命题的后半部分即为上一题中的偶数个元素情形.

15. $\dfrac{(26 + 5)!}{26! \ 5!} - 6 \cdot \dfrac{(16 + 5)!}{16! \ 5!} + 15 \cdot \dfrac{(6 + 5)!}{6! \ 5!} = 54747$. 提示：利用广义二项式展开.

16. 总方案有 $705 \times 10 \times 2520 = 17766000$（种）. 提示：若工作的小时数 k 对应着 x^k, 则在前 20 天里安排工作的方式相当于求 $(x + x^3)^{10}(x^2 + x^3)^{10}$ 的展开式中 x^{34}, x^{59} 的系数；在 21 至 30 日的 10 天内, 在甲地工作 5 天, 在乙地工作 3 天, 休息两天的安排有 $C_{10}^5 C_5^3 C_2^2 = 2520$（种）.

17. 至少有 4 对全等的红三角形. 提示：以 5 个红点为顶点的三角形共有 $C_5^3 = 10$ 个, 以这个正九边形的顶点为顶点, 彼此互不全等的三角形只有 7 种, 利用抽屉原则.

18. 含有红色顶点为顶点的多边形类比仅以蓝色顶点为顶点的多边形类多, 多的数目即为含红色顶点的所有三角形的数目, 即 C_n^2 个.

19. $n \leqslant 2\left[\dfrac{x}{2x - 8}\right]$；当 $n = 2l = 2\left[\dfrac{x}{2x - 8}\right]$ 时等式成立.

20. 最小正整数 $n = 17$. 提示：利用等腰梯形两腰相等条件和抽屉原则.

21. 略. 提示：由抽屉原则知, 存在两点的坐标奇偶性相同, 其中点为格点.

22. 略. 提示：利用数学归纳法或正整数的奇偶分解.

习 题 八

1. 概率为 $P = \dfrac{C_4^2}{C_9^2} = \dfrac{6}{36} = \dfrac{1}{6}$. 提示：满足条件的定义域共有 9 个.

2. (1) $\dfrac{1}{2} \cdot \dfrac{1}{3} \cdot \dfrac{1}{6} \cdot P_3^3 = \dfrac{1}{6}$. (2) $1 - C_3^2 \cdot \left(\dfrac{1}{2}\right)^2 \cdot \dfrac{1}{6} - C_3^2 \cdot \dfrac{1}{2} \cdot \left(\dfrac{1}{6}\right)^2 - C_3^3 \left(\dfrac{1}{2}\right)^3 -$ $C_3^3 \left(\dfrac{1}{6}\right)^3 = \dfrac{19}{27}$.

3. (1) $\dfrac{12}{25}$. (2) $\dfrac{3}{5}$.

4. (1) $\dfrac{96}{625}$. (2) $\dfrac{101}{125}$.

5. (1) X 的概率分布列为

X	3	4	5	6
P	$\dfrac{8}{27}$	$\dfrac{4}{9}$	$\dfrac{2}{9}$	$\dfrac{1}{27}$

, 期望 $EX = 4$.

(2) 略. 提示：当 $1 \leqslant n \leqslant 98$ 时, 棋子要到 $n + 1$ 站, 有两种情况：由第 n 站跳 1 站到第 $n + 1$ 站, 概率为 $\dfrac{2}{3} P_n$；由第 $n - 1$ 站跳 2 站到第 $n + 1$ 站, 概率为 $\dfrac{1}{3} P_{n-1}$.

（3）棋子跳到第 99 站的概率为 $P_{99} = \dfrac{2}{3}P_{98} + \dfrac{1}{3}P_{97}$，由于跳到第 99 站时，自动停止

游戏，$P_{100} = \dfrac{1}{3}P_{98}$，$P_{100} < P_{99}$，故游戏不公平.

6. （1）$p = \dfrac{2}{5}$；（2）由贝叶斯公式 $q = \dfrac{690}{1421} \approx 0.48557$.

7. （1）$\alpha = 0.8 + \dfrac{0.4}{5} + \dfrac{1.2}{19} \approx 0.94$；（2）$\beta \approx \dfrac{0.8}{0.94} \approx 0.85$.

8. Y 的分布密度函数为 $f_Y(y) = F_Y'(y) = \begin{cases} 0, & y \leqslant e^2, \\ \dfrac{1}{2y}, & e^2 < y < e^4, \\ 0, & y \geqslant e^4. \end{cases}$

9. Y 的分布密度函数为 $f_Y(y) = \dfrac{\mathrm{d}}{\mathrm{d}y}F_Y(y) = \dfrac{3}{\pi} \cdot \dfrac{(1-y)^3}{1 + (1-y)^6}$.

10. 分布函数为 $F_X(x) = \begin{cases} 0, & x < 1, \\ 0.2, & 1 \leqslant x < 2, \\ 0.5, & 2 \leqslant x < 3, \\ 1, & x \geqslant 3, \end{cases}$ $EX = 2.3$，$DX = 0.61$.

11. （1）

X	0	1	2
P	$\dfrac{8}{10}$	$\dfrac{8}{45}$	$\dfrac{1}{45}$

；（2）$EX = \dfrac{2}{9}$；（3）$DX = \dfrac{88}{405}$.

12. X 和 Y 的联合概率分布为

Y \ X	0	1	2
0	0.16	0.08	0.01
1	0.32	0.16	0.02
2	0.16	0.08	0.01

.

13. $f_Z(z) = \begin{cases} 0, & z < 0, \\ \dfrac{1}{2}(1 - \mathrm{e}^{-z}), & 0 \leqslant z \leqslant 2, \\ \dfrac{1}{2}(\mathrm{e}^{-2} - 1)\mathrm{e}^{-z}, & z > 2. \end{cases}$

14. $f_X(x) = \begin{cases} 2x, & 0 < x < 1, \\ 0, & \text{其他}, \end{cases}$ $DZ = \dfrac{2}{9}$.

15. （1）$P(Y \leqslant EY) = \dfrac{4}{9}$；（2）$f_Z(z) = \begin{cases} z, & 0 < z < 1, \\ z - 2, & 2 < z < 3, \\ 0, & \text{其他}. \end{cases}$

16. $P(Y = k) = (k - 1)\left(\dfrac{7}{8}\right)^{k-2} \cdot \left(\dfrac{1}{8}\right)^2, k = 2, 3, \cdots; EY = 16.$

17. (1) X 和 Y 相互独立；(2) 概率 $\alpha = \mathrm{e}^{-0.1}$.

18. (1) 分布函数为 $F_Y(y) = \begin{cases} 0, & y < 0, \\ \dfrac{3}{4}y, & 0 \leqslant y < 1, \\ \dfrac{1}{2} + \dfrac{1}{4}y, & 1 \leqslant y < 2, \\ 1, & y \geqslant 2. \end{cases}$ (2) $EY = \dfrac{3}{4}$.

19. (1) (X, Y) 的概率分布为

X \ Y	0	1
0	$\dfrac{2}{9}$	$\dfrac{1}{9}$
1	$\dfrac{1}{9}$	$\dfrac{5}{9}$

; (2) $P(X + Y \leqslant 1) = \dfrac{4}{9}$.

20. (1) (X, Y) 的概率密度函数为 $f(x, y) = \begin{cases} 3, & (x, y) \in D, \\ 0, & \text{其他.} \end{cases}$

(2) $F_{(U, X)}(u, x) \neq F_U(u) F_X(x)$，$U$ 和 X 不相互独立.

(3) $F_Z(z) = \begin{cases} 0, & z < 0, \\ \dfrac{3}{2}z^2 - z^3, & 0 \leqslant z < 1, \\ \dfrac{1}{2} + 2(z-1)^{\frac{3}{2}} - \dfrac{3}{2}(z-1)^2, & 1 \leqslant z < 2, \\ 1, & z \geqslant 2. \end{cases}$

21. (1) $F_Y(y) = \begin{cases} 0, & y < 1, \\ \dfrac{y^3 + 18}{27}, & 1 \leqslant y < 2, \\ 1, & y \geqslant 2; \end{cases}$ (2) $P(X \leqslant Y) = \dfrac{8}{27}$.

22. (1) $f(x, y) = \begin{cases} \dfrac{9y^2}{x}, & 0 < y < x, 0 < x < 1, \\ 0, & \text{其他;} \end{cases}$

(2) $f_Y(y) = \begin{cases} -9y^2 \ln y, & 0 < y < 1, \\ 0, & \text{其他;} \end{cases}$

(3) $P(X \geqslant 2Y) = \dfrac{1}{8}$.

23. (1) $P(X = 2Y) = \dfrac{1}{4}$; (2) $\mathrm{cov}(X - Y, Y) = -\dfrac{2}{3}$.

24. (1) $f_V(v) = \begin{cases} 2\mathrm{e}^{-2v}, & v > 0, \\ 0, & v \leqslant 0; \end{cases}$ (2) $E(U + V) = 2.$

25. (1)

X \ Y	-1	0	1
0	0	$\frac{1}{3}$	0
1	$\frac{1}{3}$	0	$\frac{1}{3}$

; (2)

Z	-1	0	1
P	$\frac{1}{3}$	$\frac{1}{3}$	$\frac{1}{3}$

;

(3) $\operatorname{cov}(X,Y)=0,\rho_{XY}=0.$

26. (1) $f_X(x)=\begin{cases} x, & 0\leqslant x\leqslant 1, \\ 2-x, & 1<x\leqslant 2, \\ 0, & 其他; \end{cases}$

(2) $f_{X|Y}(x|y)=\dfrac{f(x,y)}{f_Y(y)}=\begin{cases} \dfrac{1}{2(1-y)}, & y<x<2-y, \\ 0, & 其他. \end{cases}$

习 题 九

1. (1) X 的概率分布为

X	0	1	2	3
P	$\frac{20}{84}$	$\frac{45}{84}$	$\frac{18}{84}$	$\frac{1}{84}$

,期望 $EX=1.$

(2) 方案 A,B 需支付的金额分别为25750元,26500元,故选方案 $A.$

2. (1) X 的概率分布列为

X	14	15	16	17
P	0.2	0.3	0.4	0.1

;

(2) $n=15,16$ 时,日利润期望分别为872元和862元,故选 $n=15.$

3. (1) $m=0.25,n=1.25,t=3.5.$

(2) $X\sim B(0.3,7),$

X	0	1	2	3
P	0.027	0.189	0.441	0.343

, $EX=2.1.$

(3) 零件长度近似满足 $N(1.5,0.01),$ 应认为零件合格,能被签收.

4. (1) $P=0.4.$

(2)

X	0	1	2	3
P	$\frac{27}{125}$	$\frac{54}{125}$	$\frac{36}{125}$	$\frac{8}{125}$

, $EX=\dfrac{6}{5},DX=\dfrac{18}{25}.$

5. (1) $X\sim B(100,0.2),P(X=k)=C_{100}^{k}\cdot 0.2^{k}0.8^{100-k},k=0,1,\cdots,100.$

(2) 由 $X\sim B(100,0.2),$ 故根据棣莫弗 – 拉普拉斯定理,有

$$P(14\leqslant X\leqslant 30)=P\left(-1.5\leqslant \frac{X-20}{\sqrt{16}}\leqslant 2.5\right)=0.927.$$

6. (1) $f_X(x;\theta)=\begin{cases} \dfrac{2x}{\theta}e^{-\frac{x^2}{\theta}}, & x\geqslant 0, \\ 0, & x<0, \end{cases}$ $EX=\dfrac{\sqrt{\pi\theta}}{2},EX^2=\theta.$

(2) θ 的最大似然估计为 $\hat{\theta}_n = \dfrac{1}{n}\sum\limits_{i=1}^{n} x_i^2$. (3) 存在, $a = \theta$.

7. (1) $f_Z(z) = \begin{cases} \dfrac{2}{\sqrt{2\pi}\,\sigma}e^{-\frac{z^2}{2\sigma^2}}, & z > 0, \\ 0, & z \leqslant 0. \end{cases}$ (2) $\sqrt{\dfrac{2}{\pi}}\,\overline{Z}$; (3) $\sqrt{\dfrac{1}{n}\sum\limits_{i=1}^{n} Z_i^2}$.

8. (1) $f_T(t) = \begin{cases} \dfrac{9t^8}{\theta^9}, & 0 < t < \theta, \\ 0, & \text{其他}. \end{cases}$ (2) $a = \dfrac{10}{9}$.

9. (1) $\hat{\theta} = 2\overline{X} - 1$. (2) $\hat{\theta} = \min\{X_1, X_2, \cdots, X_n\}$.

10. $P(60 \leqslant X \leqslant 84) = P\left(\dfrac{60-72}{12} \leqslant \dfrac{X-72}{12} \leqslant \dfrac{84-72}{12}\right) = 0.682$.

11. (1) $\dfrac{1}{n}\sum\limits_{i=1}^{n} X_i$. (2) $\dfrac{2n}{\sum\limits_{i=1}^{n} \dfrac{1}{X_i}}$.

12. (1) $f(z;\sigma^2) = \dfrac{1}{\sqrt{6\pi}\,\sigma}e^{-\frac{z^2}{6\sigma^2}}, z \in \mathbb{R}$. (2) $\dfrac{\sum\limits_{i=1}^{n} Z_i^2}{3n}$. (3) 略.

13. (1) $\dfrac{1}{n}\sum\limits_{i=1}^{n}(x_i - \mu_0)^2$. (2) $E\hat{\sigma}^2 = \sigma^2, D\hat{\sigma}^2 = \dfrac{2\sigma^4}{n}$.

14. (1) $\chi^2 \approx 5.643 < 6.635$, 无99%的把握认为一等级产品与生产线有关.

(2) 样本方差 $s_A^2 < s_B^2$, A 生产线的获利更稳定.

(3) 由样本获利的平均数, $\bar{x} = 8.1$ 元, 代替总体的期望, 产量为 2000 件时, 估计获利为 $2000 \times 8.1 = 16200$ 元; 由样本获利的频率, $\dfrac{55}{200} = \dfrac{11}{40}$, 代替总体的概率, 产量为 2000 件时, 估计一等级产品获利 5500 元.

15. (1) y 与 t 的相关系数近似为 0.99, 线性相关程度高, 从而可以用线性回归模型拟合 y 与 t 的关系.

(2) y 与 t 的线性回归模型为 $\hat{y} = 0.93 + 0.10t$. 预测 2016 年我国生活垃圾无害化处理量约为 $\hat{y} = 0.93 + 0.10 \times 9 = 1.83$(亿吨).

16. (1) 根据样本数据填完整下面的表格:

	课外体育不达标	课外体育达标	合计
男	60	30	90
女	90	20	110
合计	150	50	200

$$\chi^2 = \frac{200 \times (60 \times 20 - 30 \times 90)^2}{150 \times 50 \times 90 \times 110} \approx 6.061 < 6.635$$，所以在犯错误的概率不超过

0.01 的前提下不能判断"课外体育达标"与性别有关.

(2) 分布列为

X	0	1	2	3
P	$\frac{1}{6}$	$\frac{1}{2}$	$\frac{3}{10}$	$\frac{1}{30}$

，期望 $EX = \frac{6}{5}$；(3) $\frac{27}{128}$.

17. (1) 样本均值代替期望，故 $\mu = 2$，故 $T \sim N(2, 0.24)$. 又 $\sigma = \sqrt{0.24} \approx 0.49$，概率
$P(1.51 < T < 2.49) = P(\mu - \sigma < T < \mu + \sigma) = 0.6827$.

(2) ①任意抽取 1 名客户是目标客户的概率为 $P(2 < T < 2.98) = 0.47725$，$X \sim B(10000, 0.47725)$，故 $EX = 10000 \times 0.47725 = 4772.5$.

② $P(X = k) = C_{10000}^k 0.47725^k 0.52275^{10000-k}, 0 \leqslant k \leqslant 10000.$

$\begin{cases} P(X = k) > P(X = k+1), \\ P(X = k) > P(X = k-1), \end{cases}$ $\begin{cases} 0.52275 C_{10000}^k > 0.47725 C_{10000}^{k+1}, \\ 0.47725 C_{10000}^k > 0.52275 C_{10000}^{k-1}, \end{cases}$ 解得 $k = 4772$. 故

10000 人中目标客户的人数为 4772 的概率最大.

18. (1) 由 $0.70 = a + 0.20 + 0.15$ 得 $a = 0.35$，故 $b = 0.10$. (2) 4.05，6.00.

19. (1) $\hat{y} = 0.064x + 0.752$. (2) 1.52 万元/平方米.

20. (1) $\bar{y} = 60$，动物数估计为 $60 \times 200 = 12000$. (2) $\rho = \frac{2\sqrt{2}}{3} \approx 0.943$.

(3) 分层抽样：按地块面积的大小分层，再对 200 个地块进行分层抽样.

21. (1) 由散点图知，y 与 x 正线性相关. (2) $\hat{y} = 7.89x + 121.87$.

(3) 残差图中残差在 -2 到 2 之间，回归方程的拟合效果较好.

22. (1)

	网购	非网购	合计
40 岁及以下	16	5	21
40 岁以上	6	13	19
合计	22	18	40

，$\chi^2 \approx 8.021 > 7.879$，有 99.5% 的把握认

为网购与年龄有关.

(2) ξ 的分布列为

ξ	0	1	2	3
P	$\frac{8}{125}$	$\frac{36}{125}$	$\frac{54}{125}$	$\frac{27}{125}$

，期望 $EX = \frac{9}{5}$.

23. (1)

	男性	女性	合计
手机支付族	10	12	22
非手机支付族	30	8	38
合计	40	20	60

，$\chi^2 \approx 7.033 > 6.635$，有 99% 的把握认

为"手机支付族"与"性别"有关.

（2）女性中"手机支付族"的概率 $P = \dfrac{12}{20} = \dfrac{3}{5}, \xi \sim B\left(3, \dfrac{3}{5}\right)$,则 $E\xi = \dfrac{9}{5}$.

（3）方案一、二分别需付款 1100 元,1095 元,故第二种优惠方案更划算.

24.（1）第二种生产方式的效率更高.提示:从茎叶图中的时间的中位数、平均值、分布较多的茎的数值等方面考虑.

（2）由茎叶图知 $m = \dfrac{79 + 81}{2} = 80$.列联表如下:

	超过 m	不超过 m
第一种生产方式	15	5
第二种生产方式	5	15

（3）$\chi^2 = 10 > 6.635$,有 99% 的把握认为两种生产方式的效率有差异.

参考文献

[1] 北京市海淀区教师进修学校. 中学教学实用全书(数学卷)[M]. 重庆：重庆出版社，1994.

[2] 曹才翰. 曹才翰数学教育文选[M]. 北京：人民教育出版社，2005.

[3] 陈纪修. 数学分析(上)[M]. 北京：高等教育出版社，2004.

[4] 程晓亮，刘影. 初等数学研究[M]. 北京：北京大学出版社，2011.

[5] 菲利克斯·克莱因. 高观点下的初等数学(全3册)[M]. 上海：复旦大学出版社，2008.

[6] 葛军，涂荣豹. 初等数学研究教程[M]. 南京：江苏教育出版社，2009.

[7] 谷超豪，李大潜，沈玮熙. 应用偏微分方程[M]. 北京：高等教育出版社，1993.

[8] 华东师范大学数学系. 数学分析[M]. 第四版. 北京：高等教育出版社，2010.

[9] 黄忠裕. 初等数学建模[M]. 成都：四川大学出版社，2005.

[10] 李长明，周焕山. 初等数学研究[M]. 北京：高等教育出版社，1995.

[11] 李成章. 巧用赫尔德不等式求最小值[J]. 中等数学，2007(3)：20−21.

[12] 李大潜. 漫话e[M]. 北京：高等教育出版社，2011.

[13] 李大潜. 从数学建模到问题驱动的应用数学[J]. 数学建模及其应用，2014，3(03)：1−9.

[14] 李大潜. 数学建模：沟通数学与应用的桥梁[J]. 科技导报，2020(21)：3−3.

[15] 林群. 数学小丛书文化大观园——读《数学文化小丛书》有感[J]. 数学通报，2016(1)：63−63.

[16] 李文林. 数学史概论[M]. 第二版. 北京：高等教育出版社，2002.

[17] 李正兴. 李正兴高中数学微专题(代数篇)[M]. 上海：上海社会科学院出版社，2020.

[18] 刘伟. 伽利略对自由落体运动研究的再现[J]. 物理实验，2006(03)：28−29.

[19] 马自忠. 三角函数的恒等变换与三角方程[M]. 昆明：云南人民出版社，1981.

[20] 茆诗松，吕晓玲. 数理统计学[M]. 第二版. 北京：中国人民大学出版社，2016.

[21] 梅向明，张君达. 数学奥林匹克解题研究(高中册)[M]. 北京：北京师范学院出版社，1988.

[22] 米山国藏. 数学的精神、思想和方法[M]. 成都：四川教育出版社，1986.

[23] 曲一线. 5年高考3年模拟高考数学[M]. 北京：首都师范大学出版社，教育科学出版社，2019.

[24] 曲一线. 5年高考3年模拟高考数学[M]. 北京：首都师范大学出版社，教育科

学出版社，2020.

[25] 邵爱娣，栗小妮，汪晓勤. 美国早期代数教科书中的"负负得正"解释方式研究[J]. 数学教育学报，2021（1）：85 - 90.

[26] 施华. 华东师范大学第二附属中学（实验班用）数学[M]. 上海：上海教育出版社，2015.

[27] 孙维刚. 孙维刚高中数学[M]. 北京：北京大学出版社，2006.

[28] 唐秀颖. 数学解题词典（代数）[M]. 上海：上海辞书出版社，1985.

[29] 同济大学数学系. 高等数学[M]. 第七版. 北京：高等教育出版社，2014.

[30] 王海平. 导学先锋高中数学课课精练[M]. 上海：上海科学普及出版社，2012.

[31] 王建磐. 数学为体文化为魂——李大潜主编的《数学文化小丛书》第一、二辑读后[J]. 数学教育学报，2015（2）：1 - 3.

[32] 王志雄. 美苏大学生数学竞赛题解（初等数学部分）[M]. 福州：福建科学技术出版社，1985.

[33] 吴振奎. 中学数学计算技巧[M]. 沈阳：辽宁人民出版社，1982.

[34] 延瑾玲. 行列式在因式分解中的应用[J]. 抚顺师专学报，2000（04）：2 - 24.

[35] 杨象富. 代数[M]. 石家庄：河北教育出版社，1990.

[36] 叶立军. 初等数学研究[M]. 上海：华东师范大学出版社，2008.

[37] 尤文奕. 市北初级中学资优生培养教材数学练习册（八年级）[M]. 上海：华东师范大学出版社，2018.

[38] 喻绍迪. 初等数学研究丛书（方程与不等式）[M]. 成都：四川人民出版社，1984.

[39] 余元希，田万海，毛宏德. 初等代数研究（上册）[M]. 北京：高等教育出版社，1988.

[40] 余元希，田万海，毛宏德. 初等代数研究（下册）[M]. 北京：高等教育出版社，1988.

[41] 臧殿高. 应用一元三次方程韦达定理解题[J]. 中等数学，2011（02）：18 - 19.

[42] 查鼎盛. 初等数学研究[M]. 桂林：广西师范大学出版社，1991.

[43] 张奠宙，张广祥. 中学代数研究[M]. 北京：高等教育出版社，2006.

[44] 张树昆. 反三角方程的几种解法[J]. 中学数学，1989（9），34 - 35.

[45] 赵焕宗. 应用高等数学（下册）[M]. 上海：上海交通大学出版社，1999.

[46] 周焕山. 初等代数研究[M]. 第二版. 北京：高等教育出版社，2014.

[47] 周建新. 数学奥林匹克小丛书（初中卷）组合趣题[M]. 第二版. 上海：华东师范大学出版社，2012.